MW00609851

HISTOIRE
DE
LA MESURE DU TEMPS
PAR LES HORLOGES.

Se trouve à PARIS,

Chez
DIDOT jeune. = JOMBERT, rue de Thionville.
MÉRIGOT jeune, quai des Augustins.
DUPRAT, quai des Augustins, n.° 71.
TREUTTEL et WÜRTZ, quai Voltaire, n.° 2,
Et à Strasbourg, chez les mêmes Libraires.

HISTOIRE
DE
LA MESURE DU TEMPS
PAR LES HORLOGES,

Par FERDINAND BERTHOUD, Méchanicien de la Marine, Membre de l'Institut national de France et de la Société royale de Londres.

TOME SECOND.

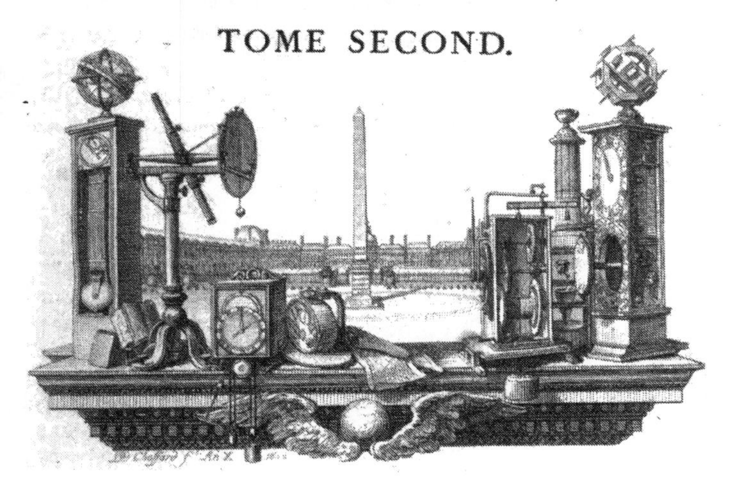

A PARIS,
DE L'IMPRIMERIE DE LA RÉPUBLIQUE.
An X [1802 v. s.].

PLAN ET DIVISION

DE

L'HISTOIRE DE LA MESURE DU TEMPS

PAR LES HORLOGES,

Formant la Table des Chapitres du Tome II.

CHAPITRE I.er

Chapitre II.

CHAPITRE III.

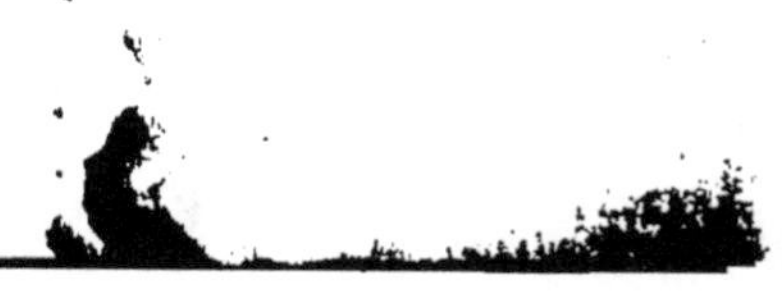

CHAPITRE IV.

CHAPITRE V.

CHAPITRE VI.

CHAPITRE VII.

CHAPITRE VIII.

APPENDICE,

FIN DE LA TABLE DES CHAPITRES.

HISTOIRE

HISTOIRE
DE
LA MESURE DU TEMPS
PAR LES HORLOGES.

CHAPITRE I.er

De l'invention des principaux Échappemens employés dans les Horloges et dans les Montres. — Du méchanisme appelé Remontoir, *servant à restituer au régulateur une force toujours égale. — D'un nouvel Échappement libre à remontoir d'égalité d'arcs.*

L'ÉCHAPPEMENT est cette méchanique importante des machines qui mesurent le temps, au moyen de laquelle le régulateur détermine la durée des révolutions des roues; et les roues et le moteur, par une fonction réciproque et simultanée, entretiennent le mouvement du régulateur.

Cette belle et savante méchanique remplit les fonctions que nous venons d'indiquer, de la manière suivante. Pendant que la dernière roue du rouage, qu'on appelle *roue d'échappement*, et avec laquelle l'échappement correspond, tourne toujours du même côté, l'échappement va et revient continuellement sur lui-même par un mouvement de vibration; en sorte que par l'engrénement alternatif des deux bras opposés qu'il porte, il modère et règle la vîtesse de la roue d'échappement, obligé, comme il l'est lui-même, de suivre le mouvement du régulateur : mais en même temps aussi la roue d'échappement imprime à son tour, à chaque passage d'une dent, une impulsion au régulateur pour entretenir son mouvement. Ce sont ces effets combinés de l'échappement avec le régulateur et avec le rouage, qui forment la mesure du temps, que les axes des roues marquent sur le cadran au moyen des aiguilles qu'elles portent.

Nous répéterons ici ce que nous avons déjà dit ailleurs, c'est que l'Inventeur de l'échappement est le vrai Créateur de la mesure du temps par les horloges : il est également le Créateur des oscillations ou vibrations employées dans ces machines ; et il est évident que sans l'invention de l'échappement, on eût inutilement découvert les oscillations du pendule ; celui-ci n'eût pu être appliqué à l'horloge.

Cet ancien, ce premier échappement, est celui qu'on nomme *à roue de rencontre.* Depuis l'époque de son invention, on a construit une infinité d'échappemens ; mais celui-ci, que l'on emploie dans les montres communes ou ordinaires, est encore le meilleur. On ne connoît pas l'Auteur de cette belle invention.

L'échappement est une partie des horloges sur laquelle le génie des Artistes s'est le plus exercé : de là vient le très-grand nombre des divers échappemens qu'ils ont construits. Nous n'entreprendrons pas de faire mention de tous ceux qu'ils ont imaginés ; il suffit d'indiquer ceux qui, par leur nature, sont les plus propres à remplir leurs fonctions.

Tous les échappemens connus peuvent se diviser en quatre classes ou genres très-distincts ; savoir,

1.° Les échappemens *à recul ;*

2.° Les échappemens *à repos ;*

3.° Les échappemens *à vibrations libres ;*

4.° Les échappemens *à vibrations libres et à remontoir d'égalité d'arcs.*

Les échappemens à recul sont ceux dans lesquels la roue pousse continuellement le régulateur, au moyen de son action alternative sur les deux palettes ; d'où il arrive que lorsqu'une dent de la roue quitte une palette, une autre dent retombe sur la palette opposée, et le régulateur, continuant sa vibration, donne un mouvement rétrograde à la roue.

Les échappemens à recul sont de trois espèces principales ; celui *à roue de rencontre*, celui *à ancre*, et l'échappement *à double lévier.*

Les échappemens à repos sont ceux dans lesquels la dent de la roue, s'échappant de dessus la palette ou lévier d'impulsion, tombe sur un plan circulaire ou sur une portion cylindrique portée par le régulateur, et celui-ci continuant son mouvement, cette dent reste immobile. On en connoît deux principaux ; celui que l'on emploie dans les horloges à pendule, et celui qu'on appelle *à cylindre*, dont on se sert pour les montres.

L'échappement à vibrations libres est bien aussi à repos ; car après son impulsion, la roue reste immobile : mais ici ce repos diffère de celui des échappemens dont nous venons de parler, en ce que la roue, après son impulsion, ne touche ni n'appuie sur une portion de cercle portée par le régulateur ; mais elle est arrêtée par une pièce séparée de lui, et tellement, que le régulateur achève librement sa vibration, sans éprouver aucune résistance de la part de l'échappement.

I.
Inventions de divers Échappem.

UN ARTISTE célèbre du commencement du XVIII.e siècle, HENRI SULLY, a écrit l'Histoire critique de différentes sortes d'échappemens : il l'a continuée jusque vers l'an 1727. Nous allons transcrire ici cet écrit de SULLY[a] :

« On ignore, dit SULLY[b], l'Auteur de l'échappement ordinaire, qui semble avoir été le premier qu'on ait mis en usage : c'est une invention tout-à-fait singulière et très-ingénieuse, et à laquelle on s'est uniquement attaché jusqu'au temps où on a appliqué le pendule aux horloges, et le ressort spiral aux montres.

» Ces nouvelles perfections ajoutées à l'Horlogerie, ont servi d'époques à plusieurs autres changemens, et particulièrement dans l'échappement. Il ne sera pas inutile de suivre et développer, autant qu'il sera possible, les motifs qui ont déterminé leurs Auteurs à ces différentes recherches.

II. Échappement à roue de rencontre, changé en celui dit *à pirouette* par *Huygens*, en 1675.

» ON A COMMENCÉ par les montres, et le premier changement qu'on paroît y avoir fait à l'égard de l'échappement, a été de mettre un pignon au balancier, au lieu des palettes, dans lequel engrenoit la roue de rencontre, faite en façon de roue de champ[c], ayant les dents de la figure de celles d'une roue de rencontre, qui agissant sur les palettes de l'autre roue, lui faisoit faire des vibrations de côté et d'autre, et plusieurs tours du balancier à chaque vibration, et lesquelles se faisoient avec lenteur, comme une par une seconde, ou, comme j'en ai vu, sans ressort spiral, faisant une vibration, autant que je m'en souviens, en deux secondes.

» Il semble qu'on ait imaginé cette construction d'échappement pour mieux imiter les vibrations des pendules à secondes, qui étoient alors une invention nouvelle et peu connue, et

[a] Cet écrit nous a été conservé par M. *Julien le Roy*, qui l'a placé à la suite de la seconde édition de la *Règle artificielle du temps* (de *Henri Sully*) ; Paris, 1737.

[b] *Règle artificielle, &c.* page 230.

[c] Nous donnerons ci-après la description de cet échappement représenté *planche XIV, figure 1. (Note de l'éditeur.)*

peut-être même avant que le ressort spiral fût en usage[a], ce que je n'assurerai pas; car il se peut aussi que les premières montres à ressort spiral de M. HUYGENS, ayant leur échappement de cette manière, certains Artistes, antagonistes de cette nouveauté, dont ils ne comprenoient pas encore la propriété physique et les avantages, s'imaginèrent peut-être que ces montres *à pirouettes*, c'est leur nom, devoient leur régularité plutôt à la lenteur de leurs vibrations, qu'à l'application de ce ressort, dont ils ont essayé de se passer, &c.....

III. Échappement à deux balanciers du doct. *Hook*, 1675.

» LE SAVANT et ingénieux docteur HOOK, de la Société royale de Londres, fit revivre, en 1675, un échappement nouveau qu'il avoit inventé dès l'année 1658, et dont, dans cet intervalle de dix-sept ans, il avoit fait diverses épreuves dans son particulier : cet échappement étoit fort différent de l'ordinaire et de celui dont je viens de parler. Deux balanciers s'engrenoient l'un dans l'autre par une denture menagée à leur circonférence[b], ou, ce qui revient au même, chaque balancier portoit une roue dentelée, et l'engrenage se faisoit par ces deux roues : chaque verge de balancier n'avoit qu'une palette, longue d'une ligne ou un peu plus, posée sur le milieu de son axe. La roue de rencontre (ou d'échappement) étoit placée parallélement aux deux platines de la cage, ou son axe parallèle aux axes des deux balanciers. Les deux verges des balanciers étoient posées, l'une d'un côté, et l'autre de l'autre côté de cette roue de rencontre

[a] M. *Sully* se trompe ici : cette construction d'échappement à pirouette appartient à *Huygens ;* il la proposa en 1675, lors même de l'application du spiral au balancier; et il n'avoit rien moins en vue que de faire servir cette invention à la découverte des longitudes. Voyez les *Transactions Philosophiques*, et les *Mémoires de l'Académie*, et ci-devant Tome I.er, Chap. VIII, page 141.

[b] Voyez *planche XIV*, *figure 4*, qui représente celui construit par *J. B. Dutertre*, sur le même principe.

qui agissoit sur les palettes de la manière suivante. Lorsqu'une dent de cette roue, faisant son chemin, avoit écarté d'un côté la palette d'un des balanciers qu'elle venoit de rencontrer, ce premier balancier, par son engrenage dans le second, le faisant tourner en sens contraire, ramenoit par ce moyen la palette du second, alternativement à l'action d'une des dents de la roue de rencontre de l'autre côté, et ainsi réciproquement de l'une et l'autre [a].

» La propriété la plus remarquable de cet échappement, étoit que des secousses subites ne dérangeoient point les vibrations de cette montre; ce qui est en soi une perfection, mais qui jusque-là fut trouvée plus que compensée par ses autres inconvéniens; et on revint à l'échappement ordinaire, quoique cette méthode fût peut-être susceptible d'additions et de corrections très-utiles, comme nous le ferons voir dans son lieu.

IV. La première origine de l'Échappement à repos, appartient à *Tompion*, vers 1695.

» LE FAMEUX M. TOMPION, auquel on est principalement redevable de l'état florissant où l'Horlogerie a été en Angleterre depuis soixante ans, voulut, vers l'année 1695, mettre en usage un nouvel échappement dont il se promettoit un bon succès. La verge de son balancier portoit une tranche cylindrique, supposons d'une ligne et demie de diamètre; sa roue de rencontre ou d'échappement étoit un rochet parallèle aux platines de la cage,

[a] *Éclaircissemens.* L'Échappement à deux balanciers que nous venons de décrire d'après *Sully*, et dont il attribue l'invention à M. *Hook*, paroît plus ancien que cet Auteur. Voici ce qui est dit *Traité d'Horlogerie* de *Thiout*, page 110:

« La *figure 31*, *planche XLIII*, représente un ancien échappement d'Allemagne, composé de deux roues qui engrènent l'une dans l'autre, et qui portent chacune une palette. Quand le rochet d'échappement tourne, il rencontre une palette qu'il entraîne avec lui : par ce moyen, les deux roues tournent et les deux balanciers se croisent; quand la dent est échappée, la palette opposée se présente pour retenir le rochet; à son tour, elle fait croiser les balanciers de l'autre côté, les dents assez écartées pour laisser tourner librement la tranche cylindrique entre deux. Une entaille faite dans cette tranche, dans le sens de l'axe du balancier, y formoit une palette qui se présentoit à l'action de la roue d'échappement ou rochet; la première dent en écartant la palette échappant, la dent suivante tomboit sur la circonférence du cylindre, contre lequel elle s'arrêtoit (et restoit immobile) jusqu'au retour du balancier (par le spiral)[a], qui ramenoit la fente du cylindre jusqu'à la seconde dent, et achevoit, au moyen du spiral, sa vibration à son retour; la seconde dent écartoit à son tour la palette, et le cylindre arrêtoit de même la troisième, &c.: de sorte qu'il ne se faisoit qu'un battement dans une allée et venue du balancier, ou dans deux de ses vibrations. Cet échappement avoit cette excellente propriété, que la régularité du mouvement de la montre n'étoit pas sensiblement changée par toutes les inégalités possibles de l'action de la force motrice; mais le frottement presque continuel de la roue d'échappement sur l'extrémité du cylindre, et l'augmentation des frottemens sur les pivots du balancier, causée par cette pression de la roue, produisoient des inconvéniens d'autant plus dangereux, qu'ils paroissoient moins d'abord, et qui, suivant plusieurs circonstances particulières, et à la longue, se manifestèrent comme extrêmement nuisibles à la justesse du mouvement de cette montre: aussi M. Tompion n'en a-t-il jamais répandu

de *sorte qu'ils* vibrent toujours d'un sens contraire. Cet échappement étoit bon quand on ne connoissoit pas le pendule et le ressort spiral, &c. »

Quoi qu'il en soit, cet échappement, et celui de M. *Hook*, qui est de même nature, ont dû être l'origine de l'échappement à double lévier, dont on parlera ci-après, et des échappemens à deux balanciers rectifiés.

[a] *Sully* ne parle pas ici de l'action du spiral, sans lequel, avec un tel échappement, le balancier n'auroit pu vibrer. Tous les échappemens à repos dont celui-ci est l'origine, ne peuvent produire des oscillations sans le secours du ressort spiral. Nous avons dû suppléer ici ce que M. *Sully* a oublié d'expliquer. *(Note de l'éditeur.)*

dans le public, et il l'abandonna lorsqu'il en eut reconnu les imperfections.

» Vers l'année 1700, M. FACIO, Genevois, de la Société royale, inventa les rubis percés, qu'on emploie très-utilement depuis au pivot du balancier dans les montres de prix ; il s'associa M. DE BAUFRE, horloger français, établi à Londres, qui l'aida dans l'exécution de ce délicat ouvrage. Parmi les montres que ces messieurs firent construire pour répandre et faire valoir leur découverte, j'en ai vu une portant le nom de DE BAUFRE, dont l'échappement étoit particulier ; j'y fis d'autant plus d'attention, que ce fut feu M. le chevalier NEWTON qui, en 1704, me fit voir cette montre, qu'on lui avoit mise entre les mains pour en faire des épreuves, et me dit que depuis un mois elle avoit été avec une extrême justesse : ce récit me fit encore d'autant plus d'impression, que l'ouvrage me paroissoit, au reste, d'une exécution très-médiocre.

V.
Échappement à repos, à cylindre en diamant, par *de Baufre*, 1704.

» ENTRE les rubis percés dans lesquels rouloient les pivots du balancier et de la roue d'échappement, les palettes du balancier étoient formées d'un demi-cylindre plan fait en diamant ; son diamètre étoit de deux lignes et demie environ, et son épaisseur de près d'une demi-ligne. Les coupes faites sur l'épaisseur du cylindre étoient faites en talus, formant avec son plan un angle de 45 degrés, plus ou moins. La verge du balancier, qui passoit par le centre de ce demi-cylindre plan et qui s'y arrêtoit fixement vers le milieu de sa longueur, étoit l'axe de cette portion cylindrique de diamant.

» La roue d'échappement étoit double, ou plutôt c'étoient deux roues planes (ou rochets) fixées sur le même axe, toutes deux de même diamètre et de même nombre de dents ; l'ouverture des dents étoit un peu plus que le double de l'épaisseur des palettes.

palettes. Ces deux roues étoient posées sur leur axe commun, de manière que les pointes de l'une répondoient au milieu de l'ouverture des pointes de l'autre. . . .

» L'axe de cette roue coupant à angle droit l'axe du balancier, auquel étoient par conséquent parallèles les plans des deux roues, on conçoit aisément que les chemins de leurs dents coupoient les deux palettes de côté et d'autre, du centre de l'axe de balancier sur les plans desquels les dents des roues tomboient alternativement, et ensuite glissoient sur les talus, les reculoient l'un après l'autre, et bandoient le ressort spiral, qui, les ramenant successivement à réitérer cette action, causoit la continuité des vibrations du balancier [a].

» Le récit que M. NEWTON m'avoit fait de la grande justesse de cette montre, qui, autant que je m'en souviens, n'avoit varié entre ses mains que d'une minute ou deux dans un mois de temps, me porta à y réfléchir souvent avec beaucoup d'attention. Je trouvai à cet échappement le mérite de celui de M. TOMPION, et ses imperfections me paroissoient beaucoup moindres et plus susceptibles de correction ou de diminution : j'entrevis bien qu'il tendoit à mettre les vibrations à l'abri des inégalités de la force motrice, mais je ne prévoyois pas jusqu'à quel degré. Les deux roues sur le même axe me déplurent d'abord ; je cherchai à le simplifier à cet égard ; j'en trouvai ensuite le moyen, en disposant mes palettes de manière qu'une seule roue faisoit les mêmes fonctions que les deux ci-dessus avec moins d'inconvéniens. J'ai mis en œuvre cet échappement en 1721 ; je l'ai appliqué à ma

VI. Échappement à repos de *de Baufre*, rectifié par *Sully*, en 1721.[b]

[a] *Éclaircissemens.* L'Échappement que vient de décrire *Sully*, est nécessairement à repos ; car lorsqu'une dent a écarté la palette, la dent de l'autre roue va agir sur le plan des palettes ; en sorte que le balancier achève librement sa vibration pendant que la dent reste immobile sur ce plan : la vibration achevée, le spiral ramène le balancier, et cette même dent agit sur le plan incliné ou talus de la palette, &c.

[b] *Voyez* la *figure 2*, *planche XII*.

Pendule à lévier et à ma montre marine, et j'en ai expliqué les propriétés dans les deux Mémoires que j'ai lus à l'Académie royale des Sciences, en 1723 et 1724, qui sont imprimés dans ma Description des horloges de mer en 1726.

» L'analyse des échappemens étoit déjà un peu à la mode parmi les plus habiles Horlogers de Paris, et peut-être plus qu'ailleurs; je crois même y avoir contribué, tant par celle que je fis sur l'échappement ordinaire, en 1719, et que je lus à la Société des Arts, que par les conversations où j'ai toujours tâché d'engager ces messieurs sur les parties les plus intéressantes et les moins développées de cet Art.

» Mon échappement que j'avois publié fut bientôt épluché; et peut-être d'autant plutôt, qu'il sembloit que je l'eusse voulu plus faire valoir en l'employant dans un ouvrage qui par sa nouveauté [a] d'ailleurs avoit fait assez d'impression, et où je le croyois réellement d'abord plus utile que je ne l'ai trouvé par les expériences que j'en ai faites dans la suite. Quoi qu'il en soit, son excellente propriété de compenser très-parfaitement les inégalités quelconques de la force motrice, prouvée par des expériences démonstratives, excita beaucoup d'attention [b]; et il n'y eut personne parmi ceux qui cherchent la perfection de l'Horlogerie, qui n'eût souhaité trouver cette belle propriété exempte de toute imperfection dans cet échappement ou dans quelqu'autre qui en pouvoit être susceptible.

« Un habile et ingénieux Artiste de Paris, M. Dutertre, se porta à cette recherche, et avec beaucoup de succès. En 1724,

[a] Les horloges de mer.

[b] *Éclaircissemens.* L'échappement de *de Baufre*, avoit les mêmes propriétés; et quoiqu'il eût deux roues d'échappement, il nous paroît plus simple et d'une exécution plus facile que celui de *Sully*, avec deux cylindres plus difficiles à bien ajuster, sur-tout comme cela étoit nécessaire en employant des diamans ou rubis pour diminuer les frottemens, ainsi que de *de Baufre* l'avoit fait.

il inventa de nouveau, ou du moins renouvela, l'échappement de M. Hook, à deux balanciers, que j'ai décrit ci-dessus, mais avec une très-belle addition qui le rend sien à juste titre, et le rend, à ce que je pense, en même temps le meilleur, à plusieurs égards, de tous les échappemens jusqu'ici connus [a]. L'addition qu'il y a faite, consiste en une seconde roue d'échappement, appliquée sur le même axe avec la première, dont les fonctions produisent le principal mérite de cet échappement. Cette seconde roue a le même nombre de dents que la première, mais elle a un plus grand diamètre; de manière que ses dents, tombant alternativement sur les arbres cylindriques des deux balanciers, les pointes des dents de cette roue atteignent les axes de balancier jusqu'à leur centre. Les arbres ont chacun une entaille au travers, qui les coupe jusqu'un peu au-delà du centre dans le chemin des dents; de sorte qu'elles puissent passer librement par cette entaille, dans l'instant qu'elle se présente à leur passage; ce qui arrive à chaque retour du balancier. Voici donc l'action de cet échappement et son effet. Je distinguerai les deux roues qui sont sur le même axe; la plus petite, sous le nom de *roue d'impulsion;* et la grande, sous le nom de *roue d'arrête* ou de repos.

» Lorsque la montre n'est point montée, une des dents de la roue d'impulsion se trouve nécessairement appuyée contre l'une ou l'autre des palettes, qu'elle n'a pas la force d'écarter; mais la montre étant remontée, cette dent écarte sa palette avec d'autant

[a] *Éclaircissemens.* Nous ne pouvons être de l'opinion de *Sully.* Celui de *de Baufre,* plus simple, et ayant son action sur un diamant ou rubis, est bien préférable à celui à deux balanciers de *Dutertre*, dont le repos s'exerce sur des demi-cylindres, nécessairement en acier, puisqu'ils sont formés sur les axes mêmes des balanciers, comme on va le voir; et ils sont par conséquent plus sujets aux frottemens et à l'usure: on n'a d'ailleurs qu'à jeter les yeux sur la *figure 4, planche XIV,* qui représente cet échappement, lequel est en effet très-ingénieux et très-séduisant au premier aperçu.

plus de force, que son rayon est plus petit et celui de la palette plus grand : cette palette étant écartée en arrière, une dent du même côté de la roue d'arrête tombe sur l'arbre du même balancier et sur sa partie cylindrique, où elle se trouve arrêtée et en repos, pendant que le balancier achève librement sa vibration, et jusqu'à ce que la partie de l'arbre où est l'entaille, étant ramenée par le spiral, se présente de nouveau pour donner passage à cette dent ; ce qui donne lieu à la même action des dents de la roue d'impulsion sur la palette, et de celles de la roue d'arrête sur la partie cylindrique de l'autre balancier ; et le frottement fait par la dent de la roue d'arrête est d'autant moindre, que son rayon est plus grand, et le diamètre de l'arbre plus petit.

» Cet échappement a donc la même propriété de compenser les inégalités de la force motrice, qu'ont ceux de M. Tompion, de M. de Baufre et le mien, avec beaucoup moins de désavantage, et avec quelques propriétés singulières, quant à l'action des deux roues sur les palettes et sur les arbres des balanciers : mais, d'un autre côté, les frottemens dans l'engrénage des deux balanciers, et celui qui se fait de surplus sur leurs quatre pivots, qui sont d'autant plus considérables, que ces balanciers deviennent très-lourds pour avoir leurs masses requises, renfermées dans de très-petits diamètres : ces deux inconvéniens doivent faire craindre que ce nouvel échappement n'ait point tout le succès qu'on seroit tenté d'en espérer, sur-tout dans les montres de poche, bien que très-ingénieusement inventé, ni même dans d'autres montres, sans quelque nouvelle modification.

VII. L'Échappement ordinaire à roue de rencontre, qui par sa nature est à recul,

» En 1727, on apporta d'Angleterre en France quelques montres, avec un autre échappement qui doit avoir la même propriété que ceux dont nous venons de parler, et dont M. . . . . . est l'Auteur. M. Julien le Roy l'ayant répété ici pour en faire des épreuves, me l'a montré au mois de novembre de la même année, avec des remarques qu'il avoit faites dessus, et qui persuadent qu'il mérite quelque attention, ne fût-ce que pour fournir quelque chose de ce qui manque encore sur la nature des frottemens sur les métaux, et pour mieux développer cette multitude de combinaisons qui entrent dans toutes les différentes sortes d'échappemens. Celui-ci paroît être descendu en ligne droite de celui de M. Tompion, dont la description, déjà donnée, fera bien entendre que leur différence consiste en ce que ce nouvel échappement a deux tranches cylindriques avec leurs entailles qui servent de palettes, une à chaque bout de la verge du balancier, et une roue de rencontre à l'ordinaire (à couronne), agissant dessus, et faisant un battement à chaque vibration, comme dans l'échappement usité : au lieu que celui de M. Tompion n'avoit qu'une tranche cylindrique avec son entaille, une roue plane d'échappement agissant dessus, et ne faisant qu'un battement en deux vibrations. Cette conformité qui ne diminue rien des propriétés qu'on pourra remarquer dans cet échappement, n'empêche point qu'on ne trouve moyen d'y en ajouter d'autres qu'il n'a pas encore; car il y a même plus de mérite à ne faire que les moindres additions aux inventions des autres, qu'à inventer mille nouveautés bizarres et mal digérées qui n'ont rien de recommandable. Je mets de ce nombre plusieurs échappemens qu'on a imaginés et exécutés en divers temps et en divers pays, dont, pour cette raison, je ne parlerai point.

rendu à repos par des palettes formées sur deux cylindres; 1727.

VIII.

Des Échappemens de pendules. L'échappement à roue de rencontre, employé dans les premières Horloges à pendule. *

» L'ancien échappement de la roue de rencontre, dit Sully, autrement nommé *à couronne à nombre impair*, agissant alternativement sur les deux palettes de la verge du balancier, faisant

* Cet article est encore de *Sully*, et extrait de la *Règle artificielle du temps*, 2.e édition, page 260.

entre elles un angle droit ou approchant [a], fut le même qu'on employa dans les premières horloges à pendule : on n'y fit pendant plusieurs années que de très-petits changemens, qui n'étoient que de réduire les palettes à un angle de soixante degrés, plus ou moins; correction d'ailleurs nécessaire et utile dans l'échappement des horloges à pendule, dont l'arc de vibration ne doit et ne peut pas être si grand que celui du balancier d'une montre. Toutes les horloges à pendule, suivant la méthode de M. HUYGENS, furent faites avec cet échappement, qui donne nécessairement de grands arcs de vibration ; ce qui donna lieu à son ingénieuse application de la cycloïde, qui lui auroit paru d'abord moins nécessaire, si l'on eût employé quelque autre échappement qui n'eût produit qu'un arc beaucoup plus petit, comme de huit à dix degrés d'un grand cercle, lequel se confond presque avec un arc de cycloïde de la même étendue. Il étoit donc très-naturel de chercher quelque expédient de cette nature, par le moyen duquel on pouvoit se passer de la cycloïde, dont l'application au pendule a été constamment accompagnée de beaucoup de difficultés, et de plusieurs inconvéniens absolument inévitables, quelque savantes et ingénieuses que fussent les réflexions qui y ont conduit cet illustre Géomètre.

IX.
L'échappement à ancre et à rochet, appliqué aux Horloges à pendule; 1680.

» QUOI QU'IL EN SOIT, quelques années après que les horloges à pendule furent en usage, on s'avisa d'un échappement qui avoit cette propriété ; c'est le même qu'on appelle l'*échappement à rochet* ou *à ancre*, dont les palettes ont à-peu-près la forme d'une ancre [b]. Le pendule, avec cet échappement, porte une lentille plus pesante, et un moindre poids moteur l'entretient en mouvement : et parce qu'il ne décrit qu'un petit arc dans ses vibrations, et qu'on trouva beaucoup plus de justesse dans les

[a] Voyez *planche II, figure 2.* [b] Voyez *planche IV, figures 8 et 9.*

horloges où il étoit appliqué, que dans celles dont l'échappement étoit à roue de rencontre, cette méthode fut préférée, et parut premièrement à Londres, je crois vers l'année 1680, et y fut pratiquée généralement parmi tous les Horlogers : elle a passé depuis en Hollande et en Allemagne, et n'a guère été connue en France que depuis 1695. Comme le premier Auteur d'une nouvelle invention n'est pas d'abord connu, on ne savoit à qui l'attribuer : mais M. SMITH, horloger de Londres, dans son petit livre d'Entretiens sur l'Horlogerie, l'a attribué à M. CLÉMENT, aussi horloger de Londres. Peu de temps après, le docteur HOOK l'a revendiqué comme le sien, et a affirmé que peu après l'incendie de Londres, arrivé en 1666, il avoit montré à la Société royale une Pendule avec cet échappement. . . . .

X. L'échappement à ancre attribué à M. *Clément*, horloger de Londres.

» Quelques observations que j'avois faites sur ces Pendules vers l'année 1702, et dont je parle dans mon livre, Règle artificielle du temps, *page 56*, semblent avoir donné lieu d'examiner de plus près cet échappement, et d'en développer quelques petites imperfections qui lui restoient, comme inconnues, ou auxquelles du moins on n'avoit point fait d'attention. Je remarquai que le poids moteur de l'horloge étant doublé, le pendule appliqué avec cet échappement en étoit un peu accéléré, comme d'une minute, plus ou moins, en vingt-quatre heures, et que le pendule décrivoit en même temps de plus grands arcs, d'où découloient les conclusions suivantes :

» 1.° Qu'étant déjà démontré que de plus grands arcs de cercle emploient plus de temps à se décrire que de plus petits, par le pendule suspendu, indépendamment de l'horloge, cette augmentation de la grandeur des arcs étoit par conséquent un principe de retardement qui ne laissoit pas d'y exister, quoiqu'il ne se manifestât pas ;

» 2.° Que ce principe de retardement étoit plus que compensé par un principe d'accélération;

» 3.° Que ce principe d'accélération étoit parfaitement analogue à une force étrangère, laquelle, ajoutée à la pesanteur, ne pouvoit que faire parcourir au pendule des arcs égaux en moins de temps que la pesanteur seule ne les auroit fait décrire;

» 4.° Que cette force étrangère ou auxiliaire pouvait être plus grande ou plus petite, et les effets d'une même force plus grands ou plus petits sur le même pendule, suivant les différens bras de lévier où elle serait appliquée[a]....

» 10.° D'où il suit qu'il y a moyen de distribuer cette force sur les différens points de l'arc décrit, de manière qu'il y ait une parfaite compensation de l'un à l'autre sur tous les arcs possibles; ce qui constitueroit le plus parfait échappement. »

De tout ce qui précède, M. SULLY conclut, que l'application de la cycloïde n'exempte pas les vibrations du pendule joint à l'horloge, des inégalités provenant de la force motrice et qui l'affectent par son échappement; qu'elle n'en corrige que dans le cas établi article 9; qu'elle augmente l'inégalité dans le cas de l'article 8, ce qui la rend nuisible; et que, par l'article 10, elle devient totalement inutile.

« C'étoit, continue SULLY, sur ces principes, que j'ai osé le premier soutenir, en 1715, l'inutilité de la cycloïde dans le pendule appliqué à l'horloge.....

» En 1716, j'ai exécuté, dit SULLY, un échappement dans la vue de cette compensation, qui est indiquée dans l'article 10; il consistoit en un petit changement que j'ai fait dans la forme des palettes de l'ancre.....

[a] On peut voir, page 266, *Règle artificielle du temps*, la suite des raisonnemens de l'Auteur pour prouver que par une certaine courbe de l'échappement, on peut rendre isochrones les oscillations d'inégale étendue du pendule.

» D'autres

» D'autres occupations plus importantes qui me sont survenues peu-après, m'ont empêché d'achever cette horloge et d'en faire des expériences ; et je me suis borné à ne produire là-dessus que les raisonnemens qui m'avoient conduit à cette recherche.

» Vers l'année 1720, M. JULIEN LE ROY s'appliqua à cette recherche, par l'occasion que lui en fournit M. SAURIN, et qu'il rapporte dans les Mémoires de l'Académie des Sciences de cette année : le succès avec lequel il a découvert la véritable courbure des palettes de l'ancre pour produire l'effet d'une parfaite compensation, répond assez du génie et de l'adresse qu'il lui falloit *pour y réussir*; et le Mémoire ci-dessus (de M. SAURIN) en fait foi, ainsi que la description de cet échappement qui est insérée aux Mémoires de l'Académie, année 1720, *p. 212.* »

Tels sont les échappemens dont M. SULLY a donné l'analyse dans son Histoire de ce méchanisme, et qui se termine ici.

Les échappemens dont on vient de donner l'analyse d'après l'écrit de SULLY, ont été l'origine de diverses autres combinaisons sur cette partie du méchanisme des horloges et des montres. Il seroit trop long de rappeler ici les différens moyens qui ont été proposés sur cet objet ; nous en renvoyons le détail aux explications des figures qui seront placées à la suite du présent Chapitre. Mais nous devons distinguer trois sortes d'échappemens, parmi ce grand nombre, qui ont été construits vers le temps où SULLY a écrit. Le premier est celui que le célèbre GRAHAM a composé, et qu'il a employé avec succès dans les horloges astronomiques à pendule ; le second, du même Auteur, est destiné aux montres portatives ; le troisième est l'échappement employé par M. JULIEN LE ROY dans ses horloges astronomiques à pendule.

XI. Échappement à

L'ÉCHAPPEMENT que GRAHAM a construit pour les horloges

repos composé par *Graham*, pour les Horloges à pendule.[a]

astronomiques, a dû être exécuté vers le temps où il inventa le premier les moyens de correction des effets du chaud et du froid sur le pendule, c'est-à-dire, vers . . . .

Cet échappement ne diffère pas beaucoup de celui à ancre et à rochet dont on a donné l'explication ci-devant : comme dans celui-ci, la roue est plane, et placée en cage parallélement aux platines comme les autres roues du rouage. La pièce qui forme l'échappement est de même une ancre ; mais avec cette différence, que les palettes de l'ancre sont tellement construites qu'elles ne causent pas de recul, et qu'au contraire cet échappement est à repos, au moyen des portions de cercle formées sur ces palettes, lesquelles correspondent aux plans inclinés qui produisent l'impulsion ou action qui entretient le mouvement du pendule.

L'échappement à repos de GRAHAM, employé dans les horloges à pendule, étant exécuté avec les soins et la précision requis, est encore aujourd'hui un des plus parfaits dont on puisse faire usage dans ces machines, sur-tout en faisant les palettes en rubis, ainsi que quelques Artistes l'ont pratiqué.

XII.
Moyens propres à perfectionner l'échappement à ancre dans les Horloges astronomiques, par des palettes en rubis, une roue d'acier ; et à rendre cet échappement isochrone en faisant les palettes à recul.

NOUS ajouterons ici que pour donner un nouveau degré de perfection à cet échappement, il faudroit employer une roue d'acier trempé; que les palettes, étant exécutées avec des rubis, portassent, au lieu d'une portion de cercle pour former le repos, une courbe propre à former un léger recul, afin de donner à cet échappement la propriété de rendre isochrones les vibrations d'inégale étendue du pendule, de la manière que M. SAURIN l'a déterminé dans le Mémoire dont nous avons déjà fait mention, et inséré dans les Mémoires de l'Académie pour l'année 1720.

[a] *Voyez* la *figure 3*, *planche XIV*.

XIII.
Échappement à repos, à cylindre, de *Graham*, pour les Montres.[a]

L'ÉCHAPPEMENT que GRAHAM a composé pour les montres est aussi à *repos* : on l'appelle encore *échappement à cylindre*, parce que la pièce qui forme l'échappement et qui est portée par le balancier, est un cylindre creux en forme de canon. Ce cylindre est coupé dans le milieu de sa longueur par une entaille qui passe jusqu'au centre, c'est-à-dire qu'elle coupe le cylindre par son diamètre. Sur les deux bouts du cylindre ou canon non entaillés, sont ajustés des bouts de tiges qui forment l'arbre ou axe de son mouvement, de même que du balancier fixé sur un des bouts d'axe rapportés. Ce cylindre ou canon, qui a peu d'épaisseur, est figuré dans la partie entaillée, de manière à recevoir l'action de la roue d'échappement : celle-ci porte des dents figurées en plan incliné, lesquelles agissent successivement sur les bords ou tranches arrondies de la partie entaillée du cylindre, et produisent, par leur action, la levée ou action d'impulsion qui entretient le mouvement de vibration du balancier. Lorsqu'une dent ou plan incliné a produit la levée, la dent suivante tombe sur la surface du cylindre, et reste immobile pendant tout le temps que le balancier emploie à achever sa vibration : le spiral ramenant le cylindre, l'entaille ou lèvre de celui-ci se présente à l'action de cette même dent, laquelle écarte de nouveau le cylindre pour opérer une autre vibration.

L'échappement à cylindre n'a été connu en France qu'en *1728*. M. JULIEN LE ROY fit venir de Londres une montre de GRAHAM dans laquelle cet échappement étoit employé ; il céda ensuite cette montre à M. DE MAUPERTUIS, après l'avoir éprouvée[b]. Depuis cette époque, plusieurs Artistes ont adopté en France cet échappement, auquel ils ont attribué des propriétés merveilleuses, sur-tout celle de compenser toutes les inégalités de la force

[a] *Voyez* la *figure 6*, *planche XIV.*

[b] *Voyez* l'*Année littéraire*, Tome V, page 97. Lettre de M. *le Roy* l'aîné, à M. *Fréron.*

motrice. Un Artiste habile de Paris, M. JEAN JODIN, a même publié un livre [a], dans lequel il prétend établir la supériorité de cet échappement sur tous les autres alors connus. Nous n'avons pu partager cet enthousiasme, et nous pensons que l'échappement de DE BAUFRE vaut mieux. Au reste, on peut voir sous quel point de vue un autre Artiste, qui a écrit à-peu-près dans le même temps, a considéré les effets des échappemens [b].

XIV. L'Échappement à double lévier employé par M. *Julien le Roy*, aux Horloges astronomiques à pendule.

L'ÉCHAPPEMENT à double lévier tire son origine de celui à deux balanciers du docteur HOOK ou de l'ancienne horloge d'Allemagne. Nous ignorons quel a été l'Artiste qui en a fait le premier l'application aux horloges à pendule.

Voici ce que rapporte M. THIOUT, dans son Traité d'Horlogerie, page 100 : « La *fig. 9, planche XLI*, représente l'échappement à deux léviers pour les Pendules à secondes, imaginé par M. le chevalier DE BÉTHUNE. Depuis que je l'ai appliqué le premier en 1727, la plupart des Horlogers qui en ont eu connaissance l'ont adopté. »

Il se peut que M. THIOUT ait fait le premier, comme il vient de le dire, l'application de cet échappement ; mais on ne peut refuser à M. JULIEN LE ROY un avantage bien préférable, c'est celui d'obtenir de ce même échappement la propriété très-précieuse de rendre isochrones les oscillations d'inégale étendue décrites par le pendule [c].

Dans un Mémoire sur l'Horlogerie, publié en 1750 [d], il est dit, *page 13, note* u : « M. JULIEN LE ROY, qui le premier a reconnu cette propriété de l'échappement à double lévier, a

[a] *Les Échappemens à repos comparés aux Échappemens à recul*; Paris, *Jombert*, 1754.

[b] *Essai sur l'Horlogerie*, N.° 1925.

[c] Voyez la *Règle artificielle du temps*, édition 1737, page 276.

[d] Par M. *le Roy*, fils aîné de *Julien le Roy*.

trouvé que dans les Pendules à secondes, la longueur de chaque lévier devoit être égale au demi-diamètre du rochet.»

XV.
Nouvelles recherches sur la mesure du temps. Véritables fonctions des échappemens.

LES ÉCHAPPEMENS dont nous venons de donner une notion, et dont on fit usage dans les montres jusque vers l'année 1754, étoient d'une précision suffisante pour la mesure du temps dans l'usage civil : mais lorsque des Artistes, à cette époque, s'occupèrent de la composition d'horloges propres à déterminer la longitude en mer, il devint nécessaire d'établir de nouveaux principes, et une théorie fondée sur les lois de la Méchanique et du mouvement, et d'assigner à chaque partie du méchanisme d'une horloge les fonctions que la théorie indiquoit. C'est d'après une étude profonde et une analyse subtile de toutes les parties qui doivent composer une horloge marine, que ces Auteurs reconnurent que le principe de la justesse de ces machines, ne pouvoit avoir lieu que dans le balancier et son ressort spiral; que c'étoit de ce régulateur seul que l'isochronisme des oscillations d'inégale étendue devoit naître, et que dès-lors les fonctions de l'échappement ne consistoient nullement à procurer cet isochronisme, mais seulement à entretenir le mouvement du régulateur sans troubler son isochronisme [a]. On reconnut aussi dès-lors que le régulateur [le balancier] étant dépouillé de tous les frottemens qui auroient pu troubler son isochronisme, l'horloge à laquelle ce régulateur seroit appliqué, éprouveroit des variations très-considérables, en passant du chaud au froid [b], parce qu'alors l'élasticité du ressort spiral changeroit en raison de ces différences de température; et dès-lors on inventa les moyens de correction propres à compenser ces effets de la température. Tels furent les premiers

[a] Voyez, *Mercure de France*, 1754, la *Lettre sur l'Horlogerie*, écrite à M. *Camus*, de l'Académie des Sciences, et l'*Essai sur l'Horlogerie*, N.° 1925.

[b] *Essai sur l'Horlogerie*, N.° 1894.

principes établis par les Auteurs de la découverte des horloges à longitude. L'échappement fut donc dès-lors considéré sous une nouvelle face.

Nous ne devons pas omettre ici que cette nouvelle théorie de l'isochronisme des oscillations du balancier par le spiral, appartient en entier aux Artistes français : cela est si vrai, qu'HARRISON, dans sa montre marine, a cherché à obtenir l'isochronisme par l'échappement ; tant il est difficile de secouer le joug des vieilles erreurs. Mais depuis l'époque où les principes des Artistes français ont été rendus publics, des Horlogers anglais se sont emparés de nos découvertes : il y en a même un qui a osé demander et obtenir une patente d'invention, pour un spiral rendu isochrone ; découverte publiée long-temps auparavant par les Artistes français. Revenons à l'échappement.

XVI. Conditions les plus essentielles que la nouvelle théorie exige de l'échappement. [a]

L'OFFICE de l'échappement, et les conditions qu'on en exige, d'après cette nouvelle théorie, sont, 1.° que la force du moteur soit transmise au régulateur, au moyen de l'échappement sans perte, c'est-à-dire que la roue d'échappement communique au régulateur la force qu'elle reçoit du moteur, avec le moins de frottement possible ; 2.° qu'après que la roue a communiqué l'impulsion au régulateur, celui-ci achève librement sa vibration ; 3.° que l'action de l'échappement ne puisse, en aucune manière, changer la nature des oscillations du régulateur ; c'est-à-dire que si les oscillations libres du régulateur sont isochrones, ces oscillations le soient également après l'application de l'échappement à l'horloge ; 4.° que l'échappement n'exige point d'huile, en sorte que les frottemens qu'il éprouve soient les plus petits possible, et que par conséquent les variations qui pourroient survenir dans ces frottemens, ne soient jamais capables d'affecter la marche de

[a] *Traité des Horloges marines*, N.° 968.

l'horloge, ou d'altérer l'isochronisme de ses oscillations. Telles sont les propriétés que je desirois obtenir d'un échappement, lorsque j'ai traité de la Théorie des horloges marines : ces propriétés se trouvent heureusement réunies dans l'échappement à vibrations libres, dont nous allons donner une notion.

XVII. De l'échappement à vibrations libres.

DANS les échappemens à repos connus, et tels qu'ils sont mis en usage, immédiatement après qu'une dent de la roue d'échappement a donné l'impulsion au régulateur, cette même dent va appuyer sur une portion cylindrique portée par l'axe du régulateur; en sorte que cette dent presse sur le cylindre ou portion de cercle de cet axe, pendant tout le temps employé par le régulateur pour achever sa vibration. Or, comme cette portion de cylindre est concentrique à l'axe du régulateur, il suit nécessairement que pendant que le régulateur achève sa vibration, et que l'action de la roue d'échappement est ainsi suspendue par le cylindre ou portion de cercle portée par son axe, la roue d'échappement reste parfaitement immobile, c'est-à-dire qu'elle n'avance ni ne rétrograde : c'est par cette raison que cette espèce d'échappement a été appelée *à repos.* Mais cet échappement, malgré ses avantages apparens et tant vantés, entraîne nécessairement par sa nature, et des frottemens, et les variations qui en sont la suite; en sorte que, quelque parfaite qu'en soit l'exécution, comme il exige de l'huile, il entraîne par-là des résistances variables très-nuisibles. Ce sont les difficultés ou défauts que je viens de faire remarquer dans l'échappement à repos ordinaire, qui m'ont fait rechercher depuis très-long-temps les moyens de détruire ces obstacles de l'échappement. J'ai combiné, pour cet effet, l'échappement, de manière que dès que la roue a donné son impulsion, le régulateur puisse achever librement sa vibration, et que, pendant ce temps, l'effort ou action de la roue ne

soit pas suspendu, comme dans l'échappement à repos, par le régulateur même, mais par une détente que le régulateur ou balancier dégage en un temps indivisible; en sorte que le régulateur n'éprouve par-là aucune autre espèce de résistance ou de frottement, que celle de dégager la détente qui suspendoit l'effort de la roue pendant que le balancier oscilloit librement; et d'ailleurs le moment de l'impulsion de la roue se faisoit sur le balancier, de manière à n'éprouver que le plus petit frottement, et sans qu'il fût nécessaire d'employer de l'huile. Telle est la première idée qui m'est venue de l'échappement auquel j'ai donné le nom d'*échappement à vibrations libres*.

Dans cet échappement, le balancier fait deux vibrations, pendant qu'il n'échappe qu'une dent de la roue en un seul temps, c'est-à-dire que le balancier va et revient sur lui-même, et qu'à son retour à la seconde vibration, la roue, en échappant, restitue en une vibration, au régulateur, la force qu'il a perdue en deux. Ainsi, pendant toute une vibration, et la plus grande partie de la seconde [a], l'action de la roue demeure suspendue par une détente; en sorte que le balancier, pendant ce temps, oscille librement. J'ai donné une notion de cet échappement [b], d'après le modèle que j'en avois fait en 1754.

XVIII. Échappement libre de M. *Pierre le Roy.*

M. PIERRE LE ROY, célèbre Artiste, auquel on doit la construction d'une excellente montre marine, a aussi inventé, vers le même temps, un échappement libre qui a parfaitement réussi. Nous en avons rapporté la description, Tome I.er, Chapitre XV, *page 299*. Cet échappement est représenté *planche XII, fig. 7*.

L'invention de l'échappement à vibrations libres, paroît

[a] La roue n'agit sur le régulateur que pendant le temps de la levée ou impulsion, qui n'est que d'environ 40 degrés.

[b] N.° 281 du *Traité des Horloges marines*.

appartenir

appartenir également à plusieurs Artistes qui, sans connoître ce que chacun avoit pensé, ont eu à-peu-près les mêmes idées. Ces Artistes sont MM. LE ROY, THOMAS MUDGE, Artiste anglais, et FERDINAND BERTHOUD : mais les combinaisons qu'ils ont employées, sont assez différentes les unes des autres, pour qu'on ne puisse douter que chacun d'eux est véritablement inventeur du méchanisme qu'il a employé. Nous donnerons ci-après l'explication de ces divers échappemens libres.

Les Artistes dont nous venons de parler, ne sont pas les seuls qui aient eu le projet d'un échappement libre ; car long-temps avant eux, JEAN-BAPTISTE DUTERTRE avoit eu l'idée d'un tel méchanisme. Mais comme cet échappement ne nous est pas connu, et qu'il n'a jamais été publié, nous ne pouvons en parler.

XIX. Description de divers Échappem. Échappement appelé *à pirouette*, construit par *Huygens*.

LA *figure 1, planche XIV*, représente l'échappement connu sous le nom d'*échappement à pirouette* [a], employé à quelques montres. La roue de rencontre E est placée où est ordinairement la roue de champ ; et la roue de champ D est en place de la roue de rencontre : cette roue engrène dans un pignon *d*, fixé à la tige du balancier ; et sa tige porte deux palettes *e*, *f*, qui font échappement avec la roue de rencontre à l'ordinaire ; de sorte qu'on est maître de faire faire plusieurs tours au balancier C ; cela dépend du diamètre du pignon *d*. *a a* est le spiral placé à l'ordinaire.

XX. Échappement à ancre, inventé par M. *Clément*, horloger de Londres, en 1680.

LA *figure 2* représente l'échappement à ancre, substitué très-heureusement à l'échappement à roue de rencontre dans les horloges à pendule à secondes.

XXI. Échappement à repos pour les Hor-

LA *figure 3, planche XIV*, représente l'échappement à repos,

[a] *Traité d'Horlogerie* de *Thiout*, page 105.

loges à pendule à secondes, construit par M. *G. Graham.*[a]

par M. GRAHAM, horloger de Londres. « La règle que j'ai trouvée (dit M. THIOUT), et qui me paroît assez convenable pour le former, est d'éloigner le centre de l'ancre de la circonférence de la roue d'un diamètre du rochet, comme la figure le présente. »

Voici comment cet échappement agit : La partie *a*, par exemple, vient d'échapper ; celle *b* reçoit sur sa partie circulaire le choc de la dent du rochet ; la vibration s'achevant, la palette s'enfonce dans le fond de la denture sans y toucher. La vibration revenant, le rochet reste toujours immobile, et n'a d'action que lorsque le plan incliné se présente à la pointe de la dent : pour lors la dent agissant sur ce plan, oblige la palette de s'écarter, et, en échappant, la dent *c* tombe, frappe sur la partie circulaire de la palette *a*, et est retenue jusqu'à ce que son plan incliné se présente ; pour lors la dent du rochet cesse d'être immobile ; elle suit le plan incliné de la palette, et, en l'écartant, restitue le mouvement au pendule.

XXII.
Échappement à cylindre pour les montres, inventé par *G. Graham.*

LA *figure 6, planche XIV*, représente en perspective l'échappement à cylindre. F est la roue d'échappement, figurée comme on le voit dans la figure. Les dents qu'elle porte sont inclinées pour produire la levée de l'échappement : elles agissent sur les tranches ou bords faites à un canon A qui s'appelle *cylindre*. Le cylindre porte, à chaque bout, des tampons portant de petites tiges sur lesquelles sont formés les pivots. Sur un de ces tampons ou assiettes, est fixé le balancier B, concentriquement au cylindre.

Les plans inclinés dans l'échappement à cylindre, sont portés par la roue d'échappement pour faciliter l'étendue des vibrations du balancier, lequel peut parcourir près d'une révolution entière : pour cet effet, le diamètre intérieur du cylindre est égal à la

[a] *Traité d'Horlogerie* de *Thiout*, page 103.

longueur d'une dent, et peut tourner autour de cette dent près d'un tour; et comme le cylindre est concentrique aux pivots, la roue reste en repos pendant tout le temps qu'elle appuie sur le cylindre, soit en dedans ou en dehors.

XXIII.
Échappement à cylindre, à deux balanciers.

La *figure 8, planche XIV,* représente l'échappement à cylindre, adapté avec un régulateur composé de deux balanciers. Cet échappement ne diffère du précédent que par l'addition d'un balancier qu'on avoit cru propre à rendre la montre moins susceptible des agitations; mais le succès de cette espèce de régulateur n'a pas répondu à ce qu'on en avoit espéré.

XXIV.
Échappement à deux balanciers, par *Jean-Baptiste Dutertre.* [a]

La *figure 4, planche XIV,* représente l'échappement à deux balanciers, construit par M. Dutertre. Ces deux balanciers, qui engrènent l'un dans l'autre, sont placés sur la platine de dessus, de même que le double rochet. Ces trois pièces sont soutenues chacune par un coq. Sur les croisées, sont placées les palettes D, E, et les tiges des balanciers ont chacune des entailles pour laisser passer les pointes des dents du grand rochet. Voici comment il agit: Quand la pointe 2 rencontre l'entaille de la tige du balancier, elle passe; la dent 3 du petit rochet frappe la palette D, et fait vibrer les balanciers; la grande pointe 4 est retenue sur la tige du balancier A; l'entaille se présentant au retour du balancier, elle passe, et la dent 3 va frapper sur la palette E; étant échappée, la pointe 5 est retenue par la tige du balancier B; et ainsi successivement. Sous l'un des balanciers B est placé le spiral. Cet échappement ne peut vibrer sans ressort-spiral.

Les propriétés de cet échappement sont telles, que les secousses ne dérangent pas sensiblement les vibrations. La pression

[a] *Traité d'Horlogerie* de *Thiout*, page 102.

que les dents du rochet d'arrêt font sur les cylindres, corrige l'impulsion que le balancier reçoit par le rouage; ce qui fait que la force motrice étant doublée, les vibrations n'en sont pas dérangées.

XXV.
Échappement à repos employé par *H. Sully* dans sa Pendule à lévier.[a]

LA *figure 2, planche XII*, représente l'échappement que SULLY a employé dans ses Pendules à lévier; il est vu de profil. Cet échappement est composé de deux cercles d'agate, 1, 2, fixés sur la tige de la roue de champ : ces deux cercles ont chacun une tranche oblique, sur laquelle les dents de la roue d'échappement agissent successivement. Ces tranches sont inclinées l'une d'un côté, et l'autre d'un sens contraire, pour faire produire les vibrations. La tige de l'échappement porte la roue de champ, laquelle engrène dans un pignon fixé à l'arbre du balancier, ce qui lui fait parcourir de grands arcs. Voici comment il agit:

En commençant à donner la première vibration au balancier C, la dent *b*, rencontrant l'entaille inclinée du cercle 1, rend le mouvement au balancier. Cette dent étant échappée, elle tombe sur la partie circulaire du cercle horizontal 2, et reste ainsi retenue en repos jusqu'au retour du balancier, qu'elle rencontre le plan incliné; pour lors elle restitue la force au balancier. La même dent échappant, celle *c* tombe sur une partie circulaire du cercle 1, jusqu'au deuxième retour qu'elle rencontre de nouveau son plan incliné pour agir : ainsi les deux cercles 1, 2 servent successivement de repos au rochet, et de palette propre à former l'échappement, en restituant la force perdue par le balancier.

XXVI.
Échappement à repos, à palette de rubis, employé dans

L'ÉCHAPPEMENT dont FERDINAND BERTHOUD a fait usage dans son horloge marine N.° 8, diffère peu de celui de

[a] *Traité d'Horlogerie* de *Thiout*, page 103.

l'Horloge marine N.o 8 de *Ferdinand Berthoud.*

SULLY que nous venons de décrire. Cet échappement, qui est à repos, est représenté *planche XIII, fig. 1 et 2.* Il consiste en une roue d'acier trempé très-dur, dont les dents forment des plans inclinés qui agissent sur des palettes de rubis fixées sur un axe portant une roue dentée ou rateau, qui engrène dans un pignon fixé sur l'axe du balancier. On peut recourir à la description de cet échappement, Traité des Horloges marines, N.os 802 et suivans.

XXVII. Échappement à deux léviers, imaginé par M. le chevalier *de Béthune.* [a]

LA *figure 5, planche XIV*, représente l'échappement à double lévier, *imaginé* par M. le chevalier DE BÉTHUNE, pour servir aux Pendules à secondes. « Depuis (dit M. THIOUT) que je l'ai appliqué le premier en 1727, la plupart des Horlogers qui en ont eu connoissance l'ont adopté. » A, B, sont deux léviers qui ont chacun leurs tiges qui se meuvent librement sur leurs pivots dans la cage du mouvement. Le lévier B porte la fourchette qui correspond au pendule pour entretenir ses vibrations. Celui A retient le rochet; la dent l'obligeant de mouvoir, il échappe à son tour, et le rochet est retenu par le lévier B, qui est mu par le rouleau C, porté par celui A : ce rouleau correspond à la fourchette BC; de sorte que quand un des léviers baisse, l'autre s'écarte, &c. Cet échappement est à recul, comme celui à roue de rencontre.

XXVIII. Échappement à repos, à cheville, par M. *Amant*, horloger de Paris. [b]

LA *figure 7, planche XIV*, représente l'échappement à repos et à cheville, construit par M. AMANT. Il est composé d'une roue plate, d'une rangée de chevilles. La cheville 1 quittant la palette A, celle B reçoit le choc de l'échappement. La vibration augmentant, la palette B s'enfonce, et la roue reste immobile, ce qui fait que l'aiguille de secondes ne recule point. La vibration

[a] *Traité d'Horl.* de *Thiout,* page 100. [b] *Ibidem,* page 112.

revenant, la cheville, agissant sur le plan incliné, restitue le mouvement, &c. »

XXIX.
Échappement à repos, à cheville, pour les Horloges à pendule, par *M. J. A. le Paute.* [a]

La *figure 2, planche VIII,* représente l'échappement à repos et à cheville construit par M. J. A. LE PAUTE.

« La première pièce de l'échappement est un arbre placé en F horizontalement, et portant sur les deux platines de la cage de l'horloge auxquelles il est perpendiculaire ; les deux extrémités de cet axe se terminent en pivots.

» Cet arbre porte deux léviers recourbés, GA*e*, HB*d*, qui y sont fixés à frottement dur ; de manière qu'on puisse les ouvrir plus ou moins, et leur faire faire l'angle qui est nécessaire pour les effets qu'on s'y propose.

» Les parties RILS des léviers, sont des arcs de cercle dont le centre est dans le même plan que la roue et sur l'axe F; mais ils se terminent par des plans inclinés I*e*, L*d*.

» Le lévier GA*e* passe derrière la roue, tandis que le lévier HB*d* est sur la partie antérieure de la roue. La roue porte, sur ses deux faces, des chevilles perpendiculaires à son plan. Les chevilles *x*, *y*, &c. (marquées en blanc) sont en devant de la roue. Les chevilles *m*, *n*, placées alternativement avec les autres, sont à la partie postérieure de la même roue.

» La roue descendant de *u* en *x* par la force motrice, les chevilles de la partie antérieure rencontrent le plan incliné L*d* et le poussent vers B ; par ce mouvement, le lévier GA*e*, qui est vers l'autre face de la roue, s'avance sous la cheville suivante ; alors la cheville V ayant échappé au point *d*, et le lévier continuant de s'éloigner par la force de pulsion imprimée au pendule, la cheville suivante *u* se trouve sous la partie circulaire concave RI, qui est l'arc de repos.

[a] *Traité d'Horlogerie*, par M. *J. A. le Paute ;* Paris, 1755, page 193.

» Les léviers étant ramenés du côté de A par l'oscillation descendante du pendule, la cheville qui glissoit sur l'arc RI, rencontre bientôt le plan I*e* sur lequel elle agit comme la première, mais en sens contraire, en poussant les léviers de *e* en A, jusqu'à ce que la cheville suivante vienne se trouver sur l'arc constant LS, pour redescendre de là sur le plan L*d;* et ainsi de suite. »

La *figure 3, planche VIII*, représente l'échappement à cheville, applicable aux montres. Nous renvoyons, pour sa description, au Traité d'Horlogerie de M. LE PAUTE, auteur de cet échappement. *Voyez* page 198 dudit Traité.

XXX.
Échappement libre, fort simple, à *détente-ressort* et *levée-ressort*, par *Ferdin. Berthoud.*[a]

J'AI PUBLIÉ dans le Traité des horloges marines, la description et donné les plans de plusieurs constructions de l'échappement à vibrations libres de ma composition, et le succès a répondu à ce qu'on exigeoit de ce méchanisme : il restoit cependant à desirer que cet échappement fût rendu plus simple et d'une exécution plus facile. Je vais présenter de nouveau l'échappement libre avec les changemens que j'y ai faits.

La *fig. 11, planche XIV* (de l'Histoire de la mesure du temps) fait voir en perspective l'échappement libre au moment où la roue d'échappement transmet son action au balancier.

A représente l'axe de balancier, sur lequel est fixé par deux vis le cercle B d'échappement ; C est la roue d'échappement ; *a b c* la détente, laquelle porte en *b* un talon formé en portion de cercle qui sert à suspendre l'action de la roue C, pendant que le balancier va et revient librement sur lui-même ; la partie *a b* de la détente est formée en ressort très-flexible[b], et sur-tout à l'extrémité

[a] *Mesure du temps*, ou Supplément à l'*Essai sur l'Horlogerie*, in-4.°, 1787, N.° 68.

[b] Cette partie *a b* du ressort devroit avoir dans la figure deux fois plus de longueur, pour être plus flexible.

a, qui est censée être le centre de mouvement de la détente, que j'appelle *détente-ressort;* la partie *b c* forme la détente, dont *a* est le centre de mouvement. Le ressort *d e l* fixé par une vis et un tenon sur le cercle d'échappement, porte en *d* une cheville, laquelle, agissant sur le bras *c* de la détente, dégage la roue lorsque le balancier tourne de B vers A; c'est en ce moment qu'une dent de la roue agit sur la tranche *h* du cercle B, et qu'elle lui transmet son action. Le cercle et le balancier continuent de tourner librement: revenant ensuite sur lui-même, la cheville *d* du ressort *de* glisse sur le bout incliné *c* de la détente, et se remet en prise; en sorte que le balancier ayant achevé la seconde vibration à son retour, la cheville *d* élève de nouveau la détente et dégage la roue. J'appelle *levée-ressort* la pièce *d e l;* la partie *de* forme le ressort, qui doit être très-flexible, sur-tout en *e*, qui est le centre de mouvement de la cheville *d;* la levée-ressort peut fléchir vers le centre de l'axe A, mais elle ne peut pas trop s'engager avec le bras de la détente, sa course de ce côté étant bornée par une cheville portée par le cercle B : la course de la détente est également bornée par une cheville ou par une entaille de la platine. La *fig. 12* représente le plan de cet échappement, B le cercle d'échappement, *a b c* la détente-ressort, et *e f g* la levée-ressort.

XXXI. Construction la plus simple et la plus sûre de l'échappement à vibrations libres. [a]

L'ÉCHAPPEMENT à vibrations libres, que j'ai employé dans les montres N.° 60, &c., est celui qui m'a paru d'une exécution plus sûre et plus facile; sa construction est rectifiée d'après celui représenté *planche XIX, fig. 5* du Traité des horloges marines. Cet échappement est à détente mise en cage : la détente porte un ressort droit de levée qui permet le mouvement rétrograde du balancier.

La *fig. 9, planche XIII*, représente cet échappement vu en plan :

[a] Suite du *Traité des Montres à longitude*, N.° 43.

plan : L est la roue d'échappement, *m* le cercle d'échappement porté par l'axe du balancier ; *por* est la détente dont le talon *r* suspend l'action de la roue L.

L'axe de balancier porte au-dessus du cercle *m*, un canon fixé à l'axe par une vis de pression ; ce canon porte en saillie un talon fendu en fourchette : c'est dans cette fourchette qu'est fixée la cheville qui sert à élever la détente.

La cheville *s* de la fourchette, tournant de *m* en *s*, agit sur la partie *p* de la détente, et fait écarter le talon *r* de la roue L : celle-ci, en tournant, restitue la force au balancier par l'action de l'une de ses dents sur l'entaille faite au cercle d'échappement *m*, sur laquelle elle agit comme sur un lévier. Lorsque la cheville revient de *s* en *m*, elle rencontre le bout *p* de la détente, lequel est formé par un ressort droit, très-flexible, fixé sur le bras *t* : ce ressort cède donc au mouvement rétrograde du balancier. Le balancier revenant de nouveau de *m* en *p*, la cheville de la fourchette presse le ressort *p* contre une cheville 1 portée par le bras *n* de la détente, et oblige par-là la détente de tourner et le talon *r* de s'écarter de la roue, et celle-ci agit de nouveau sur l'entaille du cercle *m* d'échappement, &c.

La broche *q* sert à fixer la course de la détente ou son arrêt de repos : *u* est le ressort qui sert à ramener la détente sur son arrêt.

La détente porte le bras *k* de *précaution*, pour arrêter la roue, lorsqu'on a retiré le balancier.

XXXII. Échappement libre à détente, par deux arrêts sans ressort, par *Ferdinand Berthoud.*

La *figure 13, planche XIV*, représente la construction d'un échappement libre dans lequel on a supprimé les ressorts, lesquels sont suppléés comme on va l'expliquer.

L'action de la roue d'échappement A est transmise au balancier de la même manière que dans les échappemens libres décrits ci-devant, c'est-à-dire qu'elle agit sur l'entaille du cercle B porté par l'axe du balancier. La figure fait voir l'échappement au moment où la détente a dégagé la roue d'échappement pour agir sur l'entaille.

La détente C porte deux bras d'arrêt ou talons *a* et *b*, dont les faces sont figurées en portion de cercle : le talon *a* sert à suspendre l'action de la roue après qu'elle a communiqué son action à l'entaille *c* du cercle B : le talon *b* reçoit la dent de la roue, lorsque le balancier, en rétrogradant, fait échapper celle qui repose sur le talon *a*. Ces effets sont produits par les deux léviers C *d*, C *e* formant la fourchette qui fait mouvoir la détente C : cette fourchette est fixée sur le centre C de la détente. Ces léviers sont placés l'un au-dessus de l'autre. Le lévier C*d*, qui est le plus près de la détente, correspond à un demi-cercle *de* placé au-dessus du cercle d'échappement B ; ce demi-cercle est entaillé, et présente un plan droit dirigé au centre : le plan droit de ce demi-cercle opère le dégagement de la roue par son action sur le bras C*d* (lorsque le balancier rétrograde, après avoir achevé sa première vibration) ; pendant cet effet, la roue n'avance que d'une petite quantité, et suffisante pour dégager le talon *a* et laisser rétrograder le balancier.

Le balancier ayant achevé librement cette seconde vibration, revient sur lui-même ; et le demi-cercle de levée *fg*, placé au-dessus du premier, présente son plan droit au lévier supérieur *f*C de la fourchette ; celui-ci est entraîné, et fait écarter le talon *b* de la détente, qui arrêtoit la roue : en ce moment, une dent de cette roue va agir sur l'entaille *c* du cercle d'échappement ; ce qui produit une nouvelle impulsion, qui est transmise au balancier ; et ainsi de suite.

Les portions de cercle *de* et *fg*, formées par les levées d'échappement, servent à maintenir alternativement les bras C*d* et C*e* de la fourchette dans une position fixe, qui assure les effets de l'échappement.

XXXIII. Échappement à vibrations libres, à détente et à ressort, appliqué à l'Horloge marine N.° 9.[a]

La *figure 10*, *planche XIV*, représente cet échappement vu en plan : A est le cercle d'échappement, C la roue, *a b d* la détente ; le bras *a* de la détente suspend la force de la roue pendant que le balancier oscille librement : le ressort *d* sert à ramener cette détente aussitôt que la palette *c* a achevé d'écarter le bras *b* : c'est en ce moment qu'une dent de la roue va agir sur le rouleau *h*, porté par le cercle d'échappement A, et transmet sa force pour entretenir le mouvement du balancier : celui-ci ayant achevé son oscillation, revient sur lui-même ; et en rétrogradant, la palette *c* rencontre le bout *b* de la détente ; mais elle cède, en s'écartant de ce bras, et se rapprochant vers le centre du cercle éloigné de *b* : le ressort *l* la ramène pour la remettre en prise, lorsque le balancier a achevé son oscillation ; en sorte qu'en revenant, cette palette *c* se présente de nouveau au bras de la détente pour dégager la roue, et restituer de nouveau l'impulsion au balancier.

XXXIV. Échappement isochrone pour les Montres.[b]

« Nous imaginons, dit l'Auteur, que si on vouloit faire une montre la plus parfaite possible, et propre à mesurer le temps sur mer, on y parviendroit, en faisant un échappement isochrone. Cet échappement ne seroit pas porté par l'axe même du balancier ; l'axe de l'échappement porteroit un rateau denté, dont les dents engreneroient dans un pignon porté par l'axe de balancier : de cette manière le balancier parcourroit de grands arcs, et l'échappement de fort petits ; les arcs de levée de l'échappement feroient parcourir de grands arcs au balancier, et les arcs de supplément seroient fort petits ». En voici le méchanisme :

[a] *Traité des Horl. marines*, N.° 988. [b] *Essai sur l'Horlogerie*, N.° 1932.

Planche XIV, figure 9. A est la roue d'échappement, B l'ancre portant des plans inclinés ou courbes propres à obtenir l'isochronisme des oscillations; CD le balancier, *a* le pignon dont l'axe porte le balancier; *b* est le rateau qui engrène dans ce pignon : ce rateau est porté par l'axe de l'ancre d'échappement.

XXXV.
Échappement à ancre, rendu isochrone, pour les Horloges à pendule. [a]

LA *figure 8, planche XV*, représente l'échappement à ancre, sous la forme propre à rendre isochrones les oscillations du pendule qui sont d'inégales étendues. Cet ancre est fait en acier; mais pour rendre ses frottemens constamment les mêmes, il seroit nécessaire que les talons sur lesquels la roue agit, fussent exécutés en rubis avec la courbure propre à l'isochronisme, et que la roue fût faite en acier très-dur.

M. JULIEN LE ROY et M. SAURIN, en 1720, s'occupèrent à déterminer la courbure propre à l'isochronisme. *Voyez* les Mémoires de l'Académie pour 1720.

On trouve également dans le Traité de THIOUT, *page 93*, un Mémoire de M. ENDERLIN sur la courbure que l'on doit donner aux faces de l'ancre pour rendre les oscillations du pendule isochrones; enfin le même objet est aussi traité dans l'Essai sur l'Horlogerie, N.° 1324.

XXXVI.
Échappement libre, détente à deux arrêts sans ressort, par le C.en *Robert Robin*, horloger. [b]

LA *figure 15, planche XIV*, représente cet échappement avec sa détente, vue sous ses divers aspects lorsqu'elle agit. A est la roue d'échappement, G la détente.

Dans cet échappement, la roue restitue au balancier la force qu'il perd de deux en deux vibrations par son action sur le cercle B. La détente porte deux talons d'arrêt, *a*, *b*, qui forment,

[a] *Essai sur l'Horlogerie*, N.° 1323.

[b] *Mémoire contenant la description d'un échappement libre, &c.* Rochette, &c. Paris, l'an 2, brochure *in*-8.° de 24 pages.

avec la roue, un premier échappement. Un de ces talons, *a*, étant écarté, la roue A échappe, agit sur l'entaille du cercle B, et restitue la force au balancier sur l'axe duquel le balancier est fixé. Le talon *b* reçoit la dent de la roue pour l'arrêter, et le balancier achève sa vibration : à son retour, il fait dégager la palette *b*, et la roue parcourt un très-petit espace, et va tomber sur le talon *a*. Cet effet sert donc, comme nous l'avons déjà expliqué ailleurs, au mouvement rétrograde du balancier. Voici donc en quoi cet échappement diffère de ceux que nous avons décrits; c'est par la manière dont la détente correspond au balancier. Ici l'axe du balancier porte la dent *d*, et la détente G la fourchette *e*; à chaque vibration, la dent vient s'engager dans la fourchette, et par conséquent fait aller et revenir les talons, pour laisser échapper successivement les dents de la roue. Pour assurer cet effet, l'Auteur a attaché un second bras *f* à la détente; ce bras, lorsque la dent agit sur la fourchette, s'engage dans une entaille faite au canon qui porte la dent, et en dessous d'elle; la fourchette étant dégagée de la dent, ce bras *f* est retenu près de la circonférence de la virole; ce qui maintient la détente dans une position fixe.

Par cette disposition de la fourchette et de la dent, il suit que le balancier peut faire près de deux tours à chaque vibration, ainsi que cela a lieu dans les échappemens libres à détente et à ressort.

XXXVII. Échappement libre à ancre, dont la roue restitue la force au balancier à chaque vibration, par *Thomas Mudge*, horloger de Londres. *

DANS TOUS les échappemens à vibrations libres qui ont été composés par les Artistes français, et dont les principaux ont été décrits ci-devant, la roue d'échappement n'agit sur le balancier que de deux en deux vibrations; et de cette manière son action

* Le dessin que nous donnons ici de cet échappement est fait d'après le modèle qui est au Conservatoire des Arts et Métiers.

s'exerce avec très-peu de frottement. Mais la construction de l'artiste anglais MUDGE diffère en entier des nôtres ; car il a simplement employé l'échappement à repos des horloges à secondes à pendule, comme on le voit *figure 14, planche XIV*, dont A est la roue d'échappement, et B l'ancre; et par ce moyen, la roue restitue la force au balancier, à chacune de ses vibrations. Pour cet effet, l'axe *a* de l'ancre porte la fourchette *ab*, dont le bout *b*, fait en fourchette (comme on le voit dans la *figure 9, planche XVI*, où cet échappement est vu de profil), est contenu dans la cage. Chacun des bras de cette fourchette fait l'office de dent pour agir sur les palettes 1, 2, formées sur deux cylindres que porte l'axe du balancier BB, *planche XV*. Chacune des branches ou dents de cette fourchette agit successivement sur une des palettes, et en sens contraire, selon que le balancier va et revient. Cette action de la fourchette sur les palettes s'exerce en un temps très-court; en sorte que le balancier se trouve isolé, et par conséquent oscille librement, pendant que l'action de la roue est suspendue sur les portions de cercle de l'ancre d'échappement B.

XXXVIII. Échappement libre à détente sans ressort pour l'Horloge à pendule.

LA *figure 3, planche XI*, représente l'échappement libre adapté à l'horloge astronomique, dont le pendule fait deux vibrations par seconde : F est la roue d'échappement, *ab* la détente d'échappement.

L'action de la roue F est transmise au pendule, en agissant sur l'entaille *f* faite à la portion du cercle AB d'échappement, de la manière suivante. La détente porte deux talons d'arrêt, *a*, *b*, figurés en portion de cercle. Celui *a* sert à suspendre l'action de la roue lorsqu'elle a communiqué son action à l'entaille du cercle d'échappement, et celui-ci au pendule au moyen du lévier C qu'il porte, et du rouleau D qui correspond au pendule. Le talon *b* sert à recevoir, à arrêter la roue lorsque le pendule revient sur lui-même, ce qui produit le mouvement rétrograde. Ces effets sont produits par deux léviers, *dc*, *ec*, fixés au centre *c* de la détente, mais l'un plus élevé que l'autre. Ces deux léviers forment la fourchette qui correspond à la portion de cercle d'échappement *bg*.

Le lévier *de*, qui est le plus près de la détente, répond à une portion de cercle *g*, portée par le cercle d'échappement D. Cette portion *g* présente un plan droit à la fourchette *d*, qui, entraînée, dégage le talon *a* de la détente, et par conséquent la roue s'échappe. L'entaille *f* se présente, et la dent de la roue agit sur cette entaille, qui restitue au pendule la force qu'il a perdue. La roue ayant achevé d'agir sur l'entaille *f*, une dent se présente sur le talon *b*, et le pendule achève librement sa vibration : à son retour, une portion de cercle *g*, plus élevée, rencontre le bras *e* de la fourchette, et, en l'entraînant, écarte le talon *d*; la dent qu'il retenoit s'échappe, en ne parcourant qu'un petit espace convenable au mouvement rétrograde, et une dent va s'arrêter sur le bras *a*.

XXXIX.
Échappement libre pour l'Horloge à pendule, rectifié.

LA *figure 4*, *planche XI*, représente l'échappement libre, tel qu'il est adapté à l'horloge à demi-seconde, vue dans cette planche, et avec les dimensions convenables pour que la levée du pendule ne soit que de trois degrés. Pour cet effet, le centre *a* de la pièce d'échappement *abc*, doit correspondre exactement et coïncider avec le point *x* de suspension du pendule, *fig. 5*.

F est la roue d'échappement, vue en *d*F, *figure 1*; *ges* est la détente mobile sur deux pivots entre la platine et le pont. La partie *s* de la détente sert à suspendre l'action de la roue, pendant que le pendule achève librement sa vibration, pendant laquelle le talon *h* de la levée *ih* est arrivé vers le bras *g* de la détente ; et au retour du pendule, le talon *h* entraîne le bras *g* devers *d*, ce qui écarte le talon ou bras *s* ; la roue est dégagée, et une de ses dents va agir sur l'entaille *d* de la pièce *abc* d'échappement, action qui restitue au pendule la force qu'il a perdue, et entretient ainsi son mouvement.

La levée *h*, après qu'elle a été écartée par le plan incliné du bras *g* de la détente, retombe par son propre poids, et est retenue ensuite par la cheville placée en dessus de *d*. De même, lorsque la détente *egs* a été écartée de la roue d'échappement, elle retombe par l'action du contre-poids *k*, et est arrêtée par une cheville qui fixe sa course.

Nous terminerons ce chapitre par la description d'une nouvelle espèce d'échappement libre, inventé depuis peu en Angleterre par THOMAS MUDGE, habile horloger de Londres.

Le but que l'Auteur a eu en vue, a été de conserver au régulateur une constante égalité d'étendue dans ses vibrations. Mais avant de décrire cet échappement, nous devons présenter les recherches qui ont été faites anciennement sur le même objet par un méchanisme appelé *remontoir*.

XL.
Du méchanisme appelé *remontoir*.

ON APPELLE *remontoir*, dans les horloges, une méchanique fort ingénieuse, dont le but est de procurer une parfaite égalité à la force qui entretient le mouvement du régulateur, et de telle sorte que cette force ne participe ni aux inégalités des engrenages et des frottemens, ni à celle du moteur, et par conséquent à conserver une constante égalité dans l'étendue des arcs de vibrations du régulateur. Pour remplir ce but, on a employé deux forces motrices. La première est celle qui fait tourner les roues du rouage ; celle-ci se remonte tous les jours ou tous les huit jours, *à la main :* la seconde force motrice, au contraire, est renouvelée à chaque instant, ou au moins dans des périodes

très-courtes

très-courtes par le premier moteur; en sorte qu'elle est réputée constante et d'égale action. Nous nommerons ce méchanisme *remontoir d'un moteur secondaire*, pour le distinguer du remontoir ou remontage ordinaire des horloges.

Les anciens Artistes qui se sont occupés de perfectionner les horloges à balancier, ont reconnu depuis long-temps la nécessité de conserver à ce régulateur une égale étendue d'arcs, afin d'obtenir de l'horloge toute la justesse dont elle étoit susceptible. C'est à cette idée, également heureuse et vraie, que l'on doit la première invention du remontoir d'égalité, ou d'un moteur secondaire. Cette invention paroît dater du commencement du XVII.e siècle. Voici un fait que l'on rapporte dans un Mémoire imprimé en 1751 [a]:

« Une ancienne horloge d'Allemagne, dit ce Mémoire, qui fut faite vers 1600, et dont le balancier [b] étoit à *foliot*, ce qui prouvoit son ancienneté, appartenoit à M. le président DE LUBERT: elle sonnoit les heures et les quarts, et étoit astronomique, chose remarquable pour ce temps. Les chevilles de la sonnerie remontoient à chaque quart le ressort du mouvement, qui étoit dans un petit barillet. Cette invention n'avoit été appliquée à l'horloge par son Auteur que pour lui donner plus de régularité, en faisant tirer le rouage du mouvement par une force plus égale. »

Si le fait que nous venons de rapporter est vrai, comme on n'en peut douter, l'invention du remontoir d'égalité est fort ancienne; et l'horloge faite en Allemagne vers 1600 est la première connue où cette invention ait été appliquée.

[a] *Mémoire signifié par la communauté des Horlogers de Paris, &c. contre Pierre Rivas*, de l'imprimerie de *J. Lamesle*, Pont Saint-Michel. *Voyez* page 19.

[b] Le Mémoire dit que l'échappement étoit à foliot : c'est une faute d'impression, il n'y a pas d'échappement de ce nom; on appeloit *foliot*, le régulateur ou balancier.

XLI.
Remontoir d'égalité, par *Huygens.*

LE CÉLÈBRE CHRÉTIEN HUYGENS est le premier qui, dans un ouvrage imprimé, ait traité du remontoir : c'est dans son grand et bel ouvrage de *Horologium oscillatorium* qu'il en donne une courte description, mais sans figures. Voici ce qu'il en dit, *page 18 :*

« J'attachai à la roue de rencontre, au moyen d'une chaîne parfaitement travaillée, un petit poids qui devoit lui seul donner le mouvement à cette roue : le reste de l'horloge étoit employé à remonter, de demi-seconde en demi-seconde[a], ce poids à la même hauteur, à-peu-près de la même manière que nous avons fait voir ci-devant, que, tandis qu'on tiroit un des cordons, le poids moteur agissoit néanmoins toujours de la même manière sur le rouage : ce changement procure à la machine une égalité encore plus parfaite. »

XLII.
Remontoir d'égalité proposé par M. *de Leibnitz.*[b]

« LORSQUE M. HUYGENS publia son *ressort vibrant à spiral,* je publiai, dit M. DE LEIBNITZ, un peu après, dans le Journal des Savans (en 1675 ou 1676), un autre principe d'égalité qui n'est pas *physique* comme est la supposition de l'égalité des vibrations des *pendules* ou des *ressorts*, mais purement méchanique, consistant dans une *parfaite restitution de ce qui doit vibrer*, puisqu'alors les durées des vibrations sont égales, lorsqu'elles sont justement de même *étendue.* M. HOOK, en écrivant contre M. HUYGENS, dit qu'il avoit eu la même pensée que moi ; mais qu'il avouoit de ne l'avoir point fait paroître. J'ai pensé quelquefois, ajoute LEIBNITZ, à faire exécuter cette invention, qui promet de nouveaux avantages assez considérables ; mais j'ai

[a] C'est-à-dire, à chaque vibration du pendule : celui-ci avoit neuf pouces, et par conséquent battoit les demi-secondes.

[b] Remarques de M. *de Leibnitz*, insérées dans le livre de *Henri Sully*, ayant pour titre *Règle artificielle du temps*, p. 118, Paris, *Dupuis*, 1717.

toujours manqué de l'assistance d'un bon maître qui eût une bonne volonté d'y travailler ; les ouvriers, sur-tout en Allemagne, n'ayant point d'envie de s'écarter de leur routine. Cependant une montre ou horloge faite de cette manière pourroit se passer de la fusée, et iroit de même quand on redoubleroit le poids ou la force du premier mobile ; elle seroit aussi plus propre aux voyages de mer que l'horloge à pendule. »

Nous observerons ici, en passant, que l'invention du remontoir d'égalité proposé par LEIBNITZ avoit déjà été publiée avant lui par HUYGENS, en 1673 ; et qu'HUYGENS lui-même avoit été prévenu *dans cette* invention par un Artiste allemand dès 1600.

Nous ajouterons encore qu'il est remarquable que la même idée se soit présentée, à-peu-près à la même époque, à trois des plus beaux génies de ce temps, HUYGENS, LEIBNITZ et HOOK. On a vu de même l'application du pendule à l'horloge par HUYGENS réclamée pour JUSTE BYRGE, par GALILÉE, et même par le docteur HOOK.

L'application du spiral réglant a été aussi réclamée par le docteur HOOK, l'abbé DE HAUTE-FEUILLE, et par HUYGENS. Sans doute il y a des époques pour les Sciences et les Arts, où les meilleures têtes, s'occupant des mêmes objets, les trouvent, ou font des découvertes sans qu'on puisse penser qu'ils ont cherché à copier.

Depuis la publication de cette belle idée, le remontoir d'égalité par HUYGENS et par LEIBNITZ, divers Artistes célèbres ont tenté de la mettre en pratique, entre autres SULLY dans sa *Pendule à lévier* qu'il destinoit à la détermination des longitudes en mer. HARRISON a aussi employé le remontoir d'égalité dans sa montre à longitude qui a remporté le prix accordé par le parlement d'Angleterre. Mais nous ne pensons pas qu'aucun de ces Artistes soit encore parvenu à donner à ce méchanisme le degré de perfection qu'il exige, et que sans doute il comporte.

XLIII.
Remontoir d'égalité, par M. *Gaudron*, horloger du régent de France.

DANS un Mémoire présenté en 1730 à la Société des Arts de Paris, par M. PIERRE GAUDRON, horloger, cet Artiste donne la description et les dessins [a] d'un remontoir d'égalité de sa composition. Ce méchanisme a été le premier dont tous les détails aient été jusqu'alors publiés; car ni HUYGENS, ni SULLY, ni aucun des Auteurs qui ont parlé de cette méchanique, n'ont donné de plan des remontoirs qu'ils ont proposés.

Les effets du méchanisme du remontoir de M. GAUDRON étoient fort bien combinés, et paroissent devoir s'effectuer avec certitude. Mais ce remontoir manquoit son principal but : car le moteur secondaire agissoit sur la roue du mouvement qui précède la roue de minutes; en sorte qu'il restoit encore l'inégalité de trois engrenages, des frottemens de six pivots, et ceux de l'échappement même. Cette seconde force motrice devoit donc varier assez considérablement ; et il eût sans doute été préférable d'employer tout simplement une fusée pour corriger les inégalités du grand ressort moteur, et supprimer un remontoir dont le grand travail étoit en pure perte.

XLIV.
Principe de construction de l'Échappement libre à remontoir d'égalité, inventé par *Thomas Mudge*. [b]

DANS TOUS les échappemens dont on a fait usage, soit dans les horloges ou dans les montres, jusqu'à l'époque où l'*échappement libre-remontoir* a été publié, l'action de la roue d'échappement agit immédiatement sur le régulateur, et lui imprime la force qui lui est transmise par le rouage et le moteur, sans modification [c]; en sorte que cette force ne peut pas être considérée comme parfaitement constante, à cause des inégalités des engrenages, des

[a] Ce Mémoire et les plans sont insérés dans la seconde édition de la *Règle artificielle du temps, de Henri Sully*. M. *Julien le Roy* publia, en 1737, cette édition, qu'il enrichit de plusieurs Mémoires. Le remontoir de M. *Gaudron* a été inséré depuis dans le *Traité d'Horlogerie* de *Thiout*, et dans celui de *le Paute*.

[b] *Transactions philosophiques*, 1794.

[c] Excepté cependant dans les machines qui ont un remontoir.

frottemens des pivots, et de celles même du moteur. Dans le nouvel échappement libre-remontoir, la roue d'échappement n'agit pas immédiatement sur le régulateur; mais à chaque vibration elle bande un ressort jusqu'à un point fixe et déterminé : ce ressort, au retour du balancier, est lâché; de sorte qu'en se débandant, sa force restitue au balancier celle nécessaire pour entretenir son mouvement; d'où il paroît que cette force doit toujours être constante, et par conséquent doit imprimer au balancier la même action, et que celui-ci doit décrire des arcs constamment de même étendue. Tel est le principe ou le but que l'Auteur de cet échappement s'est proposé : nous examinerons jusqu'à quel point il a réussi, lorsque nous aurons donné la description qu'on en a publiée. En attendant, nous devons convenir que cette idée est véritablement ingénieuse et très-séduisante.

L'invention du remontoir a été publiée pour la première fois, comme nous l'avons dit, par le célèbre HUYGENS : il employa ce méchanisme dans ses horloges marines à pendule. La force motrice de l'horloge étoit un ressort que l'on remontoit tous les jours : ce ressort, par son action sur le rouage, remontoit, à chaque vibration du pendule (qui étoit à demi-secondes), un petit poids suspendu à une chaîne qui entouroit une poulie portée par l'axe de la roue de rencontre ou d'échappement; en sorte que par ce méchanisme ingénieux, la force qui entretient le mouvement du régulateur, étoit parfaitement égale et constante, et qu'elle ne participoit pas aux inégalités du ressort moteur, à celles des engrenages, et aux variations des frottemens des pivots du rouage. Il ne pouvoit y avoir de différence dans cette force secondaire, que celle qui naissoit de la variété des frottemens de l'échappement [a], celle des frottemens des deux pivots de la

[a] Quantité qui peut être réputée à-peu-près nulle dans l'échappement à roue de rencontre (parce qu'il ne faut pas y mettre d'huile).

roue de rencontre, et la variété de ceux que peut causer la pièce qui suspend et rend libre à chaque vibration l'action du rouage et du premier moteur.

Dans le remontoir imaginé par M. MUDGE, la force motrice secondaire est renouvelée à chaque vibration, de même que dans celui d'HUYGENS; mais avec cette différence que le remontoir s'exerce par l'échappement même, au lieu que dans la construction d'HUYGENS c'est par la roue d'échappement.

La construction de l'échappement-remontoir de M. MUDGE, nous a paru neuve et originale, et elle mérite une place distinguée parmi les inventions dont la Science de la mesure du temps s'honore : nous allons, par cette raison, en donner la description telle qu'on la trouve dans la Bibliothèque britannique : elle est extraite d'un savant Mémoire de M. ATWOOD[a], inséré dans les Transactions philosophiques, année 1794, *page 119*.

XLV.
Explication de la figure qui représente l'échappement libre à remontoir de *Thomas Mudge*.

« DANS LA *FIGURE 3*, *planche XV*, *bb* représente le balancier en perspective. Le ressort spiral, attaché à son axe CA, et qui occasionne ses vibrations, se voit en *tt*, en perspective. L'axe est discontinué depuis A jusqu'en D, pour faire place à d'autres mobiles. Les parties CA et DH sont réunies, au moyen d'une branche ou manivelle doublement coudée, AXYD, laquelle faisant partie de l'axe ou verge CADH, vibre avec cet axe, et avec le balancier lui-même, sur les deux pivots C et H.

» LM, ZW, sont deux petites verges attachées à la manivelle, aux points L et Z, et parallèlement à XY : ces verges vibrent aussi par conséquent avec le balancier.

[a] Intitulé *Recherches sur la théorie du mouvement, pour déterminer le temps des vibrations du balancier d'une horloge*, par *George Atwood*, membre de la Société royale. Voyez *Bibliothèque britannique*, Tome III (Sciences et Arts), page 378.

» GR est un axe ou verge particulière, située dans le prolongement de l'axe CA du balancier, mais qui en est tout-à-fait indépendante. Cette verge porte, à angles droits, un bras GO, et un petit ressort spiral auxiliaire, vu en perspective en *u*. Ce ressort se tend lorsqu'on tire à soi le bras GO, dans le sens où l'arbre GR tourne sur ses pivots. On voit, à cet arbre, une palette à face courbe, qui est en prise avec une des dents de la roue *lm* : la dent, en procédant contre la surface de la palette par l'action du ressort moteur de l'horloge, pousse cette palette, et par conséquent fait avancer dans le sens opposé le bras GO; elle tend en même temps le ressort auxiliaire *u*. Une petite projection ou saillie au bord de la palette, empêche que la dent n'aille plus loin, lorsque le bras a été mis en mouvement dans un arc d'environ 27 degrés : c'est donc la quantité angulaire qui correspond à la tension du ressort auxiliaire *u* par l'action de la roue.

» FI est un autre arbre situé dans le prolongement du précédent, et dans la ligne CADH; il est semblable en tout à celui qu'on vient de décrire. Cet arbre FI porte le bras IK; et il a, comme le précédent, un ressort spiral auxiliaire V, qui se tend lorsque le bras est poussé en arrière. On voit à cet arbre une palette construite comme la précédente, et qui répond à la partie inférieure de la roue de rencontre. L'action de cette roue sur la palette, lui fait décrire, comme à la précédente, mais dans un sens opposé, un arc de 27 degrés, et ne va pas plus loin, à cause du rebord de la palette qui oppose à la dent un point d'arrêt. On comprend comment l'action alternative des dents sur les palettes qui se trouvent en prise dans les parties supérieure et inférieure de la roue de rencontre, imprime à ces palettes, et aux bras qui leur sont opposés et tiennent à l'arbre correspondant à chacune d'elles, des mouvemens alternatifs dans deux sens opposés; mouvemens qui, tour à tour, bandent les ressorts auxiliaires *u* et V. Cet échappement ressemble assez, dans cette partie, à l'échappement ordinaire à roue de rencontre, excepté que les deux palettes appartiennent à deux arbres différens, que leur surface est courbe et munie d'un rebord, et que le balancier est indépendant des axes auxquels appartiennent ces palettes. Voyons comment elles l'influencent à leur tour.

» Supposons que, lorsque le balancier est en repos, et que le ressort moteur n'est pas remonté, les points de repos des spiraux auxiliaires coïncident avec celui du spiral qui appartient au balancier; alors les deux bras GO, IK, touchent, l'un d'un côté, l'autre de l'autre, les verges ou chevilles LM, ZW, qui appartiennent à la manivelle, et par conséquent au balancier dont elle fait partie; ces bras les touchent, mais sans leur communiquer aucune impression, aucune action. Si alors on remonte la montre, l'action du ressort moteur qui tend à faire tourner la roue de rencontre, fait presser l'une de ses dents contre la palette supérieure; par exemple : cette impression lui fait décrire, et au bras GO qui lui est opposé, un angle de 27 degrés, après quoi la dent reste en prise contre le rebord de la palette. Ce mouvement n'a dû donner aucune impulsion au balancier, parce qu'il a eu lieu dans le sens où le bras GO se dérobe au contact de la cheville LM, et non dans celui où il faudroit pousser tout le balancier avec elle : il n'y aura donc point de vibration.

» Mais si une force extérieure agit sur le balancier dans le même sens, et lui donne une impulsion capable de lui faire décrire un arc, par exemple, de 135 degrés, comme cela a lieu dans la construction de M. Mudge, alors le balancier entraînera la manivelle AXYD et les deux verges LM, ZW; et lorsqu'il aura décrit un arc de 27 degrés, la verge LM rencontrera le bras GO, et l'emmènera dans le sens où elle se meut; elle dégagera

dégagera en même temps, du côté opposé à ce bras, la dent qui se trouvoit en prise contre le rebord de la palette ; cette dent échappe, et la roue est libre un instant : mais la dent inférieure rencontrant l'autre palette immédiatement après, la presse, et tend jusqu'à l'angle de 27 degrés le ressort auxiliaire qui appartient à l'arbre de celle-ci ; là elle s'arrête, se trouvant en prise contre le rebord de la palette : pendant que cette action s'exerce, le balancier achève son arc, qu'on pourroit appeler supplémentaire, d'environ 108 degrés ; et il entraîne avec lui le bras GO pendant toute la durée de cette vibration ; lorsqu'elle est achevée, le ressort auxiliaire V a été bandé d'une quantité équivalente à un arc de 135 degrés, savoir, 27 degrés par l'action de la dent sur la palette, et 108 par l'entraînement du balancier : celui-ci revient ensuite en arrière par la double action de son propre spiral et du spiral auxiliaire *u*, qui agit sur lui par le contact du bras GO, lequel ne cesse point de le presser. L'accélération que lui donnent ces deux ressorts réunis, est terminée lorsque le balancier en retour est arrivé à leur point commun de repos ; mais lorsque, par son mouvement acquis, il a procédé dans sa vibration environ 27 degrés au-delà de ce point de repos, alors la cheville ZW rencontre le bras IK, et, en l'emmenant avec elle, elle dégage la dent inférieure, qui étoit en prise contre la palette ; le balancier achève sa vibration ; et la dent supérieure de la roue, rencontrant aussitôt après la palette supérieure, bande le ressort auxiliaire *u*, comme ci-devant, &c. Le balancier, en achevant son arc de vibration, bande le ressort auxiliaire V, puisque le bras IK, qui y est attaché, décrit, avec le balancier, l'arc supplémentaire de 108 degrés. Cet arc achevé, le balancier revient par l'action réunie de son propre spiral et du spiral auxiliaire V ; l'action de ces deux ressorts se termine comme ci-devant, lorsque le balancier est arrivé à son point de repos ; il continue sa vibration par l'effet de son mouvement acquis, et ainsi de suite. »

XLVI.
Observations sur l'échappement de M. *Mudge*.

LA COMBINAISON de cet échappement peut paroître séduisante : cependant on doit craindre qu'un méchanisme si compliqué et dont les effets sont si subtils, ne puisse pas être facilement mis en usage ; car il exige une extrême précision d'exécution pour assurer ses effets, comme l'arrêt des palettes, faire coïncider exactement les axes des palettes avec l'axe de balancier, les palettes de remontoir augmentant les frottemens du régulateur : deux pivots de ces palettes sont constamment en action pendant chaque vibration, ce qui revient au même que si le balancier avoit quatre pivots, &c.

On observera, de plus, que le régulateur de M. MUDGE est composé de quatre ressorts spiraux, deux pour les palettes et deux pour le balancier ; et ceux-ci doivent procurer l'isochronisme, car il est indispensablement nécessaire que, dans une machine portative, les oscillations d'inégale étendue du balancier soient isochrones : or si elles le sont, le méchanisme du remontoir est inutile ; et si elles ne le sont pas, la montre variera (malgré le remontoir) lorsque, par des agitations ou des secousses, le balancier décrira de plus grands ou de plus petits arcs, et lorsque ces arcs varieront, soit par les frottemens des pivots, soit par le changement de force des spiraux par le chaud et par le froid, &c.

XLVII.
Échappement libre à remontoir, par *Charles Haley*, horloger de Londres, 1796.

Extrait du Répertoire des Arts et Manufactures, n.° 33, fol. 145, 6.e volume.

« Art. 12. Spécification de la patente accordée à M. CHARLES » HALEY, horloger, rue Wiguore, carré de Cavendish, pour

» son invention d'un *garde-temps*, pour s'assurer avec plus de
» certitude de la longitude en mer.

» *Du 17 août 1796*. A tous ceux qui verront les présentes, &c. »

Description d'un Échappement nouvellement inventé pour les garde-temps *de mer et de poche.*

Le but de cette invention est de donner au balancier une force égale et invariable, malgré les imperfections du ressort moteur et du rouage; ce qu'il a obtenu d'une manière simple, au moyen d'un ressort, avec un nouvel appareil placé entre la roue d'échappement et le balancier, que le rouage remonte cent cinquante fois par minute; et comme dans un *train* de neuf mille vibrations par heure, il y en a cent cinquante par minute, le balancier sera frappé le même nombre de fois par le ressort de *pulsion* ; ce qui sera décrit plus particulièrement ci-après.

La *planche XV, fig. 4* et *5*, représente les parties principales du mouvement qui touchent le plus immédiatement à cette nouvelle invention : les lettres de renvoi sont les mêmes pour les deux figures, de sorte qu'en lisant la description, l'œil peut se porter de l'une à l'autre.

A B est la platine d'échappement, et T le balancier dont les pivots P X roulent dans les ponts C et D ; au haut du balancier T est fixé un spiral S à la manière ordinaire, en goupillant l'extrémité supérieure à une pièce *vissée* sous le coq, et l'autre extrémité à une pièce mise à frottement sur l'axe, immédiatement au-dessus du balancier. Dessous le balancier sont placés deux petits collets d'acier I, K, à frottement dur sur la tige ; à chacun d'eux est fixée une palette de rubis, dont la surface excède tant soit peu celle des collets ; I est la palette qui donne la pulsion et K celle qui la reçoit. Il est clair que pour peu qu'on fasse osciller le balancier, le spiral S et les palettes I, K oscilleront avec lui. E est la roue d'échappement, de forme ordinaire, très-peu élevée au-dessus de la platine; son pivot supérieur tourne dans un pont F fixé avec une vis sur le même côté de la platine, et son pivot inférieur dans un autre pont G placé du côté opposé.

W V est l'axe du nouveau ressort de pulsion et de son appareil; son pivot supérieur tourne dans le pont H mis à vis sur la platine, et l'autre pivot V dans un autre pont vissé sous la platine: cet axe est placé directement entre la roue d'échappement et l'axe de balancier PX, dont le centre, ainsi que celui du ressort de pulsion W, et de la roue E, sont tous trois sous la même ligne AB, *fig. 4*.

Sur l'axe de ce ressort de pulsion, et à la hauteur de la roue E, est fixée la palette ronde d'acier M, qui n'est grande qu'assez pour pouvoir tourner sans toucher les pointes des dents 1, 2 de la roue d'échappement (Voyez *figure 5*) : ce cercle à palette a une entaille pour permettre l'action des dents de la roue; dans le dessin, la face de la palette est représentée comme ayant été conduite par la pointe 1, en partant de celle 2 : sur cette palette est ajustée une levée d'acier N, en forme de limaçon, qui porte près du centre une autre petite levée en rubis, qui est ajustée à queue d'aronde précisément au-dessus de la coche de la palette M, et en face de la dent 1. Au-dessus du limaçon est fixé un collet O, *fig. 4*, auquel est goupillée l'extrémité inférieure du ressort de pulsion R, et l'autre extrémité du même ressort est attachée à un piton à vis sur le pont H W. Sur l'axe de ce ressort, du côté d'en bas, est placée la palette L, qui, au moment du dégagement du ressort, frappe la palette K qui est sur l'axe du balancier: *a, fig. 5*, est un ressort fixé sur la platine par une vis et un pied *n*; ce ressort vise au centre du balancier, et en approche

très-près ; son épaisseur et élévation est représentée en *rman ;* elle est à la même hauteur que celle de la palette I.

Sur le côté de ce ressort *a*, est fixé, par une vis et un pied, un ressort très-foible *m*, dont le bout déborde un peu le ressort *a*, et se trouve par conséquent plus près du centre du balancier. Au bout du ressort *a*, est une petite palette de rubis *r*.

b, figure 5, est une espèce de pont un peu élastique mis à vis sur la platine, pour porter en *i* une vis de rappel, dont la tête est tournée vers le centre du limaçon, et contre l'intérieur de laquelle s'appuie le rubis *r* du ressort *a;* cette vis est représentée dans le dessin hors de sa place, afin d'éviter la confusion.

Quand le limaçon N, *fig. 5*, marche de la roue vers l'axe du balancier, le ressort de pulsion se remonte ; et dans le mouvement contraire, il reprend son état d'équilibre (ou se débande). Quand le ressort de pulsion est remonté, la partie inclinée du limaçon agit sur le derrière du rubis, et par ce moyen pousse le ressort *a* loin du centre jusqu'à ce qu'il ait passé devant le rubis ; alors le ressort *a* retourne à sa première position, et, empêchant le limaçon de retourner, maintient le ressort de pulsion dans un état de bande.

Maintenant, si on conduit la palette I de sa position actuelle de l'autre côté du ressort *a*, elle n'agira que sur le petit ressort *m*, et point du tout sur le ressort *a* qui est appuyé sur la tête de la vis de rappel : mais quand la palette retourne, elle entraîne les deux ressorts à-la-fois, et, dégageant le limaçon, laisse en liberté le ressort de pulsion, qui s'échappe avec force du côté de la roue d'échappement.

Il y a aussi, de l'autre côté de la roue d'échappement, un ressort-détente *d*, mais qui est seul ; et la palette qui le lève ne passe jamais du côté opposé à la roue. Cette détente-ressort est attachée à vis sur la platine par une potence : ce ressort est dirigé vers le centre du balancier, et touche presque au limaçon ; l'élévation de ce ressort est dessinée *fig. 5 : s* est un saphir qui y est ajusté, et sur lequel repose la dent 3 de la roue ; *y* est une vis de rappel qui sert à éloigner ou à approcher le ressort *d* du balancier, jusqu'à ce que les dents 1 et 2 laissent passer librement le cercle à palette M.

La roue d'échappement marche dans la direction de la flèche Z, et par conséquent se trouve arrêtée par le ressort-détente *d: e* est une espèce de pont, et *f* une vis de rappel taraudée en *e,* sa tête tournée du côté de la roue contre laquelle s'appuie le saphir *s. g* est un piton portant aussi une vis de rappel contre laquelle s'appuie le ressort-détente *d,* quand il est mis de la roue en dehors.

Maintenant si la roue est poussée par une force quelconque dans le sens de la flèche Z, alors quand la petite palette de rubis, qui est au centre du limaçon et dirigée vers la pointe 1, vient frapper le ressort *d,* la palette de saphir *s* sera hors de prise de la dent 3, et la roue échappera ; mais, la coche de la palette ronde se trouvant en face de la dent 2, cette palette sera ramenée par la roue en face de la dent 1, après que le limaçon aura dépassé le rubis *r :* c'est cette action de la roue E qui a remonté le ressort de pulsion R.

Après avoir décrit séparément les diverses parties de l'échappement, il nous reste à expliquer les effets dans son ensemble.

La *figure 4* représente le balancier dans son état de repos, et le ressort de pulsion bandé ; la roue marchant selon la direction de la flèche et pressant contre le rubis *r* de toute la force qui reste au ressort moteur transmise par le rouage. Si, dans cette situation, on fait vibrer le balancier jusqu'à ce que la palette I passe de l'autre côté du ressort *a*, en levant le petit ressort *m;* mais au retour de la palette, elle lève les deux ressorts en *a*, dégage le limaçon, et par conséquent le ressort de pulsion; et immédiatement la palette L, fixée sur son axe, frappe la palette K, qui entraîne le balancier et son spiral, et le conduit autant après qu'avant la ligne des centres AB : pendant ce temps-là, la palette ronde, le limaçon, et tout ce qui appartient au ressort de pulsion, est entièrement isolé de la roue d'échappement : mais après que les palettes K et L se sont quittées, la palette de rubis du centre du limaçon se présente pour dégager le ressort *d*, laissant en liberté la roue : la dent 2 de cette roue agit sur la palette ronde, et, l'entraînant à sa place, bande le ressort de pulsion : dans le même temps, le balancier, d'après l'impulsion qu'il a reçue précédemment, continue à vibrer au-delà d'un demi-tour, plus ou moins, à compter du point de repos; à son retour, il passera le point du ressort, et fera céder le petit ressort de recul, sans rencontrer aucun obstacle sur sa route; ensuite le balancier revient sur lui-même, et dégage le ressort de pulsion dont la palette restitue de nouveau sa force au balancier; et ainsi de suite.

Quoiqu'on ait fait ici un train de neuf cents vibrations par heure, on abandonne cela à la discrétion de l'Artiste. On peut faire le garde-temps pour marcher trente heures, cinquante heures, ou une semaine, sans être remonté. Le ressort de pulsion peut être un spiral plat, ou conique, ou cylindrique, en acier, en or, ou en platine, &c.; car ce principe de restitution de force peut être appliqué de plusieurs manières : au lieu de faire les détentes en ressort, on peut les faire à pivots, &c.

XLVIII. Description de l'échappement à remontoir, de M. *Breguet*, pour les montres.

AA, *figure 6, planche XV,* est une platine de métal sur laquelle se fixe tout l'échappement; et pour bien entendre son méchanisme, il faut y distinguer trois parties, dont on va décrire le jeu séparé, et dont on expliquera ensuite l'action réciproque.

Première partie. Cette première partie est composée, 1.° des roues BB′ d'arrêt, et D d'armure, faisant corps ensemble. La roue BB′ est soumise à l'action du moteur primitif, par un système d'engrenage qui tend à la faire tourner dans le sens BCB′;

2.° D'un pignon *g* qui engrène dans la roue d'arrêt BB′, et qui a un nombre de dents égal au nombre de celles de la roue d'arrêt, qui correspondent à l'espace entre deux dents consécutives de la roue d'armure. Par ce moyen, le pignon peut, à chacune de ses révolutions, se trouver vis-à-vis d'une des dents de la roue d'armure. L'axe de ce pignon porte un volant *igh :* la branche *gi* de ce volant est plus courte que l'autre *gh*, à l'extrémité de laquelle est fixée une petite pièce d'acier;

3.° D'un ressort d'arrêt *rr*F, à angle droit, sur la direction du volant fixé à son extrémité *rr*, et qui, environ vers les deux tiers de sa longueur, a un rubis saillant V, qu'on peut faire aussi de toute autre pierre fine ou d'acier trempé. Dans l'état de la machine représentée par les *figures 6* et *7*, ce rubis appuie contre l'extrémité *o* du volant : il fait donc l'office d'un arrêt qui empêche ce volant de se mouvoir dans le sens où le pignon *g*, sollicité par la roue BB′, tend à le faire tourner, suspend ainsi la révolution de la roue BB′, et par conséquent l'action du moteur. Mais si une cause quelconque fait plier le ressort *rr*F du côté du pignon *g*, à l'instant où le rubis V se trouvera vis-à-vis de l'entaille qui est près de l'extrémité *o*, le volant s'échappera, fera une révolution; et si au bout de cette révolution le ressort *rr*F a pris la première position, la pièce *ho* s'arrêtera contre le rubis V, et n'ira pas plus loin.

Seconde partie. Cette seconde partie est composée,

1.° D'un ressort G de pulsion, et courbe à son extrémité. Ce ressort est la pièce qui, ainsi qu'on le verra bientôt, sert à restituer la force au régulateur à chaque oscillation : il porte un mentonnet

ou

ou loquet *m*, *fig. 9*, dans lequel on voit une petite encoche, un petit rubis *m*, saillant sur sa surface inférieure. Ce loquet et ce rubis servent, avec la pièce qu'on va décrire, à arrêter le ressort de pulsion, lorsqu'il a été plié par la roue d'armure DD', qui lui transmet l'action du moteur primitif;

2.° D'un ressort d'accrochement *a*H, *fig. 6*, fixé à son extrémité *a*, sur lequel est attaché un autre ressort N, extrêmement foible. Le ressort H porte un rubis *p*, destiné à entrer dans l'entaille *m* du ressort, et à fixer ce ressort lorsqu'il est bandé. Un autre rubis, placé à son extrémité *s*, retient le ressort N, de manière que le bout de ce ressort, pressé de droite à gauche, n'oppose qu'une très-foible résistance, et que, pressé de gauche à droite, il reporte sur le rubis *s* tout l'effort qu'il éprouve, et, faisant plier le ressort H, dégage le rubis *p* de l'entaille du loquet *m*. Le ressort H porte à son extrémité un talon *p*, contre lequel s'arrête le rubis *m* du ressort de pulsion G, lorsque ce ressort G a été bandé par la roue DD'. Le ressort N s'appuie sur une goupille *e*, fixée au talon *p*; et à ce ressort N est attachée une pièce K, à deux faces parallèles, dont chacune fait l'effet d'un plan incliné. La pression qu'une cause quelconque pourroit exercer sur la face inférieure, souleveroit, avec le plus petit effort, le ressort N; et la pression que cette même cause pourroit ensuite exercer sur la face supérieure, se reporteroit en entier sur la cheville C, abaisseroit le talon *p*, et dégageroit le rubis *m* du ressort H.

Troisième partie. Cette troisième partie consiste dans les pièces K et *b*, *figure 6*, portées par l'extrémité supérieure de l'axe du balancier, et qui sont placées à un quart de circonférence l'une de l'autre. Lorsque l'oscillation du balancier se fait de droite à gauche, ou dans le sens *b*K, la pièce K fait plier le ressort et passe outre; et comme la pièce *b* est placée en dessus du plan de la roue d'arrêt B, et au-dessous du ressort H, l'oscillation de droite à gauche s'achève librement, et sans autre obstacle que la flexion du ressort N. Mais lorsque le balancier fait ensuite l'oscillation de gauche à droite, ou dans le sens contraire, la cheville H fait presser le ressort N contre le rubis *s*, le ressort K se plie, le rubis *p* se dégage du loquet *m*, et le ressort G, abandonné à lui-même, produit l'effet dont nous parlerons bientôt.

XLIX.
Restitution de la force motrice et continuation du mouvement.

ON CONNOÎT aisément, par la description des trois articles précédens, comment la force motrice se répare, et comment le mouvement se perpétue. A l'instant où le rubis *p* du ressort *h* est dégagé de l'entaille du loquet *m* du ressort G, et où ce ressort G est libre, à cet instant, dis-je, la partie droite de la levée *b* se trouve perpendiculaire à la direction du mouvement de l'extrémité *q* du ressort G; ce ressort G vient la frapper, et restituer ainsi au balancier la force qui lui est nécessaire pour achever son oscillation : aussitôt après cette première percussion, la même extrémité *q* va frapper le bout F du ressort F*rr*, la fait plier, et envoie le rubis V vis-à-vis l'entaille du volant *ih* : ce volant devient libre alors; et la force motrice primitive qui agit sur la roue BB', et de suite sur le pignon, lui fait décrire une révolution, au bout de laquelle, trouvant le ressort F*rr* à sa première place, il l'arrête de nouveau contre le rubis V; mais pendant cette révolution, une dent de la roue DD' a pressé sur une dent *n*, qu'on voit près de l'extrémité *q* du ressort G, qu'elle a forcé par conséquent de retourner en arrière, ne cessant son action d'après le rapport établi entre les dentures de B et de D, que lorsque le rubis *p* du ressort H est rengagé dans le loquet *m* : tout revient à l'état représenté par la figure; et ainsi de suite.

CHAPITRE II.

De la dilatation et de la condensation des Métaux par le chaud et par le froid. — De l'Instrument appelé Pyromètre, *propre à mesurer les quantités dont les corps sont affectés par les diverses températures. — Des divers moyens qui ont été imaginés pour corriger dans les Horloges à pendule, les variations dont les changemens dans la longueur du pendule rendoient ces machines susceptibles.*

LA chaleur [a] agit tellement sur tous les corps, qu'elle augmente leur volume, et le froid les resserre. Cet effet de la chaleur et du froid agit encore plus sensiblement sur les fluides, comme on le voit par le thermomètre.

L'extension des métaux par la chaleur, et leur contraction par le froid, fut aperçue, vers le milieu du XVII.e siècle, par VENDELINUS; et il paroît que le célèbre physicien MUSSCHENBROEK a été le premier qui ait composé une machine propre à démontrer cette action de la chaleur et du froid sur les métaux: il a appelé *Pyromètre* cette machine.

C'est donc une vérité reconnue et prouvée par toutes les expériences, que la chaleur dilate tous les corps, et que le froid les condense; et comme il arrive que nous n'éprouvons pas deux momens de suite le même degré de chaleur, on peut dire que toutes les parties des corps, que nous croyions autrefois dans un parfait repos, sont, au contraire, dans un mouvement continuel,

[a] *Essai sur l'Horlogerie*, N.° 1662.

et que ces corps sont ainsi plus grands en été qu'en hiver, et le jour que la nuit.

On sait aussi qu'un pendule qui est plus long, fait des vibrations plus lentes; et que s'il est plus court, ses vibrations sont plus promptes. Or, la chaleur alongeant la verge du pendule, on voit qu'en été l'horloge à pendule doit retarder, et qu'en hiver elle doit avancer par cette action. Cette machine doit, par ces causes, n'avoir pas une marche uniforme. Il est donc essentiel, pour la perfection des machines qui mesurent le temps, de connoître les quantités de la dilatation des différens métaux par le chaud et par le froid, et de trouver les moyens de corriger ces effets.

Nous savons que ces différentes recherches ont déjà été tentées avec quelque succès : mais nous pensons qu'on peut encore ajouter à ces moyens; c'est par cette raison que nous présentons ici de nouveaux essais.

I. Description du Pyromètre, instrument destiné à mesurer la dilatation et la condensation des métaux, par divers degrés de température.

CET INSTRUMENT est établi sur une pièce de marbre ou table placée verticalement. Cette table a cinq pieds de hauteur, douze pouces de largeur, et cinq pouces d'épaisseur. Elle est placée dans la boîte AB, *planche X, figure 6*, qui sert d'étuve à l'instrument. Vers le haut de la table de marbre, est placé en AA, un pilier très-solide fait en cuivre. La base de ce pilier a trois pouces de diamètre, et porte un arbre qui a deux pouces et demi de diamètre, lequel passe à travers le marbre percé à cet effet. Cet arbre est taraudé, et fixé, ainsi que le pilier, avec la table de marbre, par un fort écrou. La partie AA du pilier est fendue comme le coq d'une pendule à secondes : il porte deux vis qui servent à fixer solidement à ce pilier les corps que l'on veut observer; et si c'est un pendule tout monté, il porte la suspension comme le feroit un coq de pendule. On a formé au bout de ces vis, des pivots trempés et tournés avec soin. Ces pivots passent à travers le corps à observer, et entrent juste dans la partie opposée du pilier qui n'est pas taraudée. Ce pilier sert donc, comme on le voit, à fixer un pendule ou autre pièce d'une façon solide et invariable.

Ayant suspendu un pendule à secondes au pilier AA, on a percé au-dessous de la lentille P un second trou dans le marbre. A travers ce trou, passe, comme dans le premier, un second pilier qui a trois pouces de base : il est fixé à la table de marbre, de la même manière que celui AA, par un fort écrou. La base de ce second pilier s'élève à trois pouces et demi au-dessus de la table de marbre, et sert à porter, au moyen des deux vis *a* et *b*, le limbe ou cadran G, lequel a dix pouces de diamètre : il est gradué avec précision en trois cent soixante degrés.

Au centre du limbe G, se meut un pignon *c* de seize dents, fendu à l'outil, et exécuté avec beaucoup de soin; il se meut sur deux pivots entre le pont *d* et le limbe. L'axe de ce pignon porte une aiguille *dm* d'équilibre avec le bout *k*. Au haut du limbe se meut, entre le limbe et le pont *g*, un rateau *ab*, de quatre pouces de rayon ; il porte seize dents. Ce rateau engrène dans le pignon *c*.

A trois lignes sept huitièmes du centre du rateau, est placée une tête d'acier trempé, figurée en portion sphérique. C'est sur cette tête que l'on fait appuyer le bout des verges que l'on veut éprouver. Cette distance est exactement déterminée, pour qu'une demi-ligne de chemin parcouru à ce point *h* du rateau, l'aiguille *dm* parcoure cent quatre-vingts degrés du cercle ou limbe G. Le bout de la pièce à éprouver, forme une espèce de pivot qui passe dans le trou *h* de la pièce *hil*, fixée au limbe par la vis *i*.

L'axe de l'aiguille porte la poulie *d*, sur laquelle s'enveloppe un fil qui soutient le poids *p*, dont l'effet est de faire appuyer continuellement la portion de calotte du rateau, afin que l'aiguille suive constamment l'action qui est imprimée au rateau par le bout de la barre dont on veut connoître la dilatation.

Le pyromètre, tel que nous venons de le décrire, et qu'il est représenté dans la *fig. 6*, porte un pendule composé à secondes, prêt à être éprouvé. La lentille porte vers le centre d'oscillation du pendule un crochet d'acier, dont la partie cylindrique entre dans le trou de la pièce *hil*, et va poser sur la calotte sphérique du rateau. Par cette disposition, on voit que si le pendule est, en cet état, exposé à diverses températures, on jugera si la combinaison de la verge est au point convenable pour obtenir la correction du chaud et du froid. On connoîtra aussi par le même instrument, si le poids de la lentille est proportionné à la force de la verge du pendule, et si elle ne l'affaisse pas.

Mais si, au lieu du pendule, on place sur le pyromètre une lame ou barre d'un métal quelconque, on estimera quelle est la quantité de sa dilatation par une température donnée, et exprimée par le thermomètre K, placé à côté de la verge, et renfermé dans l'étuve.

La planche qui fait le fond de la boîte qui forme l'étuve, est éloignée de la table de marbre d'environ un pouce et demi ; ce qui sert à former un courant d'air, afin que la chaleur de l'étuve ne se communique pas à la table de marbre pendant le temps des expériences.

Le bas de la boîte est séparé du haut par un manteau de cheminée fait en tôle. Ce manteau porte quatre tuyaux de fer-blanc, conducteurs de la chaleur; les bouts de ces tuyaux passent en dehors de la boîte pour faire sortir la fumée. Pour donner le degré nécessaire de chaleur à l'étuve, on place sous la cheminée plusieurs fortes lampes, dont on modère ou augmente à volonté l'effet, par plus ou moins de mèches allumées, &c.

On peut recourir, pour de plus amples détails sur cet instrument, à l'Essai sur l'Horlogerie, dont ce que nous venons de dire est extrait. Nous terminerons cet article, en rapportant le résultat des expériences faites par l'Auteur. Les verges de divers métaux qu'il a employées dans ses expériences, avoient trois pieds deux pouces cinq lignes de longueur, à compter du point fixe qui tient au pilier supérieur du pyromètre, jusqu'au point de contact de ces verges sur le rateau. La largeur de ces verges étoit de cinq lignes et l'épaisseur de huit lignes.

Chaque verge a été d'abord placée dans une caisse garnie de plomb, et remplie de glace pilée : ensuite posée sur le pyromètre, on a fait chauffer l'étuve jusqu'à ce que le thermomètre ait marqué constamment 27 degrés du thermomètre de RÉAUMUR.

II.
Table du rapport des dilatations des métaux.

ACIER RECUIT, 69 ; fer reçuit, 75 ; acier trempé, 77 ; fer battu, 78 ; or recuit, 82 ; or tiré à la filière, 94 ; cuivre rouge, 107 ; argent, 119 ; cuivre jaune, 121 ; étain, 160 ; plomb, 193 ; le verre, 62 ; le platine se dilate à-peu-près comme le verre.

Les quantités ci-dessus expriment des trois-cent-soixantièmes de ligne ; ainsi l'acier recuit donne pour la quantité absolue de son alongement, soixante-neuf trois-cent-soixantièmes de ligne, en passant de la glace à vingt-sept degrés de chaleur donnée par le thermomètre de RÉAUMUR ; et ainsi de suite pour les autres termes de cette table.

III.
De la correction des effets du chaud et du froid sur le pendule de l'Horloge.

LORSQUE l'on eut supprimé la cycloïde employée dans l'horloge d'HUYGENS, et que, par l'invention d'un nouvel échappement qui décrivoit de petits arcs avec une lentille pesante que l'on suspendit à un ressort, le pendule devint alors un bon régulateur ; et, en observant la marche de l'horloge, on fut en état de reconnoître qu'en passant de l'été à l'hiver elle éprouvoit des variations, on n'en put reconnoître les véritables causes ; et ce n'a été que vers le commencement du XVIII.ᵉ siècle qu'on a pu s'en assurer ; car dès-lors on savoit que les métaux éprouvoient de l'extension par la chaleur, et que le froid les contractoit ; et la théorie du pendule, si bien établie par GALILÉE et par HUYGENS, prouvoit que le pendule changeant de longueur, ses oscillations ne conservoient plus la même durée, puisque le principe dit que *les durées des vibrations, dans les pendules, sont entre elles comme les racines carrées des longueurs de ces pendules:* et l'on a appris que si, dans le pendule qui bat les secondes, ou qui a trois pouces huit lignes et demie, sa longueur change de la centième partie d'une ligne, l'horloge variera d'une seconde en vingt-quatre heures ; et si le pendule bat les demi-secondes (dans ce cas, sa longueur est de neuf pouces deux lignes un quart), la centième partie d'une ligne fera varier l'horloge de quatre secondes en vingt-quatre heures ; et ainsi des autres en proportion. On voit, par ce qui précède, que deux choses sont importantes dans l'horloge à pendule : la première, que le pendule décrive constamment des arcs de même étendue pour être de même durée ; la seconde, que la longueur du pendule reste constamment et immuablement la même. Et on sait aujourd'hui qu'une horloge pourroit varier de plus de vingt secondes par jour de l'été à l'hiver, par le seul effet du changement de longueur du pendule par diverses températures.

Les Artistes, après avoir reconnu ces variations de l'horloge, et les causes qui les produisoient, se sont occupés à imaginer des moyens de correction ; et ils les ont trouvés en employant pour remède la cause même, la dilatation qui a lieu dans la verge du pendule : pour cet effet, ils ont employé cette même dilatation du métal à ramener continuellement la lentille du pendule à la même distance du point de suspension : cette première idée a produit

produit ce qu'on a appelé une *contre-verge*, ou verge de fer, comme celle du pendule et de même longueur, laquelle étant placée derrière le pendule et fixée par le bout inférieur au mur solide auquel est attachée l'horloge (on a supposé ce mur exempt d'extension), le bout supérieur de la contre-verge, qui est coudé, soutient le ressort qui suspend le pendule ; en sorte qu'à mesure que la dilatation alonge la verge du pendule, la même dilatation alonge la contre-verge et remonte le ressort de suspension, lequel, pincé par le coq ou pont qui fixe le point de suspension, devient plus court, et le pendule conserve sa même longueur : tel est en gros le principe de ce premier moyen de correction, qui est celui qui agit *hors* du pendule.

Mais un autre moyen très-ingénieux, c'est celui qui est fondé sur les dilatations différentes que deux métaux exposés à la même chaleur éprouvent : celui-ci s'applique au pendule même, dont la verge devient composée de plusieurs barres de deux métaux. On fait servir l'excès de la dilatation du métal le plus extensible (au-dessus de celui qui l'est moins, et qui forme la première verge du pendule) à rémonter la lentille, afin qu'elle conserve toujours sa même distance au point de suspension. C'est ici en gros le principe du correctif qui s'applique au pendule même.

Mais le même principe d'excès de dilatation de deux métaux est également applicable au méchanisme de correction placé hors du pendule. Après ce court exposé du principe de ce méchanisme de correction, nous allons en établir l'origine, et indiquer les Auteurs à qui ces ingénieuses inventions appartiennent, ou qui les ont perfectionnées.

Dès 1733 on s'étoit occupé en France de la correction des effets de la température dans le pendule, comme on le voit par le Traité d'Horlogerie de THIOUT, publié en 1741. M. REGNAULT, horloger à Châlons, a donné en 1733 la construction d'un pendule de correction, fondé sur la différente dilatation du cuivre et du fer. M. DEPARCIEUX, en 1739, proposa plusieurs constructions de pendule composé [a].

IV.
De la construction d'un pendule corrigé des effets de la température, proposé par M. *Cassini*.

DANS l'Histoire de l'Académie des Sciences de Paris, pour 1741 [b], on trouve un mémoire de M. CASSINI, dans lequel il décrit plusieurs sortes de constructions de pendules composés pour servir à la correction des effets du chaud et du froid : M. CASSINI établit la construction des divers pendules qu'il propose, sur le même principe de ceux qu'on vient de voir, la différente dilatabilité de deux métaux ; il emploie l'acier et le cuivre. « Une expérience, dit-il, que le célèbre MUSSCHEMBROEK a mise dans tout son jour, savoir, que le cuivre, et sur-tout le laiton ou cuivre jaune, se dilate beaucoup plus par la chaleur que le fer, a fourni la manière jusqu'ici la plus exacte et la plus facile de procurer aux horloges cette rectification qu'on leur demande. »

V.
Correction appliquée aux pendules par M. *Julien le Roy*, en 1738.

M. JULIEN LE ROY, l'un des plus habiles horlogers de Paris, construisit, sur ce principe, des horloges très-justes, dont il présenta le modèle en 1738. Il appliqua au-dessus de la boîte qui en contient le rouage, un tuyau de laiton au haut duquel est fixement attachée une verge de fer où il suspend celle du pendule, et qui, en vertu de la différente dilatation des deux métaux, sert à soulever et à accourcir celle-ci lorsqu'elle est alongée par la chaleur, ou à l'abaisser et l'alonger lorsqu'elle est raccourcie par le froid. Sur le fronton de la boîte est un cadran dont les divisions relatives aux impressions du froid et de la chaleur de l'air sur l'horloge sont parcourues par une aiguille qui en indique les changemens. L'Artiste semble avoir voulu nous mettre sous les

[a] *Mémoires de l'Académie*, 1741 ; *Histoire*, pag. 147 et suiv.

[b] *Ibidem.*

yeux et la cause et les effets qu'il avoit en vue dans son travail; ce qui peut être utile, tant pour régler la machine, que pour s'en servir avec plus de connoissance. Mais voici la même machine projetée sur un autre plan.

Comme ce tuyau de cuivre, qui s'élève perpendiculairement au-dessus de l'horloge, doit avoir plus de quatre pieds et demi de hauteur, et pourroit causer quelque embarras ou quelque difformité où on souhaiteroit de la placer, M. CASSINI a imaginé une autre construction qui est tout-à-fait exempte de cet inconvénient; c'est à la verge même du pendule qu'il applique les deux métaux par une ou deux contre-verges de cuivre, dont la dilatation et la condensation agissent en sens contraire à celles de la verge de fer du pendule, et y produisent le jeu que nous venons de voir à celle de M. LE ROY.

VI.

Pendule composé de M. *Cassini* avec trois verges, dont une de cuivre et deux de fer, en employant un lévier pour achever la correction.

M. CASSINI propose quatre constructions de verges de pendule propres à opérer la correction des effets du chaud et du froid. Deux de ces constructions sont des verges composées de trois barres, deux d'acier et une de cuivre; et, pour achever la correction, il emploie un lévier, ainsi que l'avoit déjà pratiqué M. DEPARCIEUX dans le pendule dont nous avons parlé plus haut.

VII.

Correction de M. *Cassini* sans lévier, mais dont la verge composée de trois règles, deux d'acier et une de cuivre, descend au-dessous de la lentille.

DEUX autres constructions de verges du pendule sont aussi proposées par M. CASSINI.

Un de ces pendules sans lévier est composé de trois verges, deux d'acier et une de cuivre; et, pour obtenir une compensation complète, M. CASSINI augmente la longueur de la verge, en la faisant descendre au-dessous de la lentille.

Le dernier pendule sans lévier proposé par M. CASSINI est composé de cinq verges placées à côté les unes des autres; trois sont d'acier et deux de cuivre : par cette disposition il obtient la correction complète des effets du chaud et du froid sur le pendule.

M. Cassini a aussi donné, dans ce Mémoire, les calculs propres à trouver la proportion que doivent avoir entre eux les deux bras de lévier qui, par leur mouvement, servent à compléter la correction des effets du chaud et du froid.

Tels sont les moyens de correction proposés en France, vers 1741, pour les effets du chaud et du froid sur les pendules : nous allons exposer ceux qui ont été mis en usage par les Artistes anglais avant et après la même époque.

VIII.
Invention pour corriger les irrégularités du mouvement des Horloges, causées par l'action du chaud et du froid sur la verge du pendule, par M. *G. Graham*, horloger, membre de la Société royale de Londres, 1726.

« Comme plusieurs personnes curieuses de l'exacte mesure du temps, se sont aperçues, dit M. Georges Graham [a], que les vibrations d'un pendule sont plus lentes en été qu'en hiver, et ont justement supposé que cette altération procède d'un changement dans la longueur du pendule même, causé par l'influence du chaud et du froid dans les différentes saisons de l'année, je fis, vers 1715, diverses expériences, à dessein de rechercher les moyens de corriger ce défaut du pendule. Je voulus découvrir s'il y auroit des différences assez considérables entre les dilatations du fer, du cuivre, de l'argent; &c.; exposés au même degré de chaleur; concevant qu'il seroit possible de faire usage de deux métaux, différant considérablement dans leur extension, pour corriger en grande partie les variations auxquelles les horloges à pendule, communément employées, sont sujettes. Mais quoiqu'il fût aisé de s'apercevoir que tous les métaux souffrent des altérations dans leurs dimensions par le chaud et par le froid, cependant je trouvai les différences de la dilatation de l'un à l'autre métal si petites, que je perdis l'espérance de réussir par ce moyen, et j'abandonnai cette poursuite, me trouvant dans ce temps occupé d'autres affaires.

IX.
Par les dilatations différentes des métaux, moyen proposé pour la première fois par *Georges Graham* (vers 1715).

[a] *Transactions philosophiques*, année 1726, art. IV, page 40, N.° 392.

X.
Correction appliquée au pendule, par M. *Graham*, pour corriger les effets de la température au moyen d'un tube rempli de mercure, en 1721.

« DANS le commencement de 1721, je fis des expériences sur le vif-argent; et je remarquai, en le plaçant près du feu, un degré extraordinaire dans son extension; sur quoi je conçus que le mercure pourroit être employé utilement à un pendule. J'adaptai, peu de jours après, une colonne trop longue de vif-argent : et alors la marche de l'horloge retardoit, par une augmentation de froid, le contraire de ce qui arrive communément au pendule; ce qui étoit une confirmation de la bonté du moyen. Depuis il fut aisé de diminuer la colonne de mercure; ce que je fis. »

Ce fut sans doute vers le même temps, où cet Artiste s'occupoit de la perfection des horloges à pendule, que M. GRAHAM imagina l'échappement à repos qui porte son nom, et qu'il suspendit le pendule par un couteau.

XI.
Pendule à gril, par *Jean Harrison*, 1726.

DANS UNE brochure de M. JEAN HARRISON, publiée en 1763[a], on dit que dès 1726 cet Artiste avoit fait une horloge à pendule qui mesuroit le temps si exactement, que, pendant dix ans de suite, elle n'avoit pas différé du ciel d'une seconde par *mois*. On voit qu'il avoit employé dans cette horloge des lames cycloïdales (sans connoître l'invention d'HUYGENS), et qu'il avoit observé que, quoique toutes les lames de métal différent devinssent plus longues par le chaud et plus courtes par le froid, cependant leur longueur n'étoit pas également altérée, mais plus sensiblement les unes que les autres; et qu'en conséquence, employant des barres d'acier et d'autres de cuivre, il avoit formé une figure assez ressemblante au gril, et par laquelle, malgré l'inégale contraction et dilatation des deux métaux, leur mouvement donnoit au centre de gravité une direction contraire au mouvement

[a] Intitulée *Récit sur les procédés faits à dessein de découvrir les longitudes en mer, relatif au garde-temps de M. J. Harrison, &c.* à Londres, imprimé chez *J. W. Pasham*, &c. 1763.

qu'il auroit eu s'il n'y avoit eu qu'une seule barre. Il fit usage de cette forme, en place de la simple verge du pendule; et après une infinité d'expériences, à la fin il l'ajusta de telle sorte, que, par le moyen de ce pendule composé, le centre d'oscillation resta constamment à la même distance de celui de suspension, malgré les variations de la chaleur et du froid dans le cours de l'année. Par ce moyen, HARRISON, est-il dit, se fournit lui-même de deux horloges à long pendule, vers 1726, dans lesquelles ces machines furent reconnues être si exactes, que, placées en des endroits différens de sa maison, elles gardèrent le temps sans une perte de plus d'une seconde par mois; et qu'une de ces machines qu'il garda pour son usage, et qu'il a constamment comparée aux étoiles fixes, n'a pas différé du ciel de plus d'une seule minute en dix ans qu'il habita la campagne après avoir fini cette horloge.

Nous observerons qu'il est sans doute malheureux pour la perfection de l'art, que la construction d'horloges si exactes soit encore inconnue, et qu'on se soit contenté d'en donner de simples aperçus, au lieu d'en publier toute la disposition et les moyens employés : car ce n'est qu'en 1763 qu'on trouve le détail imparfait qu'on vient de lire, et qui est placé dans un discours du Président de la Société royale, en 1749; discours qui, je crois, n'a pas été imprimé dans les Transactions philosophiques de cette année.

Quoi qu'il en soit, le pendule à gril de HARRISON n'a été connu en France que vers le milieu de 1763, au retour des Commissaires envoyés à Londres par le Gouvernement de France [a]; et, à cette époque, les Artistes français étoient parvenus à donner à cette partie de l'horloge, le pendule composé, toute la perfection dont elle est susceptible. D'ailleurs ces mêmes

[a] Ces Commissaires étoient MM. *Camus* et *Ferdinand Berthoud.*

Artistes avoient rendu publics tous les détails de cette recherche, ainsi qu'on peut le voir dans les Mémoires de l'Académie des Sciences; le Traité de THIOUT, publié en 1741; le Mémoire de RIVAZ, en 1750; le Traité de LE PAUTE, en 1755; et l'Essai sur l'Horlogerie, de FERDINAND BERTHOUD, publié au commencement de 1763; tandis que le seul Artiste anglais JEAN ELLICOTT a publié un Mémoire en 1753 : d'où l'on voit que les Artistes français ont tiré de leur propre fonds et de leur propre expérience, tout ce qui appartient à ce travail; et que le seul écrit publié avec les détails convenables et les figures, est celui de JEAN ELLICOTT, en 1753 : sa construction diffère d'ailleurs totalement des méchanismes employés par les Artistes de France.

XII. Pendule composé par M. *Ellicott*, en 1753.

M. ELLICOTT, horloger à Londres, membre de la Société royale, fit imprimer en 1753 un ouvrage ayant pour titre : *Description de deux méthodes par le moyen desquelles les irrégularités du mouvement des horloges, dépendantes de l'influence du chaud et du froid sur la verge du pendule, peuvent être corrigées.*

Ce Mémoire avoit été lu à la Société royale le 4 juin 1752.

« La première de ces méthodes consiste dans la construction du pendule lui-même, que j'avois imaginé il y a plusieurs années. Dans le commencement de 1738, je remis à M. MACHIN, alors un des secrétaires, la description et les dessins d'un tel pendule, pour qu'il fût présenté à la société royale; ce qui n'eut pas lieu à cette époque.

» Vers l'année 1732, une expérience que je fis à dessein de satisfaire quelques personnes, prouva que la verge du pendule étoit sujette à une influence assez considérable, par des degrés modérés de chaud et de froid; je considérai que comme la densité des métaux différoit entre eux, leur dilatation devoit être également différente; et que la différente extension de deux métaux pouvoit être employée de manière qu'elle pût corriger en grande partie les variations de l'horloge dépendantes de l'action du chaud et du froid sur le pendule. C'est à ce dessein que peu de temps après je construisis le pendule que je vais décrire.

» Je construisis, en 1736, un instrument propre à mesurer la dilatation des divers métaux, à-peu-près pareil à celui dont parle MUSSCHEMBROEK, et qu'il appelle *Pyromètre* (il rapporte ces expériences); et comme je trouvai une grande différence entre l'extension du cuivre et du fer, je me déterminai aussitôt à exécuter le pendule ci-devant décrit. L'horloge faite exprès et avec son pendule fut exécutée au commencement de 1738.»

La seconde méthode proposée par M. ELLICOTT, se rapporte aux contre-verges employées en France par M. DEPARCIEUX; mais une perfection ajoutée, c'est que par un lévier on peut augmenter ou diminuer à volonté la compensation, selon le besoin.

XIII. Correction des dilatations &c. du pendule par le moyen du mercure, par *Georges Graham*, 1715.

La figure 7, planche IX, représente la partie de la verge qui, dans le pendule composé par GRAHAM, produit la correction des effets du chaud et du froid, par la dilatation du mercure placé dans un tube qui tient lieu de la lentille des pendules ordinaires.

AB est la verge du pendule faite en acier : au bout inférieur B, est ajusté un châssis de même métal, formé, comme nous le supposons, de quatre branches pareilles à celles *aa*, *bb*. C'est dans cette espèce de cage qu'est placé le tube de verre rempli de mercure jusqu'en F. On conçoit que la dilatation du mercure étant beaucoup plus grande que celle de l'acier dont cette cage est composée, le mercure s'élevant dans le tube EF, le centre d'oscillation du pendule qui étoit descendu par l'alongement de la verge AB, peut être remonté de la même quantité par la plus

plus grande élévation de la colonne de mercure ; et cela dépend du plus ou moins de longueur du tube qui le contient.

D est une boîte de cuivre qui peut glisser le long de la verge : elle sert à régler l'horloge, en la faisant monter ou descendre sur cette verge, qui doit être graduée selon la méthode employée par HUYGENS.

XIV. Pendule à compensation, par M. *Regnauld*, horloger à Châlons, 1733.[a]

M. REGNAULD, horloger à Châlons, a imaginé, en 1733, une verge de pendule qui a la propriété de remédier elle-même à sa dilatation : il tire avantage du cuivre et de l'acier (c'est-à-dire, de leurs différentes dilatations, pour obtenir cette correction) : ce pendule, vu *fig. 4, planche IX*[b], est composé de trois verges jointes l'une contre l'autre : celle du milieu est d'acier ; elle a, au point A, une traverse qui porte la verge AB de cuivre ; sur celle-ci, au bout B, est rivé un crochet qui traverse la verge du milieu pour retenir celle DE qui est d'acier. Cette verge est retenue par un lien AE, et porte la lentille.

Nous observerons que cette verge de M. REGNAULD ne pouvoit compenser qu'en partie les effets de la température ; car, pour que la correction fût complète, il eût fallu employer un métal, en place du cuivre, dont la dilatation fût double de celle de l'acier, ou à-peu-près ; et l'on sait aujourd'hui que le cuivre ne se dilate plus que l'acier, que dans le rapport de 17 à 10.

XV. Pendule à compensation de M. *Regnauld*, perfectionné par M. *Deparcieux*, 1739.[d]

« L'EXAMEN que M. DEPARCIEUX[c] a fait de la verge de M. REGNAULD, lui a donné l'idée de la perfectionner pour

[a] *Traité d'Horlogerie de Thiout*, Tome II, page 267.

[b] *De l'Histoire de la mesure du temps.*

[c] *Traité d'Horlogerie de Thiout*, Tome II, page 268.

[d] M. *Deparcieux*, alors maître de mathématiques, fut depuis un membre distingué de l'Académie des Sciences. On lui doit le beau et utile projet de conduire à Paris les eaux de la rivière d'Yvette, &c. ; mais il n'a pas été exécuté.

parvenir à avoir le rapport des métaux. Voici la description telle qu'il me l'a communiquée ;

« ABP et EF, *fig. 2, planche IX,* sont deux verges d'acier passant à travers la pièce S T, qui est une espèce d'anneau alongé, qui embrasse ces verges, et les empêche de s'éloigner l'une de l'autre. D C est une verge de cuivre qui s'appuie par son bout d'en bas sur le talon F. QR est un anneau de cuivre très-mince qui embrasse ces trois verges, les empêche de se séparer, ne leur laissant d'autre liberté que celle de glisser l'une contre l'autre. Chacune de ces verges doit avoir huit lignes de largeur sur trois lignes d'épaisseur.

» Au haut de la verge de cuivre DC est la traverse ou anneau ST qu'il faut considérer comme un lévier, au milieu duquel est un appui qu'on fixe à l'anneau ou lévier ST, dont le bout S ne peut monter, étant arrêté en dessus par un petit mentonnet qui tient à la verge EF, ni descendre, parce que l'autre bout T, étant chargé du poids de la lentille L, et de la verge ABP qui est accrochée par un mentonnet T, tend continuellement à faire monter le bout C.

» On voit maintenant que si la verge DC vient à s'alonger, la verge d'acier correspondante FS s'alongera aussi : mais parce que le cuivre s'alonge plus que l'acier, et le cuivre étant appuyé sur le talon F, le surplus de son alongement se fera en haut contre l'appui du lévier ST, et le bout S du lévier ne changera pas de place ; il faudra que le bout T fasse deux fois autant de chemin que l'appui qui est au milieu : ainsi lorsque la verge d'acier s'alonge de 10 parties, la verge de cuivre s'alonge de 17. Les sept parties dont le cuivre s'alonge plus que l'acier, lui font faire quatorze parties de chemin par son bout T.

» Maintenant si le rapport des alongemens de l'acier et du cuivre qu'on aura employés n'est pas comme 10 à 17, et que la verge produise, par exemple, un trop grand effet, l'on approchera l'appui du bout T du lévier; et au contraire, si le cuivre ne produit pas un assez grand effet, l'on poussera l'appui vers le bout S du lévier. »

XVI.
Compensation produite par un châssis composé, placé hors du pendule, présenté à l'Académie des Sciences par M. *Deparcieux*, en 1739. *

« ABDF, *fig. 3, planche IX*, est une verge d'acier d'une seule pièce, de neuf à dix lignes de largeur sur quatre lignes d'épaisseur : GE, IH est une verge de cuivre dont les deux bouts sont appuyés en G et en H sur la traverse du châssis d'acier : la traverse EI du haut de la verge de cuivre passe deux ou trois lignes au-dessus du coq, supposé placé vers C, où l'on voit le ressort qui supporte le pendule CL, en passant dans la fente du coq sans s'y appuyer, étant porté par la tige CK qui passe au travers de EI. Cette tige est carrée par en bas, de même que le trou par où elle passe dans EI, afin qu'elle ne puisse pas tourner ; mais le haut de cette tige est taraudé d'un pas de vis très-fin, afin de pouvoir raccourcir le pendule par le haut, sans l'arrêter, au moyen de l'écrou E, après l'avoir mis à-peu-près à la hauteur convenable par l'écrou L. La cage de l'horloge doit être fixée par deux fortes vis en A et en F, en ligne droite avec le coq qui doit être vers C. Il est aisé de voir que si les verges de cuivre EG, IH s'alongeoient du double de celles d'acier AB, FD, il faudroit qu'elles fussent de la même longueur que la verge du pendule CL, de même que les verges d'acier AB, ED ; car si l'on accroche ce châssis contre une muraille par le haut AF, si la verge du pendule s'alonge d'une ligne, les verges AB, FD, qu'on suppose égales à CL, s'alongeront aussi d'une ligne; et si le cuivre GE ne s'étoit point alongé, la traverse EI seroit aussi descendue d'une ligne en s'approchant du coq, qui n'a point changé de place; ce qui produiroit une ligne d'alongement

* *Traité de Thiout*, Tome II, page 265.

au pendule CL : jointe à une ligne dont il s'est alongé lui-même, cela donne deux lignes d'alongement. Mais on a supposé en même temps que l'alongement du cuivre étoit double de l'alongement de l'acier en G et H : il faut qu'il s'alonge en haut de deux lignes ; ainsi il contretirera le pendule CL des deux lignes dont il sera alongé.

» Mais comme l'alongement du cuivre n'est que les dix-sept dixièmes de celui de l'acier, ainsi que je l'ai trouvé par plusieurs expériences bien certaines, il est évident qu'il faut que les verges d'acier et de cuivre AB, EG du châssis soient plus longues que la verge du pendule CL. »

D'après le calcul fait par M. DEPARCIEUX[a], on trouve que la distance du coq C jusqu'en G doit être de 54 pouces $\frac{5}{7}$.

« Il y a encore, dit M. THIOUT[b], une méthode que l'on a exécutée au commencement de 1739, pour remédier à la dilatation de la verge du pendule ; c'est par le moyen d'un tuyau de cuivre, de quarante-deux pouces de longueur, posé verticalement sur le coq (d'échappement) : ce tuyau contient une verge d'acier qui supporte celle du pendule. Cette construction est encore sur le même principe que celle du châssis de M. DEPARCIEUX ; et, pour avoir le rapport convenable, il faudroit un tuyau d'environ cinquante-quatre pouces $\frac{5}{7}$ de haut. »

XVII. Moyen de compensation, présenté à l'Académie des Sciences, en 1739, par M. *Julien le Roy*.

LA MÉTHODE de compensation que nous venons de rapporter d'après le Traité de THIOUT, appartient à M. JULIEN LE ROY. Elle a été adaptée par cet Artiste à plusieurs horloges astronomiques. Nous en connoissons une qui est placée à l'Observatoire de Cluny ; et depuis 1748, les Astronomes qui en ont fait usage,

[a] On trouve dans *Thiout*, à la suite de la description, ce calcul, dont nous donnons le résultat.

[b] *Traité d'Horlogerie*, Tome II, page 272.

ont donné les plus grands éloges à cette horloge : c'est la même construction rapportée par M. CASSINI dans son Mémoire de 1741.

La *fig. 1, planche IX,* représente la compensation de M. JULIEN LE ROY. *abcd* est le tuyau ou canon de cuivre dont le bout inférieur *cd* pose et est fixé sur le coq de suspension du pendule ; sur la partie supérieure de ce canon est attachée la plaque *ab* sur laquelle est rivée la tringle *ef* d'acier, laquelle passe librement dans l'intérieur du canon ; sur le bout d'en bas de cette tringle est arrêté le ressort de suspension C du pendule : ce ressort passe juste à travers la fente du coq AB ; le bout inférieur de ce ressort porte le pendule CL.

XVIII. Description du pendule à compensation de M. *Ellicott*, 1753.

LA *figure 5, planche IX,* représente la construction d'une Pendule présentée à la Société royale par M. ELLICOTT, horloger de Londres.

ab est une verge de cuivre, ajustée par des vis 1, 2, 3, sur une verge de fer, à laquelle est attachée en A la suspension du pendule, et en B est ajustée la lentille, de manière à pouvoir glisser aisément sur cette verge.

La lentille L est percée à son centre, ainsi qu'on le voit, pour ajuster sur la partie *cd* de la verge de fer, deux léviers *f, g* : le plus court bras de ces léviers agit sur le bout *b* de la verge de cuivre ; et les plus longs bras de ces mêmes léviers agissent sur les bouts des vis *g, g,* portées par la lentille.

Le bout supérieur de la verge de cuivre, est rendu fixe sur le talon A de celle de fer contre lequel il arcboute ; ainsi ce point est fixe : mais cette verge, en se dilatant, exerce son effet en *b*. Les trous des vis 1, 2, 3, faits à cette verge, doivent être un peu alongés, afin que la verge puisse se dilater librement.

On voit, par ce qui précède, et à la vue de la figure, que

l'excès de dilatation de la verge de cuivre *ab* sur celle A*d* de fer, doit faire remonter la lentille; et que les bras des léviers ayant entre eux le rapport convenable, la compensation doit avoir lieu : on trouve ce rapport par l'expérience, en faisant approcher ou écarter du centre de ces léviers, les points de contact des longs bras avec les vis *gg*.

Au-dessous de la lentille est placé un double ressort *i* K, fixé sur le bout de la verge de fer du pendule. Ce ressort sert à supporter une grande partie de la masse de la lentille L, afin que les léviers éprouvent une moindre résistance pour la soulever, et que la verge de cuivre *ab*, éprouvant moins d'effort, puisse se dilater plus librement et sans se courber.

XIX.
Pendule composé à trois verges et à lévier. [a]

LA CONSTRUCTION du pendule, vu *figure 5, planche X*, ne diffère pas beaucoup de celle du pendule rectifié par M. DEPARCIEUX : mais ici elle nous paroît préférable, étant encore perfectionnée.

Ce pendule est composé de trois verges : la première, AG, est d'acier; la seconde, HI, de cuivre; et la troisième, KV, est aussi d'acier. Ces trois verges sont assemblées de manière qu'elles ne peuvent s'écarter les unes des autres d'aucun côté; pour cet effet, elles sont assemblées par des rainures et des languettes, formées dans toute leur longueur; les brides E, F, les retiennent ensemble, et le bas du pendule en G est retenu par une boîte fixée à la lentille; en sorte que ces verges ne peuvent que monter et descendre librement par l'effet de la dilatation et de la contraction.

La verge AG porte en A la vis qui passe au travers du couteau de suspension : le bout G de cette verge porte le talon sur lequel pose le bas de la verge de cuivre HI : le bout supérieur I de cette

[a] *Essai sur l'Horlogerie*, Tome II, page 123.

verge porte une cheville qui passe en *b*, à travers le lévier BD : ce lévier, qui embrasse des deux côtés l'épaisseur de la verge, est mobile en *c* sur une espèce de dent portée par la pièce C ; la verge VK porte en *a* une cheville qui passe à travers l'entaille du lévier ; le bout inférieur V de cette verge, porte le talon V dont le trou reçoit une cheville qui passe par le centre de la lentille, et qui les fixe ensemble. La pesanteur de la lentille fait donc descendre la verge VK, jusqu'à ce que la cheville *a* presse le lévier B, et que l'entaille de celui-ci presse la cheville *b* portée par la verge de cuivre, et que par conséquent le bout inférieur H de cette verge pose sur le talon G de la verge AC.

La *vis de rappel* D est taraudée dans l'épaisseur de la verge AG: cette vis sert à faire mouvoir la pièce C, pour changer, selon que l'expérience peut l'exiger, les distances *bc* et *ac*, et par conséquent à parvenir à l'exacte compensation. Si l'horloge retarde par le chaud, il faut approcher le point d'appui *c* de la cheville *b* ; et si, au contraire, la compensation est trop forte, et que l'horloge avance par le chaud, il faut éloigner le point d'appui *c* de la cheville *b*.

XX.
Description du pendule composé à tringles de *J. Harrison*.

La *figure 9*, *planche IX*, représente le pendule composé, à tringles rondes et cylindriques de même grosseur, et tirées à la filière : cinq de ces tringles sont en acier, et quatre sont en cuivre. Les deux tringles *ab*, *ab*, sont d'acier : elles sont assemblées et liées par des chevilles aux traverses A et B, et forment un premier châssis. Sur la traverse B, sont ajustées et fixées les tringles de cuivre *c*, *c*, parallèles aux tringles d'acier : les bouts supérieurs *d*, *d*, de ces tringles, sont ajustés et fixés sur la traverse C : cette traverse porte les tringles d'acier *ef*, *ef*, fixées en *e*, *e* ; les bouts inférieurs de ces tringles sont fixés en *f f*, à la traverse D ; ce qui forme un second châssis. Sur cette même traverse D, sont ajustées et fixées en *g, g,* les tringles de cuivre *gh, gh;* et les bouts *h, h,* sont ajustés et fixés sur la traverse E : c'est cette dernière traverse à laquelle est fixée la tringle d'acier *il,* sur laquelle est arrêtée la branche carrée F, qui entre dans la lentille, et est soutenue par l'écrou G.

Nous avons expliqué ci-devant le jeu et les effets du pendule à châssis, vu *figure 3;* ici les principes de construction et les effets sont les mêmes : nous observerons seulement que, dans l'une et l'autre construction, on doit supposer que l'effet des tringles, traverses, &c. des châssis, doit avoir lieu librement et sans jeu ; sans cette condition, la dilatation dans les diverses parties du pendule ne se feroit pas librement, et la compensation n'auroit pas lieu, quoique les verges d'acier et de cuivre fussent entre elles dans le rapport prescrit par la règle ci-dessous *(note* [b]*).*

XXI.
Pendule composé par des châssis parallèles; *Ferdinand Berthoud,* 1760. [a]

LE PENDULE à compensation par un lévier, comme celui dont on vient de donner la description (art. XIX), a l'avantage de trouver par expérience, l'horloge marchant, le vrai point de compensation, en variant les points d'appui du lévier : mais ce pendule ne peut supporter qu'une lentille légère, sans quoi les verges fléchiroient par leur action sur des talons. On a donc cherché à supprimer le lévier, et à obtenir la compensation par des verges plus longues [b], et agissant parallèlement par des châssis. Tel est le pendule que nous allons décrire.

La pièce *abcd, figure 8, planche IX,* ne forme qu'une seule verge ou châssis fait en acier, et dont la partie supérieure *s* porte le couteau qui suspend le pendule : *efgh* est un second châssis;

[a] *Essai sur l'Horlogerie,* Tome II, page 135.

[b] Et telles, que les longueurs des verges d'acier soient aux longueurs des verges de cuivre, comme l'alongement du cuivre est à celui de l'acier, selon la règle de l'*Essai sur l'Horlogerie,* N.° 1749.

ii

il est fait en cuivre : la partie *fg* pose sur le bas du premier châssis d'acier; *i nmn* est un second châssis d'acier, dont les talons *m*, *n*, appuient sur les bouts *g*, *h*, du châssis de cuivre; *o*, *p*, sont deux branches de cuivre, dont les parties inférieures posent sur le bas du second châssis *in*; enfin, *qr* est une verge d'acier, dont les talons posent sur les bouts supérieurs des verges de cuivre. Le bout inférieur de la verge d'acier *qr*, passe à travers les trois traverses des châssis : il est taraudé pour recevoir l'écrou qui supporte la lentille ponctuée L. Le poids de la lentille est donc supporté par les deux bouts de chaque verge et châssis, et passe ainsi au milieu; de sorte que ces verges ne peuvent pas fléchir, et que la dilatation des verges se fait librement.

Effets de ce pendule. Le premier châssis d'acier *abcd* étant alongé par le chaud, sa traverse inférieure *cd* s'éloigne du point *s* de suspension; mais les règles de cuivre *ge*, *hf*, dont les bouts inférieurs posent sur cette traverse, s'alongent aussi, mais d'une plus grande quantité, font remonter les talons *m*, *n*, du second châssis d'acier, tandis que le châssis s'alonge aussi; en sorte que la traverse *in* de ce châssis descend un peu : mais les autres règles de cuivre *o*, *p*, qui posent sur cette traverse, élèvent, par l'excès de leur dilatation, sur celle d'acier, les talons qui sont au sommet de la règle d'acier *qr* qui porte la lentille, et la somme des excès de dilatation des verges de cuivre sur celles d'acier, remonte la lentille à la même distance où elle étoit du point de suspension *s*, avant que le pendule eût éprouvé le chaud, et de telle sorte, que si la longueur des verges d'acier est à la longueur des verges de cuivre comme la dilatation du cuivre est à la dilatation de l'acier, les différences de température ne changeront pas la distance du centre d'oscillation au point de suspension; et l'horloge où ce pendule sera adapté, ne variera pas en passant du chaud au froid.

Le pendule que nous venons de décrire, a été perfectionné par l'Auteur, comme on le voit *planche XXVIII*, *figure 1* de l'Essai. Nous allons en donner l'explication : il est vu *figure 1*, *planche X* des figures de l'Histoire de la mesure du temps.

XXII. Description du pendule composé à châssis, par *Ferdinand Berthoud*. *

ABCD, *planche X*, *figure 1*, est une planche très-forte, qui sert à fixer solidement le pendule contre le mur ; elle porte la cage de cuivre EFG. Les talons, comme H, formés sur cette cage, servent à recevoir les pivots prolongés des vis HH, sur lesquels le support I porte le pendule. Ce support tourne sur les pivots, pour laisser au pendule la liberté de prendre son aplomb.

La fourchette K porte fixement la traverse 2.3, sur la longueur de laquelle est formée la gouttière, qui doit appuyer sur les deux couteaux mobiles du support I. Ce support est vu *figure 4*.

La *figure 2* représente la fourchette K de suspension, portant sa traverse. Cette traverse est vue séparément, *figure 3*, avec la vis Z, qui sert à élever le pendule, et le ramener ensuite à sa vraie position sur le support : pour cet effet, la pointe de la vis Z entre dans un trou conique fait à la broche placée au milieu de la largeur du support, *figure 4*.

La fourchette K, *figure 1*, est fixée par une forte cheville avec le premier châssis d'acier *abcd* : le bout inférieur *cd* de ce châssis, qui entre juste dans la lentille L, sert uniquement à empêcher la lentille de vaciller : *ef* est une traverse sur laquelle posent les verges correspondantes de cuivre *gh*, *il* ; les bouts supérieurs de ces verges agissent sur un lévier mobile en *m*, placé entre deux plaques, qui sont fixées sur le second châssis d'acier *nopq* ; sur le bout inférieur de ce châssis, posent les bouts des verges de

* *Essai sur l'Horlogerie*, N.° 2030.

cuivre correspondantes *rs, tu*, dont les bouts supérieurs portent enfin sur le lévier mobile en *x*, par une cheville qui traverse ce lévier et la verge d'acier *xy* : l'extrémité inférieure *y* de cette verge passe à travers les mortoises faites au second châssis d'acier, et à la traverse *ef* du premier : ce bout prolongé de la verge est taraudé, et passe à travers le trou N de la chappe MN; un écrou taraudé, qui entre sur cette vis, retient la chappe MN avec la verge *yx* ; et comme cette chappe embrasse la lentille et la suspend par son centre au moyen de la vis M, on voit que la lentille est soutenue par la verge *yx*, et par conséquent par le reste du pendule, dont chaque verge supporte la moitié du poids de la lentille L, et dont tout l'effort se réunit à la suspension.

Les léviers mobiles en *m* et en *x*, servent à répartir également la pression de la lentille sur chaque verge de cuivre correspondante. Ces léviers tiennent lieu des talons des verges d'acier de la *figure 8, planche IX*, dont nous avons donné l'explication.

VY sont des brides qui servent à contenir les verges du pendule, mais en laissant la liberté requise pour l'effet des dilatations dans les diverses parties de ce pendule.

La pointe P, placée au bas de la lentille L, sert à indiquer sur le limbe Q, l'étendue des arcs de vibration du pendule.

Le pendule porte en W une portion de cercle graduée, sur laquelle l'aiguille *a* marque les divers degrés de température que le pendule éprouve. Ce méchanisme forme un thermomètre qui est mis en action par le jeu des verges du pendule, produit par leurs divers mouvemens de dilatation.

Les parties R et S de la cage EFG servent de supports sur lesquels le mouvement de l'horloge doit être placé : il y est fixé au moyen de deux vis qui passent à travers les trous 4, 5, et entrent dans les trous taraudés des piliers de la cage du mouvement ; on peut, par ce moyen, ôter ce mouvement sans déranger le pendule.

XXIII. Description d'un méchanisme de compensation placé hors du pendule.*

La *figure 2, planche XI,* représente une construction propre à corriger les effets du chaud et du froid sur le pendule formé par une seule verge. HM est la verge du pendule ; le bout H est attaché par deux chevilles à une pièce K faite en fourchette, laquelle est portée par la traverse *ii* de la suspension à ressort *kilk ;* le bout inférieur M de la verge est taraudé pour recevoir l'écrou qui supporte la lentille N, *fig. 5 ;* les bouts supérieurs des ressorts de suspension *l, l,* sont attachés à la traverse *kk.* Ces ressorts passent fort juste dans la fente I du pont II : ce pont est attaché sur la plaque de cuivre K, laquelle doit porter le méchanisme de compensation, et de plus le mouvement de l'horloge.

La traverse *kk* des ressorts de suspension, porte au milieu de sa longueur la cheville *o*, laquelle appuie par ses deux bouts saillans (la traverse) sur le bras *o* du lévier d'acier *mno*, mobile en *n.* Le bras *o* de ce lévier est formé en fourchette, pour embrasser la traverse *kk* de suspension. La partie *n* du centre entre dans la fente du talon, formée sur le pont II. La cheville *n* traverse le talon et le lévier, ce qui forme le centre de mouvement de ce lévier. Le bout *m* du lévier passe dans la fente de la tringle d'acier L*m* : le bout *m* de la tringle porte une cheville sur laquelle agit le bras *m* du lévier *mno.* Le bout inférieur de la tringle est fixé par une cheville, sur la traverse inférieure R, *fig. 5* du châssis de compensation, et le bout supérieur passe librement dans un trou fait à la traverse P du même châssis de compensation. Les tringles de cuivre RS, RS, sont fixées par des chevilles, par en bas à la traverse RR,

* De *la Mesure du temps,* ou *supplément, &c.* page 243.

et par les bouts supérieurs à la traverse P, par les chevilles 4, 5.

Cette disposition étant bien entendue, on voit que lorsque la chaleur dilate et alonge la verge HM du pendule, et tend à faire retarder l'horloge, la même chaleur dilate aussi les tringles TV, RS, RS, du châssis de compensation; mais comme le cuivre se dilate plus que l'acier, dans le rapport de 121 à 174[a], la traverse RR s'éloigne de celle P; en sorte que le point *m* du lévier *mno* descend, tandis que celui *o* remonte; ce qui raccourcit le pendule: et ici, par les dimensions données, le point *o* remonte exactement de la quantité dont la chaleur a dilaté la verge du pendule; mais dans le cas où la compensation ne seroit pas jugée exacte, d'après des épreuves faites de la marche de l'horloge, on peut arriver à une compensation rigoureuse, en approchant ou en éloignant les points de contact du lévier : c'est à cet usage qu'est destinée la vis de rappel *p*, *fig. 2*.

Le poids RR, *fig. 5*, suspendu au lévier Q, sert à soutenir une partie du poids du pendule HMN, afin que la pesanteur de la lentille ne puisse pas affaisser les verges de correction, et par-là, rendre la compensation incertaine.

La platine KK, à laquelle le pendule et sa correction sont attachés, sert aussi à supporter le mouvement de l'horloge, comme on le voit *fig. 2*.

XXIV.
Description de la suspension à ressort d'une Horloge astronomique, dont le pendule est composé à tringles.[b]

« LA TRAVERSE supérieure A du pendule, vue de profil, *fig. 11, planche IX*, porte deux crochets O qui assemblent le pendule avec la suspension, de sorte qu'on peut séparer le pendule de la suspension, lorsqu'on veut transporter l'horloge : la vis P sert à fixer le pendule avec la suspension.

[a] *Essai sur l'Horlogerie*, N.° 1696.

[b] *De la Mesure du temps ou supplément à l'Essai sur l'Horlogerie, &c.* 1787, N.° 721.

» La fourchette QQ, RR, portée par la traverse MM de suspension, *fig. 10*, sert à garantir les ressorts de suspension de tout accident, en limitant l'extension des lames. Ces mêmes fourchettes sont vues de profil, *fig. 11*, en QR, QR.

» Le support de suspension GG, NN est formé d'une pièce de cuivre faite en croix; les parties NN portent les lames de suspension faites en acier *aa, bb;* et les bouts GG du support sont percés chacun d'un trou H, pour recevoir les pivots des vis II; ces vis sont portées par les talons FF fixés à une plaque de cuivre carrée, sur laquelle s'ajuste le mouvement de l'horloge; cette plaque s'applique contre le mur, et doit être soutenue par un fort clou à crochet.

» A, C, E, *fig. 10*, sont les trois traverses supérieures du pendule, vu en entier *fig. 9;* et B, D les traverses inférieures du même pendule; les deux bouts de la verge composée de ce pendule sont vus, dans cette figure, dans leur vraie dimension, tant dans les traverses que dans les tringles.

» Le bout *l* de la tringle d'acier du milieu est la partie qui doit supporter la lentille H, *fig. 9*, et entrer dans la partie F.

Cette suspension à ressort a très-bien réussi pour garantir les ressorts; et tel a été l'objet de sa construction : mais elle exige un travail assez considérable. »

CHAPITRE III.

De l'influence de la chaleur pour diminuer la force élastique du Ressort, et de celle du froid pour l'augmenter : variations que ce changement, ajouté à l'extension même du Balancier, cause aux Horloges dont le régulateur est un Balancier réglé par le Ressort. — Divers moyens qui ont été inventés pour corriger ces variations dans les Horloges et dans les Montres à longitude.

DANS les horloges dont le régulateur est un balancier réglé par un spiral, comme cela a lieu dans les montres, ces machines éprouvent des variations considérables par l'action de la chaleur et du froid sur le balancier, et sur-tout dans le ressort spiral; et les quantités de ces écarts peuvent s'élever jusqu'à près de huit minutes en vingt-quatre heures; tandis que dans les horloges à pendule, ces différences, par les mêmes degrés de chaud et de froid, ne s'élèvent qu'à environ vingt secondes dans le même temps: différence qui appartient au changement qui a eu lieu dans la longueur du pendule; d'où l'on voit combien il étoit important que les Méchaniciens qui se sont occupés de la mesure du temps, inventassent des moyens propres à détruire ces variations dans les horloges et les montres à balancier à spiral; moyens sans lesquels la découverte des longitudes en mer eût été impossible; et les difficultés étoient d'autant plus grandes, qu'on a ignoré pendant très-long-temps les véritables causes des variations qu'on éprouvoit avec ces machines. On savoit bien, à la vérité, que le balancier se dilatoit par la chaleur, ainsi que fait le pendule; mais on jugeoit, avec raison, ces quantités assez petites pour ne pouvoir produire de si grandes erreurs. Ce n'a été que dans ces derniers temps, qu'on a découvert la principale cause de ces grandes variations du balancier à spiral; et on l'a trouvée dans le ressort spiral même, dont la force élastique change assez considérablement par les diverses températures, pour produire elle seule la plus grande partie des écarts qui ont été reconnus.

Dans le Mémoire de M. DANIEL BERNOULLI, qui a remporté le prix de l'Académie en l'année 1747, ce célèbre géomètre, si versé dans la Méchanique, s'exprime ainsi concernant les ressorts:

« Je ne dois pas omettre, dit-il, une circonstance qui peut préjudicier aux horloges à balancier; c'est qu'on prétend dans la Physique expérimentale, avoir remarqué quelques changemens dans les forces élastiques des ressorts par les changemens de la température. Si cela étoit, la spirale ne pourroit régler uniformément le balancier : *mais je ne suis pas encore intimement convaincu des faits.* »

On voit donc qu'en 1747 on doutoit encore du changement de l'élasticité des ressorts par les diverses températures : et, en effet, la Physique n'avoit aucun moyen de s'en assurer. Cette expérience étoit trop délicate, pour pouvoir être faite avec des instrumens ordinaires. L'éditeur de cet ouvrage a tenté plusieurs fois, avec sa *balance élastique*, d'observer les changemens de l'élasticité, en plaçant sur cet instrument un ressort spiral, qui, étant tendu, étoit mis d'équilibre avec un poids. Cet instrument, ainsi disposé, fut exposé successivement à une très-grande chaleur et ensuite au froid. Dans ces expériences, l'aiguille de cet instrument n'a jamais pu faire apercevoir le plus petit mouvement, quoiqu'il soit bien évident qu'il devoit y en avoir un; mais

mais il échappe à la vue. Il a donc fallu recourir à un instrument plus subtil, une horloge à balancier à spiral. C'est à l'aide de cet instrument que nous avons appris avec certitude les changemens qui arrivent dans la force élastique des ressorts par diverses températures. On conçoit qu'à l'aide d'un tel instrument, on peut mesurer le changement le plus insensible arrivé dans le ressort; parce que cet effet est multiplié et répété autant de fois que le balancier fait de vibrations : s'il en fait quatre par seconde, il y en a quatorze mille quatre cents dans une heure, ou trois cent quarante-cinq mille six cents par vingt-quatre heures.

Avant de rapporter les divers moyens de correction qui ont été imaginés, nous placerons ici les premiers principes qui ont été publiés sur cette théorie des ressorts, et des effets du chaud et du froid sur les horloges [a] et les montres à balancier à spiral, et les détails concernant la correction de ces effets, qui, jusqu'en 1763, n'avoient été donnés ni expliqués nulle part.

L'Auteur établit deux propositions qui servent de base à la compensation [b] des effets du chaud et du froid dans les montres à balancier; les voici :

Proposition I. La vîtesse des vibrations du balancier étant particulièrement déterminée par la force du ressort spiral, il arrive

[a] L'*Essai sur l'Horlogerie*, 2.e vol., Chap. XXX et XXXI, N.os 1880 et suiv., traite de cette compensation.

[b] J'appelle *compensation* dans les machines qui mesurent le temps, cette disposition par laquelle deux actions mises en opposition s'entre-détruisent. Par exemple, la verge d'un pendule s'alonge par la chaleur; cet obstacle à la justesse est détruit par une contre-verge d'un métal plus dilatable, qui remonte la lentille autant que la chaleur l'avoit fait descendre; en sorte que le pendule conserve sa même longueur par diverses températures. De même, dans les montres, le froid augmente l'élasticité ou force du ressort spiral réglant du balancier, ce qui accélère ses vibrations; et la même action du froid agissant sur les huiles et frottemens des pivots du balancier, les augmente, ce qui rend les oscillations plus lentes. Ces deux effets opposés peuvent donc se détruire. *Essai, &c.*, page 434.

que le froid augmentant la tension ou l'élasticité de ce ressort, les vibrations du balancier se font plus promptement ; et, au contraire, la chaleur, en dilatant le spiral, diminue sa force, en sorte que les vibrations du balancier sont plus lentes [a].

Proposition II. La durée des vibrations du balancier ne dépend pas uniquement de la force du spiral : cette durée varie selon le plus ou le moins de frottement que les pivots du balancier éprouvent. Or, le froid rend les huiles des pivots plus épaisses, et augmente le frottement ; ce qui rend les oscillations plus lentes [b].

Voilà donc deux effets contraires produits par la même cause (le froid). Par la première proposition, le froid rendant la tension ou l'élasticité du ressort spiral plus grande, accélère les vibrations du balancier ; et par la seconde proposition, la même action du froid tend à rendre plus lentes les vibrations du balancier par la plus grande résistance des frottemens : le contraire arrive par la chaleur.

I. Compensation obtenue dans les Montres par l'opposition des frottemens des pivots aux changemens d'élasticité du spiral par diverses températures : on peut appeler cette correction, *compensation naturelle.*

L'AUTEUR EXPOSE ensuite les moyens propres à augmenter ou à diminuer le frottement des pivots de balancier, pour compenser l'action de la température sur le ressort spiral.

« Enfin, dit-il [c], il y aura une telle grosseur à donner aux pivots du balancier, pour que le froid n'accélère ni ne retarde son mouvement ; c'est celle où le froid ralentira autant le mouvement du balancier par l'augmentation de frottement par le froid, que le même froid agissant sur le spiral tendra à augmenter la vîtesse du balancier : en sorte que ces deux causes, qui auroient dû être un obstacle à la justesse des montres, s'entredétruiront, et causeront la plus grande justesse. » L'Auteur termine cet article de la

[a] *Essai, &c.* N.° 1880.

[b] *Ibidem*, N.° 1881.

[c] *Ibidem*, N.° 1887.

théorie de la compensation des effets du chaud et du froid, par une remarque [a] que nous allons rapporter.

« Si on pouvoit détruire entièrement les frottemens et les effets de l'huile dans les pivots du balancier, elle feroit alors des écarts considérables par les changemens de température; car alors le froid ou le chaud agissant uniquement sur le spiral, et celui-ci étant susceptible de plus ou de moins d'élasticité par le chaud et le froid, la montre avanceroit ou retarderoit selon qu'elle éprouveroit plus ou moins de chaleur, comme nous le ferons voir en traitant de l'horloge marine : d'où l'on voit que cet obstacle des frottemens, qui semble s'opposer à la régularité des montres, est au contraire une des principales causes de leur justesse; car si l'action du froid sur le spiral tend à accélérer les vibrations du balancier, la même action sur les huiles et les frottemens diminue la liberté du balancier et retarde les vibrations. C'est en combinant ces effets qu'on parvient à les détruire l'un par l'autre, et à compenser l'action du chaud et du froid sur la montre; ce qui supplée au méchanisme que j'ai imaginé pour mon horloge marine, ainsi qu'on le verra ci-après. »

II.
Recherches pour parvenir à substituer un régulateur aux Horloges marines, qui ait les mêmes propriétés que le pendule. [b]

N.° 2121, art. 21. « Enfin, je disposerai un méchanisme qui soit tel, que les impressions du chaud et du froid ne changent pas la durée des oscillations des balanciers; pour cet effet, je placerai sur la cage des balanciers, une verge composée de verges d'acier et de cuivre, à-peu-près semblable à la verge du pendule astronomique que j'ai construit (*planche XXIII* de l'*Essai*) : je ferai agir sur la verge de cuivre du milieu, le petit bras d'un lévier, dont le grand bras fera mouvoir un rateau qui porte les chevilles entre lesquelles le spiral d'un des balanciers passe; ainsi lorsque la chaleur agissant sur les spiraux tendra à retarder les

[a] *Essai, &c.* N.° 1894.

[b] *Ibidem*, N.° 2092 et suiv.

vibrations du régulateur, la même chaleur agira sur les verges et fera mouvoir le lévier, et par conséquent le rateau ou *pince-spiral*, de sorte qu'il accélérera les vibrations de la même quantité que l'affaiblissement des spiraux les a fait retarder, et compensera ainsi les écarts que le chaud et le froid pourroient produire. Voici en gros la route qu'il faudra tenir :

» Lorsque l'horloge marine sera exécutée, je la placerai d'abord au froid de la glace, et ensuite à la chaleur de trente ou quarante degrés, afin de connoître la variation que cette différence de température cause à l'horloge ; je noterai exactement cet écart. Je placerai ensuite l'horloge dans un air tempéré ; j'avancerai le pince-spiral jusqu'à ce qu'il fasse autant avancer l'horloge que le froid l'avoit fait avancer durant le temps de l'expérience ; je placerai ensuite le rateau en arrière, et ferai retarder l'horloge de la même quantité que la chaleur l'avoit fait retarder, ayant attention que pendant ces épreuves l'horloge reste à la même température : je marquerai sur la platine ou limbe gradué qui correspond à l'index du pince-spiral, les deux points ou degrés où il a été conduit ; cela connu, j'aurai la quantité dont il faudroit faire tourner le pince-spiral pour conserver isochrones les oscillations des balanciers, quoiqu'ils éprouvassent le froid de la glace et passassent ensuite à trente degrés de chaleur. Je composerai donc, en conséquence, la verge de compensation, avec plus ou moins de verges, selon la quantité de mouvement que devra faire le rateau ou pince-spiral ; cela donnera, en même temps, les dimensions du lévier de compensation, et la distance où il devra agir sur le pince-spiral : mais je me réserverai encore un moyen pour changer ces dimensions, en rendant mobile la cheville du grand lévier de compensation, afin de pouvoir la faire agir plus loin ou plus près du centre du pince-spiral, et par conséquent lui faire parcourir plus ou moins de chemin, et corriger selon qu'il sera besoin ces rapports, afin que la compensation se fasse complétement lorsque l'horloge sera exposée à diverses températures. On trouve dans les N.os 2182 et suivans, l'application de ce moyen à l'horloge N.° 1, lorsqu'elle fut exécutée (en 1760). »

« Pour savoir combien l'horloge varieroit si elle n'avoit pas de méchanisme de compensation [a], j'ai fait diverses expériences dont le résultat est que, pour trente degrés de différence dans la température, l'horloge étant réglée à o^{d}, elle retarderoit par la chaleur de trente degrés, de seize secondes quatre onzièmes par heure, et en vingt-quatre heures, de six minutes trente-deux secondes huit onzièmes : voilà la quantité de variations produites tant par la dilatation du balancier que par la diminution de l'*élasticité* des ressorts spiraux. Or, notre horloge N.° 1, passant alternativement du froid de la glace à la chaleur de trente degrés, marche cependant uniformément par l'effet des verges et léviers de compensation ; d'où l'on voit la grande utilité de ce méchanisme dans une horloge où l'on a infiniment réduit les frottemens des pivots de suspension du régulateur. Si donc on parvenoit à réduire de même les frottemens des pivots de balancier des montres, alors ces machines varieroient au moins de six minutes trente-deux secondes en vingt-quatre heures pour trente degrés de différence dans la température. Mais quoique les montres éprouvent fréquemment cette différence en hiver, cependant, lorsqu'elles sont disposées d'après les principes que nous avons établis, cela ne trouble pas sensiblement leur justesse ; et c'est ce qui est dû à la compensation produite par les frottemens des pivots du balancier. »

Mais nous devons ajouter ici que cette espèce de compensation, quoique suffisante dans les montres ordinaires, ne doit pas être employée dans celles où on desire une justesse plus constante; car

[a] *Essai, &c.*, N.° 2208.

les frottemens des pivots venant à varier par les divers états de l'huile, la compensation n'a plus lieu de la même manière. C'est pour obvier à ces difficultés que, dès 1763, je construisis des montres de poche avec une compensation semblable à celle de nos horloges marines; et alors il falloit donner au régulateur la plus grande puissance possible, et réduire les frottemens de ses pivots à la moindre.

III.
Des divers moyens de compensation qui ont été employés dans les Horloges et les Montres à balancier réglé par le spiral.

PAR CETTE MÉTHODE de compensation, il faut rendre au spiral la force qu'il perd par la chaleur, soit par son alongement, soit sur-tout par la diminution de son élasticité; et cette compensation doit de plus corriger le retard causé par le balancier dont le diamètre est augmenté : le contraire a lieu par le froid.

IV.
1.° De la compensation qui agit sur le spiral.

POUR OBTENIR cette sorte de compensation, on fait tourner autour du spiral un bras de lévier portant deux chevilles entre lesquelles le spiral passe. Ce mouvement est produit par l'action de la chaleur (ou du froid) sur un châssis composé de verges de deux métaux[a] différemment dilatables, acier et cuivre, &c. Par ce moyen, la même cause qui tend à faire retarder l'horloge, répare elle-même et au même instant l'écart qu'elle auroit produit sans le secours de cet artifice.

V.
2.° Compensation par le balancier.

LA SECONDE méthode de compensation est produite par le balancier lui-même, qui porte des parties qui sont rendues mobiles par l'action de la chaleur et du froid : ces parties mobiles se rapprochent du centre du balancier par la chaleur, et s'en écartent par le froid. Par cette méthode de compensation, le balancier produit non-seulement la correction pour le changement arrivé au diamètre du balancier, mais celui qui dépend de l'alongement

[a] Ou par une lame composée de deux métaux fixés ensemble, qui se courbe et fait agir le pince-spiral.

du spiral par le chaud, et de plus la diminution de son élasticité.

VI.
3.° Compensation qui agit en partie sur le balancier et en partie sur le spiral.

LA TROISIÈME méthode de compensation est produite en grande partie par les parties rendues mobiles dans le balancier par l'action du chaud et du froid : et ce qui manque à la compensation est achevé par un méchanisme étranger au balancier, lequel agit sur le spiral.

NOUS N'AVONS pu parler dans le Précis historique sur l'invention des divers moyens de compensation dans les horloges à balancier, de ceux que le célèbre J. HARRISON avoit employés dans les trois horloges marines qui ont été exécutées long-temps avant la montre marine qui lui a mérité le prix. Ces moyens n'ayant pas été publiés et étant encore aujourd'hui ignorés, tout ce qu'on en sait se réduit au Discours que M. MARTIN FOLKES lut à la Société royale [a] de Londres en 1749 ; Discours qui n'a pas été imprimé dans les Transactions philosophiques, et que nous ne connoissons que par une petite brochure *in-12* publiée en 1763 par M. HARRISON, et dans laquelle ce Discours est inséré : mais cette brochure, peu connue en France, avoit été précédée par un grand ouvrage publié à Paris en janvier 1763 ; c'est l'Essai sur l'Horlogerie, lequel contient les principes, la construction, les plans et les moyens d'exécution que l'Auteur a établis sur ses horloges à longitudes en particulier, et sur les diverses autres parties de la mesure du temps. L'Auteur remit un exemplaire de son ouvrage à la Société royale de Londres en mai 1763, et qui sans doute lui valut l'honneur d'être admis au nombre des membres de cette illustre Société. On peut juger, d'après ces faits, que les Artistes français n'ont pu recevoir aucune lumière du travail fait avant eux en Angleterre, puisque

[a] *Voyez* ci-après Chap. VII, article *Jean Harrison*, l'extrait de ce Discours.

même aujourd'hui nous n'avons que des idées très-confuses des premiers travaux d'HARRISON ; car la connoissance qu'on en a, ne se trouve que dans la brochure publiée en 1763, et peu connue en France; et le Discours de M. FOLKES qu'elle contient, ne peut donner que des notions très-imparfaites des premiers travaux de l'Artiste anglais. On a même lieu de s'étonner que les membres de l'Amirauté, en publiant la description de la montre d'HARRISON en 1767, n'aient pas également fait publier les constructions des trois premières horloges de cet Artiste : mais quand ils l'auroient fait, il eût été nécessaire, pour rendre cette publication utile, qu'on eût donné des figures plus intelligibles que ne le sont celles qui accompagnent la description de la montre marine d'HARRISON ; car ces figures géométrales, quoique très-bien gravées, ne sont nullement propres à faciliter l'intelligence du méchanisme de cette montre ; elles ne peuvent servir qu'à ceux qui ont la machine sous les yeux.

Ce que l'on doit conclure de ce qui précède, c'est que l'Artiste anglais HARRISON a travaillé d'après l'impulsion de son génie et de ses lumières, et sans autre secours, puisque son travail est antérieur à celui des Artistes français; mais que ceux-ci ont été également dirigés par leurs propres principes et leurs lumières, sans avoir pu connoître les travaux de l'Artiste anglais ; en sorte que les uns et les autres ont une égale part à la gloire de la découverte des longitudes en mer par les horloges. Les Artistes français ont de plus l'avantage d'avoir publié les premiers leur travail, et de l'avoir fondé sur des principes immuables. C'est pourquoi, dit le célèbre BAILLI[a] (dans des circonstances à-peu-près semblables à celles qui nous occupent, l'invention du micromètre), il existe tant de prétentions et tant d'inventions disputées ; en supposant des droits égaux, à qui des concurrens appartiendra

[a] *Histoire de l'Astronomie moderne*, Tome II, page 270.

la

la gloire? qui méritera la reconnoissance de la postérité, si ce n'est celui qui publie le premier? On célèbre les gens qui nous font jouir; on oublie ceux qui ont été avares.

VII. Explication des figures relatives à la compensation des effets du chaud et du froid dans les Horloges et les Montres à balancier réglé par le spiral.

VIII. Compensation par le spiral adoptée par *Ferdinand Berthoud*, dans ses Horloges N.° 1, N.° 8, &c., et dans la Montre marine N.° 3, éprouvée à Brest, en 1764.

LA *FIGURE 1, planche XVI,* représente le méchanisme de compensation de sa montre marine N.° 3 [a]. AA est le côté extérieur de la seconde platine de la cage du mouvement. Le bout de l'axe du balancier passe entre trois rouleaux, comme le fait le bout du même axe placé du côté de l'échappement. Le spiral est arrêté sur une virole ajustée à frottement, au bout de la partie saillante de l'axe, en dehors des rouleaux. Le bout extérieur du spiral est fixé au piton B par une clavette. Le spiral passe dans une fente faite à la boîte ou pince-spiral *a*: cette boîte s'arrête par une vis de pression sur le bras *b*. Le pince-spiral *abc* est mobile en *d*, sur deux pivots qui roulent dans la cage formée par le double pont CD, un peu excentriquement au balancier, pour que le pince-spiral suive la courbure du spiral.

Le pince-spiral porte un second bras E, dont la boîte *e* appuie sur le grand bras du lévier FG, mobile en *f*. Le petit lévier ou talon G du lévier FG, appuie sur le bout des verges de cuivre du milieu du châssis de compensation HI: ainsi, selon que la chaleur et le froid agissent sur le châssis, l'excès de dilatation des tringles de cuivre sur celles d'acier, fait mouvoir le talon G, et celui-ci le lévier E, et par conséquent le pince-spiral; ce qui corrige les écarts que les différences de la température causeroient

[a] On a vu ci-devant, Tome I, *page 303*, la disposition de ce méchanisme dans l'horloge N.° 8. Ce méchanisme est le même qui avoit été employé en 1760, dans l'horloge N.° 1; il a été aussi appliqué à la montre marine N.° 3. Voyez *Traité des Horloges marines*, N.os 405, 583, 870, et *Essai sur l'Horlogerie*, N.° 2140, &c.

à la montre sans cet artifice. Le ressort L presse continuellement le pince-spiral contre le grand lévier, et celui-ci contre le châssis pour en suivre les mouvemens.

Le pince-spiral porte une vis de rappel en *g* pour régler la montre. L'index indique sur le limbe gradué *c*, les quantités dont on fait mouvoir le pince-spiral. Le petit rateau *c* porte un index qui marque, sur le pont K, le chemin que fait le pince-spiral lorsque la montre change de température.

IX. Compensation par le spiral, employée par *Harrison* dans sa Montre marine.*

J. Harrison a fait usage d'un moyen très-simple et fort ingénieux, pour corriger les effets du chaud et du froid dans sa montre marine ; il consiste dans une lame composée de deux métaux : ce sont deux lames, l'une de cuivre, et l'autre d'acier, lesquelles, réunies et fixées ensemble par des rivets placés de distance en distance, ne forment plus qu'une seule pièce. Lorsque la chaleur agit, cette lame de cuivre se dilatant plus que l'acier, elle devient convexe du côté du cuivre; et quand c'est le froid, cette lame devient concave du côté du cuivre : or, cette lame, représentée *figure 2, planche XVI,* étant fixée par un de ses bouts en A sur la platine, au moyen du pont *a*, on conçoit que le bout *b* qui est libre, aura un mouvement et décrira une portion de la courbe *bc* du spiral : or, si la lame de cuivre est placée du côté *d* de la lame composée *bd*, lorsqu'elle éprouvera la chaleur, le bout libre *b* se portera de *b* en *e* ; et si elle éprouve le froid, le bout *b* se portera de *b* en *c* : si maintenant on imagine que le bout *b* porte deux chevilles, entre lesquelles le bout *s* du spiral *st* passe, on voit qu'en même temps que la chaleur tend à affoiblir le spiral, en diminuant son élasticité, la même chaleur agissant sur la lame composée *bd*, le bout *b* allant de *b* en *e*, rend le spiral plus court, et par conséquent plus fort; le contraire arrive par

* *Voyez* Description de la montre d'*Harrison*, Londres, 1767.

le froid : on peut donc obtenir, par ce moyen, la compensation des effets du chaud et du froid. B représente ici le balancier, et C le piton du spiral.

X.
Compensation par le spiral avec une lame composée, agissant sur un pince spiral [a].

LE MÉCHANISME de compensation que J. HARRISON a employé dans sa montre, est, en effet, très-simple : mais il ne présente pas un moyen facile pour augmenter ou diminuer l'effet de la compensation selon le besoin. En adoptant l'idée de la lame composée, substituée au châssis, peu de temps après que cette invention fut connue, FERDINAND BERTHOUD fit le changement représenté *figure 3, planche XVI.* A est le pont sur lequel est fixé le bout *d* de lame composée *bd :* le bout libre *b* porte une vis *m*, qui agit sur le bout d'un bras *c*, porté par le pince-spiral *cf*, mobile en *n* entre le double pont *h ;* le bras *f* porte la boîte qui est fendue pour la passe du spiral *st ;* le ressort *g* presse le bras *f* vers son centre, pour faire suivre au pince-spiral le même mouvement que le bout *b* de la lame éprouve par les diverses températures. Par la disposition de ce méchanisme, on peut faire varier la compensation à volonté, en faisant agir le bout *b* de la lame, plus près ou plus loin du centre du bras *en* du pince-spiral; effet qui a lieu en desserrant la mâchoire du pont *a*, qui fixe le bout de la lame *db* en *d.* Le bout extérieur *s* du spiral est fixé au piton P, lequel porte quatre vis pour le caler, de manière que le spiral ne soit pas dans un état forcé. La pièce *k*, qui fait ressort, sert à fixer le piton, au moyen de la vis *r* qui entre dans la platine A.

La *figure 4* représente le même méchanisme expliqué ci-dessus, appliqué à une montre ordinaire : les pièces correspondantes sont désignées par les mêmes lettres; ce qui nous dispense de répéter cette description de la *figure 3.*

[a] *Traité des Horloges marines,* N.° 598 et N.° 1074.

XI.
Explication d'une autre méthode de compensation par le spiral.

VOICI encore un moyen fort simple de compensation par le spiral, proposé par l'Auteur du Traité des horloges marines [a]. « Ce moyen, dit-il, est celui d'une lame de cuivre formant une portion d'arc ; les bouts de cette lame *(planche XVI, fig. 5)* sont retenus par des encoches faites à une règle d'acier. Il arrive que cet arc devient plus ou moins courbe, selon qu'il fait chaud ou froid. Si donc on place tellement cet arc que le spiral, à mesure qu'il vibre, vienne battre à son sommet, on pourra par ce moyen parvenir à la compensation des effets du chaud et du froid. La description suivante en expliquera les effets :

» A, *fig. 5*, est le dehors de la petite platine de la montre ; B le balancier, et C son pont ; *a* le spiral, *b* son piton : l'index ou rateau *c d* tourne à frottement sur la platine autour du centre du balancier ; ce rateau porte la cheville *c*, contre laquelle le spiral va battre en se resserrant ; et lorsque le spiral va en s'ouvrant, il va battre contre le talon *e* placé au sommet de l'arc ou lame de cuivre DE. Les extrémités D et E de cette lame sont retenues dans les encoches *fg* faites à la règle d'acier F*fg* : cette règle est attachée en F par une vis qui la fixe sur la platine ; ainsi les bouts *fg* de cette règle peuvent donc se dilater et contracter librement : mais comme la lame de cuivre éprouve une plus grande extension que la règle d'acier, il s'ensuit que le sommet de l'arc *e* doit s'approcher ou s'écarter de la cheville *c* de l'index *c d*, selon qu'il fait chaud ou froid ; en sorte que le spiral aura plus ou moins de jeu entre le talon *e* et la cheville *c*. Or cet effet produira nécessairement la compensation ; c'est comme si on rendoit le spiral plus long ou plus court, ainsi qu'il est aisé de le concevoir ; car si le talon *e* et la cheville *c* étoient fort proches l'un de l'autre, et que le spiral n'eût point de jeu, sa longueur pourroit être comptée depuis les points *e c* jusqu'à la virole :

[a] N.os 1094 et 1103.

si, au contraire, on écarte beaucoup le talon *e* du point *c*, la longueur du spiral devra être prise depuis le piton *b*. Pour régler sensiblement la montre, il faut alonger ou raccourcir le spiral par le piton *b*; mais, pour la régler au plus près, on pourra se servir de l'index *d*, en le faisant avancer ou reculer tant soit peu, afin que la cheville *c* se présente, le plus qu'il se peut, vis-à-vis le talon *e*. Cet index marquera le chemin qu'on lui aura fait faire sur la portion G graduée sur la platine.

XII.
La même méthode de compensation rectifiée, de sorte qu'on puisse augmenter ou diminuer la correction à volonté.

LA MÉTHODE de compensation dont on vient de donner la description est fort simple; mais elle a le défaut de ne pouvoir changer facilement cette compensation de manière à l'amener au point d'être entière. L'Auteur a donné à ce méchanisme la combinaison convenable pour pouvoir varier la correction, selon le besoin, sans rien démonter. En voici la description:

La *fig. 6, planche XVI*, représente ce méchanisme de compensation. A est le dehors de la petite platine de la montre, B le balancier placé à fleur de la platine, C le pont du balancier, *a* le spiral placé au-dessus du balancier, P le piton qui fixe le bout extérieur du spiral; ce piton est fixé sur un pont attaché à la platine; *v* le ressort virole qui sert à fixer le piton par une vis sur le pont; D est la boîte attachée au rateau E F, qui se meut en *c* sur le pont C concentriquement au balancier: sur la boîte D sont fixées deux lames composées d'acier et de cuivre *bd*, *ce*, aux bouts desquelles sont placés en *b* et en *e* deux talons ou chevilles saillant en dessous de ces lames; c'est entre ces talons que passe le bout extérieur du spiral: ainsi ce sont ces deux lames qui forment la compensation, en donnant plus ou moins de jeu au spiral qui joue entre les deux talons. On conçoit donc que, pour produire la compensation, les talons *b* et *e* doivent se rapprocher par le chaud et s'écarter par le froid: effet qui, comme on l'a vu dans l'article précédent, rend le spiral plus court ou plus long. On conçoit encore que les lames de cuivre, pour produire cet effet, doivent être placées en dehors des lames d'acier, c'est-à-dire, du côté des lettres *b g*, et l'acier en dedans. Les lames composées sont formées chacune d'une partie d'acier et d'une de cuivre, et soudées l'une sur l'autre par le moyen de soudure d'argent facile à fondre.

Les bouts *d* et *e* des lames sont fixés sur la boîte D par des vis de pression, en sorte que ces lames demeurent toujours de même longueur ; mais pour faire varier la compensation à volonté, la seconde boîte *f g* à travers laquelle passent les lames composées, est ajustée de sorte qu'en l'approchant de la boîte D, on augmente la compensation, et qu'en écartant cette boîte de celle D on la diminue ; puisque par cet effet on rend les lames composées plus longues ou plus courtes, le point où leur action commence devant se compter depuis la boîte mobile *f g* jusqu'aux bouts *b* et *e* des lames composées.

Le rateau E F, mobile en *c*, porte des dents dans lesquelles engrènent celles du pignon G, dont l'axe porte un pivot prolongé maintenu par le pont H : ce pivot, terminé en carré, sert à faire tourner le rateau retenu à frottement moelleux par deux vis qui le pressent sur la platine A. Ce mouvement sert à régler la montre au plus près. Le chemin que l'on fait faire au rateau pour régler la montre, est indiqué par l'index *h* fixé sur le rateau, et dont le bout *h* répond aux divisions ou graduations faites en I sur la platine.

XIII.
Troisième méchanisme de compensation formé par le spiral resserré ou plus libre entre les chevilles du rateau.

NOUS AJOUTONS encore ici un troisième moyen de compensation, du genre de celui décrit ci-devant *figure 5*, c'est-à-dire, qui s'opère par le resserrement ou l'écartement d'une cheville du rateau : tel est celui représenté *figure 7, planche XVI.* Cette disposition est employée avec succès par le C.en BREGUET dans ses montres ordinaires. A est la platine, B le balancier, C le pont du balancier; *a* le spiral, dont le bout extérieur est fixé au-dessous du pont C : *cd* est une sorte de rateau qui se meut à frottement sur le pont C, concentriquement au balancier (ou très-à-peu-près, pour que la cheville *f* du rateau suive la courbure du spiral). Sur le bras *d* du rateau, est fixé, par une vis et un pied, le talon qui porte la fourchette courbe *def*, laquelle est une lame composée d'acier et de cuivre soudés ensemble : la partie intérieure de cette lame composée est en cuivre, et le dehors en acier : le bout libre *g* de cette lame porte un talon ponctué *g*, contre lequel le spiral, en se développant, va battre ; et le spiral, en se resserrant, va battre contre une cheville *f*, portée par le dessous du bras *d* du rateau. On conçoit donc que, lorsque la chaleur agit sur la montre, le talon *g* de la lame courbe composée se rapproche de la cheville fixe *f*; ce qui diminue le jeu du spiral, et augmente sa force : et, au contraire, la montre étant au froid, le talon *g* s'écarte de la cheville fixe *f* du rateau ; ce qui augmente le jeu du spiral entre ces deux points *f* et *g*, qui équivaut à une diminution de la force du spiral, et par lesquels la compensation a lieu. Cet écartement ou rapprochement est dû à la plus grande extension du cuivre qui forme le dedans de la lame composée, ou de sa plus grande contraction par le froid au-dessus de l'acier, qui forme la partie extérieure de la lame composée *deg*.

Pour régler la montre au plus près, on fait tourner l'index *c* du rateau, devers les lettres initiales A et R, gravées sur la partie graduée à cet effet sur le pont C.

XIV.
De la compensation des effets du chaud et du froid

NOUS AVONS expliqué, Tome I, Chapitre XV, *page 300*, la méthode de compensation que M. PIERRE LE ROY a mise en usage pour opérer la correction des effets du chaud et du froid par le balancier même : méthode de M. *Pierre le Roy*, par des thermomètres de mercure, &c., publiée en 1770.

dans sa montre marine. Ce moyen de compensation consiste en deux tubes de verre recourbés, placés sur le balancier. Ces deux thermomètres sont composés ou remplis d'esprit-de-vin et de mercure, et tellement disposés, qu'à mesure que la chaleur dilate le balancier, et diminue la force du spiral, et que par conséquent la montre retarde, la même chaleur agissant sur les thermomètres, le mercure est porté vers le centre du balancier ; et le tout étant bien combiné, il arrive que la marche de la montre n'a pas été affectée par la chaleur : l'effet contraire a lieu par le froid. Le moyen de compensation dont on a vu l'explication, a l'avantage de n'être pas susceptible des frottemens. Le seul obstacle qu'on ait à craindre, c'est que de trop fortes agitations ne puissent faire casser les tubes ou mêler le mercure avec l'esprit-de-vin. Un autre obstacle de ce moyen de M. LE ROY, pour pouvoir être d'un usage général dans les horloges à longitude, peut venir aussi de la difficulté d'arriver facilement à la compensation. Enfin, ce moyen ne peut pas être employé dans les montres à longitude ou portatives : mais dans une horloge fixe, on ne peut douter que cette espèce de compensation ne puisse procurer une grande justesse ; et les épreuves faites avec les montres marines de M. LE ROY justifient cette opinion. *Voyez* la description de cette compensation, Tome I, Chapitre XV, *page 300*.

XV.
Compensation par le balancier, par des lames composées, portant des masses, prise du Supplément au Traité des Horloges marines, &c., par *Ferdinand Berthoud*.

DÈS 1754, FERDINAND BERTHOUD avoit proposé un moyen de compensation par le balancier[a] : mais il n'en fit pas dès-lors usage ; ce n'a été qu'en 1787, qu'il a donné la disposition de ce moyen dans les montres[b] ; moyen qu'il a enfin perfectionné, comme on le voit dans la Suite du Traité des montres à longitude[c]. Cest

[a] *Traité des Horloges marines*, 1773, page 529, note *b*.

[b] Supplément au *Traité des Horloges marines*, 1787, N.° 661.

[c] Suite du *Traité des Montres à longitude*, N.° 18.

de

de cette dernière combinaison que nous donnons ici la description.

Les *figures 10, 11 et 12, planche XIII*, représentent la disposition de la compensation par le balancier, telle qu'elle a été employée dans l'horloge horizontale N.° 63 [a].

La *figure 10* représente en plan le balancier à compensation. AB est le cercle du balancier, formé par une plaque plane faite en cuivre très-dur, et portant quatre croisées à barrettes, comme la figure l'indique. Ce cercle doit être très-mince et léger, afin que presque toute la pesanteur du balancier réside dans les quatre masses qu'il porte. Le centre A du balancier est fixé par deux vis, sur une assiette portée par l'axe du balancier. Sur le champ du cercle AB, sont fixés, par une rivure, les plots ou espèces de petits piliers C, C, qui sont tournés et ensuite entaillés par leur diamètre : c'est sur les plans que forment les entailles des plots C, C, que sont attachés, chacun par une vis et deux pieds, les bouts *a, a* des lames composées *ab, ab :* sur chaque bout libre *b, b* de ces lames, est rivée la tête d'une vis *c*. Pour empêcher ces vis *c, c* de tourner, les assiettes de ces vis sont percées chacune de deux trous, ainsi que la lame composée, pour y chasser et river deux pieds ou tenons.

Sur les bouts taraudés des vis *c, c* des lames, entrent, à frottement moelleux, les canons *d, d* des masses de compensation D, D : les trous de ces canons sont aussi taraudés ; et pour produire le frottement nécessaire, les canons *d, d* sont fendus afin de faire ressort.

Le cercle du balancier porte sur deux de ses croisées, et à angle droit des masses de compensation, deux plots tournés et rivés. Ces plots F, F sont percés chacun d'un trou taraudé, dans lesquels entrent à frottement moelleux, les vis *e, e* des masses réglantes E, E : les bouts des plots sont fendus, afin de

[a] *Voyez* Tome I, Chap. XV, *page 304*, ce qui concerne cette horloge.

faire ressort, et de produire le frottement requis pour le mouvement de la vis, et rendre la masse parfaitement fixe.

Le cercle du balancier porte, sur les deux autres croisées, les deux plots G, G, rivés sur les parties réservées à ces croisées : ces deux plots sont percés dans leur hauteur, chacun d'une fente qui sert au passage des bouts libres *b*, *b* des lames composées ; ce qui forme une espèce de fourchette, qui permet tout le jeu nécessaire au mouvement que ces lames éprouvent par les changemens de la température ; mais de manière qu'en aucun cas on ne puisse forcer ces lames, soit lorsqu'on les fait tourner, soit par de violentes agitations lors du transport de ces machines par terre.

Le balancier à compensation que l'on vient de décrire, est vu en perspective, *figure 11 :* toutes les parties qui le composent, sont désignées par les mêmes lettres indicatives de la *figure 10 ;* en sorte que la description que l'on vient de donner, s'applique également à la *figure 10* et à la *figure 11.*

La *figure 12* représente le profil du balancier, vu *figure 10 :* mais dans le profil, on n'a représenté que la moitié des parties du balancier, pour ne pas embrouiller la figure, c'est-à-dire qu'on n'a représenté qu'une lame composée *a*, *b*, et sa masse D, la masse réglante E portée par le plot F ; et enfin on n'a représenté qu'une fourchette G : par ce moyen, ce profil, *figure 12*, en est plus distinct, et la vue perspective de la *figure 11*, indique d'ailleurs suffisamment la disposition du balancier.

Les faces des quatre masses du balancier doivent être graduées : cette division des masses est nécessaire pour indiquer le chemin qu'on leur fait faire, soit pour ramener l'isochronisme par les masses réglantes, soit pour trouver l'exacte compensation des effets du chaud et du froid par la position respective des quatre masses, soit enfin pour régler l'horloge au plus près.

Nous avons déjà observé plus haut que, pour obtenir la compensation des effets du chaud et du froid par le balancier, il falloit qu'une partie de ce balancier se rapprochât du centre par la châleur, et s'en écartât par le froid; d'où il suit qu'il faut que la partie des lames composées qui est en cuivre, soit placée ou tournée du côté de la circonférence du balancier, et celle d'acier en dedans vers le centre; car le cuivre se dilatant plus que l'acier, la lame se courbe, et, devenant convexe, porte la masse vers le centre du balancier : l'effet contraire a lieu par le froid.

Par la disposition de ce balancier, on peut parvenir à la compensation des effets du chaud et du froid de deux manières; 1.° en changeant la pesanteur respective de ces masses; par exemple, si la compensation est trop foible, en augmentant la pesanteur des masses de compensation, et en diminuant d'autant la pesanteur des masses réglantes; et le contraire, si la compensation est trop forte; 2.° en changeant les diamètres respectifs par lesquels les masses sont placées sur le balancier, et sans changer leur pesanteur; par exemple, si la compensation est trop foible, on écartera du centre du balancier les masses de compensation; ce qui augmente leur action, en rapprochant à proportion les masses réglantes du centre du balancier; en sorte que la marche de l'horloge reste la même : si, au contraire, la compensation est trop forte, on approchera du centre les masses de compensation, et on éloignera de ce même centre les masses réglantes.

Dans le balancier dont nous venons de donner la description, on n'a employé que deux lames et deux masses de compensation, quoique l'Auteur eût fait usage de quatre lames et de quatre masses dans le balancier qu'il a donné, Supplément au Traité des horloges marines; et dans le Traité des montres à longitudes, on trouve des balanciers à compensation ayant trois lames composées,

O 2

avec autant de masses ; et peut-être celui-ci eût été préférable dans les montres portatives, pour que les dilatations et contractions de ces masses ne puissent changer l'équilibre du balancier.

XVI.
Méchanisme de compensation par le balancier, construit par *Josias Emery* (artiste helvétien, qui étoit établi à Londres).

VERS le milieu de l'année 1782, M. le président SARRON fit venir de Londres une montre de poche faite par JOSIAS EMERY, artiste habile : cette montre, par sa marche exacte et d'une justesse supérieure à celle des machines ou montres de cette espèce, a joui d'une réputation bien méritée : mais on a long-temps ignoré la construction de cette montre, qui étoit fermée à secret. Ce n'a été qu'après la fin tragique de M. DE SARRON, cet homme également célèbre par son amour pour les Sciences et les Arts et par de vastes connoissances, qu'on a pu en connoître le méchanisme. Ayant été instruit, à la fin de l'an 7, que le Conservatoire des Arts et Métiers possédoit le modèle de l'échappement et du méchanisme de compensation de cette montre intéressante, nous en demandâmes la communication au C.en MOLARD, méchanicien distingué et l'un des conservateurs de ce bel établissement : c'est d'après ce modèle que les *figures 8* et *9* de la *planche XVI* ont été dessinées et gravées.

La *figure 8* représente en plan le méchanisme de compensation. A est la petite platine du rouage de la montre ; BB le balancier fait en cuivre : ce balancier est composé de quatre masses ; *a, a* sont celles de compensation ; et celles *b, b* sont les masses réglantes : le balancier porte le cercle d'acier *cc* fixé sur les croisées par des vis ; c'est sur ce cercle d'acier que sont attachées les lames de compensation figurées en S *de, de* : chacune de ces lames est formée de deux parties qui se réunissent en *f*, où elles sont rivées ensemble pour ne former qu'une seule lame composée. Cette disposition étoit nécessaire, afin que, dans chaque partie de la lame composée, le cuivre fût placé en dehors de l'acier (chaque bout de ces lames étant composé d'acier et de cuivre soudés l'un sur l'autre) : par cette disposition, toutes les parties des lames de compensation étant exposées à la chaleur, tendent à rapprocher du centre du balancier les masses *a,a* qui sont portées par les bouts de la partie mobile *ee* des lames de compensation. Sur le bout mobile *e* de la lame extérieure de compensation est rivée une vis sur laquelle entre à frottement le canon formé sur la masse *a* : ce canon est fendu pour produire un frottement convenable pour rendre cette masse assez fixe.

Le bout intérieur *d* de la lame de compensation est fixé sur le cercle d'acier *cc*, par une vis et un tenon.

Les masses réglantes *b,b* sont placées à angle droit des masses de compensation : ces masses *b,b* portent des parties taraudées ou vis, lesquelles entrent à frottement sur les talons *g,g* fixés sur le champ du balancier BB. Par cette disposition du balancier, on voit, que pour arriver à la compensation exacte des effets du chaud et du froid, cela dépend, ainsi que nous l'avons expliqué dans l'article précédent, du rapport du poids des masses de compensation avec celui des masses réglantes, et de la position respective de ces masses relativement à leur écartement ou rapprochement du centre du balancier, et enfin du plus ou moins de chemin que les lames parcourent par les diverses températures, ce qui dépend de leur longueur et de leur épaisseur.

Le ressort réglant de cette montre est un spiral cylindrique, tel qu'on le voit en *se*, *fig. 9*, qui représente le balancier vu de profil; et les parties qui sont en cage représentent l'échappement de cette montre, dont on a donné la description, ci-devant, Chap. I.

Le bout inférieur du spiral *se* est fixé au-dessus du plan du balancier ; et le bout supérieur est fixé au bout du pont C, lequel porte une mâchoire figurée selon la courbure du spiral.

XVII.
Compensation par le balancier construit par *J. Arnold*, à Londres.

Le méchanisme de compensation de Josias Emery étant d'une exécution assez difficile, un horloger célèbre de Londres, J. Arnold, en a réduit le travail par un moyen fort simple [a] représenté *fig. 10, planche XVI.*

Ce moyen consiste dans deux lames composées *ab, ab*, formant des portions de cercle concentriques au balancier BB : les parties *a, a* sont fixées au balancier, et les bouts mobiles *b, b* portent les masses de compensation C, C, lesquelles sont rendues mobiles sur les bouts taraudés des lames; ces masses tournent ainsi par un frottement doux : ce mouvement des masses sert à trouver le point convenable à la compensation, ce qui se conçoit aisément; car si la correction des effets du chaud et du froid est trop foible, on l'augmentera en conduisant les masses C, C vers *b, b*, puisqu'alors ces masses décrivent un plus grand chemin par la chaleur et par l'extension des lames composées; et si la compensation est trop forte, on conduit les masses vers les points fixes *a, a*, qui sont réputés le centre de mouvement qu'éprouvent les lames composées d'acier et de cuivre : l'acier est tourné du côté du centre du balancier, et le cuivre en dehors.

d, d sont les masses réglantes de la montre; elles sont placées à vis et à frottement sur le talon des pièces *e, e*, qui sont d'acier, et sont fixées par des vis sur le plan du balancier, qui est aussi fait en acier, afin qu'il éprouve une moindre dilatation par le chaud.

Le ressort réglant de cette montre est un spiral cylindrique semblable à celui vu de profil, *fig. 9.*

XVIII.
Méchanisme de compensation qui agit en partie par le balancier et en partie

« Pour produire sûrement l'exacte compensation du chaud et

[a] La montre qui contient ce moyen de compensation (et laquelle ne ferme pas à secret comme le font la plupart des copistes) nous a été communiquée par le C.en *Breguet*, au commencement de l'an 7.

du froid, dit l'Auteur[a], et sans de longs tâtonnemens, j'ai ajouté à la compensation par le balancier même, un second correctif étranger au balancier, et qui opère sur le spiral, de manière à compléter ou rectifier promptement la compensation, sans toucher au balancier. Ce correctif consiste dans une courte lame composée, portant deux chevilles entre lesquelles passe le spiral : cette même lame a un autre usage, c'est de servir à régler la montre au plus près ; ce qui dispense de toucher aux masses du balancier et de changer son équilibre. J'appelle *lame de supplément* celle qui agit sur le spiral. »

par une lame de supplément, par *Ferdinand Berthoud.*

La *figure 2, planche XV,* représente la disposition de ce méchanisme de compensation[b]. CC est le dehors de la seconde platine du rouage ; BB DD EE est le balancier placé à fleur de la platine.

Le cercle de balancier est formé d'une seule pièce faite en cuivre très-dur, tournée en forme de roue de champ : le dehors du cercle BB des croisées est figuré en quatre rayons *a, a* et F, F formés en empatemens : sur les talons *a, a* sont fixées, chacune par une vis de deux tenons, les lames de compensation *ab, ab*, portant par les bouts libres *b, b* les masses D, D : ces lames sont dirigées de telle sorte, que les bouts *b, b* sont arrêtés par le dehors du cercle BB, lorsqu'on appuie sur les masses pour les faire tourner ; effet qui empêche de forcer les lames.

Les talons F, F des rayons du cercle de balancier sont percés et taraudés pour recevoir les vis portées par les masses réglantes E, E : ces talons sont fendus afin de faire ressort.

Au-dessus du balancier et de la hauteur des masses, est placé le spiral, dont le bout extérieur est arrêté par le piton L fixé par une vis sur le pont N attaché à la platine, et passant au-dessus

[a] *Traité des Montres à longitudes*, N.° 726.

[b] *Voyez* Suite du *Traité des Montres*, N.° 438.

du balancier. Le pivot inférieur de l'axe de balancier roule dans le trou du coqueret *d* fixé sur le pont de balancier MM : ce coqueret porte un diamant sur lequel roule le bout du pivot du balancier.

La correction des effets du chaud et du froid ne doit pas être produite en entier par le balancier même, afin d'être complétée par la lame de supplément, ce qui abrége le travail des épreuves : cette lame GH porte en G un bras d'acier recourbé, pour passer à côté de l'axe de balancier : le bout *h* de ce bras porte les deux chevilles entre lesquelles passe le spiral : or le bout *h* de la lame étant fixé, et le bras *h* libre, celle-ci composée d'acier et de cuivre se courbe à mesure que la température varie ; effet par lequel on complète la compensation, en rendant la lame plus longue ou plus courte, selon le besoin ; ce qui s'opère de la manière suivante :

Le bout H de la lame composée est fixé à la boîte S par deux vis de pression, agissant sur un coussinet ajusté dans la mortoise de la boîte. La base de la boîte S est figurée en queue d'aronde, qui, entrant sous les deux pièces 1, 2, 3, 4 de même figure, est pressée par les vis 1, 2, 3, 4 : en desserrant les vis de la boîte et celles des coulisses, on peut porter la boîte S vers H pour rendre la lame plus longue et augmenter son action, ou la rapprocher de S vers G pour la diminuer.

L'ajustement que nous venons de décrire, est porté par la plaque IK, arrêtée sur la platine par deux vis. Cette plaque est mobile sur une cheville placée vers S, de sorte qu'on peut faire tourner cette plaque sur ce centre : ce mouvement sert à régler la montre au plus près, sans toucher aux masses réglantes.

Pour faire mouvoir cette plaque par un mouvement insensible, le bout du bras K de cette pièce est fendu pour recevoir une cheville ou dent *c*, portée par un axe mobile entre la platine et le

le pont R : cet axe porte en dehors du pont et carrément le centre du rateau Q gradué en de petites divisions : ce rateau ou portion de cercle graduée paroît à travers le fond de la boîte, dont l'ouverture porte un index qui indique le chemin que l'on fait faire au rateau pour régler la montre au plus près.

CHAPITRE IV.

De l'invention des principaux Instrumens et Outils destinés à perfectionner et à faciliter l'exécution des Machines servant à la Mesure du temps.

« L'ART de l'Horlogerie, si riche en inventions savantes et ingénieuses pour marquer en divers moyens, et avec une précision admirable, la mesure du temps, les révolutions des astres, &c., l'est également en instrumens et en outils qui ont été inventés en différens temps par les Artistes, tant pour donner à leurs productions la plus grande exactitude, que pour abréger les opérations de la main-d'œuvre. Ce seroit un ouvrage bien digne d'un siècle aussi éclairé que le nôtre, que celui qui renfermeroit toutes les machines et inventions qui appartiennent à l'Art de l'Horlogerie, pour marquer la mesure du temps, &c., et qui réuniroit à-la-fois à ces belles inventions, les instrumens et les outils imaginés et employés par les divers Artistes qui ont enrichi cet Art, et les noms de leurs Auteurs ; mais je crains bien qu'il ne soit difficile de jamais exécuter cette entreprise, qui me paroît être au-dessus des forces d'un seul homme. Il faut d'ailleurs convenir que nous possédons grand nombre de très-belles inventions dont les Auteurs sont ignorés : mais ce n'est pas ici le lieu de traiter cet objet, bien au-dessus de nos forces [a]. »

Ce que l'Auteur du Traité des horloges marines desiroit en 1773, et qu'il exprimoit dans le passage que nous venons de transcrire, nous avons osé l'entreprendre ; nous avons rassemblé ci-devant les principales inventions de l'Horlogerie pour la

[a] *Traité des Horloges marines*, N.° 1106.

mesure du temps, mais en les présentant simplement comme un recueil ou des matériaux : il nous reste à rassembler de même les principaux instrumens et outils qui ont été imaginés pour perfectionner et simplifier l'exécution des pièces d'Horlogerie. Mais avant de nous occuper du rassemblement de ces instrumens et outils, il n'est pas inutile d'indiquer ici quels sont les vrais fondemens de l'exacte mesure du temps, et jusqu'à quel point la main-d'œuvre y contribue.

L'exacte mesure du temps par les horloges, comprend deux parties importantes : la première en est la Science ; c'est par celle-ci que le Méchanicien crée la construction de sa machine, et qu'il l'établit sur des principes certains, fondés sur les lois du mouvement ; cette Science renferme également les connoissances physiques, ou celles des causes qui s'opposent au mouvement, les résistances de l'air, des fluides, du frottement des métaux, &c. C'est à l'aide de ces connoissances que le Méchanicien invente ou propose les moyens de construction de sa machine, en fait le dessin pour le livrer à l'Artiste, auquel il assigne les dimensions propres à chaque partie. La Science de la mesure du temps est donc la base sur laquelle doit poser la justesse de la marche de l'horloge : mais cela ne suffit pas encore ; il faut que l'exécution réponde, par la perfection de la main-d'œuvre, aux principes posés par l'Auteur. C'est cette main-d'œuvre qui forme la seconde partie, qui concourt à l'exacte mesure du temps, et sans laquelle l'excellence de la composition ne pourroit remplir complétement son but. Mais la perfection de la main-d'œuvre actuelle dans les machines qui mesurent le temps, est particulièrement fondée sur l'invention des instrumens et outils propres à perfectionner et à simplifier les opérations de la main-d'œuvre. C'est de la réunion des deux parties dont nous venons de parler, que les machines qui mesurent le temps tirent toute leur justesse ; et les

Méchaniciens qui ont bien connu le danger de l'imperfection de la main-d'œuvre entre les mains d'ouvriers mal-habiles, se sont appliqués, dans la composition de leurs horloges, à les tellement construire, que la justesse de ces machines dépendît moins de l'extrême adresse de l'ouvrier, que de la nature des principes qui font la base de leurs compositions.

Les divers instrumens et outils que les Artistes horlogers ont imaginés, ont deux usages essentiels; le premier, c'est que par le moyen des outils et des instrumens, on donne aux pièces qu'on exécute, une perfection fort au-dessus des simples opérations de la main; le second, c'est que ces opérations sont en même temps beaucoup plus promptes. Sans ce secours des instrumens, le plus grand nombre des ouvriers qui travaillent à l'Horlogerie, n'auroient pas assez d'adresse pour travailler les pièces dont ils sont chargés; en sorte qu'ils ne feroient que des ouvrages grossiers et imparfaits: au lieu qu'à l'aide de ce secours, leurs ouvrages sont mieux travaillés. Mais si ces instrumens et outils sont nécessaires aux ouvriers d'un talent médiocre, ils sont infiniment utiles à cette classe si rare des bons ouvriers: ceux-ci tirent un bien meilleur parti des outils qui leur épargnent un temps précieux; entre leurs mains, les instrumens tiennent lieu d'un nouvel organe, plus actif et plus délicat que celui qu'ils tiennent de la Nature. Mais si l'Horlogerie même ordinaire a besoin d'instrumens pour perfectionner la main-d'œuvre, ces instrumens deviennent d'une absolue nécessité pour l'exécution des horloges marines; puisque ces machines exigent, pour pouvoir remplir leur destination du côté de la théorie, tout ce que la Méchanique a de plus sublime, et, du côté de l'exécution, toute l'adresse et tous les moyens les plus parfaits.

Nous placerons à la suite des principaux instrumens et outils qui servent à l'exécution des machines qui mesurent le temps, un instrument destiné à l'observation des astres, lequel sert à juger l'exactitude des horloges et des montres par le moyen du Soleil ou des étoiles fixes. Cet instrument est celui qui s'appelle l'*Instrument des passages.* Voici ses usages, appliqués à la mesure du temps par les horloges :

« Pour estimer sûrement la justesse d'une horloge à longitude [a] (ou de toute autre machine servant à l'exacte mesure du temps), il faut avoir une horloge astronomique à laquelle on puisse comparer sa marche : mais cela ne suffit pas encore; car pour juger la justesse de l'horloge astronomique même, on ne peut le faire sans le secours des observations du Soleil ou des étoiles. On sentira mieux cette nécessité, lorsqu'il sera question de connoître la marche d'une horloge ou d'une montre à longitude; lorsqu'on saura qu'une machine de cette espèce ne doit pas varier de plus de deux secondes par jour. Or, si la Pendule dont on se sert pour la comparer, pouvoit elle-même avoir d'aussi grands écarts, on seroit exposé, ou à attribuer à la montre plus de justesse qu'elle n'en auroit en effet, ou à lui croire moins de justesse qu'elle n'en a. Pour démêler à coup sûr les variations de ces machines, il est absolument nécessaire de comparer souvent la marche de l'horloge astronomique, au mouvement du Soleil ou d'une étoile fixe.

« Parmi les différentes méthodes que l'on peut employer pour vérifier la marche d'une horloge astronomique, le passage du Soleil au méridien est la plus commode et la plus facile : mais pour obtenir de cette méthode toute l'exactitude requise, il faut avoir une bonne lunette des passages, placée dans le plan du méridien ; et pour vérifier la position de la lunette ou instrument des passages, il faut se servir des hauteurs correspondantes du Soleil, prises le matin et le soir; et ces hauteurs exigent un

[a] *Traité des Horloges marines*, N.° 1329.

second instrument, qu'on appelle *Quart de cercle.* Mais pour éviter ce second instrument, nous en avons construit un qui réunit lui seul les deux propriétés, celle de servir en même temps d'instrument des passages et de quart de cercle.» C'est cet instrument qui est représenté *planche XIX*, et dont on trouvera la description à la suite des instrumens et outils servant à l'exécution des machines qui mesurent le temps.

I.
L'invention de la machine à diviser et à fendre les dents des roues et des pignons.

L'INSTRUMENT le plus utile, le plus important pour la perfection des machines qui mesurent le temps, est celui qui sert à diviser et à fendre les dents des roues et des pignons ; c'est celui auquel on a donné le nom de *Machine à fendre.*

Avant l'invention de cet instrument, pour faire une roue dentée on étoit obligé de diviser, avec un compas, le cercle qui devoit la former, en autant de parties égales que cette roue devoit avoir de dents. On traçoit, d'après ces divisions, les dents et les intervalles qui les séparent ; et ensuite, avec une lime, on emportoit la matière qui forme l'intervalle des dents. On peut juger par-là combien ces opérations étoient longues, et le peu d'exactitude que l'on obtenoit, étant nécessairement exposé à faire des dents d'inégale grosseur, et par conséquent de très-mauvais engrenages. Cependant ce moyen, tout imparfait, étoit encore mis en usage, il n'y a pas fort long-temps, pour l'exécution des roues des horloges de clocher.

A ce premier moyen de diviser les roues, un Artiste plus intelligent en fit succéder un autre, qui, en abrégeant les opérations, les rendoit plus exactes. Ce fut de former un *diviseur* qui contînt les divers nombres dont on avoit besoin pour l'exécution des horloges : ce *diviseur* étoit fait en cuivre, d'un assez grand diamètre, comme de huit à dix pouces, bien plan et adouci. On traça sur cette plaque, qu'on a appelée *plate-forme*, plusieurs cercles concentriques ; chacun de ces cercles fut divisé en des nombres différens, et chaque division fut marquée par un point : on plaça les plus grands nombres vers la circonférence du diviseur, comme, par exemple, 360, qui répondoit aux degrés du cercle, et qui contenoit en lui un grand nombre d'aliquotes, comme 180, 120, 60, &c.; en dedans de celui-ci on a pu placer les nombres 300, 160, 90, &c.

Le centre du diviseur étoit percé d'un trou qui avoit servi à tourner la plate-forme. Ce même trou servoit pour y ajuster et fixer un arbre taraudé ayant un écrou : cet arbre servoit à recevoir, à centrer et à fixer, par le moyen de l'écrou, les roues que l'on vouloit diviser. Pour cet effet, le même arbre de la plate-forme servoit de centre à une règle de cuivre ou *alidade*, qui correspondoit aux divisions de la plate-forme : si la roue devoit avoir 120 dents, on faisoit correspondre l'alidade au cercle du diviseur qui contenoit ce nombre, en arrêtant l'alidade successivement sur chaque point de division de ce cercle, et en traçant sur la roue un trait à chaque division : cette roue se trouvoit divisée en 120 parties ; en sorte qu'il ne restoit plus qu'à former à chaque division, avec une lime, l'intervalle des dents.

Voilà déjà un premier pas. Mais il restoit encore la grande difficulté d'emporter également la matière de la roue pour former les intervalles des dents ; d'ailleurs cette opération, très-fautive, étoit encore fort longue. Un Méchanicien plus éclairé profita de cette machine simple pour la conduire au point de tailler ou couper l'intervalle des dents en même temps qu'elle les divisoit. Pour cet effet, il fixa le diviseur sur le bout d'un grand arbre de fer ; l'autre bout du même arbre servoit à recevoir la roue qu'on vouloit fendre : il plaça cet arbre et le diviseur dans une cage dans laquelle il tournoit ; vis-à-vis la roue, il pratiqua une fente ou coulisse dans laquelle passoit très-juste une pièce dans laquelle étoit fixée la lime qui devoit former les intervalles ou *vides* des dents. Sur le châssis qui portoit le diviseur, étoit ajustée l'alidade rendue un peu flexible, et tournant sur elle-même pour pouvoir s'écarter ou s'approcher du centre du diviseur. Cette alidade portoit une pointe qui entroit dans les points de division ; ce qui servoit à arrêter et à fixer le diviseur : cette alidade placée sur un point du cercle du nombre 120 par exemple, on fendoit, on formoit avec la lime un intervalle ; on soulevoit l'alidade pour faire tourner le diviseur et la roue que son arbre portoit ; on fendoit une seconde dent, et ainsi de suite jusqu'à ce que le diviseur eût fait une révolution, et que la roue eût autant de dents que le cercle avoit de points de division.

Enfin, pour conduire cet instrument au point de perfection où il est aujourd'hui, un autre Méchanicien reconnut que le mouvement de la lime, dans une coulisse, étoit sujet à acquérir un ballotage ou *jeu* qui rendoit les dents inégales. Il substitua à la lime droite une lime circulaire, faite en forme de rochet, laquelle, étant placée sur un tour mobile sur deux pointes, servoit à emporter la matière du *vide* des dents. L'arbre qui portoit la fraise avoit un *cuivrot*, espèce de poulie que l'on faisoit tourner avec un archet. Ce tour fut placé sur le châssis qui contenoit le diviseur, avec la disposition nécessaire pour s'approcher ou s'écarter du centre de l'arbre de la plate-forme, selon qu'il en étoit besoin pour fendre des roues de différentes grandeurs [a].

Telle a été à-peu-près l'origine de l'instrument à fendre les dents des roues. On voit que cette machine n'appartient pas à un seul inventeur, et que plusieurs Artistes ont contribué à la

[a] Voyez *planche XVII, figure 1*, la disposition de la machine à fendre, dont on trouvera l'explication à la fin de ce Chapitre.

conduire

conduire au point de perfection où elle étoit portée lorsqu'elle fut connue en France.

On ignore le nom et le lieu de l'Auteur ou des Auteurs de cette belle invention; on l'a attribuée aux Anglais [a]. On prétend même qu'elle est due au docteur HOOK [b]. Mais il n'est pas probable que cette invention soit si moderne; le P. ALEXANDRE rapporte qu'au commencement du XVII.e siècle on faisoit des montres si petites, que les dames les portoient en pendans-d'oreille [c]. Or il étoit impossible de faire des roues aussi petites qu'elles devoient être pour être logées dans un pendant-d'oreille, sans le secours d'une sorte de machine à fendre. On sait d'ailleurs que l'Horlogerie a pris naissance en Allemagne; qu'elle fut cultivée très-anciennement avec succès à Nuremberg; que c'est aussi dans cette même ville que furent construits et fabriqués les premiers instrumens d'Astronomie: c'est donc là que l'on a dû employer la première fois le diviseur ou plate-forme, et sans doute la première disposition de la machine à fendre. Les horloges et les machines qui servent à leur exécution, ont ensuite passé en Angleterre et en France, où les unes et les autres ont été perfectionnées. D'ailleurs, il est bien certain, comme nous l'avons déjà dit, que l'instrument qui sert à fendre les roues n'est pas l'invention d'un seul Auteur: il en est, à cet égard, de l'invention de la machine à fendre, comme de celle de la première horloge à roues dentées; elle fut d'abord très-imparfaite. La machine à fendre, aujourd'hui perfectionnée, n'est plus la même qui fut d'abord imaginée; on a ajouté, en divers temps et par divers Auteurs, diverses inventions que le premier Auteur ne pouvoit soupçonner: ce bel instrument est le produit de travaux successifs des Artistes. Quoi qu'il en soit, on peut considérer comme le premier, celui qui a imaginé

[a] *Traité du P. Alexandre.*

[b] *Étrennes chronométriques*, par M. *le Roy.*

[c] *Traité des Horloges*, du P. *Alexandre.*

la plate-forme; mais il y a loin de cet instrument simple à celui des machines à fendre de nos jours.

II.
De la plate-forme.

« UN DES INSTRUMENS les plus nécessaires à un ouvrier qui travaille au petit volume, dit le P. ALEXANDRE[a], est la plate-forme, dont on se sert pour faire la division des roues en tel nombre qu'on souhaite. Cette plate-forme est gravée sur une platine de cuivre qui a un pied de diamètre, où sont plusieurs cercles concentriques et de différentes grandeurs. Ces cercles portent la division du nombre des dents des roues dont on a besoin le plus ordinairement; les cercles les plus petits portent les moindres nombres.

» Pour marquer ces divisions sur la plate-forme avec plus de justesse, il faut mettre cette plate-forme sur une grande table, et l'ayant arrêtée bien ferme, de son centre il faut faire plusieurs cercles sur cette plate-forme, également distans les uns des autres, et ensuite faire de grands cercles sur la table, et les diviser en autant de parties que l'on veut; et mettant une alidade sur le centre de la plate-forme, et l'autre bout sur chaque division d'un grand cercle, on marque sur les cercles de la plate-forme les nombres que l'on souhaite[b].

» Cette plate-forme est percée par le milieu (son centre), pour y placer le centre de la roue qu'on veut diviser, laquelle y étant affermie avec un écrou, on prend sur la plate-forme le cercle qui a le nombre des dents qu'on veut avoir; et mettant un pied de compas sur un point de ce cercle, on étend l'autre pied du compas

[a] *Traité général des Horloges*, page 241.

[b] La méthode que propose ici le *P. Alexandre* seroit bonne, si la table portoit un grand cercle fait en cuivre; mais en traçant et divisant sur un cercle en bois, on ne peut obtenir aucune précision. Vers le milieu du XVIII.e siècle, un habile Artiste, M. *Hulot*, a construit un diviseur infiniment supérieur.

sur la circonférence de la roue à diviser ; en sorte que ce second pied du compas coupe la circonférence à angle droit pour marquer un point ; et changeant de point sur le cercle de la plate-forme, l'autre pied marquera la division sur la roue : et on continue ainsi de suite, jusqu'à ce que l'on ait marqué toutes les dents qui se trouvent bien espacées, et que l'on creuse et façonne à la lime.

» On a inventé un instrument fort ingénieux, et commode pour faire les dents des roues en fort peu de temps, et avec beaucoup de facilité et de justesse. La plate-forme dont il est parlé ici, fait partie de ce bel instrument [a].

III. De l'instrument à diviser et fendre les roues et les pignons, décrit par le *Père Alexandre*. [b]

» LA PRINCIPALE partie de cette machine est la plaque ronde, appelée *plate-forme :* elle porte plusieurs cercles concentriques, et formés par des points qui font autant de parties égales de ces mêmes cercles ; de sorte qu'ils sont divisés par les nombres que l'on emploie le plus ordinairement dans l'Horlogerie, comme de 360, 300, 150, 90, 60, &c.: les plus petits sont ceux qui sont divisés en moins de parties. Au centre de cette plate-forme est fixé un canon percé suivant sa longueur d'un trou carré, pour recevoir la pièce, aussi carrée, sur laquelle est portée la roue que l'on veut fendre, assujettie par un écrou, de manière que la plate-forme, le canon et par conséquent la roue à fendre, tournent ensemble librement dans une cage. Cette cage est formée de deux bandes faites en fer, unies ensemble par deux montans. La bande inférieure porte en dessous un talon, qui sert à attacher la machine à l'étau : ce talon ou tenon est percé d'un trou, dans lequel passe une vis portant à son centre un trou conique, qui sert à recevoir la pointe de l'arbre de la plate-forme. Le montant de l'extrémité de la cage la plus distante de la

[a] Le machine à fendre.

[b] *Traité général des Horloges*, p. 257.

plate-forme, porte une pièce posée horizontalement, qui passe au-dessus de la plate-forme; sur cette pièce est ajustée l'alidade, faite en acier flexible, portant à son extrémité une pointe pour entrer dans les points de division de la plate-forme, et rendre celle-ci immobile.

» Voilà une notion des machines qui ont rapport aux divisions de la plate-forme. Voyons maintenant celles qui servent à fendre.

» Sur la bande supérieure de la cage, est ajusté un coulant, percé d'une ouverture propre à recevoir cette bande. Ce coulant porte une vis, qui sert à le fixer sur la bande quand il est nécessaire; ce coulant porte un montant, sur lequel tournent les pointes de deux vis ajustées sur une espèce de tour; ce même tour porte deux autres vis, qui reçoivent l'arbre de la fraise ou lime circulaire destinée à fendre les roues. Cet arbre de la fraise porte un pignon, dans lequel engrène une roue dont l'arbre reçoit une manivelle, au moyen de laquelle on fend les dents des roues. Le tour porte encore une vis, dont le bout pose sur la bande de la cage, et sert à déterminer la course du tour. A l'extrémité de la cage est une pièce qui porte un écrou, dans lequel entre une vis posée horizontalement, dont le bout tient au coulant du tour. Cette vis, menée par une manivelle, fait avancer ou reculer plus ou moins le tour, du centre de la roue que l'on veut fendre; ce qui sert aussi à régler la profondeur des dents.

» Voici l'usage de cette machine : La roue étant tournée et préparée pour être fendue, on la fixe sur la pièce carrée qui entre dans l'arbre de la plate-forme : cette pièce porte au-dessus du carré une base qui reçoit la roue, au moyen d'une vis sur laquelle entre un écrou qui fixe la roue sur cet arbre portant le carré; celui-ci est fixé avec l'arbre de la plate-forme avec une vis pratiquée à côté du canon. La roue ainsi fixée sur l'arbre de la plate-forme, on cherche le nombre dont on a besoin : supposé que ce soit 360, on place la pointe de l'alidade dans celle des divisions qui est marquée 360, et l'on fixe l'alidade sur ce même nombre. L'alidade doit faire ressort, afin d'arrêter solidement la plate-forme, en pressant fortement sur le point de division. La roue que l'on veut fendre, approche et arrête plus ou moins de la fraise selon la profondeur de la denture; et la fraise étant écartée convenablement par la vis du coulant du tour, on fait tourner la manivelle, qui, par son engrenage avec le pignon, fait circuler la fraise ajustée sur l'arbre de ce même pignon.

» Pour faire cette opération, on aura donc une main à la manivelle, et l'autre à une poupée du tour : celle-ci servira à baisser et hausser la fraise à mesure que la roue se fendra, et l'autre fera tourner et couper la fraise. Une taille étant faite, on en dégagera cette fraise en élevant le tour ; après quoi on dégagera aussi la pointe de l'alidade: l'on fera tourner la plate-forme pour remettre cette pointe dans la division suivante, ou on l'arrêtera pour faire une seconde taille; et ainsi de suite, jusqu'à ce que la plate-forme ait fait une révolution entière, et que la roue soit tout-à-fait refendue. »

Vers 1716, HENRI SULLY apporta d'Angleterre divers outils très-bien exécutés, et entre autres une machine à fendre supérieure à celles qui étoient alors en usage : elle est citée par M. JULIEN LE ROY comme très-bien faite[a]. On trouve les dessins et la description de cette machine dans le Traité de THIOUT[b], perfectionnée, selon cet Auteur, par M. DE LA FAUDRIÈRE ; mais on peut reprocher à cet instrument une très-grande quantité de travail et d'ornemens inutiles.

[a] *Règle artificielle du temps*, 2.e édition, page 386.

[b] *Traité d'Horlogerie* de M. *Thiout*, Tome I, page 46.

Vers 1730, M. TAILLEMARD, artiste habile, exécuta plusieurs machines à fendre très-bien faites; il perfectionna cet instrument par des soins d'exécution et des précautions jusqu'alors ignorés, particulièrement l'arbre de la plate-forme, formé par un canon rond en dedans, au lieu d'être carré, comme on le faisoit auparavant. Les tasseaux furent faits de la même forme: l'ajustement en fut plus facile et plus sûr : ces tasseaux, au lieu de se fixer par une vis placée à un côté du canon de l'arbre, sont pressés verticalement par un écrou qui presse une clavette qui traverse l'arbre et les tasseaux. (*Voyez* ci-après la description de la machine à fendre.)

M. HULOT, élève de M. TAILLEMARD, suivit les mêmes méthodes de perfection : on doit à cet habile Artiste les plus belles et les meilleures machines à fendre qui aient été faites; et son fils a succédé au talent et au travail de son père pour l'exécution de ces instrumens si utiles à la perfection de l'Horlogerie.

Parmi les divers moyens de perfection ajoutés de nos jours à la machine à fendre, on doit compter, 1.° celui de fendre les roues d'échappement avec la plus grande précision, au moyen d'un instrument qui sert à rendre ces roues (étant fixées sur leurs axes) parfaitement concentriques à l'arbre de la machine; 2.° de pouvoir fendre des roues fort épaisses sans que le fond soit creusé, ce que l'on obtient par le mouvement du tour ou porte-fraise, qui se fait verticalement dans une coulisse; 3.° d'arrondir les dents des roues à mesure qu'on les fend, au moyen d'une fraise figurée et taillée dans la courbure convenable à arrondir les dents; 4.° d'avoir disposé cet instrument de manière à pouvoir fendre des roues et des pignons d'un très-petit diamètre et parfaitement égal (on fait des pignons qui n'ont qu'une ligne un quart de diamètre, et qui portent seize dents); 5.° de faire servir cet instrument comme diviseur pour graduer en même temps, avec la plus extrême précision, les cadrans, limbes, &c., et dans les divisions les plus petites, &c [a].

IV.
Machine à fendre toutes sortes de nombres, inventée par M. *Pierre Fardoil*, horloger de Paris.

DANS TOUTES les machines à fendre qui sont en usage, la plate-forme ou diviseur contient des cercles divisés en différens nombres propres aux horloges et aux montres; et si l'on veut fendre une roue avec un nombre de dents qui n'est pas placé sur la plate-forme, on est obligé de diviser un nouveau cercle en ce nombre de dents requis. Pour lever cette difficulté, un Artiste fort ingénieux de Paris imagina un nouveau moyen de division sans aucune graduation faite à la plate-forme. Nous allons donner une notion du méchanisme de cette ingénieuse machine, d'après le traité de THIOUT, dans lequel elle est représentée et décrite. [b]

Le méchanisme inventé par M. FARDOIL, peut s'adapter à une machine à fendre ordinaire, dont toutes les parties restent les mêmes et servent également à fendre, à l'exception de l'alidade, que l'on supprime, et de la plate-forme, à laquelle on substitue une grande roue dentée; ou, si la place le permet, on peut tailler la circonférence même de la plate-forme en dents, et alors ces dents tiennent lieu du diviseur ou des cercles gradués.

Le diviseur ou roue est fendu en dents inclinées propres à engrener dans une vis sans fin; la roue employée par M. FARDOIL, est fendue sur le nombre 420, qu'il a jugé le plus favorable par les diverses aliquotes qu'il contient.

Dans les dents du diviseur engrène une vis sans fin simple, qui se meut sur deux pivots, tournant dans des ponts portés

[a] *Voyez* le *Traité des Horloges marines*, la *Mesure du temps* ou *Supplément*, et le *Traité des Montres à longitudes*.

[b] *Traité d'Horlogerie*, &c., par M. *Thiout*, Tome I, page 53, et le dessin, *planche 23*.

par le châssis de la machine à fendre ordinaire : on conçoit donc, d'après cette disposition, que si à chaque tour que l'on fait faire à la vis sans fin, on fend, au moyen du tour et porte-fraise, une dent d'une roue fixée à l'ordinaire sur l'axe du diviseur, celui-ci ayant fait une révolution, la roue aura le même nombre de dents que le diviseur même, c'est-à-dire, 420. Mais si au lieu de faire parcourir un tour entier à la vis sans fin, on n'en fait décrire que la moitié, et qu'à chaque demi-révolution de la vis, on fende une dent de la nouvelle roue que l'on veut tailler, et ainsi de suite à chaque demi-révolution, on aura une roue qui contiendra deux fois 420, c'est-à-dire, 840 dents; et si on ne fait tourner la vis que du quart de sa révolution, et qu'à chaque quart on fende une dent à cette nouvelle roue, celle-ci contiendra 1680 dents, et le nombre des dents de la roue que l'on veut fendre, deviendra d'autant plus grand que la vis sans fin fera une plus petite partie de sa révolution ; si, au contraire, on fait faire deux tours à la vis sans fin pour chaque dent que l'on fendra, la nouvelle roue n'aura que 210 dents; si on fait faire quatre tours, la roue sera de 105 dents, &c.

Tel est le principe de division que M. Fardoil a employé dans cette nouvelle machine ; mais pour en bien entendre toute la disposition, il faudroit des figures que nous n'avons pu joindre ici ; ceux qui desireront en étudier le méchanisme, doivent recourir à l'ouvrage de Thiout, que nous avons cité.

V.
Règle générale pour trouver le nombre de dents des rochets en raison de celui des dents de la roue à fendre. [a]

« On a donné à la roue qui sert de plate-forme 420 dents, parce que ce nombre renferme plus de parties aliquotes : il faut diviser ce nombre, et celui de la roue que l'on veut fendre, par un commun diviseur; prendre le quotient de la roue pour rochet, et le quotient de la grande roue ou plate-forme pour le nombre

[a] *Traité* de *Thiout*, Tome I, page 55.

des

des dents du rochet, qu'il faudra faire passer à chaque dent que l'on fendra.

» *Exemple.* Soit donné le nombre 249 qu'il faut fendre, avec une plate-forme portant 420 dents : il faut diviser 420 et 249 par 3, qui est leur commun diviseur ; les quotiens seront 140 et 83.

» On prendra donc un rochet de 83 ; et à chaque dent qu'on voudra fendre, on fera passer 140 dents de ce rochet, c'est-à-dire qu'on fera d'abord faire une révolution entière, qui est de 83 dents, et qu'on fera encore passer 57 dents ; ce qui fera les 140 dents, lesquelles 57 dents, prises après la révolution, seront *déterminées* par l'ouverture des deux alidades. Ces opérations se feront par les deux mouvemens suivans.

» On retire premièrement le *terme* ou pièce d'arrêt en arrière, afin de faire passer les alidades ; ensuite on abandonne ce terme, qui, étant poussé par un ressort, revient dans son premier état. La première alidade se place sous le terme ; et poussant avec la manivelle la seconde alidade, jusqu'à ce que son extrémité soit arrêtée, on fend la partie de la roue qui se présente à la fraise. Pour faire une seconde fente, on retire encore le terme pour laisser faire la révolution, et on le laisse ensuite retomber pour fixer la division de 57, ainsi de suite pour chaque division de la roue. »

VI. Instrument à diviser et à pointer les nombres placés sur les plates-formes des machines à fendre les dents des roues.

LA PARFAITE égalité des dents des roues dans les machines qui mesurent le temps, est d'une nécessité indispensable. Sans cette exacte égalité, les engrenages ne sont pas uniformes, ce qui cause des frottemens et des variations dans la force transmise au régulateur, et par conséquent dans la marche de l'horloge ; et d'ailleurs ces frottemens entraînent promptement la destruction de la machine. Or, cette parfaite égalité des dents est fondée

sur l'exacte division des nombres marqués sur la plate-forme; et comme les plates-formes des machines à fendre n'ont pas et ne peuvent avoir un assez grand diamètre, il est très-difficile, pour ne pas dire impossible, de diviser immédiatement une plate-forme; il faut nécessairement recourir à un diviseur qui soit fait d'un très-grand diamètre, comme de 6 à 10 pieds, et transporter ensuite ses divisions plus exactes sur la plate-forme, qui les transmet ensuite aux roues du plus petit diamètre: mais ce diviseur primitif exige lui-même une très-grande précision, soit dans sa composition, ou dans l'opération des divisions d'un cercle en un nombre de parties données: tel est celui qui a été construit et exécuté par M. HULOT fils, tourneur et méchanicien habile.

VII.
Explication des figures relatives aux instrumens et outils.
Description de la machine à fendre les dents des roues.[a]

LA MACHINE à fendre est un instrument à l'aide duquel on divise et fend les dents des roues des horloges et montres, en des nombres convenables à la destination de ces machines.

Cet instrument est d'une si grande utilité, sa justesse est si essentielle à la perfection des machines qui mesurent le temps, que j'ai cru devoir en donner le plan et une courte description.

La machine à fendre, telle qu'elle a été exécutée dans ces derniers temps par les meilleurs Artistes[b], est représentée *planche XVII, figure 1.*

Pour saisir facilement le méchanisme de cet instrument, il ne

[a] *Essai sur l'Horlogerie*, Tome I, page 141.

[b] On trouve dans le *Traité* de *Thiout*, la description et les plans de la plus belle machine à fendre qui eût alors paru en France. Cette machine avoit été construite par le célèbre artiste horloger *Henri Sully*; mais cette machine étoit surchargée d'ornemens inutiles: M. *Taillemard*, qui vécut peu après *Sully*, perfectionna et simplifia cet instrument. C'est le même représenté *planc. XVII*, et dont nous allons parler. M. *Hulot*, élève de M. *Taillemard*, l'a exécuté avec la plus grande perfection: le C.en *Hulot*, qui a succédé aux talens et à la réputation de son père, est aujourd'hui le plus célèbre Artiste dans ce genre, et dans tout ce qui concerne les grandes machines.

faut d'abord considérer que le diviseur ou plate-forme P, qui en est la partie principale, la lime qui doit fendre les dents, et la pièce S*p* appelée *alidade.*

La plate-forme ou diviseur est une grande platine ronde, faite en cuivre, sur laquelle sont tracés plusieurs cercles concentriques, qui sont divisés en des nombres différens les plus en usage en Horlogerie : chaque division est marquée par un point profond, propre à recevoir la pointe *p* de l'alidade, et à fixer la plate-forme de sorte qu'elle ne puisse tourner. Or, si l'on fixe concentriquement à la plate-forme une roue R, et qu'on pose la pointe *p* de l'alidade successivement sur tous les points de division d'un cercle, et qu'à chaque point on fasse une fente à la roue, on aura une roue qui aura autant de dents que le cercle de division a de points.

La plate-forme PP est fixée sur l'arbre OF, lequel est mis en cage dans le châssis ABCDE, et y tourne librement. Cet arbre est percé dans sa longueur, afin de recevoir un arbre plus petit, qu'on appelle *tasseau.* Le tasseau porte une assiette ayant une vis et un écrou, pour fixer la roue qu'on veut fendre, et le tasseau est fixé lui-même avec l'arbre de la plate-forme, au moyen d'une clavette *c* qui les traverse l'un et l'autre, et qui est pressée par un écrou mis à vis à la circonférence même de l'arbre du diviseur.

L'alidade S*p* est attachée sur un bout prolongé de la pièce Z fixée au coude Q porté par le châssis ED. Cette alidade tourne sur elle-même, pouvant s'approcher ou s'éloigner du centre de la plate-forme P pour poser sa pointe sur les différens cercles de division : elle est faite en acier trempé, et rendue flexible vers son centre de mouvement, afin de faire ressort et de faire appuyer fortement la pointe *p* sur les points de division, et que la plate-forme ne puisse tourner sans lever cette pointe : la pointe *p o* est une vis qui entre dans l'alidade ; on la fait monter ou descendre

convenablement pour amener la pression de l'alidade au point nécessaire pour rendre la plate-forme très-fixe.

La lime circulaire ou fraise *d (fig. 7)* est faite en acier, taillée en rochet et trempée très-dur : cette fraise est arrêtée par un écrou porté par l'arbre *aa*, *figure 1*, lequel porte un pignon dans lequel engrène la roue *bb* ; l'axe de cette roue porte la manivelle *m*, laquelle sert à faire tourner la fraise *d* pour fendre les dents.

La pièce HH sur laquelle l'arbre de la fraise est placé, de même que la roue et la manivelle, s'appelle *porte-fraise* ou l'H, parce qu'elle en a la figure : le porte-fraise H se meut sur deux pointes de vis 3, 4, lesquelles entrent dans des trous coniques faits à la pièce N, pressée par une vis qui l'arrête au point requis sur le châssis E : les deux vis 1, 2 de l'H servent à recevoir les pointes de l'arbre à fraise sur lesquelles il tourne. Le porte-fraise HH, mobile sur les vis 3, 4, a un mouvement au moyen duquel il s'élève et s'abaisse pour former les fentes des dents : la vis *f* sert à régler son abaissement ; à cet effet sa pointe porte sur un talon de la pièce N.

L'H ou porte-fraise est vu en plan, *fig. 2.* A est l'arbre sur lequel on fixe les fraises comme *d* ; A est le pignon dans lequel engrène la roue B, dont le carré de l'axe sert à recevoir la manivelle ; *a*, *b* sont les pointes des vis 3, 4, qui entrent dans les points coniques de la pièce N, *fig. 1*, sur lesquels l'H s'ajuste.

La pièce N, *fig. 1*, est attachée sur un coulant ou chariot MM, ajusté à queue d'aronde sur la barre E du châssis, sur lequel elle peut glisser et s'approcher ou s'éloigner du centre de la plate-forme, selon qu'il en est besoin, pour régler l'enfoncement des dents des roues, et selon que ces roues ont plus ou moins de diamètre : on fait ainsi mouvoir ce chariot par le moyen de la manivelle K, qui entre carrément sur le bout prolongé de la vis W : la tête de cette vis est arrêtée dans le pilier DW, de manière qu'elle ne peut qu'y tourner, étant prise par un collet : l'autre bout de la tige W entre à vis sur un talon porté par le dessous de la boîte MM sous le plan EI.

Pour fendre les roues de rencontre avec l'inclinaison nécessaire à donner aux dents, on a procuré au porte-fraise HH, un mouvement propre à donner cette inclinaison, la pièce N tournant sur son centre, qui est porté par la pièce MY, sur laquelle on l'arrête par un écrou lorsqu'elle a l'inclinaison requise.

Les pièces qui portent l'H ont encore deux sortes de mouvemens; le premier est celui de la pièce Y, laquelle peut monter et descendre dans une rainure faite à la pièce MÆ ; ce qui sert à élever le centre 3,4 de l'H à la hauteur du tasseau, pour que les fonds des dents d'une roue épaisse soient perpendiculaires au plan de la roue.

Le second mouvement des pièces du chariot sert à faire mouvoir l'H ou porte-fraise de droite à gauche, ou de gauche à droite, afin de diriger sûrement l'H vers le centre de la plate-forme, ou de pouvoir l'incliner à volonté pour fendre des roues à rochet.

Il nous reste à donner une notion de la manière dont on fend les plus petites roues de montres et les pignons sans tige, lesquels ne peuvent pas être fixés sur un tasseau qui porte une vis et un écrou. On y supplée en employant un petit tasseau d'acier *m*, *fig. 3*, portant une base propre à recevoir la roue que l'on veut fendre : ce tasseau a un pivot ou tige unie sans vis, qui centre la roue ; pour fixer la roue sur le tasseau, et par conséquent sur l'arbre de la plate-forme, on se sert d'un petit cône d'acier dont la base appuie sur la roue ou sur le pignon. En cet état, on fait avancer le lévier L *l*, *fig. 1*, jusqu'à ce que la partie *l* pose sur le bout pointu du cône : faisant ensuite descendre la vis G jusqu'à ce qu'elle presse fortement le lévier L *l*, cette pression fixe d'une manière solide la roue

sur le tasseau ; ce qui supplée l'effet de l'écrou qu'on n'a pu employer.

La *figure 3* fait voir le tasseau qui sert à fendre les petits pignons : ce tasseau est percé dans sa longueur pour recevoir le petit tasseau de rapport, *fig. 4.* La *figure 5* est le chapeau ou cône qui sert à fixer une roue sur un tasseau sans écrou ; il est ici représenté en grand. La *figure 6* fait voir un tasseau propre à fendre une roue toute montée sur son axe ; à cet effet, ce tasseau est percé pour le passage de la tige : Q est une plaque qui, pressée par quatre vis, fixe la roue sur le tasseau P. La *figure 8* est une fraise à fendre les roues d'échappement, vue de profil. La *figure 9* est une clef qui sert à tourner les vis 1, 2, 3, &c. de l'H.

Ce que nous venons de dire de la belle et ingénieuse méchanique de l'instrument à fendre les dents des roues, suffit pour en donner une notion : les détails dans lesquels nous n'avons pu entrer, se trouvent dans l'Essai sur l'Horlogerie, duquel nous avons extrait cet article.

Les bornes de cet ouvrage nous ont également empêchés de joindre ici la méchanique employée de nos jours pour graduer les cadrans au moyen du même instrument. On trouvera les dispositions ajoutées à la machine à fendre pour ces sortes de divisions, dans l'ouvrage qui a pour titre, *de la Mesure du Temps*, ou *Supplément à l'Essai sur l'Horlogerie*, &c. n.° 510.

VIII.
Description de l'instrument ou outil à arrondir les dents des roues et des pignons.[a]

LES DENTS des roues et des pignons étant fendues sur la machine à fendre, ne peuvent être réputées qu'ébauchées. Le fond des dents est resté creux par le mouvement de l'H, et les dents ont une forme carrée qui n'est pas propre à l'engrenage, les dents des roues sur-tout devant être terminées par une courbe qu'on appelle *épicycloïde*. Telles sont les dents de la roue A,

[a] *Traité des Horloges marines*, page 374.

figure 10, planche XVII. Pour former ces courbes des dents R, O, N, on a inventé l'instrument représenté en profil dans la *planche XVIII.* C'est de cet instrument que nous allons donner la description : il est ici représenté avec l'équipage qui sert à arrondir les pignons, et c'est de lui que nous allons parler; ce qui expliquera suffisamment l'arrondissement des roues. Comme il est important à la perfection des engrenages, que les ailes des pignons soient parfaitement égales entre elles, et qu'il est possible que, malgré toutes les précautions employées en fendant de très-petits pignons nombrés, ces ailes n'aient pas toute l'égalité requise, j'ai ajouté à cet instrument un diviseur propre à rectifier les pignons. Pour cet effet, j'ai fait entrer à force sur l'axe du diviseur A, le pignon *a* que l'on veut arrondir : ce diviseur, vu en plan, *figure 2,* est une roue plate, fendue avec soin, avec une fraise carrée sur le même nombre que le pignon : le diviseur est attaché par deux vis à l'assiette *b,* chassée à force sur l'arbre *a.* On peut changer facilement de diviseur, selon qu'on en a besoin pour des pignons plus ou moins nombrés. B est une vis de rappel, qui fait mouvoir une alidade D, portant un talon pour entrer dans les fentes du diviseur. Ce mouvement de rappel sert à présenter bien juste à la lime les fentes des dents du pignon. Les pointes de l'axe du diviseur sont arrêtées comme sur un tour, par les broches ou cylindres *c, d, figure 1.*

MN est le dossier ou manche de la lime qui sert à figurer les dents du pignon ou de la roue ; le bout M forme une mâchoire, dans laquelle est fixée la lime *fg,* laquelle est figurée convenablement pour former les courbures des dents.

Le mouvement du dossier se fait juste et librement, placé, comme il est, entre quatre rouleaux sur les côtés, et quatre au-dessous, comme 1, 2.

Pour régler le mouvement du dossier sur la longueur des limes, il porte au-dessous deux talons, comme *h,* qui viennent frapper sur le mentonnet *i* : ce mentonnet peut se mouvoir le long du châssis OP, au moyen de la vis de rappel 7.

Le chariot ou tour EFGHIKL qui supporte le pignon, le diviseur, &c. se meut verticalement, afin d'approcher ou d'éloigner convenablement le pignon ou la roue de la lime à arrondir. Pour cet effet, la partie GQ du tour porte une base qui entre juste dans une rainure pratiquée sur la pièce fixe OR du châssis OPR. La vis de rappel S sert à faire monter ou à faire descendre le tour. Le châssis OPR est fixé par deux fortes vis *l*, *m*, sur la pièce T du grand châssis d'assemblage TVXY. Le bras V fixe et rend solide le bout P du châssis du dossier; et celui X sert à fixer le bout H de la branche du tour, afin que l'effort de la lime ne puisse le faire fléchir : le tour élevé à la hauteur convenable pour l'arrondissement du pignon, on serre la vis Z.

e, *figure 3*, est la plaque qui s'attache au support L, *figure 1*, pour soutenir l'arbre qui porte le pignon. Le support porte deux cylindres, comme L, qui entrent dans les trous faits à la boîte K : ils sont rendus fixes par une vis K, lorsque ce support est élevé à sa hauteur sous l'axe.

L'équipage du diviseur et de son alidade ne sert que pour les pignons; il devient inutile pour les roues. La lime à arrondir porte un guide qui maintient la roue, qui d'ailleurs peut être plus sûrement fendue juste qu'un très-petit pignon.

IX. Machine à tailler les fusées[a].

La *figure 11*, *planche XVII*, représente la machine à fusée, la plus parfaite connue : elle est de l'invention de M. Lelièvre.

Pour mieux concevoir les effets de cette machine, il faut en considérer les principales parties, qui sont, l'axe A*d* qui porte

[a] *Essai sur l'Horlogerie*, Tome I, page 150.

On trouve dans le *Traité* de *Thiout*, plusieurs constructions d'outils à fusée; mais nous jugeons celle que nous donnons ici préférable.

la

la fusée, le pignon *t* portant la manivelle M qui sert à faire tourner la fusée et le pignon, le burin *b* qui forme les rainures, et enfin le plan incliné II qui fait mouvoir le burin *b* de la base de la fusée au sommet 5 de la fusée F; effets qui ont lieu de la manière suivante :

Lorsqu'on fait tourner la manivelle M, le pignon *t* que porte l'axe A, fait monter ou descendre la règle ou crémaillère RP, au moyen des dents qu'elle porte, lesquelles sont perpendiculaires au plan de cette règle, et qui engrènent dans le pignon *t*. La crémaillère PR, et le plan incliné I attaché sur elle, montant et descendant de *x* en Z, et de Z en *x*, le plan incliné fait mouvoir le burin *b*, de *b* en *d*, et alternativement, suivant le côté dont on fait tourner la manivelle : c'est au moyen du talon T que cet effet est produit; ce talon appuie contre le talon incliné I, étant pressé par un ressort contenu dans le barillet B, parce que la chaîne *s* tient par les deux bouts, l'un au talon, et l'autre au barillet. Ce talon T est formé sur la barre TL, qui se meut à coulisse dans les supports S, S, qui sont fendus pour y laisser passer et mouvoir cette barre TL : celle-ci porte la boîte C, au travers de laquelle passe le porte-burin *ab*. Cela entendu, on voit que si l'on fait mouvoir la manivelle M dans le sens convenable, pour faire monter le plan incliné, et ramener le burin *b* à la base *d* de la fusée, et qu'en cet état, faisant tourner la manivelle en sens contraire, on appuie en même temps en *m* sur le porte-burin *ab*, le burin *b* formera sur la fusée F une rainure spirale de la base au sommet. Telles sont en gros les fonctions de la machine à fusée. Entrons actuellement dans les détails et explications de sa construction.

Les fusées sont de différentes hauteurs, suivant celles des montres. Il faut donc pouvoir faire varier le chemin du burin *b* : or, cela dépend du plus ou moins d'inclinaison du

plan incliné II, par rapport aux côtés de la crémaillère. On change l'inclinaison du plan, qui est mobile en *a*, au moyen de la vis de rappel V.

Le plan II est ici représenté avec l'inclinaison convenable pour tailler les fusées des montres ordinaires ; mais s'il s'agissoit de tailler des fusées qui se remontassent en sens contraire, ou à gauche, alors il faudroit changer l'inclinaison de ce plan, de manière que l'index *l* se trouvât en *g* ; et on tailleroit la fusée en tournant la manivelle en sens contraire.

Sur les supports S, S est arrêtée, par quatre vis, la plaque DD, sur laquelle s'ajuste une pièce d'acier formée en courbe *c* : celle-ci sert à régler les enfoncemens différens du burin *b* ; on l'appelle le *guide* ; il sert à déterminer la figure de la fusée, qui, pour être égale avec le ressort, doit avoir la forme d'une cloche.

La vis de rappel *o* sert à faire monter ou descendre le guide *c*, pour amener le burin à la base de la fusée.

Le bout de l'axe de la fusée porte sur un petit trou conique, pratiqué au centre de la base *d* : l'autre bout de cet axe entre de même dans le trou conique de la broche 14, portée par la poupée OS. Pour que l'arbre A*d* entraîne avec lui la fusée, on se sert de la pièce W, *figure 12*, formée par une plaque qui a deux entailles, dans lesquelles peuvent entrer aisément les chevilles portées par la base *d* : cette plaque W porte une petite pièce qui est mobile, et qui a une entaille angulaire pareille à celle formée à celle W : le trou carré, formé par ces deux pièces, sert à y faire entrer le carré de l'arbre de la fusée ; on presse la vis *v*, de sorte que la pièce W est fixée avec cet axe. Ainsi placée sur la broche du support et de la base *d*, la fusée est entraînée par le mouvement de la manivelle M, *figure 11*.

K est une vis de rappel qui sert à faire mouvoir la boîte C, pour amener le burin à la base de la fusée : cette boîte porte en dessous une vis qui sert à la fixer à la barre TL, lorsque le burin est à sa place.

La pièce AZ porte par-dessous un talon qui sert à attacher la machine à l'étau, lorsqu'on veut tailler une fusée.

X.
Description du *lévier* ou instrument propre à mesurer la force des ressorts moteurs et à égaliser les fusées. [a]

LA *figure 13, planche XVII,* représente cet instrument. La partie A est faite de deux pièces, qui forment une mâchoire propre à fixer le lévier sur des carrés de fusée de différentes grosseurs.

Le carré de la fusée entre dans le trou carré A ; et au moyen des vis B, *b*, on serre cette mâchoire ; en sorte que la fusée est entraînée avec le lévier. La branche AC du lévier fait équilibre avec la boule D, lorsque le coulant EF est ôté. La branche C est graduée dans sa longueur, de telle sorte que quand le coulant E, avec le poids F qu'il porte, est placé à une des divisions numérotées 1, 2, 3, 4, &c. cela exprime le nombre de gros (ou la huitième partie d'une once) qu'il faut placer en D, pour faire équilibre avec le poids F. Dans la construction de cet instrument, le poids D est placé à 48 lignes ou 4 pouces du centre A.

On voit, par la construction de cet instrument, que si on l'adapte sur le carré d'une fusée montée dans sa cage avec le ressort moteur et la chaîne, et que pour faire équilibre avec le ressort on mène le coulant E au point requis pour l'équilibre, le chiffre sur lequel le coulant sera arrêté, désignera la force du ressort, c'est-à-dire au nombre de gros situés à 48 lignes du centre de la fusée.

XI.
Explication de la figure qui représente l'Instrument des passages et des

CET INSTRUMENT est représenté en entier dans la *figure* de la *planche XIX;* il est posé sur un socle fait en bois, propre à élever l'instrument à la hauteur nécessaire pour observer ; en

[a] *Essai sur l'Horlogerie*, Tome I, page 166.

hauteurs correspondantes du Soleil, destiné à vérifier la marche des Horloges astronomiques, &c.

cet état, il peut être placé sur un balcon solide, ou sur le carreau d'une chambre, ou dans un jardin. Cet instrument peut également être placé sur l'appui d'une fenêtre en le détachant du socle sur lequel il est posé, et en fixant solidement son pied sur l'appui de la fenêtre.

La lunette A B est un tuyau de cuivre; cette lunette est composée de deux verres convexes; l'un, qui est *l'objectif*, doit être fixé au bout du tuyau A, de la manière la plus inébranlable qu'il est possible; l'autre, qui est *l'oculaire*, s'enchâsse dans un canon que l'on insère dans l'autre bout B du tuyau, de sorte qu'on puisse le tirer ou le pousser pour l'ajuster à la vue de l'observateur : au foyer de cette lunette, il doit y avoir un fil d'argent trait tendu dans le sens d'un diamètre qui soit vertical, et un second fil sera tendu dans le sens d'un autre diamètre perpendiculaire au fil vertical; ce qui compose une croisée qui peut être appliquée sur le bout d'un second canon de cuivre qui tiendra à frottement dans le tuyau de la lunette.

Quoique cette lunette fasse voir les objets renversés, elle est préférable à toutes les autres pour les usages astronomiques, et pour régler les horloges.

Pour que cette lunette puisse servir dans tous les temps à observer les passages du Soleil au méridien, il faut qu'elle puisse se mouvoir dans un plan du méridien, et s'élever ou s'abaisser, comme le fait le Soleil, dans les différens temps de l'année. Pour cet effet, on place ces sortes de lunettes sur un axe horizontal, comme CD; cet axe porte deux pivots faits en matière de timbre, dont le centre est formé en cône pour recevoir les pointes de deux vis trempées et tournées avec soin; E est une de ces vis : l'autre pointe est placée en dedans du cercle gradué FG et à son centre G.

L'axe de la lunette est percé au milieu de sa longueur, d'un trou pour y ajuster la lunette : la partie carrée de cet axe porte deux canons *a, b,* qui sont fendus pour faire frottement; et ils sont revêtus d'une bride chacun, serrés par les vis *a, b,* qui servent à fixer solidement la lunette avec l'axe CD.

Le carré de l'axe porte en H la pièce HI, qui est l'alidade, dont l'extrémité recourbée porte une portion de cercle qui pose sur le plan du cercle F, et marque sur les divisions de ce cercle, l'élévation de la lunette, ou le nombre de degrés et de portions de degré; cette portion de cercle de l'alidade forme, avec les divisions du cercle, les subdivisions ou le *nonius.*

K est une pièce qui s'arrête à volonté sur la circonférence du cercle de division; elle porte une vis de rappel qui correspond à l'alidade; elle sert à faire mouvoir la lunette par un mouvement insensible.

Le cercle de division FG porte le niveau à bulle d'air LM, qui s'ajuste par les crochets qu'il porte sur deux ponts fixés sur le cercle; un de ces ponts a un mouvement de rappel pour faire correspondre le niveau avec le fil à-plomb *ef.*

Le cercle de division est fixé par quatre vis sur une base portée par le support NO, à son extrémité O, qui ne peut être vue ici; le bout N de ce support porte la vis E, dont la pointe reçoit le bout de l'axe C de la lunette.

Sur la partie P du support, est ajusté, par des vis, un arbre ou long pivot qui entre dans un trou fait à la colonne; ce qui procure au support et à la lunette la faculté de tourner horizontalement, pendant que la colonne et le pied qu'elle porte, restent fixes : ce mouvement est également nécessaire lorsqu'on veut ramener la lunette dans le plan du méridien, ou la diriger au Soleil, avant et après midi; arrivée à son point, on fixe l'arbre du support P avec la colonne, par la vis de pression *g.*

Sur la colonne QR, est ajusté le bras ST, destiné à fixer

la lunette dans le plan du méridien lorsque l'on veut observer le midi au Soleil : pour cet effet, la partie S forme avec celle V, un canon pressé par quatre vis, lesquelles étant serrées, le bras ST demeure fixé à la colonne ; et la partie T, faite en fourchette, porte deux vis de rappel *h, i*, qui, étant poussées contre le support, le rendent également fixe ainsi que la lunette qu'il porte.

Le bout inférieur R de la colonne est rendu fixe avec la croix X, X, au moyen d'un écrou qui serre la vis de cette colonne passant en dessous à travers la croix.

Les vis 1, 2, 3, 4 de la croix ou pied de l'instrument, servent à le caler, c'est-à-dire, à mettre l'axe CD horizontal, et le cercle FG vertical ; le fil *ef*, passant par les points qui servent à déterminer la position de l'instrument lorsque l'on veut observer.

Sur la base de la colonne, pose une pièce recourbée sur laquelle appuient les vis 3, 4 qui servent à fixer solidement l'instrument sur le socle.

La base du socle porte quatre vis 5, 6, 7, 8, dont les pointes sont destinées à entrer dans les trous faits au carreau de la chambre pour placer l'instrument sur les mêmes points, lorsque l'on veut prendre le midi.

Lorsque l'on veut observer le passage du Soleil au méridien, il est indispensable que l'axe de la lunette soit parfaitement horizontal, afin que la lunette qui doit être perpendiculaire à cet axe, parcoure sûrement une portion du plan du méridien : or, pour s'en assurer, on se sert du même niveau à bulle d'air LM, dont on pose les crochets qu'il porte sur les pivots C, &c. de cet axe.

Lorsque l'on a trouvé, par des hauteurs correspondantes, la vraie position de la lunette, et qu'elle est bien placée dans le plan du méridien, il est nécessaire de chercher à l'horizon un point remarquable qui réponde au fil vertical de la lunette : ce point de repère ainsi trouvé, toutes les fois qu'on aura changé la position de la lunette, soit pour prendre des hauteurs correspondantes ou autrement, il faudra, lorsqu'on voudra observer le midi, ramener exactement le fil vertical de la lunette au repère donné, et avec la plus exacte précision ; c'est à cet usage que sont destinées les vis de rappel *h, i.*

La *figure 14, planche XVII,* représente un instrument fort utile lorsqu'on observe le passage du Soleil, &c. à la lunette ; c'est un compteur ou valet astronomique.

XII.
Du *Compteur* ou *Valet astronomique.*[a]

L'USAGE du compteur rend beaucoup plus faciles les observations des hauteurs correspondantes, du passage du Soleil ou d'une étoile au méridien, parce que l'on peut observer étant seul et sans le secours d'un second ; car pendant qu'on a l'œil à l'instrument pour observer le passage de l'astre, on ne peut pas regarder en même temps le cadran de l'horloge pour compter à quelle seconde de temps se fait le contact du bord de l'astre au fil de la lunette : l'office du compteur y supplée, parce que le marteau frappe les secondes que le pendule mesure ; en sorte que si, avant d'observer, on a mis d'accord le battement du marteau du compteur avec le battement de l'aiguille de l'horloge astronomique, on observera précisément l'instant du contact de l'astre, et on comptera en même temps le moment où il arrive.

La *figure 14, planche XVII,* représente le compteur, qui est ici le plus simple possible, et cependant fort commode : AB est une platine qui porte en C un trou propre à entrer sur un clou à crochet fixé sur le mur : la roue à rochet D porte un pivot qui roule dans la platine ; l'autre pivot roule dans un bras E

[a] *Traité des Horloges marines,* N.° 1354.

du pont EF ; les dents de ce rochet font échappement avec l'ancre G : l'axe de cette ancre porte la fourchette H, qui communique au pendule IK : ce pendule est suspendu par un ressort L fixé au bras M du pont EFM ; et K est une lentille ordinaire qu'on monte ou descend sur la verge du pendule, au moyen de l'écrou N. Ce pendule doit battre les demi-secondes, et par conséquent il doit avoir neuf pouces trois lignes environ de longueur, prise du point de suspension au centre de la lentille. Or, comme dans un échappement chaque dent de la roue produit ou fait faire deux vibrations, il s'ensuit qu'une dent parcourue répond à une seconde de temps, et que la roue fait son tour en autant de secondes de temps qu'elle a de dents. C'est par cette disposition que j'ai fait servir le rochet à deux usages, celui de former l'échappement et celui d'élever le marteau O, au moyen de la palette P, qui engrène dans la roue à rochet D. Ce marteau frappe donc, sur le timbre Q, des coups qui répondent à des secondes de temps.

Le poids R est le moteur de cette machine ; il est attaché à un cordon de soie qui passe sur la poulie S, dont le fond est hérissé, à l'ordinaire, de pointes de fer : cette poulie porte un encliquetage qui agit sur la roue D ; T est le contre-poids attaché à l'autre bout de la corde ; V est le pont du timbre, et X celui du marteau.

Pour empêcher que, le compteur étant *dans son échappement*, le mouvement du pendule ne puisse le déranger, il faut arrêter le bas de la platine contre le mur, au moyen d'une vis placée vers B.

XIII.
Du *Pyromètre*, instrument dont l'usage le plus important est de servir

NOUS AVONS donné ci-devant, Chapitre II, *page 60*, la description du pyromètre, considéré comme l'instrument propre à fixer les quantités dont les divers corps sont affectés par les changemens

changemens de la température : ici nous présentons cet instrument comme indispensable lorsqu'on veut obtenir un régulateur ou pendule des horloges astronomiques d'une parfaite exactitude.

aux épreuves du pendule régulateur des Horloges astronomiques.

« On voit, dit l'Auteur de cet instrument [a], par les détails dans lesquels je viens d'entrer, que le pyromètre n'a pas seulement servi à faire des expériences sur les dilatations des différens métaux ; mais que son usage le plus important a servi à vérifier si les dimensions du pendule sont en effet telles, que la correction se fasse complétement par les diverses températures auxquelles il doit être exposé, et sur-tout à connoître si la pesanteur de la lentille est proportionnée à la force des barres qui la soutiennent : j'observerai, de plus, qu'un tel pyromètre, sur lequel on peut placer et observer le pendule lorsqu'il est entièrement terminé, est l'unique moyen qui soit propre à faire juger du point de perfection où l'on est parvenu dans la composition et dans l'exécution de ce régulateur des horloges à pendule. Car on aura beau dire que l'on a construit un pendule qui ne change pas de longueur, on ne peut s'en assurer que par les épreuves faites sur le pyromètre même : le calcul seul ne suffit pas. On sait que les différentes sortes d'acier ou de cuivre ne se dilatent pas des mêmes quantités que celles d'après lesquelles on a établi les premières épreuves ; et d'ailleurs il faut connoître l'effet de la lentille sur les barres du pendule. Toute autre épreuve que celle du pendule même sur l'instrument est équivoque. On aura comparé, par exemple, une horloge astronomique pendant quelques jours avec le passage des étoiles ; elle pourra avoir marché avec justesse sans que cela prouve rien en faveur du pendule, ni pour la bonté de la machine ; car, 1.° comme la température de l'air n'est pas la même le jour que la nuit, il peut très-bien arriver que l'horloge

[a] *Essai sur l'Horlogerie*, N.° 2021.

avance et retarde successivement, et se compense au bout de vingt-quatre heures ; 2.° la justesse d'une horloge ne dépend pas uniquement de la longueur invariable du pendule ; elle dépend, de plus, de la constante étendue des arcs que le pendule décrit, de la nature de l'échappement et des frottemens qu'il éprouve, des résistances des huiles des pivots du rouage, de leurs frottemens propres, qui varient par diverses températures, &c. ; ainsi il peut très-bien arriver qu'une horloge à pendule composé marche avec justesse pendant quelques jours, quoique le pendule ait changé de longueur ; 3.° une horloge pourroit avoir été du froid au chaud, et n'avoir pas paru faire d'écarts, mais dans la suite en faire de considérables par le froid ; telle seroit celle dont la lentille seroit assez pesante pour affaisser la verge du pendule : la compensation pourroit se faire pendant que la verge est échauffée ; mais, venant à se refroidir, elle ne pourroit plus remonter la lentille ; en sorte que le pendule resteroit plus long. On pourroit donc croire, après avoir examiné une telle horloge, du froid au chaud, sans recommencer l'épreuve, que le pendule est propre à produire la compensation ; tandis qu'en continuant les épreuves par le froid, on eût trouvé que l'horloge retarderoit : c'est ce qui seroit arrivé au pendule de RIVAZ, si les commissaires de l'Académie l'eussent ainsi examiné. » (*Voyez* Essai sur l'Horlogerie, N.° 1733.)

Pour donc procéder, sur ce sujet, avec ordre, et ne point attribuer à une horloge une justesse qui pourroit n'être que la suite de défauts qui se compenseroient, il est très-essentiel de vérifier le pendule séparément de l'horloge, et ainsi des autres parties de la machine : cet examen fait, c'est alors que l'Astronome peut en vérifier la marche ; si elle varie, on sera alors forcé de recourir à de nouvelles causes, qui n'avoient pas été prévues.

XIV.
De l'*Étuve*, instrument destiné à régler la compensation des effets du chaud et du froid dans les Horloges marines, &c.

POUR régler la compensation du chaud et du froid dans l'horloge à pendule, il suffit, comme on l'a vû dans l'article précédent, d'éprouver le pendule ou régulateur sur le pyromètre : mais il n'en est pas de même dans les horloges à balancier ; on ne peut régler la compensation de la température que par la marche de l'horloge même, comparée par les divers degrés de chaud et de froid auxquels la machine doit être exposée en mer. On ne connoît aucun moyen par lequel le régulateur ou balancier puisse être comparé seul et indépendamment de l'horloge : car il ne suffiroit pas de mesurer les changemens qui arrivent dans les dimensions du balancier ; ce ne sont pas les changemens dans ses *dimensions*, qui causent les plus grands écarts, mais bien les changemens qui arrivent dans l'élasticité du ressort spiral, cette *partie intégrante* du régulateur. On est donc forcé d'éprouver l'horloge entière marchant ; et dès-lors il est difficile de démêler les parties qui entrent dans la compensation des effets du chaud et du froid. Quoi qu'il en soit, pour arriver à cette correction dans les horloges à balancier, on se sert d'une étuve construite sur les mêmes principes que celle qui contient le pyromètre décrit ci-devant, Chap. II, *page 60*.

XV.
Pied d'épreuve, instrument servant à faire les expériences de l'isochronisme des vibrations du balancier dans les Horloges marines, &c.

LE PIED D'ÉPREUVE[a] a deux usages : le premier, de servir aux épreuves de l'isochronisme, soit pour une petite horloge à longitude, soit pour une montre, en faisant décrire de plus grands ou de plus petits arcs au balancier. Pour cet effet, l'horloge ou la montre étant placée horizontalement, et portée par une main (outil armé de trois griffes), on adapte sur le carré de la fusée, un canon dont le trou formé carrément se fixe sur celui de la fusée. Ce canon porte un cylindre, sur lequel s'enveloppe une corde à boyau qui passe sur une poulie de renvoi : au bout de

[a] *De la Mesure du temps*, ou *Supplément*, &c. N.° 517.

cette corde est suspendu un poids qui sert à augmenter ou à diminuer l'action du moteur de la montre, et selon le sens par lequel la corde tire sur le cylindre; dans un sens, ce poids ajoute à la force motrice, et, dans l'autre, il la diminue et devient contre-poids. La chape de la poulie de renvoi peut tourner de sorte que la direction de la corde soit changée selon le sens où on veut l'employer, soit pour augmenter ou pour diminuer l'étendue des arcs décrits par le balancier.

Le second usage de cet instrument est pour éprouver l'horloge ou la montre en lui donnant diverses positions, soit horizontale, soit verticale, et autres inclinaisons en différens sens, selon ceux auxquels une montre portative peut être exposée. Cet instrument sert aussi à l'épreuve de la montre par diverses températures, et, pour cet effet, il doit être accompagné d'un thermomètre [a].

Cet instrument est supporté par une tige d'acier ronde et solide, laquelle est fixée sur un pied rempli de plomb.

XVI. Balance élastique.

Cet instrument, le plus utile dont je me sois servi pour mes horloges marines [b], est construit d'après celui que j'ai donné dans l'Essai sur l'Horlogerie, N.° 512. C'est à l'aide de cette balance que j'ai vérifié, par l'expérience, la théorie que j'ai établie sur l'isochronisme des vibrations du balancier par le spiral.

Cet instrument sert donc à trouver le point par lequel un spiral est parfaitement isochrone, et qui soit en même temps de la force convenable pour un balancier donné, &c.

[a] Voyez *Essai sur l'Horlogerie*, sa construction, *planche XXIV, fig. 5*, et sa description, N.° 1921; et *Mesure du temps*, N.° 517.

[b] *Traité des Horloges marines*, N.° 1144.

CHAPITRE V.

Diverses inventions de l'Horlogerie. — Horloges qui vont un an sans être remontées. — Notion des moyens qui ont été mis en usage pour faire marcher les Horloges sans être obligé de les remonter. — Des Montres qui vont long-temps sans être remontées ; celles qui se remontent elles-mêmes, par les agitations qu'elles éprouvent étant portées.

NOUS AVONS recueilli jusqu'ici les parties les plus importantes qui constituent principalement la mesure du temps ; il nous reste à présenter dans ce Chapitre, diverses inventions de l'Horlogerie, qui, sans avoir pour but l'exacte mesure du temps, offrent cependant des usages utiles, ou des idées ingénieuses, et qui par-là méritent d'être placées dans un recueil qui contient grand nombre d'inventions propres à faire connoître toute l'étendue de l'industrie humaine : telles sont ici les horloges et les montres qui marchent long-temps sans être remontées, et particulièrement celles qui sont remontées par des agens étrangers à la main de l'homme.

Dans les anciennes horloges à balancier et dans les premières horloges à pendule, on étoit obligé de remonter ces machines tous les jours, ainsi qu'on le fait encore aujourd'hui dans les montres de poche ordinaires : les Artistes n'ont pu penser à donner aux horloges cet avantage d'aller long-temps sans être remontées, qu'après que la main-d'œuvre a été perfectionnée ; et peut-être n'a-ce été que dans ces derniers temps qu'on est

parvenu à la perfection qui comporte une longue durée de marche dans les machines qui mesurent le temps. Ce Chapitre est destiné à rassembler les tentatives qui ont été faites sur cet objet.

I.
Horloge allant quatre cents jours, exécutée à Londres vers la fin du XVII.e siècle.

LA PREMIÈRE horloge allant un an sans être remontée, dont il soit fait mention, est celle qui étoit placée dans le cabinet de CHARLES II, Roi d'Espagne[a], vers 1699. Cette horloge étoit à poids, alloit quatre cents jours sans être remontée, étoit à équation, &c.; elle avoit été construite à Londres. C'est tout ce qu'on sait de cette machine.

II.
Horloge allant un an sans être remontée, par M. *de Camus*, vers 1722.

LA SECONDE horloge allant un an sans être remontée, est celle qui a été construite par M. DE CAMUS[b]. Cette horloge étoit à poids, par une double *moufle;* elle sonnoit les heures et les quarts; elle étoit à répétition, et battoit les secondes. Voici la description que l'Auteur en donne :

« Les poulies ou moufles des poids sont doubles, et tournent dans une même *chape*, entrant dans le poids moteur.

» Les cordons descendent des fusées ou poulies à pointes, passent dans une des poulies du poids, remontent aux poulies simples de renvoi, portées par la planche qui soutient le mouvement, et la corde repasse ensuite dans la seconde poulie du poids, et remonte à la planche où elle est accrochée par un nœud. Le cordon du contre-poids fait le même effet; il passe dans une des moufles, remonte à sa poulie de renvoi, repasse à l'autre poulie de la moufle, et va ensuite s'accrocher à un crochet de la planche. Le poids de la sonnerie fait le même effet : par ce moyen, l'horloge ne porte qu'un quart de chaque poids, et

[a] *Règle artificielle du temps*, 1.re édition : Lettre du père *Kresa*.

[b] *Traité des forces mouvantes* de *de Camus*; 1722, page 475.

n'en porteroit qu'un cinquième s'il y avoit cinq cordons. Le poids moteur de cette horloge pèse quarante livres ; sa descente est de sept pieds et demi ; la lentille pèse une demi-livre ; le pendule parcourt trois pouces à chaque vibration. »

III. Horloge à ressort et à sonnerie, allant un an sans être remontée, par M. *de Rivaz*, 1749.

M. DE RIVAZ, méchanicien ingénieux, né dans le Valais, en Helvétie, vint à Paris vers 1749 ; il présenta à l'Académie royale des Sciences de Paris, une horloge à ressort et à sonnerie, allant un an sans être remontée : cette horloge, qui marquoit l'équation du temps, avoit pour régulateur un pendule d'environ quinze pouces de longueur, dont la lentille pesoit quarante livres ; ce pendule décrivoit de très-petits arcs. Pour produire la correction des effets de la température, l'Auteur avoit employé un canon de fusil, dans l'intérieur duquel étoit placé un autre canon de métal (plomb et antimoine) dont la dilatation étoit un peu plus que double de celle du fer : à travers ce canon métallique, passoit une verge ronde faite en fer ; sur le bout supérieur de cette tringle, étoit rivée une base qui portoit sur le haut du canon métallique, et le bout inférieur de cette tringle supportoit la lentille au moyen d'un écrou à vis.

Le principal moteur de cette horloge étoit un grand et puissant ressort, placé dans le barillet de la sonnerie ; la force de ce ressort étoit employée, non-seulement à mouvoir le rouage de la sonnerie, mais à remonter un petit ressort qui étoit le moteur du rouage qui entretenoit le régulateur, diviseur du temps ; ce ressort étoit placé autour de l'axe de la roue de minutes, dans un barillet fixé à une roue qui engrenoit dans une roue du rouage de sonnerie.

L'échappement de cette horloge étoit à recul, et éprouvoit peu de frottement : mais nous pensons que celui à repos de GRAHAM eût été préférable.

Cette horloge, dont nous venons de donner une notion abrégée, fut éprouvée, pendant environ quinze jours, par les commissaires nommés par l'Académie; ces épreuves furent sur-tout dirigées à connoître si la grande chaleur ne changeoit pas la marche de l'horloge; cette chaleur fut poussée jusques à quarante degrés du thermomètre de RÉAUMUR; elle soutint cette épreuve sans varier. MM. les commissaires, d'après ces observations, firent un rapport favorable, à la suite duquel M. DE RIVAZ obtint un privilége exclusif pour l'exécution de pareilles horloges : les Horlogers de Paris s'y opposèrent vainement; mais ce privilége devint inutile à l'Auteur, non par l'opposition des Horlogers, mais par le peu de succès de ses machines dans leur usage : plusieurs s'arrêterent; on reconnut des variations qui étoient l'effet du trop grand poids de la lentille, qui affaissoit le canon métallique, trop peu solide pour soutenir un si grand effort [a]; et ce qui nuisit le plus à l'Auteur, c'est qu'il n'étoit pas assez versé dans la pratique de l'Art; car d'ailleurs il faut convenir que la construction de son horloge présentoit des avantages qui, en des mains plus habiles, auroient dû réussir.

IV. Horloge astronomique allant un an sans être remontée.[b]

CETTE HORLOGE est à secondes; elle a la propriété de sonner les secondes quand on veut observer le midi au Soleil, &c.; effet qui est produit par un méchanisme indépendant du mouvement dont il ne peut troubler la justesse. Le pendule est composé pour corriger les effets de la dilatation des métaux. Je me suis proposé, en construisant cette horloge, de réduire, autant qu'il m'a été possible, toutes les causes qui s'opposent à la constante justesse de la machine. Cette horloge marche un an sans être remontée, en employant le même nombre de roues et

[a] Voyez *Essai sur l'Horlogerie*, N.° 1733.

[b] *Ibidem*, N.° 1768.

de

de dents au rouage, et même descente de poids que si elle n'alloit que six mois. Pour cet effet, j'ai employé deux poids moteurs placés à côté l'un de l'autre. Ces poids produisent l'effet d'une double moufle, et rendent la corde quatre fois plus longue. Ces poids sont de même pesanteur. La corde à boyau qui descend du cylindre, passe d'abord sur la poulie du premier poids, remonte ensuite sur une poulie dont la chape est fixée au-dessous de la cage du mouvement : de là elle descend pour passer sous la poulie du second poids, d'où elle remonte pour être attachée à un crochet fixé à la platine. On voit que, par cette disposition, la corde est deux fois plus longue que si le poids étoit immédiatement suspendu par une simple moufle ordinaire; ce qui double la durée de la marche de l'horloge : car lorsque le premier poids est descendu au point de poser sur le fond de la boîte ou plancher, le second, resté en haut, commence à descendre, et il emploie nécessairement autant de temps que le premier avant de poser sur le plancher. Cette disposition du moteur est la même dont je fis usage dans l'horloge à équation que je présentai à l'Académie des Sciences en 1754.

V. Description de l'Horloge d'un an.

LA *figure 5, planche XXIII*, représente le rouage de l'horloge d'un an.

La première roue A est celle qui porte le cylindre sur lequel s'enveloppe la corde du poids. Cette roue porte 100 dents; elle a vingt-cinq lignes de diamètre : elle engrène dans le pignon *a* de la seconde roue sur lequel est fixée la roue B. Ce pignon a 10 dents.

La seconde roue B a 72 dents, et quatorze lignes de diamètre: elle engrène dans le pignon *b* de 8 dents; il porte la roue C.

La troisième roue C a 64 dents, et douze lignes un quart de diamètre; elle engrène dans le pignon *c* de 8 dents. Ce pignon porte la roue D.

La quatrième roue D a 64 dents, et dix lignes et demie de diamètre ; elle engrène dans le pignon *d* qui a 8 dents : il porte la roue E.

La cinquième roue E a 60 dents, et neuf lignes de diamètre ; elle engrène dans le pignon *e* de 8 dents : il porte la roue F.

La sixième roue F a 30 dents, et huit lignes de diamètre : cette roue est celle d'échappement et de secondes.

En calculant le nombre des révolutions de ce rouage, on trouve que pendant que la première roue A fait un tour, la roue d'échappement F en fait quarante-trois mille deux cents ; et comme cette dernière fait un tour en une minute, on trouve que la première A fait une révolution en trente jours.

La roue D fait un tour par heure ; elle porte l'aiguille des minutes : celle F porte l'aiguille des secondes. On n'a pas représenté ici les roues de cadran : cette disposition est, comme il suffit de le dire, que toutes les aiguilles sont concentriques au cadran.

H I L représente la détente qui sert à faire marcher l'horloge pendant qu'on la remonte. Pour cet effet, le bras H porte une cheville qui passe en dehors du cadran à travers une entaille. En poussant cette cheville vers le centre du cadran, le pied de biche, porté vers G, s'engage dans les dents de la roue E, et aussitôt le ressort I agit sur une cheville de la détente placée vers L, et continue à faire marcher l'horloge.

Le cylindre porté par la roue A, a vingt-quatre lignes de diamètre : il fait, comme la roue, un tour en trente jours ; il doit donc faire douze tours un sixième pour trois cent soixante-cinq jours. La circonférence du cylindre est de soixante-quinze lignes quatre dixièmes ; d'où on trouve que douze tours un sixième donnent pour longueur totale de la corde, environ soixante-seize pouces. Le poids, ayant une seule moufle, descendra de trente-huit

pouces, et seulement de dix-neuf pouces avec deux poids mouflés. De cette dernière manière, les poids ne descendront pas jusqu'au devant de la lentille du pendule, et par conséquent ne pourront troubler ses vibrations.

Le pendule à compensation de cette horloge est composé de trois verges, deux d'acier et une de cuivre. Ainsi la compensation n'a pu s'opérer totalement par les verges seules : on y a suppléé par un lévier qui achève la correction. Ce pendule est représenté ici dans la *planche X, fig. 5*, et sa suspension dans les *figures 2, 3* et *4* de la même planche.

La lentille qui n'est pas ici représentée, est portée par son centre par une cheville ou broche qui la traverse et passe dans le trou V de la verge AV. Cette lentille a huit pouces de diamètre, vingt-deux lignes d'épaisseur, et pèse vingt-une livres ; elle ne devroit peser que seize livres pour être proportionnée à la force des verges [a].

Le pendule décrit des arcs d'un degré un quart (du cercle divisé en trois cent soixante parties).

Le poids moteur pèse environ vingt livres.

L'échappement est celui à repos, dans le genre de celui *fig. 7, planche XXIII;* la longueur de l'ancre est à-peu-près dans le rapport avec sa roue, tel qu'on le voit *figure 6*, afin de pouvoir n'avoir des arcs de levée que de moins d'un degré.

VI. Horloge d'un an perfectionnée, et plus simple que la précédente.

L'HORLOGE d'un an dont nous venons de donner une notion, fut terminée vers le commencement de janvier 1760 [b], et son pendule ensuite rectifié. Depuis cette époque, cette horloge, à l'usage de son Auteur, a été constamment suivie jusqu'à aujourd'hui 1801 ; et sa justesse a très-peu varié, malgré les changemens de saison. Cependant, quoique cette machine ait

[a] *Essai sur l'Horlogerie*, N.° 1734. [b] *Ibidem*, N.° 1733.

été construite et exécutée avec de grands soins, il s'est encore occupé à la perfectionner; et il a en conséquence tracé un nouveau plan que nous décrirons dans un moment : mais il est à propos d'indiquer, en faveur des Artistes, en quoi consistent les changemens qu'il a cru nécessaire de faire pour obtenir une machine et plus simple et plus parfaite.

1.° Dans l'ancienne horloge d'un an, les heures, les minutes et les secondes sont concentriques au cadran, ainsi qu'on le pratiquoit à cette époque; et cette disposition exige quatre roues de plus, deux pignons, trois ponts et une cage de plus, formée par la fausse-plaque : travail assez considérable, qui augmente les frottemens, et exige par conséquent une force motrice plus grande.

2.° Dans cette même horloge, la corde à boyau du poids s'enveloppe sur un cylindre cannelé, qui doit contenir treize tours de corde; et comme cette corde soutient un poids d'environ vingt livres, elle doit être assez forte; ce qui rend la longueur du cylindre assez considérable, et a obligé l'Auteur de former une cage particulière pour le cylindre. Cette cage, qui a seize lignes de hauteur, eût été trop élevée pour contenir le rouage, qui, étant composé de très-petites roues, exige une cage particulière, plus basse que celle du cylindre : d'où il s'ensuit que l'horloge est composée de trois cages.

3.° Dans une horloge qui marche aussi long-temps, le pendule doit décrire de très-petits arcs; et c'est pour les obtenir que l'Auteur de l'horloge qui nous occupe, avoit placé le centre de l'ancre au-dessous de la roue d'échappement. Il a en effet obtenu de fort petits arcs; mais il n'a pas tardé à reconnoître les vices de cette disposition de l'échappement, dont le plus grand est que l'huile que l'on met aux palettes d'échappement, tend à s'écarter du point de contact de la roue : d'ailleurs, cette disposition augmente le frottement du point de contact de la fourchette sur le pendule.

Enfin, l'expérience a fait reconnoître qu'en faisant décrire de trop petits arcs au pendule, ce régulateur n'avoit pas assez de puissance pour soutenir les variations des effets des huiles par le froid. L'horloge qui ne décrivoit d'abord qu'un demi-degré, s'arrêtoit par le froid : on a donc augmenté ses arcs jusqu'à un degré un quart, et la force motrice convenablement. Depuis ce changement, l'horloge a été avec beaucoup de justesse, et sans s'arrêter par le froid; car le pendule décrit constamment les mêmes arcs.

C'est d'après les remarques et les expériences que nous venons de rapporter, que dès 1766 l'Auteur supprima dans ses horloges marines et ses horloges astronomiques, les roues de cadran, et que par-là le rouage de ces machines fut réduit à quatre roues seulement, y compris celle d'échappement [a]. Dans ces horloges, la première roue, qui fait un tour en douze heures, porte le cadran des heures; la seconde, qui est hors du centre du cadran, porte l'aiguille des minutes; et la quatrième, qui est la roue d'échappement, est placée au centre du cadran, et porte l'aiguille des secondes. Cette disposition simple et avantageuse est la même qui a été adoptée dans le nouveau plan d'horloge allant un an que nous allons décrire.

VII. Description de l'Horloge astronomique à trois cadrans, allant un an sans être remontée.

LA *figure 6, planche XXIII,* représente le plan de l'horloge astronomique, à trois cadrans, allant un an sans être remontée.

La première roue A porte la poulie *g*, sur laquelle s'enveloppe la corde qui supporte le poids moteur : cette poulie doit être hérissée de pointes pour retenir la corde faite en soie. Les deux bouts de cette corde doivent être accrochés aux crochets L, M fixés sur les platines P, P, qui contiennent le rouage de l'horloge. Nous avons employé ce moyen préférablement à la poulie de

[a] Voyez, *Traité des Horloges marines*, la construction des horloges marines, N.os 7 et 8; et, *Mesure du temps*, celle de l'horloge astronomique.

remontage, pour éviter la corde sans fin dont on fait ordinairement usage; parce que les deux bouts de la corde devant être cousus, il en résulte une grosseur nuisible dans cette partie de la corde, laquelle ne plie pas en ce point; et ce nœud de la corde est d'ailleurs exposé à casser. Mais, par cette disposition, l'horloge ne continue pas de marcher pendant qu'on la remonte; en sorte que nous avons employé ici le ressort et le remontoir auxiliaire, qui y suppléent. Nous donnerons ci-après la construction de ce méchanisme, dont *h i* représente le ressort, *f f* le rochet auxiliaire, et K le cliquet mis en cage.

La roue A fait un tour en trente jours; elle devra donc faire douze tours et demi pour marcher trois cent soixante-quinze jours sans être remontée; la poulie ayant vingt-cinq lignes de diamètre, et le poids étant mouflé, la descente du poids sera de trois pieds quatre pouces et demi.

La roue A porte 80 dents; elle engrène dans le pignon *a* de 12 dents: sur l'axe de ce pignon est fixée la roue B.

La roue B a 90 dents; elle engrène dans le pignon *b* de 10 dents: l'axe de ce pignon porte la roue C.

La roue C fait un tour en douze heures; son axe porte à frottement un canon sur lequel est rivé le cadran où sont gravées les heures: les heures paroissent à travers une ouverture faite à la platine PP, et sont indiquées par l'index O fixé sur cette platine. La roue C porte 120 dents: elle engrène dans le pignon *c* sur lequel est fixée la roue D.

La roue D fait un tour par heure; son axe porte un pivot qui, prolongé au dehors de la platine PP, porte l'aiguille des minutes: cette roue D a 80 dents; elle engrène dans le pignon *d* dont l'axe porte la roue E.

La roue E porte 75 dents; elle engrène dans le pignon *e* dont l'axe porte la roue F.

La roue F, qui est celle d'échappement et de secondes, porte 30 dents figurées en rochet (comme celles de la roue E, *fig. 7.*)

Les dents de la roue F agissent alternativement sur les palettes G et H de l'ancre d'échappement G et H I : cette ancre se meut sur les deux pivots au centre I, placé à la même hauteur que celui du centre de suspension du pendule.

VIII.
Indication de quelques moyens propres à perfectionner l'Horloge astronomique allant un an.

1.° POUR obtenir de cette horloge toute la précision qu'elle comporte, il faut faire la roue F d'échappement en acier, les dents trempées de toute la dureté ; et les palettes G et H devront être formées par des rubis : par ce moyen, on réduira les frottemens de l'échappement à la plus petite quantité possible, et l'huile se conservera plus long-temps fluide et pure.

2.° Dans la description que nous venons de donner de l'horloge astronomique d'un an, avec trois cadrans, et représentée *planche XXIII, fig. 6,* l'aiguille de secondes répond au grand cercle de cadran N N dont le centre est en *e ;* et l'aiguille des minutes répond au petit cadran E, dont le centre est en *c :* cette disposition est fort bonne pour rendre le mouvement de l'aiguille des secondes plus sensible, et les divisions du cadran plus apparentes ; mais elle n'est pas aussi convenable pour une horloge qui, marchant pendant un an sans remonter, a nécessairement peu de force transmise à la roue d'échappement : car cette aiguille, étant si longue, exige plus de force pour la faire mouvoir, et cause plus de pression sur ses pivots, et par conséquent plus de frottement. C'est par ces considérations que nous jugeons qu'il est bien préférable de placer l'aiguille des secondes avec le petit cadran, et celle des minutes avec le grand cercle : de la manière que cela est représenté dans la même *figure 6* de la *planche XXIII,* par des traits ponctués, le petit cadran ponctué SS devient donc celui des secondes, et celui ponctué RR celui des minutes.

3.° Cette disposition de l'horloge présente encore d'autres avantages ; c'est que la cage devenant moins haute, étant terminée en haut en QQ, elle devient plus solide ; et, étant plus petite et légère, elle est plus commode pour le travail du rouage : mais un avantage plus essentiel, c'est que l'ancre d'échappement tracée ici plus courte, son centre étant porté de I en T, la résistance du repos est diminuée d'autant, et les palettes agissant en *m* par la tangente, la raccourcissent encore.

4.° Pour réduire les frottemens des pivots, il faut que les bouts de ces pivots soient retenus par des coquerets d'acier, afin d'empêcher la portée de ces pivots de toucher à la platine : c'est de cette manière que sont disposés presque tous les pivots de l'horloge astronomique d'un an, décrite ci-devant.

IX. Diamètre des pivots de l'Horloge astronomique à trois cadrans, allant un an.

NOUS INDIQUONS ici les dimensions des pivots de cette horloge ; parce que ces mesures ne sont nullement arbitraires, et qu'elles sont une partie essentielle de l'horloge, de même que les roues, &c.

Les pivots de la première roue de l'horloge, marquée A, auront deux lignes de diamètre.

Les pivots de la seconde roue marquée B seront d'une ligne.

Les pivots de la roue des heures, marquée C, doivent avoir $\frac{30}{48}$ de ligne.

Ceux de la roue des minutes, marquée D, $\frac{20}{48}$ de ligne.

Les pivots de la roue E, $\frac{12}{48}$ de ligne.

Le pivot de la roue F d'échappement, qui porte l'aiguille des secondes, doit avoir $\frac{6}{48}$ de ligne : l'autre pivot de la même roue $\frac{5}{48}$.

X. Horloge astronomique, allant quarante-huit jours sans être remontée.

L'HORLOGE ASTRONOMIQUE destinée à aller un mois sans être remontée, ne diffère de celle dont nous venons de donner une

une description abrégée, que par le rouage, qui, dans celle d'un an, est composé de six roues, et, dans celle d'un mois, de cinq; car d'ailleurs le méchanisme est le même ; mais les dimensions diffèrent, comme on le voit par les *figures 6* et *7*, *planche XXIII.*

La *figure 7*, *planche XXIII*, représente le plan de l'horloge d'un mois, et qui peut marcher même quarante-huit jours sans être remontée.

M, M sont les platines qui forment la cage du rouage de l'horloge.

La première roue A fait un tour en trois jours ; elle porte la poulie à pointe K pour recevoir la corde du poids moteur. Cette roue porte 96 dents ; elle engrène dans le pignon *a*, de seize dents, dont l'axe porte la roue B.

La roue B fait un tour en douze heures ; son axe porte le cadran des heures. Les heures paroissent à travers l'ouverture faite à la platine, et sont indiquées par l'index N. La roue B porte 144 dents : elle engrène dans le pignon *b* de 12 dents, dont l'axe porte la roue C.

La roue C fait un tour par heure; son axe porte l'aiguille des minutes. Cette roue porte 96 dents : elle engrène dans le pignon *c* de 12 dents ; l'axe de ce pignon porte la roue D.

La roue D a 90 dents : elle engrène dans le pignon *d*, dont l'axe porte la roue E.

La roue E est celle d'échappement et de secondes ; elle porte 30 dents, figurées en rochet, comme l'indique la figure. Ces dents agissent sur les palettes F et G de l'ancre FGH, dont le centre de mouvement est en H.

Si on vouloit ne faire marcher l'horloge que pendant quinze jours seulement, on supprimeroit la roue A et le pignon *a*, et L deviendroit la poulie qui reçoit la corde du poids. Ainsi le rouage ne seroit composé que de quatre roues seulement. C'est de cette sorte que nous avons construit et exécuté plusieurs horloges astronomiques, comme on le voit Mesure du temps, &c. N.° 706.

XI.
Ressort auxiliaire de remontoir.

POUR QUE, pendant qu'on remonte le poids, l'horloge ne cesse pas de marcher, la roue du cylindre porte un ressort qui est tendu par l'action du poids moteur. Ce ressort (auxiliaire) est placé entre la roue et un rochet roulant sur l'axe de cette même roue. Ce rochet porte l'encliquetage de remontage du poids, et par conséquent il est entraîné par le cylindre. Un bout du ressort est arrêté par une cheville à la roue A, *figure 16*, et l'autre l'est de la même manière au rochet auxiliaire B, lequel, entraîné par le poids, bande le ressort; et ces deux forces restent en équilibre. Ainsi la roue A est pressée par la cheville du ressort auxiliaire qui l'entraîne: mais lorsque l'on vient à remonter le poids, et qu'on suspend son action, le rochet auxiliaire ne pouvant rétrograder par l'effet d'un cliquet qui agit sur les dents du rochet, le ressort auxiliaire réagit sur la roue A, et supplée l'action du poids moteur.

Nous devons observer ici que ce méchanisme par lequel l'horloge continue de marcher pendant qu'on la remonte, est tout-à-fait semblable à celui que nous avions imaginé, pour que le poids de l'horloge marine décrite N.° 2,217 de l'Essai sur l'Horlogerie, ne cessât pas de faire marcher l'horloge, malgré les contre-coups qu'il pouvoit éprouver. Mais l'application de ce même méchanisme à la fusée d'une montre, est due à M. JEAN HARRISON.

XII.
Notion du méchanisme qui fait marcher l'Horloge

DANS LES HORLOGES à secondes, dont la corde du poids s'enveloppe sur un cylindre, il arrive nécessairement qu'en remontant le poids, on suspend son action sur le rouage, et que celui-ci cesse d'entretenir le mouvement du pendule ; ce qui occasionne une cessation de mouvement dans les aiguilles, et par conséquent un retard dans la marche de l'horloge. Pour éviter cet obstacle à la constante justesse de la machine, les Artistes méchaniciens ont imaginé divers moyens, dont le plus simple est celui d'une détente pressée par un ressort, laquelle porte une palette qui, étant mise en action au moment où on veut remonter l'horloge, s'engrène dans une roue du rouage, et, remplaçant l'action du poids, continue à faire marcher l'horloge. Cette détente est représentée *planche XXIII, figure 1*, et on en a donné l'explication *page 154* : mais ce moyen, quoique très-simple, exige que l'on ait l'attention de déplacer la détente à chaque fois que l'on remonte l'horloge, et que le ressort qui la presse n'agisse pas avec une force plus grande ou plus foible que celle communiquée par le poids moteur. L'obstacle que nous venons de présenter dans le remontage des horloges à poids par un cylindre, a également lieu dans les montres de poche qui sont à fusée ; et, pour y remédier, on avoit d'abord employé, comme dans l'horloge à poids, une détente ; et ici son usage éprouvoit plus sensiblement encore les mêmes difficultés. Mais on a trouvé un moyen très-ingénieux, par lequel la force motrice, lorsque l'on remonte la montre, est suppléée par un ressort auxiliaire, qui, étant bandé par le ressort moteur, restitue, lorsqu'on remonte celui-ci, exactement la même force. Ce méchanisme a été appliqué, pour la première fois, par le célèbre JEAN HARRISON, dans sa montre marine. Nous allons en expliquer la disposition ; et quoique ce méchanisme soit plus compliqué que celui de la détente, il est infiniment préférable.

pendant qu'on la remonte.

XIII. Explication du

LA *figure 16, planche XXIII*, fait voir en plan la roue de

méchanisme auxiliaire qui fait marcher l'Horloge pendant qu'on la remonte.

cylindre de l'horloge marine N.° 8 [a]. A est la roue, dont on n'a pas gravé la denture ; B, le rochet qui sert à tendre le ressort auxiliaire ; ce rochet porte l'encliquetage *abd* de remontage du poids ; C est le cylindre sur lequel la corde qui soutient le poids, doit s'envelopper ; le cylindre est attaché par deux vis sur le rochet d'encliquetage *d.* Lorsque le poids agit sur le cylindre, le rochet d'encliquetage *d* agit sur le cliquet *a,* et par conséquent sur le rochet B ; celui-ci, par son action, tend donc le ressort auxiliaire, dont la force sera mise d'équilibre avec celle du poids : si donc on remonte l'horloge, le poids cessera d'agir sur le rouage ; mais alors le ressort auxiliaire y suppléera avec une égale force, car le rochet B ne peut rétrograder, étant arrêté par un cliquet mis en cage comme le rouage. Ce cliquet K est représenté en plan, *fig. 6,* agissant sur le rochet auxiliaire.

Les *figures 8, 9, 10,* &c. représentent le développement des pièces qui composent la roue de cylindre dans l'horloge à poids, ou de la fusée d'une montre. La *figure 8* représente le cylindre vu de profil ; il entre sur le canon A, *fig. 9,* porté par l'arbre AB du cylindre : sur ce canon A est rivé le rochet d'encliquetage C. Le cylindre s'attache sur le rochet C au moyen de deux vis. D, *fig. 10,* est le profil du rochet auxiliaire portant l'encliquetage de remontoir : E, *fig. 11,* est le ressort auxiliaire vu en perspective ; la cheville 1 de ce ressort entre dans un trou fait dans l'épaisseur du rochet auxiliaire, et la cheville 2 dans un trou de la roue de cylindre K, *fig. 13.* La *figure 12* fait voir le ressort auxiliaire en profil. Le canon G de la roue de cylindre K, *fig. 13,* roule librement sur la tige B de l'arbre de cylindre, *fig. 9;* sur ce canon G, *fig. 13,* entre à frottement le canon H du cadran des heures, *fig. 14;* I est la *virole* d'acier ou goutte qui sert à retenir

[a] *Traité des Horloges marines,* N.° 811.

la roue de cylindre sur sa tige : pour cet effet, cette virole entre à frottement sur le bout de l'axe B, *fig. 9*.

XIV.
Horloge qui se remonte par l'action de l'air; construite par M. *le Plat*, horloger de Paris; présentée à l'Académie des Sciences en 1751.

« ON CONNOÎT depuis long-temps[a], dit l'Historien de l'Académie, l'ingénieuse construction des Pendules à poids, qui n'exigent pas plus de hauteur que les Pendules à ressort ordinaire, parce que le poids est très-fréquemment remonté soit par un rouage particulier animé par un ressort, comme l'avoit fait feu M. GAUDRON, soit de quart d'heure en quart d'heure par celui de la sonnerie, comme l'ont pratiqué MM. LE BON, DE BOISTISSANDEAU et THIOUT; soit enfin par un agent étranger, comme dans une Pendule que feu M. D'ONS-EN-BRAY avoit fait exécuter à Bercy, de laquelle le poids se remontoit continuellement par le moyen d'une porte qui en étoit voisine[b]: mais personne ne s'étoit encore avisé d'employer à cet usage un courant d'air : ce dernier moyen a été mis en pratique par M. LE PLAT. Un moulinet à six ou huit ailes, faites comme celles des moulins à vent, est la puissance qu'il emploie pour remonter le poids (moteur de l'horloge) : ce moulinet est placé dans un tuyau qui communique de l'air extérieur à une cheminée fermée par en bas. Pour peu qu'il y ait de différence de densité entre l'air extérieur et celui qui est dans le tuyau de la cheminée, ce qui arrive presque toujours, il s'établit un courant d'air dans le tuyau, et ce courant fait nécessairement tourner le moulinet qui se présente en face à sa direction, et qui, par le moyen de quelques roues et d'une corde sans fin, remonte le poids moteur

[a] *Mémoires de l'Académie*, 1751; *Histoire*, pag. 171.

Ce que nous rapportons ici, est transcrit de ces Mémoires.

[b] *Voyez* la construction de cette méchanique dans le *Traité de Thiout*, page 207. On trouve dans ce Traité diverses sortes de remontoirs: ceux de *le Bon*, de *Gaudron* et de *Thiout*, &c. (*Note de l'éditeur.*)

de la Pendule. Mais comme il pourroit arriver que le vent remontât le poids trop haut, aussitôt qu'il est arrivé à sa plus grande hauteur, il touche une *bascule* placée à cet endroit, qui tire une petite vanne de papier, par laquelle l'ouverture du tuyau est subitement bouchée et le courant d'air arrêté : cette machine a paru ingénieuse, et on a cru qu'elle pourroit être utile à ceux qui craignent d'oublier de remonter leurs Pendules, ou qui voudroient s'en épargner le soin. »

Nous ajouterons à ce que dit l'Historien de l'Académie, que cette machine seroit encore fort utile à ceux qui, étant obligés de s'absenter, seroient fort aises de trouver, à leur retour, leur Pendule marchant et qui auroit conservé l'heure.

XV. Description d'une Pendule qui est continuellement remontée par le seul mouvement de l'air, exécutée par M. *le Paute.* [a]

« LA CONSTRUCTION de cette Pendule ne diffère pas, quant à l'intérieur, du mouvement des Pendules ordinaires : mais elle renferme de plus un remontoir, composé de trois roues et d'un volant qui seront mis en action par les moyens suivans.

» On sait que la température de l'air extérieur est ordinairement différente de celle des appartemens que l'on habite, et qui sont défendus par l'épaisseur des murs contre une partie de la chaleur ou du froid que la masse totale de l'air éprouve successivement dans les différentes heures du jour, ou dans les différentes saisons. Ainsi, toutes les fois que l'air extérieur se trouve plus froid, et par conséquent plus pesant, comme il le sera, par exemple, le matin avant le lever du Soleil, la force de son ressort et de sa pesanteur l'oblige à s'insinuer par les moindres ouvertures qui peuvent lui donner accès dans des lieux remplis d'un air moins froid, par conséquent moins condensé, et qui résiste moins à son action.

» De même l'air qui occupe l'intérieur d'un appartement, étant

[a] *Traité d'Horlogerie* par M. *le Paute*, 1755, page 125.

plus calme et plus paisible que l'air extérieur, celui-ci ne peut manquer d'enfiler les issues qui se présentent au dehors, et de pénétrer dans l'intérieur par la seule force de son mouvement.

» D'après ces notions préliminaires, il sera facile de comprendre l'effet et l'utilité de cette machine : on pratiquera une ouverture extérieure, par laquelle l'air puisse s'introduire dans un conduit au dedans de la chambre, et en ressortir par une cheminée, &c. L'intérieur de ce conduit sera traversé dans toute sa largeur par les ailes d'un moulinet, qui seront poussées vers le dedans de l'appartement, toutes les fois que le vent du dehors ou la chaleur du dedans obligera l'air extérieur à s'introduire par l'ouverture du conduit : la longueur de ces ailes est d'environ trois pouces.

» L'axe du moulinet portera un pignon qui fera mouvoir une première roue du remontoir : celle-ci portera de même un pignon qui entraînera la seconde roue ; enfin celle-ci, par le moyen d'un pignon, entraînera la troisième roue : celle-ci porte une poulie, dont les pointes remontent le poids moteur de l'horloge [a].

» Pour empêcher que le mouvement de l'air, souvent trop rapide, et presque continuel, ne détruisît la machine, lorsque le poids, parvenu jusque vers la poulie, ne pourroit plus se remonter, on a pratiqué, proche de l'ouverture extérieure, une vanne que le poids fait remonter au moyen d'une bascule lorsqu'il approche de la poulie.

» Cette vanne ainsi remontée, ferme entièrement le passage de l'air extérieur ; de manière qu'il ne peut plus agir sur le moulinet, qui, sans cette précaution, seroit bientôt fracassé, comme l'expérience me l'a appris : mais aussitôt que le poids commence

[a] Nous n'avons pu donner les figures du *Traité* de *le Paute* qui concernent ce méchanisme, ne voulant qu'en donner une notion. Ceux qui voudront en avoir une connoissance plus étendue, doivent recourir à l'ouvrage même.

à redescendre, la bascule descendant par son propre poids, aussi bien que la vanne, le passage de l'air devient libre, et l'effet du remontoir recommence.

» Cette machine est d'une grande commodité dans l'usage; l'expérience est d'accord avec le raisonnement : j'en ai placé dans divers endroits, entre autres dans la salle de l'Académie de Peinture et de Sculpture au Louvre. Il n'est personne qui ne soit charmé d'être déchargé du soin de remonter une Pendule, et de la crainte de la laisser arrêter par négligence ou par oubli.

» Quoique le mouvement perpétuel méchanique soit jugé impossible, on n'en doit être que plus attaché à faire valoir les forces de la nature dans la production d'un mouvement perpétuel physique, tel que celui qu'on vient de décrire, ou d'autres semblables que l'on peut imaginer. J'espère pouvoir produire le même effet par la seule pesanteur de l'air, qui étant variable, et, comme on sait, capable de faire équilibre avec une colonne de mercure de vingt-neuf pouces de hauteur, peut, à plus forte raison, être employé à faire mouvoir une machine : je ne sais si on y a songé jusqu'à présent. »

XVI.
Des Horloges portatives ou Montres qui marchent long-temps sans être remontées.

LORSQUE L'ART de la mesure du temps a été porté au plus haut degré de perfection, soit par les diverses et belles inventions qu'il possède, ou soit par tous les moyens qui contribuent à sa plus parfaite exécution, c'est peut-être en ce moment seul qu'il est permis de travailler avec succès à trouver les moyens de faire marcher une horloge portative pendant long-temps sans être obligé de la remonter : car si l'Art peut être porté à ce point, on conviendra qu'on aura ajouté une propriété fort intéressante, celle d'avoir l'heure assez exactement, sans avoir la servitude de la monter tous les jours, comme cela avoit lieu autrefois dans les horloges fixes, et comme on l'a encore aujourd'hui dans les montres

montres portatives : mais pour résoudre ce point intéressant des machines qui mesurent le temps, nous devons considérer les montres sous deux points de vue, 1.° celui d'avoir une montre assez exacte, pour conserver l'heure avec la précision nécessaire pour les besoins ordinaires de la vie, ce qui embrasse la partie la plus nombreuse du public ; 2.° d'avoir une montre parfaitement exacte ; telles sont celles à l'usage de la Navigation, et ce genre de montres est borné à un petit nombre de personnes. On doit concevoir, d'après cet exposé, que les montres dans ces deux manières de les envisager, doivent avoir des combinaisons différentes et relatives à leur usage ; d'où il suit que les montres astronomiques ou à longitude, ne doivent pas marcher plus de trente heures, ou au plus huit jours, afin d'obtenir une force motrice plus grande, et par-là un plus puissant régulateur : mais ici nous ne considérons que les montres à l'usage journalier du public, celles de la première classe ; et, sous ce point de vue, nous sommes persuadés que l'on peut obtenir de bonnes montres qui aillent huit jours et même un mois ; et cela est fondé sur nos propres expériences : nous pensons même qu'aujourd'hui où on a enfin pris le parti d'avoir des montres portatives assez grandes ; on pourroit, à la rigueur, faire marcher une montre pendant un an sans la remonter. M. ROMILLY l'avoit tenté dès 1758, mais sa montre étoit trop petite ; et d'ailleurs aujourd'hui on a des moyens d'exécution supérieurs, qui assurent le succès d'une montre d'un an ; je veux parler de l'usage des rubis.

XVII. Montre qui alloit huit jours sans être remontée, faite en Angleterre, vers 1540.

DERHAM, dans son Traité d'Horlogerie [a], parle d'une montre allant huit jours. « Je me souviens, dit-il, d'avoir vu il y a quelques années, une autre pièce qui étoit une montre

[a] Page 166.

qui appartenoit à Henri VIII, qui alloit pendant une semaine toute entière. »

XVIII.
Montre allant huit jours, dont le balancier fait une vibration par seconde, présentée à l'Acad. des Sciences de Paris, en 1755, par M. *Romilly*. *

« CE QUE cette montre offre de singulier, disent les commissaires de l'Académie (MM. CAMUS et FOUCHY), consiste principalement dans le balancier. Au lieu que celui des montres fait quatre à cinq battemens par seconde, M. ROMILLY a rendu le sien assez pesant, et le ressort spiral assez foible, pour qu'il n'en fasse qu'un dans le même temps, d'où il suit, 1.° que les irrégularités qui pourroient se trouver dans le jeu de cette importante pièce (le balancier), seroient quatre à cinq fois moins multipliées que dans les montres ordinaires; 2.° que le nombre des vibrations étant diminué, le même rouage qui auroit été vingt-quatre heures dans la construction ordinaire, peut, avec un très-léger changement dans les nombres, aller huit jours; 3.° que l'aiguille avançant comme dans une horloge à secondes, de seconde en seconde, cette mesure sera plus commode qu'une autre pour les observations...... »

XIX.
Montre à secondes, allant un an sans être remontée, par M. *Romilly*.

PEU DE TEMPS après que M. ROMILLY eut construit la montre dont nous venons de parler, il en exécuta une qui alloit un an sans être remontée. On conçoit aisément qu'une si petite machine ne pouvoit avoir qu'une force motrice trop limitée pour en obtenir un peu d'exactitude. Le balancier devant être très-petit et très-léger, laissoit trop de prise aux huiles, &c.; en sorte que les différences de la température devenoient fort sensibles. Dans cette montre, qui étoit à secondes, le balancier faisoit une vibration par seconde. M. ROMILLY réduisit par la suite la durée de la marche de sa montre à six mois: c'étoit encore un trop long terme pour une montre d'un petit volume,

* Voyez *Encyclopédie*, article FROTTEMENS.

comme on les faisoit alors. Nous pensons qu'aujourd'hui un Artiste adroit et intelligent, pourroit tenter avec plus de succès l'exécution d'une montre qui iroit un an. Pour cet effet, il devroit donner un plus grand volume à sa montre, afin d'avoir un puissant ressort moteur, et sur-tout il devroit employer des rubis pour diminuer les frottemens, tant des pivots que de l'échappement, &c.

XX.
Montre allant huit jours, avec un régulateur composé de deux balanciers, l'aiguille battant les secondes, par *Ferdinand Berthoud.*[a]

« VOICI, dit l'Auteur de cette montre[b], ce qui a donné lieu à la composition de la montre à secondes à deux balanciers: M. ROMILLY publia en 1755, une montre dont le balancier fait une vibration à chaque seconde. En admirant cette nouveauté, je crus que cette montre seroit exposée à varier par les agitations du porté. Ce fut donc pour réunir la justesse à l'avantage d'avoir une aiguille qui battît les secondes, comme celles de nos horloges à pendule, que je construisis ma montre avec deux balanciers. On sait, et il est facile de s'en convaincre par la seule inspection des figures[c], que telle agitation que l'on fasse éprouver à une montre à deux balanciers, ses oscillations n'en sont pas troublées. J'exécutai donc cette montre; et si son mouvement ne fut pas plus exact que celui d'une montre ordinaire (quoiqu'elle marche huit jours sans être remontée), au moins est-il certain qu'il ne fut pas plus irrégulier par diverses températures, sur-tout lorsque j'eus donné le rapport convenable du régulateur à la force motrice, &c.....»

XXI.
Montre allant un mois sans être remontée; elle est à secondes d'un seul battement, à répétition, à équation, marque les quantièmes, &c., par *Ferdin. Berthoud.*[d]

ON TROUVE dans l'Essai sur l'Horlogerie, Chapitre XVIII, I.re partie, la construction des montres à secondes, à équation,

[a] *Essai sur l'Horlogerie*, N.° 1996.
[b] *Ibidem*, N.° 2000.
[c] Nous avons représenté ici dans la *figure 8*, *planche XIV*, la disposition des balanciers, d'après celle de l'*Essai sur l'Horlogerie*. (*Note de l'éditeur.*)
[d] *Essai sur l'Horlogerie*, N.° 328.

à répétition, &c. que l'Auteur a composées. On explique la différence de leurs combinaisons, lorsque ces montres doivent marcher huit jours, trente heures, ou un mois sans être remontées, ainsi que toutes les figures relatives à ces divers méchanismes. Il nous suffit ici de citer ces machines, renvoyant à l'Essai pour les détails.

XXII.
Montre ancienne et ingénieuse qui marque le lever et le coucher du Soleil, &c., faite à Wolfenbutel, par *D. P. Hager.* *

CETTE MONTRE marque les heures du jour et celles de la nuit, l'heure du lever et du coucher du Soleil, son lieu dans les signes du zodiaque, et le jour de son entrée dans chaque signe, les quantièmes du mois, les douze mois de l'année et le nombre de jours de chacun, &c.

Cette montre, dit M. THIOUT, qui est à double boîte d'or, vient de S. A. S. M.gr le duc D'ORLÉANS, qui en a fait présent à M. DE MAIRAN de l'Académie royale des Sciences : comme il manquoit à cette ingénieuse montre les minutes et les secondes, elle me fut remise par M. DE MAIRAN pour les y ajouter.

Le récit avantageux que M. DE MAIRAN fit de moi à S. A. S. M.gr le duc D'ORLÉANS, à l'occasion de cette montre, a engagé S. A. S. à m'en commander une pareille ; je la disposai de telle sorte qu'elle marque les minutes : j'ai ajouté à cette montre le quantième de la Lune et ses phases, et au fond de la boîte un cadran universel sur la convexité de la boîte : comme il faut une plaque tournante pour ouvrir et fermer le trou de remontoir, j'ai fait graver cette plaque en vingt-quatre heures, et placer autour les principaux lieux de la terre : par ce moyen, on connoît l'heure de chaque endroit marqué.

XXIII.
Montre qui se remonte elle-même lorsqu'elle est agitée: elle fut inventée à

CETTE MONTRE à remontoir, inventée en Allemagne, fut apportée en France vers 1780 : on l'a vue entre les mains du

* *Traité* de *Thiout*, Tome II, p. 315. L'éditeur de cet Ouvrage a vu cette montre en 1745. Elle devoit avoir plus d'un siècle.

dernier duc D'ORLÉANS, et son méchanisme fut connu. Un habile Artiste de Paris, M. BREGUET, en adoptant cette sorte de remontoir, a su le perfectionner de manière qu'il en a parfaitement assuré les effets. Il a exécuté avec succès un grand nombre de ces montres à remontoir.

Vienne, en Autriche, par un Artiste de cette ville, vers .....

Le principe qui sert de base à ce remontoir est pris de l'agitation verticale que la montre reçoit lorsqu'elle est portée. L'Auteur de l'invention a employé une masse fixée horizontalement à l'extrémité d'un lévier placé sur la petite platine de la montre : c'est cette masse qui, par son inertie, devient le moteur secondaire qui remonte le ressort moteur de la montre.

La masse ou force motrice secondaire est mise en équilibre par un ressort qui agit sur l'axe du lévier qui la porte, et de manière que le lévier et la masse sont continuellement ramenés à la position horizontale, et par conséquent perpendiculaire à la ligne verticale qui passe par le centre de la montre.

Dans cet état, pour peu que la montre soit élevée ou abaissée dans son plan vertical, la masse qui résiste à ce mouvement en vertu de son inertie, reste à-peu-près en repos, tandis que la montre monte et descend verticalement ; effet qui ne peut avoir lieu sans que le centre ou axe du lévier ne décrive un arc. C'est de ce mouvement circulaire produit au centre du lévier, que le remontoir reçoit son action ; ce qui a lieu de la manière suivante :

L'axe du lévier porte fixement un rochet denté, fort serré ; ce rochet répond à un encliquetage (double) porté par un second rochet, dont les dents sont inclinées en sens contraire de celles du premier. Ces dents agissent sur deux cliquets mis en cage et pressés par des ressorts : ce sont ces cliquets et ce rochet qui suspendent et fixent l'action qu'ils reçoivent du ressort de la montre, et qui est communiqué comme nous allons le dire. Le second rochet, qui passe dans la cage du rouage, porte un pignon, lequel engrène dans une roue dentée, aussi placée en cage; et celle-ci porte un pignon qui engrène dans une roue du barillet fixée sur l'arbre du barillet : cela entendu, on conçoit qu'à chaque mouvement que reçoit la masse et le lévier, la masse, en redescendant, oblige le rochet que son axe porte, à faire tourner le second rochet, et par conséquent à remonter le ressort de la montre.

Nous n'entrerons pas dans de plus grands détails sur ce remontoir; il suffit d'en avoir indiqué le principe. Pour suivre ces détails, il faudroit plusieurs figures gravées que nous n'avons pas, et du temps à donner qui nous manque.

XXIV.
Méchanisme adapté à une Montre portative pour la régler par ses diverses positions et inclinaisons, par M. *Breguet*.

LES MONTRES de poche sont exposées, lorsqu'on les porte, à diverses positions et inclinaisons, qui tendent nécessairement à altérer la justesse de leur marche, soit par la différence des frottemens qu'elles éprouvent, soit par le manque d'équilibre dans le balancier et dans le spiral, &c. Malgré ces obstacles, des Artistes habiles, intelligens et doués d'une grande patience, parviennent à régler leurs montres pour toutes les positions et inclinaisons auxquelles ces machines sont sujettes ; mais ils ne peuvent arriver à ce degré de perfection que par un long travail et un tâtonnement pénible. M. BREGUET, ayant éprouvé depuis long-temps toutes ces difficultés dans le travail des montres de poche, s'est occupé des moyens de les prévenir. Il a imaginé un moyen fort ingénieux par lequel il abrége et détruit ces longs tâtonnemens, et par lequel une montre ne peut varier dans ses différentes inclinaisons, quand même le balancier et son spiral ne seroient pas parfaitement d'équilibre : ce moyen consiste dans une méchanique particulière qui emporte le balancier, le piton du spiral et l'échappement, de telle sorte que, pendant que le balancier continue ses vibrations et que la montre marche, l'échappement, le piton et le balancier font un tour (autour du centre du balancier) en une minute de temps. Par ce mouvement de rotation on conçoit que toutes les parties de la circonférence du balancier se présentent successivement dans la ligne verticale qui passe par son centre de mouvement ; en sorte que les parties plus ou moins pesantes du régulateur étant tantôt au haut et tantôt au bas, il s'ensuit que par cette ingénieuse combinaison il se forme nécessairement une compensation entre les vibrations trop promptes ou trop lentes provenant du manque d'équilibre entre les diverses parties du régulateur ; d'où il s'ensuit l'uniformité de marche de la montre, malgré tous les changemens qui arrivent dans ses inclinaisons, &c. M. Breguet a appelé *montres à tourbillons* cette construction qu'il donne aux montres de poche. Il fonde cette dénomination sur le mouvement de rotation par lequel le balancier est emporté autour de lui-même tout en vibrant.

M. Breguet, qui nous a fait voir le méchanisme qu'il a composé pour produire les effets que nous venons de présenter, ayant obtenu pour ces sortes de montres un *brevet d'invention*, nous devons par cette raison nous dispenser de faire connoître ici ce méchanisme plus particulièrement.

CHAPITRE VI.

Des Horloges qui marquent les révolutions des Astres, les Mois et leurs quantièmes ; les phases de la Lune, ses quantièmes ; le lever et le coucher du Soleil, &c. — Des Horloges[a] à Sphère mouvante, et des Planisphères, &c.

LA MESURE du temps dont nous avons traité jusqu'ici, consiste particulièrement dans la division successive des petites portions de la durée, les heures, les minutes et les secondes, c'est-à-dire les parties d'un jour mesuré par la révolution diurne du Soleil. Cette division est la plus importante et la plus usitée dans l'ordre social, puisqu'elle règle les travaux et les devoirs des citoyens. Il existe une autre mesure du temps, qui, sans avoir la même utilité, est cependant nécessaire, et elle est même aussi ancienne que la première : celle-ci consiste à compter les jours, les semaines, les mois et les années, c'est-à-dire les grandes époques du temps qui s'écoule.

Les machines dont nous venons de parler, sont en effet utiles dans

[a] J'appelle *horloge à sphère mouvante* et non simplement *sphère mouvante*, comme on l'a fait jusqu'ici, les machines qui marquent les révolutions des astres, parce que sans l'horloge il ne peut exister de sphère mouvante : l'horloge est le principe de son mouvement, elle en mesure la marche, et elle règle les pas du temps qui s'écoule, les secondes, les minutes, les heures et les jours. C'est à partir de la révolution de vingt-quatre heures, donnée par l'horloge, que commencent les révolutions plus lentes des corps célestes, de la Terre, de la Lune, &c.; et sans la première division exacte des petites parties du temps donnée par l'horloge, les rouages de la sphère seroient vainement calculés avec précision, les révolutions des corps qui la composent ne s'accorderoient pas et n'imiteroient pas ceux des corps célestes. *(Note de l'éditeur.)*

dans l'usage civil : mais ce ne sont pas par elles que les anciens Méchaniciens se sont exercés. Lorsque l'Astronomie eut acquis un certain degré de perfection, on chercha à imiter les mouvemens des astres, les révolutions des planètes, &c. C'est à cette époque que remonte l'invention de la sphère mouvante d'ARCHIMÈDE, deux cent cinquante ans avant JÉSUS-CHRIST, et celle de POSSIDONIUS, quatre-vingts ans avant JÉSUS-CHRIST.

Nous avons rapporté ci-devant, Tome I, *page 30*, tout ce que l'on sait sur la sphère mouvante d'ARCHIMÈDE, et *page 37*, ce qui concerne celle de POSSIDONIUS ; et cette connoissance se borne à annoncer simplement les fonctions de ces sphères, mais sans pouvoir faire connoître la nature de leur méchanisme. Tout ce qu'on peut conjecturer, c'est que les rouages étoient composés de roues dentées ; et il faut supposer aussi qu'une horloge d'eau ou clepsydre en régloit les mouvemens. Nous allons de même rapporter quelques autres machines de cette espèce, qui ont été faites depuis celles d'ARCHIMÈDE et de POSSIDONIUS, et dont le méchanisme n'est pas mieux connu ; nous arriverons enfin à l'époque actuelle, à laquelle les horloges planétaires et à sphère mouvante ayant été portées au plus haut degré de perfection, les Artistes célèbres qui les ont composées, ont bien voulu nous communiquer tous les détails concernant leur méchanisme, tous les nombres des dents des rouages, les durées des révolutions, &c. ; et cette connoissance sera pour la première fois rendue publique, c'est le C.en A. JANVIER qui nous l'a procurée. Nous présenterons donc ici non-seulement tous les détails du méchanisme de l'horloge à sphère mouvante de la composition de cet Artiste, mais des planches gravées qui représentent cette belle machine.

Nous savons que ces horloges à sphère mouvante (comme

quelques savans l'ont déjà observé) ne peuvent être utiles dans l'usage civil, parce que le prix est toujours au-dessus des facultés des citoyens, et que la connoissance de leurs fonctions n'est pas d'un besoin journalier : mais nous savons aussi que les horloges à sphère mouvante, ou les horloges planétaires, sont des instrumens dignes d'être placés dans les cabinets des souverains, et que les Artistes qui s'occupent de ce travail, méritent les éloges des Savans, et les encouragemens du Gouvernement : nous savons de plus que de tels ouvrages honorent également la Nation chez laquelle ils sont composés, et qu'ils servent d'un nouveau lustre à l'industrie humaine.

Enfin, on sait que de telles Machines envoyées en présent par le Gouvernement d'une grande Nation à des Princes étrangers, peuvent servir, en leur faisant connoître les productions des Arts chez cette même Nation, à établir des relations utiles au commerce, &c. [a]

Tels sont les motifs qui nous ont déterminés à donner avec beaucoup d'étendue, la connoissance et les détails de l'horloge à sphère mouvante et planétaire du C.en JANVIER, qui terminera ce Chapitre.

I. Horloge-planétaire faite à la Chine, en 721.

NOUS PLAÇONS ici ce que le P. GAUBIL dit d'un instrument fort vanté dans l'Histoire chinoise, instrument que Y-HANG avoit fait construire, et qui lui attira les éloges de toute la cour. « L'eau faisoit mouvoir plusieurs roues, et, par leur moyen, on représentoit le mouvement propre et le mouvement commun du Soleil, de la Lune et des cinq planètes ; les conjonctions, les oppositions, les éclipses du Soleil et de la Lune, les occultations

[a] Dans la célèbre ambassade de Lord *Macartney* à la Chine ; on a vu à la tête de la liste des présens destinés à l'Empereur, une horloge à sphère mouvante, présentée avec une pompeuse description.

des étoiles, et des autres planètes. On voyoit la grandeur des jours et des nuits pour SI-GAN-FOU ; les étoiles visibles et non visibles sur son horizon. Deux styles ou aiguilles marquoient jour et nuit le *ke* (ou la centième partie du jour) et les heures. Quand l'aiguille étoit sur le *ke*, on voyoit tout-à-coup paroître une petite statue de bois qui donnoit un coup sur un tambour, et disparoissoit d'abord : quand l'aiguille étoit sur l'heure, une autre statue de bois paroissoit sur la scène, et frappoit sur une cloche : le coup donné, elle se retiroit [a]. »

II.
Horloge-planétaire, par *Jacques de Dondis*, vers 1340.

JACQUES DE DONDIS, surnommé HOROLOGIUS par les raisons que nous allons dire, se fit une grande réputation vers le milieu du XIV.e siècle. Il réunit, dans un degré éminent pour son temps, les qualités de Philosophe, de Médecin, d'Astronome et de Méchanicien; mais il doit principalement sa célébrité aux deux dernières. Il fabriqua une horloge qui passa pour la merveille de son siècle. Elle marquoit, outre les heures, le cours du Soleil, celui de la Lune et des autres planètes, aussi bien que les mois et les fêtes de l'année. Cet ouvrage lui mérita le surnom d'HOROLOGIO, qui est devenu dans la suite celui de ses descendans. JACQUES DE DONDIS eut un fils nommé *JEAN*, qui fut aussi Astronome, et qui expliqua dans un ouvrage particulier, intitulé *Planetarium*, le méchanisme de l'horloge de son père; mais cet ouvrage est resté manuscrit. REGIOMONTANUS s'est trompé en prenant l'horloge de Pavie pour celle que DONDIS avoit fabriquée, et en nommant ce Méchanicien *JEAN* au lieu de *JACQUES*. Ils moururent l'un et l'autre vers la fin du XIV.e siècle. Cette famille subsiste encore aujourd'ui en deux branches, l'une agrégée au corps des Patriciens de Venise, l'autre décorée du titre de Marquis [b]. »

[a] *Histoire de l'Astronomie moderne*, Tome I, page 631.

[b] *Histoire des Mathématiques*, Tome I, page 439.

III.
Description de l'Horloge planétaire du Cardinal de Lorraine, de l'invention d'*Oronce Finée*, 1553.*

« ORONCE FINÉE étoit Lecteur et Mathématicien des roys FRANÇOIS I.er et HENRY II, tres-celebre pour ses beaux ouvrages, et Traitez qu'il a composez touchant les Mathématiques, et spécialement pour son beau livre de la Théorie des planetes, accompagnez de toutes ses figures, imprimé à Paris l'an 1557, auquel est contenu l'explication et théorie de ce qu'il a mis en pratique en iceluy horloge.

» Cette piece, pour sa rareté, perfection, délicatesse de ses parties, justesse de ses mouvemens, qui sont une naïve expression de tous ceux que nous remarquons au Ciel, tant ès estoiles fixes qu'errantes, mérite d'estre comptée entre les merveilles de nostre siecle.

» Il sera, avant toutes choses, remarqüé que cét excellent homme, ayant formé en son esprit tout le dessein de sa piece, fit venir à Paris les plus excellens ouvriers de l'Europe pour l'exécuter, et par sa sage conduite la rendit parfaite, aprés y avoir employé prés de sept ans à y travailler. Il la livra audit seigneur Cardinal, l'an 1553, ainsi qu'il se reconnoist en l'araigne de l'astrolabe de cét horloge. . . . .

De la figure extérieure, et de la matiere et composition des mouvemens du dedans de cét Horloge.

» LA FIGURE de cét horloge est un prisme à cinq faces ou pentagonal, de la hauteur de trois pieds, posé sur un pied d'estail cylindrique, de pareille hauteur de trois pieds, enrichy de cinq mufles de lion, finissant en forme d'harpies qui y sont attachées, d'une belle ordonnance : toute sa hauteur est de six pieds. Les cinq faces qui forment le corps extérieur dudit horloge sont de cuivre doré d'or moulu; ledit corps porte dix-sept pouces en son diametre, et est embelly de cinq colomnes de l'ordre

* Cette Horloge est placée dans la Bibliothèque de Sainte-Géneviève, actuellement le *Panthéon.*
La description que nous donnons ici de cette horloge, est tirée d'un Recueil imprimé, qui appartient à la Bibliothèque du Panthéon, sous le N.° $\frac{V}{68}$.

corintien, avec leurs chapiteaux, sur lesquels pose un petit dôme qui enferme les mouvemens et le timbre de la sonnerie, et supporte en son sommet un Globe celeste, aussi de cuivre doré d'or moulu, de sept pouces de diametre; sur lequel Globe sont gravées les quarante-huit constellations du firmament, faisant son mouvement d'Orient en Occident, et achevant une révolution en vingt-quatre heures.

» Il ne sera ennuyeux de decrire si, auparavant que les mouvemens de toutes les planetes celestes et spheres contenues en cét horloge, à l'effet de quoy ce discours est entrepris, nous disons en passant quelque chose de l'industrie, composition et enchaisnement des rouës et mouvemens du dedans d'iceluy : ce qui enferme les mouvemens de cét horloge est un prisme ou corps pentagonal, comme il a esté dit, environné de cinq faces, qui portent chacune deux spheres et orbes, et au-dessus est le Globe du firmament; et en dedans du corps d'iceluy, il y a un arbre (ou aissieu) qui avec ses rouës sert comme de premier mobile à tous les autres mouvemens, et fait de son chef mouvoir le Globe celeste qui est au sommet de l'horloge dont il vient d'être parlé, et pareillement le cercle des heures et celui de l'astrolabe qui est au-dessous. Il donne aussi le mouvement à un autre arbre qui fait le centre dudit horloge, lequel avec ses rouës, l'une supérieure et l'autre inférieure, s'engrainent dans les premières rouës de chaque mouvement des planetes, et de celuy du nombre d'or; enfin, il se trouvera dans tout le corps de l'horloge cent rouës et plus, chaque mouvement des planetes en ayant qui douze, d'autre dix, d'autre huit, et qui moins, à proportion de ce qui leur est nécessaire pour les faire cheminer et accomplir le temps du mouvement pareil à celuy qu'elles ont au Ciel. Le cercle du nombre d'Or, celuy des heures, celuy de l'astrolabe, et le Globe du firmament, ayant aussi chacun en particulier un nombre de rouës bien proportionnées à ce qui leur est nécessaire pour leur faire faire leur révolution propre. Ce qui est de merveilleux est que, quoyque les mouvemens des parties de cette piece soient en tres-grand nombre et tres-différents, les uns estant tres-vistes, les autres tres-tardifs; il n'y a néantmoins qu'une seule clef pour les monter tous ensemblement, et un seul contre-poids (c'est-à-dire, un seul poids moteur) qui pareillement les emporte tous avec soy, faisant mouvoir le tout avec une facilité incroyable à ceux qui ne l'ont point veu : et la liaison et l'engrainement qu'ont les rouës les unes avec les autres, ont leurs mouvements si doux et si faciles, que ledit contre-poids n'a pas plus de peine à les faire cheminer et entrainer tous avec soy, qu'un horloge ordinaire. Aussi des plus excellens Astronomes qu'il y ait en France, l'ayant considéré de bien prés, n'ont sceu assez admirer la grande conduite que ce tres-savant professeur du Roy a eu à si bien proportionner tous les mouvemens de ce-dit horloge, et réduire en pratique ce qui à peine est concevable dans la spéculation; et les plus excellens ouvriers en Horlogerie qu'il y ait à Paris, demeurent d'accord qu'il ne se peut mieux travailler, ny avec un plus bel ordre et facilité que cela a été exécuté; aussi a-t-elle esté faite sans espargne d'aucune dépense, et par la générosité d'un tres-grand Prince, qui la faisoit faire par une curiosité particuliere, et par la conduite de ce grand Homme.

» Le contre-poids qui emporte tous les mouvemens de l'horloge ne se voit point, estant caché dans son pied d'estail, qui n'ayant que trois pieds de haut, ledit contre-poids ne descend que deux pieds, à cause de la hauteur de son plomb; et, en cette espace, il fait mouvoir toute la machine deux jours entiers, c'est-à-dire, quarante-huit heures; si bien qu'il n'est besoin d'y toucher que de deux jours en deux jours : qui voudroit pourtant le faire descendre plus bas que son pied d'estail, en perçant le plancher sur lequel elle seroit

posée, elle cheminera autant de jours, sans qu'il soit besoin de la monter, que le contre-poids descendra de pieds. Les arbres et les rouës qui composent tous les mouvemens de l'horloge sont toutes d'acier d'Espagne, tellement estamées, que si l'on se garde de les humecter indiscretement, elles ne se roüilleront jamais.

» Et pour parler des faces extérieures du corps de cét Horloge, ce sont cinq plaques de cuivre doré d'or moulu, qui font les cinq faces de son corps pentagonal, hautes chacune de deux pieds, et larges de dix pouces, qui portent chacune deux platines rondes ou orbes, excepté celles du Soleil et de la Lune qui en ont chacune trois. Ces platines sont artistement gravées, représentant la figure de chaque planete, avec des hiéroglyphes significatifs des influences d'icelles sur la Terre, et bornées par des cercles tres-exactement divisés en trois cent soixante degrez, avec les signes des mois, et les saisons suivant la division du zodiaque. Les platines rondes, orbes, ou cercles de chacune des planetes que l'on peut appeler *Systemes,* et celuy du nombre d'or, ont chacune une aiguille avec un index; l'index marque dans le cercle qui représente le zodiaque, le mouvement et le lieu du centre de l'épicicle de la planete. L'aiguille montre le mouvement et le lieu de la mesme planete dans le zodiaque. On y voit à l'œil la direction, la station et la rétrogradation des planetes, leur vistesse et leur tardiveté, avec le signe et le degré du zodiaque où les planetes ont ces diverses propriétés de leurs mouvemens; car Vénus les a en un endroit, et Jupiter en un autre; et ainsi du reste des planetes: on y voit aussi les mouvemens de la Lune, exempte de rétrogradation et de station, mais tantost tardifs, et tantost plus vistes, et pareillement ceux du Soleil. Par ce moyen, en moins d'un quart-d'heure, on peut dresser un theme celeste pour l'élévation proposée, sans qu'il soit besoin d'Ephemerides, ny du grand travail que ceux qui sont intelligens en Astronomie, savent estre au calcul et en la supputation. Ainsi, celuy qui possédera cette machine, aura des Ephemerides perpétuelles; ce que ny le calcul, ny l'industrie ne nous a encore pû donner.

» La première plaque porte le systeme ou mouvement de Saturne en haut, et celuy de Jupiter en bas.

» Au haut de la seconde est le mouvement et systeme de Mars, et celuy de Mercure en bas.

» En la troisième face on voit au-dessus le mouvement et systeme de Vénus, et au-dessous celuy du Soleil.

» Le cercle et le mouvement de la Lune est au haut de la quatrième plaque, au-dessous duquel se meut le cercle du nombre d'Or.

» La cinquième et dernière face porte le cercle des heures en haut, et au-dessus celuy de l'astrolabe.

» Les mouvemens du Soleil et de la Lune montrent leurs conjonctions, leurs oppositions, et les autres aspects. Et quant et quant font voir le temps de leurs éclipses.

» Le mouvement du Globe celeste, qui représente en cét horloge celuy du firmament, ou du ciel des estoilles fixes, fait voir la disposition du Ciel à toutes rencontres, le point du zodiaque, et les estoilles qui passent par l'horison à l'Orient et à l'Occident, et par le méridien au-dessus et au-dessous de l'horison, que l'on appelle l'*ascendant*, le milieu et le bas du Ciel, et ce qui dépend de la doctrine du premier mobile.

Des mouvemens celestes qui sont exprimez en cét Horloge.

» L'EXCELLENCE de cette machine, et qui ne reçoit point de prix, est qu'elle représente fidellement tous les mouvemens que nous remarquons aux estoilles, soit fixes, soit errantes. Le premier d'iceux, et le plus sensible de tous, est celuy du firmament, où nous concevons que les estoilles fixes sont attachez, gardant toujours la même distance par entre-elles, et sont meues toutes ensemble

ensemble dans une révolution de vingt-quatre heures, mouvement qui est exprimé, comme il vient d'être dit, par le Globe celeste, qui représente le Ciel estoillé, et fait un tour par jour, faisant voir toutes les affections ci-dessus déduites.

» Après le mouvement des estoilles fixes, celui qui est le plus connu de tous, tant des doctes que des villageois, est celui de la Lune, laquelle, comme les plus habiles Astronomes ont remarquez, fait un tour à l'entour de la Terre en vingt-sept jours, treize heures, dix-huit minutes et trente-cinq secondes; de sorte qu'en un jour son moyen mouvement est de treize degrés, trois minutes et cinquante-quatre secondes; ce qui se voit en l'horloge bien exactement exprimé : on y voit aussi son excentricité, son apogée, celuy de ses nœuds, et celuy de sa latitude, et les mouvemens du mesme apogée, et des nœuds et de la latitude.

» Après ces deux, le plus aisé à connoistre est le mouvement du Soleil, que nous voyons tous s'achever en un an, le Soleil se levant et se couchant en esté, ailleurs qu'en hyver, et qu'au printemps et en automne; et estant plus haut et plus proche de nostre zénith en esté, qu'en tout autre temps; et retournant toujours après un an au mesme point de lever et de coucher, et de hauteur de midy. Nostre sphere montre ces propriétés agréablement, partie dans le mouvement qui représente le firmament, et partie dans l'orbe ou cercle qui représente le Soleil, qui fait voir un tour en un an dans l'horloge, c'est-à-dire, en trois cens soixante-cinq jours, cinq heures; quarante-huit minutes, quinze secondes, et quarante-six troisièmes, qui est la révolution annuelle du Soleil.

» Ces trois mouvemens, qui sont les plus notoires, estant expliquez, nous passerons à ceux des cinq plus petites planetes, et les déduirons suivant l'ordre de leur tardiveté, au contraire de ce que nous avons fait aux trois précédentes, où nous avons suivy l'ordre de leurs vistesses.

» Saturne tient le premier lieu, son mouvement estant fort lent, veu qu'il met dix mille sept cens cinquante-neuf jours, quatre heures, cinquante-huit minutes, vingt-cinq secondes, à faire le tour du Ciel, c'est-à-dire, vingt-neuf ans et plus de six mois. L'orbe portant le caractère et la figure de Saturne dans l'horloge, nous fait voir sa pesanteur admirablement, puisqu'elle est autant d'années, de mois et de jours, heures et minutes à faire sa révolution sur notre sphère, comme Saturne dans le Ciel; et à péine se peut-on apercevoir qu'elle se soit meuë, sinon aprés plusieurs jours : l'on voit, comme en la Lune, son excentricité, son apogée, ses nœuds et sa latitude, et les mouvemens du mesme apogée, des nœuds et de la latitude.

» Le plus tardif, après Saturne, c'est Jupiter, qui n'acheve une révolution qu'en quatre mille trois cens trente-deux jours, quatorze heures, quarante-neuf minutes, trente-une secondes, c'est-à-dire, en prés de douze ans entiers : prenez plaisir à la voir en nostre sphère, avancer et fournir sa carriere dans un pareil nombre d'années, de jours, heures et minutes, et y regardez son excentricité, son apogée, ses nœuds, sa latitude, et ensuite le mouvement des mesmes apogée, nœuds et latitude.

» Le plus proche de Jupiter, c'est Mars, qui, pour une révolution entiere, demande six cens quatre-vingt-six jours, vingt-trois heures, trente-une minutes, cinquante-six secondes, c'est-à-dire, peu moins que deux ans : examinez ces mouvemens-là dans l'horloge, vous les y trouverez tres-justes, et accompagnez de ces particularités, comme nous avons dit des précédentes.

» Vénus vient ensuite, qui, se mouvant toujours à l'entour du Soleil, tantost en dessus, et tantost en dessous, et par-fois luy estant orientale, par-fois occidentale, fait une de ses révolutions en deux cens vingt-quatre jours, dix-sept heures, cinquante-trois minutes, deux secondes : ce qui se voit dans nostre horloge en

sadite planete, avec les autres affections déclarées dans les planetes supérieures.

»Le dernier de tous est Mercure, qui, se mouvant aussi autour du Soleil, paroist dessus, aprés dessous, et devant luy, acheve sa révolution en quatre-vingt-sept jours, vingt-trois heures, quinze minutes et trente-six secondes, c'est-à-dire, approchant de trois mois : cela se trouve juste en l'horloge, et est d'autant plus aisé à reconnoistre, que ce mouvement est plus prompt, l'excentricité plus grande à proportion du semy-diametre de l'orbe, qu'au reste des planetes; s'y voient les mouvemens de son apogée, et de ses nœuds, et sa latitude.

» Examinez ce que nous avons icy dit du mouvement de chaque planete, et vous verrez que dans l'horloge qui, en un jour, c'est-à-dire, durant la révolution du firmament, le Soleil fait cinquante-neuf minutes, huit secondes; la Lune, treize degrés, huit minutes, trente-cinq secondes; Saturne, deux minutes, une seconde; si justement, qu'en un an entier il ne manque pas d'une minute; Jupiter, quatre minutes, cinquante-neuf secondes; Mars, trente et une minutes, vingt-six secondes; Vénus, cinquante-neuf minutes, huit secondes; Mercure, cinquante-neuf minutes, huit secondes: vous verrez qu'en une heure le Soleil fait deux minutes, vingt et une secondes; la Lune, trente-deux minutes, cinquante-six secondes; Saturne, cinq secondes; Jupiter, douze secondes; Mars, une minute, dix-huit secondes; Vénus, deux minutes, vingt et une secondes; Mercure, deux minutes, deux secondes. Prenez le mouvement du Soleil avec celuy de la Lune, et vous verrez que la Lune ne se rencontre au mesme degré de l'écliptique avec le Soleil, sinon douze fois l'an, quoiqu'elle fasse le tour du ciel treize fois chaque année. Vous trouverez aussi que le temps d'une conjonction à l'autre est de vingt-neuf jours, douze heures, quarante-quatre minutes, trois secondes.

« Quant au mouvement de l'astrolabe, qui fait portion de nostre sphere, fait sa révolution en un jour, et par le moyen duquel on peut apprendre les hauteurs du Soleil à toutes rencontres, par les incantarats, sa distance au méridien, son lever, son coucher, son azimuth, l'arc diurne et l'arc nocturne, comme pareillement le lever et le coucher des estoilles plus celebres, marquez sur l'araigne; leur passage par le méridien, dessus et dessous l'horison, et la partie orientale et occidentale du mesme horison, les degrés du zodiaque, coupez par les poincts des douze maisons du Ciel, pour dresser des themes celestes, suivant la méthode appellée *rationnelle ;* la quantité du crépuscule du matin et du soir; bref, tout ce qui résulte de la pratique de l'astrolabe.

» Le mouvement du cycle de dix-neuf ans ou du nombre d'or, s'accomplit en dix-neuf ans, marquant les épactes d'onze en onze par chacun an, dans l'ordre qui luy est destiné dans nostre horloge; ce qui se voit à l'œil tres-exactement.

» Voyla un crayon d'une tres-excellente piece, qui se meut si justement, que chaque partie gardant la proportion de son mouvement avec celuy de l'horloge, et toutes ces planetes marchant ensemblement, ainsi qu'il est requis, elles ne manqueront jamais d'une seule minute, pourveu que l'on ne manque point de monter l'horloge; ne se pouvant faire qu'il arrive autrement, puisque, comme il a esté dit, lesdites planetes sont toutes meuës par un mesme principe, et qu'une partie de la piece ne peut cheminer sans les autres parties, &c. »

IV.
Planétaire du *P. Schirleus de Rheita*, 1650. *

« L'AUTEUR (SCHOTT) donne à son sixième Livre, dit

* Il vivoit vers le milieu du XVII.e siècle.

On trouve la description de ce Planétaire dans *Schott*, 1664, *in-4.°*, intitulé *P. Gasparis doc. Jesu, Thecnica curiosa, seu mirabilia artis.*

le P. ALEXANDRE[*], le titre de *Mirabilia mechanica* [les merveilles de la Méchanique], et emploie le Chapitre X, qu'il intitule, *Planetologium Rheitanum novum* [le planétaire nouveau du P. SCHIRLEUS DE RHEITA, capucin, qu'il a tiré du Livre quatrième de ce Père, intitulé l'*Œil d'ÉNOCH et d'ÉLIE*], à exposer dans le dernier Chapitre de ce Livre, où SCHIRLEUS donne la construction d'une horloge planétaire qui représente tous les mouvemens des planètes, tant vrais que moyens, leurs stations, rétrogradations et directions, sans épicycles ni équations, et ce avec peu de roues, vis sans fin et poulies.

» A la face extérieure il y a trois plans circulaires, divisés en plusieurs cercles, pour les planètes et signes du zodiaque.

» Le plan inférieur contient les cercles des planètes inférieures, savoir, du Soleil, Vénus et Mercure, et porte trois aiguilles.

» Le plan d'en haut contient les cercles des autres planètes, Saturne, Jupiter et Mars, et porte trois aiguilles.

» Le plan du milieu est divisé en douze parties égales pour marquer les heures : au bas est un autre plan pour la Lune.

Disposition des parties de la machine.

» LA première roue qui donne le mouvement à toutes les autres, tourne par une chute d'eau, et fait un tour en une minute.

» Sur l'axe de cette roue est une vis sans fin, qui donne le mouvement à une autre roue qui a 15 dents, et fait un tour en un quart d'heure.

» Sur l'axe de cette roue est une vis sans fin, qui donne le mouvement à une autre roue qui a 24 dents, et fait un tour en six heures.

» Cette roue de 24 dents, par le moyen de la vis sans fin qui est sur son axe, fait tourner une roue, qui a 20 dents, en cinq jours.

[*] Voyez *Traité des Horloges* du P. *Alexandre*, page 300.

» Cette roue de 20 dents, par le moyen de la vis sans fin qui est sur son axe, fait tourner une roue qui a 73 dents, laquelle fait son tour en trois cent soixante-cinq jours, qui est la durée du mouvement annuel du Soleil.

» Cette même vis fait aussi tourner la roue de Vénus, qui a 45 dents, en deux cent vingt-cinq jours ; et comme sur l'axe de la roue de Vénus il y a une poulie ♀○ ; cela fait que ces deux poulies ont le même mouvement de deux cent vingt-cinq jours, &c.

Apogée des Planètes pour l'année 1642.

SATURNE,	au 26.e degré	53 minutes	du Sagittaire.
JUPITER,	.. 7	.... 26	de la Balance.
MARS,...	.. 29	.... 49	du Lion.
VÉNUS,..	.. 2	.... 12	de l'Écrevisse.
MERCURE,	.. 14	.... 6	du Sagittaire.
LE SOLEIL,	.. 6	.... 29	de l'Écrevisse.

» Ensuite il marque le mouvement des apogées par jour ; puis il donne l'excentrique des orbes des planètes.

» Il donne la grandeur du disque des planètes par rapport à celui du Soleil, qu'il pose de dix mille parties, et donne à Saturne quatre-vingt-dix-neuf mille trois cent quatre millièmes ; à Jupiter, cinquante-trois mille neuf cent quatre-vingt-quinze ; à Mars, quinze mille cent quatre-vingt-trois ; au Soleil, dix mille ; à Vénus, sept mille cent quatre-vingt-treize ; à Mercure, trois mille cinq cent soixante-treize ; à la Lune . . . . Après, il marque le moyen mouvement journalier des planètes, leur mouvement par mois, et leur mouvement annuel. Il termine cet article, en donnant le moyen de construire les trois planisphères ; savoir, celui des trois planètes supérieures, celui des trois planètes inférieures, et celui de la Lune. »

Observation du *P. Alexandre*, sur ce Planétaire.[a]

« COMME on ne peut donner une juste idée de ce planétaire, sans le secours des figures qu'il seroit trop long de mettre ici, il faut avoir recours à l'Auteur qu'il suffit d'avoir indiqué.

» Toute cette machine ne peut être de grande utilité, ni avoir assez de justesse pour représenter le mouvement des planètes, 1.° parce que la première roue qui donne le mouvement aux autres, est conduite par une chute d'eau qui ne peut avoir la régularité nécessaire; 2.° ce mouvement n'est réglé ni par balancier, ni par pendule, ni par délais; 3.° le mouvement du Soleil est mis de trois cent soixante-cinq jours; c'est près de six heures de manque par année; et, en cent ans, c'est vingt-cinq jours d'erreur; 4.° il donne aux planètes des disques trop grands; en quoi il est contraire à tous les Astronomes modernes qui les mettent plus petits. »

V. Sphère mouvante par *Martinot*, 1701.[b]

« LE DESSIN de cet ouvrage est la construction d'une sphère armillaire, qui, par le mouvement de ses cercles, puisse imiter celui des Cieux, principalement du premier mobile du Soleil et de la Lune; et, par une image sensible à nos yeux, représenter à tout moment la situation apparente du Ciel.

Du premier mobile.

» Le premier mobile fait sa révolution en vingt-quatre heures, d'orient en occident sur les pôles du monde, par le moyen d'un mouvement qui est au-dessus du cadran équinoxial pôlaire. L'équateur est divisé en trois cent soixante degrés. Le zodiaque, sur lequel sont marqués les signes, est percé à jour, afin que sa latitude ne cache pas le Soleil et la Lune.

Du ciel du Soleil.

« Ce ciel est composé de trois grands cercles; savoir, de

[a] Page 303, du *Traité des Horloges*.

[b] *La Sphère mobile*, présentée au Roi par *Martinot* et *Haye*, le 28 février 1701., Paris, *Moreau*, *in-12*. L'extrait de cet Ouvrage est tiré du *Traité des Horloges* du P. *Alexandre*, page 323.

l'écliptique et de deux méridiens. Le corps du Soleil est attaché à un point de la commune section du méridien avec l'écliptique. L'écliptique roulant sur son centre, suivant l'ordre des signes, emporte le Soleil, et lui fait faire une révolution sous l'écliptique en trois cent soixante-cinq jours ; et en même temps ce ciel est entraîné par le premier mobile d'orient en occident en vingt-quatre heures.

Du ciel de la Lune.

» Le ciel de la Lune est composé de trois cercles, comme celui du Soleil ; mais les pôles sont éloignés de cinq degrés de ceux de l'écliptique. La Lune roulant sur les pôles de son ciel, l'entraîne sous le zodiaque, selon l'ordre des signes, dans l'espace d'un mois lunaire, et en vingt-quatre heures d'orient en occident sur les pôles du premier mobile. Le corps de la Lune est d'argent, de figure sphérique, dont la moitié est obscure, et présente toujours au Soleil sa partie illuminée, et montre ses phases. Ce cercle porte la Lune d'occident en orient en vingt-neuf jours et demi, pour faire une révolution lunaire d'une conjonction à la conjonction suivante.

» Au milieu de la sphère il y a un petit globe qui représente la Terre : ce globe est immobile, et Paris est toujours au zénith.

» Le méridien est divisé des deux côtés en degrés, qui commencent à l'équateur, et se terminent aux deux pôles, sur lesquels roule le premier mobile.

» Le cadran équinoxial est composé de deux plaques ; celle du milieu porte les heures et est immobile ; l'autre qui contient les noms des principales villes du monde, est emporté par le premier mobile en vingt-quatre heures ; et on voit à tout moment quelle heure il est dans chaque ville marquée. On voit sur la plaque immobile l'heure du lever et du coucher du Soleil.

» L'horizon porte deux cercles concentriques, où sont marqués les

les signes, et leur correspondance aux jours des mois. On trouve aussi les noms des vents et leurs divisions.

» Sur le pied de la sphère on a mis des figures allégoriques qui représentent les quatre élémens ; le diamètre est de deux pieds. »

Observation faite par le *P. Alexandre*, sur cette Sphère.

« LE mouvement de cette sphère n'est pas fort exact, puisque le mouvement du Soleil y est de trois cent soixante-cinq jours : ainsi, il manque près de six heures par an. Le mouvement de la Lune n'est que de vingt-neuf jours et demi : ainsi il manque quarante-quatre minutes par lunaison ; et en moins de trois ans, ce mouvement avance de plus d'un jour.

VI. Horloge à Sphère mouvante, par *Jean Pigeon*, vers le commencement du XVIII.e siècle.

« QUOI QU'IL en soit, dit M. SAVERIEN [a], il s'est écoulé des siècles avant qu'on fût en état de mettre à exécution le plan de la sphère d'ARCHIMÈDE. Ce n'est que de nos jours qu'on a vu une sphère mouvante, et il a fallu pour cela la main adroite d'un artiste ingénieux [M. JEAN PIGEON]. Sa sphère a dix-huit pouces de diamètre sur cinq pieds quatre pouces de hauteur, y compris une Pendule qui est au haut de la machine : on y voit le Soleil représenté, au milieu, par une grosse boule dorée, et toutes les planètes sont attachées à leur orbe, chacune selon leur rang : ainsi Mercure est le plus proche du Soleil ; vient ensuite Vénus, puis la Terre, Mars, Jupiter et Saturne : une Pendule donne le mouvement à toutes les planètes, et les conduit dans la sphère, selon l'ordre des signes, autour du Soleil leur centre commun. La Terre tourne donc sur son axe en vingt-quatre heures ; elle fait aussi le tour du zodiaque, selon l'ordre des signes, en trois cent soixante-cinq jours, cinq heures, quarante-neuf minutes. Autour d'elle est un petit cercle qui représente

[a] *Dictionnaire des Mathématiques*, par M. *Saverien*, au mot SPHÈRE MOUVANTE. *Saverien* renvoie aux machines de l'Académie, publiées par M. *Gallon*, et à la *Description d'une Sphère mouvante*, par *Jean Pigeon*.

l'écliptique, afin qu'on puisse juger sous quel signe est une planète, et si sa déclinaison est septentrionale ou méridionale. Ce cercle sert aussi à connoître les rétrogradations des planètes, leurs directions et leurs stations. Il y a encore deux autres petits cercles autour de la Terre, l'un qui représente l'horizon, l'autre le méridien qu'on ajuste pour tous les lieux de la Terre. A l'orbe de cette planète est attachée une aiguille opposée au Soleil, dont l'usage est de marquer le temps des nouvelles et des pleines lunes. Une autre aiguille est placée au-dessous de la Lune, pour marquer sa latitude : sur le cadran de cette aiguille sont gravés les nœuds qu'on appelle *la Tête* et *la Queue du Dragon*, par le moyen de laquelle on voit si elle est dans l'écliptique, &c. »

VII. Automate-Planétaire de M. *Huygens*, 1703. *

L'AUTEUR (HUYGENS) remarque, dit le P. ALEXANDRE dans cet extrait, qu'il y a plus de deux mille ans que les Astronomes ont travaillé sur cette matière; mais que dans le dernier siècle, cette science a acquis plus de perfection que dans tous les temps qui ont précédé. Les Anciens avoient placé les étoiles, fixé les anomalies des planètes, supputé les éclipses; mais aujourd'hui tout cela se fait avec beaucoup plus de certitude et de facilité, et on est beaucoup plus certain de leur ordre, de leur position, de leur figure, et du mouvement que la Terre et la Lune font autour du Soleil. L'invention du télescope nous a fait connoître une infinité d'étoiles fixes, et fait voir des planètes dont l'Antiquité n'a eu aucune connoissance ; de manière que si l'on fait réflexion sur les lumières dont les Anciens ont été privés, on voit qu'ils n'ont pu bien disposer chaque partie de leur système, ni en construire une figure bien régulière : et quoique l'on vante

* Extrait donné par *le P. Alexandre, Traité des Horloges*, page 326, de l'Ouvrage intitulé : *Christiani Hugenii Opuscula posthuma, quæ continent descriptionem Automati Planetarii. Lugduni-Batavorum*, 1703, in-4.°

tant la sphère d'ARCHIMÈDE et celle de POSSIDONIUS, dont parle CICÉRON, il est pourtant certain que ces machines, avec quelque perfection qu'elles aient été faites, n'ont point approché du véritable mouvement des corps célestes.

Mais depuis que l'Astronomie a été perfectionnée, ces sortes de machines ont pu être mieux exécutées. M. HUYGENS en a vu quelques-unes qui ne l'ont pas beaucoup satisfait ; c'est ce qui lui a donné lieu de composer l'ouvrage dont on vient de parler, et de prendre une route toute différente ; ainsi, avec un petit nombre de roues, il prétend représenter, sur une petite table de deux pieds, les mouvemens des planètes avec leurs anomalies; de manière qu'outre la beauté de la représentation, il promet de donner la position des planètes, non-seulement pour le temps futur, mais même pour le passé, et il prétend que sa machine peut servir d'Éphémérides perpétuelles.

Observation du P. *Alexandre*, sur ces Ephémérides.

« CES ÉPHÉMÉRIDES seront peu exactes, puisque la roue qu'il emploie pour faire le mouvement annuel de la Terre, fait sa révolution en trois cent soixante-cinq jours, et manque de près de six heures par an, ce qui fait une erreur de plus de sept jours en trente ans. »

Ensuite M. HUYGENS donne la description de sa machine, que je ne pourrois mettre ici sans transcrire son livre et copier les figures.

Voici les roues qu'il emploie pour faire le mouvement annuel de la Terre. Dans l'horloge qui donne le mouvement à son automate, il y a une roue qui fait son tour en quatre jours; sur l'axe de cette roue, il met un pignon 4, qui engrène dans une roue de 45 dents, sur l'axe de laquelle roue, est un pignon de 9 qui engrène dans une roue de 73 dents, et fait son tour en une année = 365 jours.

Ensuite, HUYGENS donne ainsi le diamètre des planètes : le

diamètre de l'anneau de Saturne est au diamètre du Soleil, comme 11 à 37; le diamètre de l'anneau est au globe de Saturne comme 9 à 4;

Le diamètre			
	de Jupiter	est au diamètre du Soleil, comme	2 à 11;
	de Mars		1 à 166;
	de la Terre		1 à 110;
	de Vénus		1 à 84;
	de Mercure		1 à 308.

C'est par cette voie (les fractions continues) que M. HUYGENS a trouvé les roues qui conviennent aux planètes.

Il donne à la roue		et à sa motrice
de Jupiter	166	14,
de Mars	158	84,
de Vénus	32	52,
de Mercure	17	7.

Enfin, M. HUYGENS explique de quelle manière le mouvement de ces roues représente l'anomalie du mouvement des planètes; il ajoute quatre tables ou figures.

La première représente la face extérieure de l'automate.

La seconde, est la face opposée où est le grand axe, long de deux pieds, qui fait un tour en trois cent soixante-cinq jours; sur lequel axe, sont différentes roues ou pignons qui font tourner les planètes.

La troisième, est pour la face intérieure où sont les roues qui portent les planètes.

La quatrième, est pour faire voir comme ces roues gardent dans leur mouvement l'anomalie des planètes.

VIII. Planétaire par M. *George Graham*, vers 1715.

« M. GEORGES GRAHAM, si je suis bien informé [a], est le premier Anglais qui ait fait une machine pour représenter le

[a] Dit le docteur *Desaguliers*, dans son *Cours de Physique expérimentale*, Tome I, page 475, traduit en français, par *Pézenas*, 1751, *in-4.°*

mouvement de la Lune autour de la Terre, et de la Terre avec la Lune autour du Soleil; il y a environ vingt-cinq ou trente ans. Tout ce qui paroissoit dans cette machine étoit bien et parfaitement exécuté; comme les phénomènes du jour et de la nuit, et leur augmentation et décroissement par degrés, selon les saisons, les pays de la Terre où le Soleil est successivement vertical, et paroît décrire ses parallèles; le mouvement réel et annuel de la Terre, qui donne au Soleil un mouvement apparent annuel; la rotation du Soleil autour de son axe; le mois périodique et synodique; le jour solaire et des étoiles; l'illumination successive de toutes les parties de la Lune, &c. Cette machine étant entre les mains d'un faiseur d'instrumens, pour être envoyée avec quelques-uns de ses propres instrumens au prince EUGÈNE, il la copia, et fit la première pour le feu comte d'ORRÉRY, et ensuite plusieurs autres avec des additions de son invention. Le sieur RICHARD STEELE, qui n'avoit aucune connoissance de la machine de M. GRAHAM, croyant rendre justice dans un de ses ouvrages au premier qui l'avoit construite, aussi bien qu'à l'inventeur d'un instrument aussi curieux, la nomma un *Orréry*, et attribua au sieur ROWELEY la gloire qui étoit due à M. GRAHAM. »

IX. Sphère mouvante, construite et calculée par M. *Passemant*, présentée à l'Academie des Sciences le 23 août 1749. *

« CETTE PENDULE, qui est surmontée d'une sphère, qu'elle fait mouvoir selon le système de COPERNIC, fut présentée à l'Académie des Sciences, le 23 août 1749, par M. PASSEMANT, auteur des Calculs de la Sphère, auxquels il a employé environ vingt années. MM. de l'Académie, sur le rapport de MM. CAMUS et DEPARCIEUX, commissaires nommés pour l'examen de cette Pendule, ont certifié que les révolutions des planètes y sont

* Description abrégée de la nouvelle Pendule du Roi qui est placée à côté de la méridienne, dans le cabinet ovale des appartemens de S. M., à Versailles, par *Dauthiau*, horloger du Roi, chez *Jombert*, 1756, petite brochure *in-12*.

précises; qu'ils ne trouvoient pas en trois mille ans un seul degré de différence avec les Tables astronomiques [a]. DAUTHIAU, horloger, l'a combinée et exécutée, et il y a employé douze années [b] : elle fut présentée au Roi, à Choisy, le 7 septembre 1750. Sa Majesté, protectrice des Sciences et des Arts, en marqua sa satisfaction : elle ordonna une nouvelle boîte sur le dessin qu'elle choisit, qui a été composée et exécutée par MM. CAFFIÉRY père et fils, et dans laquelle elle fut de nouveau présentée au Roi, à Choisy, le 20 août 1753; elle fut ensuite transportée à Versailles. »

« La sphère [c] représente journellement les différens mouvemens des planètes autour du Soleil; savoir, de Saturne, Jupiter, Mars, la Terre, la Lune, Vénus et Mercure; leur lieu dans le zodiaque, leurs configurations, stations et rétrogradations apparentes au rapport de la Terre. Sur chaque cercle qui porte l'orbe d'une planète, est gravé le temps qu'elle emploie à faire sa révolution autour du Soleil. La Terre, pendant sa révolution annuelle, fait aussi son mouvement de parallélisme, et voit le Soleil parcourant les signes du zodiaque et leurs degrés; les mois et leurs quantièmes, indiquant les saisons, équinoxes et solstices : elle fait, en outre, sa révolution sur elle-même en vingt-quatre heures, divisée en vingt-quatre méridiens : elle a sa carte géographique, où sont marqués les principaux lieux de son globe :

[a] *Hist. de l'Acad.*, ann. 1749, p. 183.

[b] Page 4 de *la Description* faite par cet Artiste.

[c] « On voit (dit M. *Passemant* dans un petit ouvrage imprimé, en parlant de cette même Sphère) le lever et le coucher du Soleil pour tous les pays du monde; les jours croissent et décroissent régulièrement; les saisons se succèdent les unes aux autres; la Lune croît et décroît; les éclipses arrivent dans le temps qu'elles arrivent au ciel; on voit les stations et rétrogradations des planètes et leur mouvement direct, en sorte que cette machine donne l'état du Ciel à chaque instant. Comme les Historiens ont souvent cité des éclipses arrivées des jours de bataille, ou de grands événemens, on peut avec une pareille machine, trouver le nombre des années écoulées, et rectifier la chronologie. »

l'on y aperçoit le lever et le coucher du Soleil, son passage au méridien, ses différentes élévations, la durée des jours et des nuits pour chaque lieu principal. La Lune tourne autour de la Terre, et achève sa révolution en vingt-neuf jours, douze heures, quarante-quatre minutes, trois secondes; elle marque son âge et présente ses différentes phases; elle parcourt les signes du zodiaque, indique ses nœuds, ses éclipses et celles du Soleil avec précision, leurs lieux, grandeurs et durée; l'on y distingue ses différentes élévations, ainsi que son lever, son coucher, et son passage au méridien.

» Le pendule bat les secondes; le mouvement les marque par le centre du cadran, avec un échappement à repos d'une construction particulière : cette Pendule est à équation par elle-même, marquant le temps vrai et le temps moyen : elle sonne l'heure et les quarts du temps vrai ou du Soleil, répétant d'elle-même à chaque quart d'heure, l'heure et le quart, et répétant aussi à volonté. Le mouvement de la sonnerie est à ressort, fusée et chaîne : celui de la Pendule est à poids double mouflé, et n'a que huit pouces de descente pour six semaines de durée; le poids agissant est de vingt livres : le mouvement de la Pendule n'est point interrompu lorsqu'on remonte le poids.

» La verge du pendule est de deux métaux, d'acier et de cuivre; elle est assemblée et disposée de façon que la lentille est portée par la verge d'acier, au moyen de deux doubles léviers ajustés dans son intérieur, dont les bras sont calculés selon le rapport de la différence qu'il y a entre la dilatation de l'acier à celle du cuivre : c'est cette différence qui fait hausser ou baisser la lentille selon les diverses températures, et conserve la lentille à la même distance du point de suspension : le mouvement qu'elle fait, sert à mouvoir une aiguille qui indique, sur une portion de cercle graduée et fixée au haut de la verge, les différens degrés de température; ce qui forme un thermomètre naturel par la seule action des métaux. Le pendule se règle par le centre de la lentille ; sa suspension est à couteau ; la fourchette qui entretient ses vibrations, a la propriété de pouvoir mettre le pendule dans son juste échappement, sans en interrompre le mouvement ; sa vibration est de dix lignes, mesurée au centre de la lentille.

» Sur le devant de la Pendule, au-dessus du cadran, est en planisphère, un cours de la Lune, marquant son âge et ses phases : on y voit de plus le jour de la semaine, le quantième du mois, le nom du mois, un quantième d'années d'une construction nouvelle et singulière : que les mois ayent vingt-huit, trente, ou trente-un jours, l'effet s'en fait par la Pendule, ainsi que le vingt-neuf février tous les quatre ans pour les années bissextiles. La méchanique du quantième d'années est faite de sorte qu'il pourroit le marquer pendant dix mille ans, si la Pendule existoit : l'effet s'en fait au moyen de quatre cercles concentriques, de quatre étoiles ajustées au bout de leur canon, pour leur donner le mouvement, et de quatre léviers : chaque cercle est divisé en dix parties égales, et porte dix chiffres gravés, dans l'ordre 1, 2, 3, 4, &c. jusques et compris le zéro : le premier mouvant de sa dixième partie chaque année, fait son tour en dix ans, et fait alors mouvoir le second de sa dixième partie, qui ne fait son tour qu'en cent ans : la même opération se fait pour le troisième, qui fait son tour en mille ans; ainsi du quatrième, qui ne le fait qu'en dix mille ans : l'effet se fait la nuit du dernier jour de l'an au premier de l'année suivante.

» Il y a trois désengrénages dans la Pendule et la sphère, c'est-à-dire trois pièces disposées pour pouvoir dégager la communication du mouvement de la Pendule aux endroits nécessaires : le premier sert à dégager celle de la roue qui mène le rochet d'échappement, afin de pouvoir (si la Pendule a avancé ou retardé,

retardé, ou même si elle étoit arrêtée) remettre le tout ensemble en son juste lieu, sans que l'on soit obligé de toucher autrement aux aiguilles : tout se remet alors de lui-même, tant le cadran de la Pendule, que la sonnerie, les quantièmes, et toutes les différentes parties de la sphère, quand même il y auroit long-temps qu'elle se seroit arrêtée : le second sert à dégager la sphère du mouvement qu'elle reçoit de la Pendule, afin de la pouvoir faire mouvoir avec la manivelle, et voir, par ce moyen, plus sensiblement les différens mouvemens de la Terre, de la Lune, &c; pour faciliter alors de pouvoir remettre le tout au juste point d'où l'on a parti, chaque tour de la manivelle se compte sur un cadran particulier qu'elle fait mouvoir, dont la révolution est de trente jours : le troisième sert aussi à dégager la sphère de la Pendule, ainsi que le mouvement de la Terre sur elle-même en vingt-quatre heures : alors, par le moyen de la manivelle, on peut accélérer les différens mouvemens de la sphère, d'une vîtesse telle que l'on puisse voir en peu de temps ce qui ne se fait qu'en plusieurs années, soit pour l'état du Ciel dans le temps à venir, ou en rétrogradant dans les siècles passés, même jusqu'aux plus reculés, et y voir avec précision toutes les éclipses passées et à venir; ce qui peut donner des lumières et des époques justes de plusieurs faits mémorables qui sont constatés sur des éclipses.

» La méchanique de toute cette pièce est disposée de façon que chaque mouvement, quoiqu'ils soient tous liés ensemble, peut s'en séparer au besoin : le nombre des roues qui composent celle de la sphère est si simple, qu'il n'y a que soixante tant roues que pignons, dont peu sont dans son intérieur ; ce qui la rend plus dégagée à la vue et en même-temps plus solide. La sphère est d'un pied de diamètre, et est enfermée d'un bocal de glace. La boîte de la Pendule est toute de bronze doré d'or moulu : elle est à quatre faces garnies de glace, d'une figure très-agréable, bien finie, et percée de sorte que l'on peut voir aisément toute la méchanique de l'ouvrage : sa hauteur, compris la sphère qui la couronne, est de sept pieds. »

Par DAUTHIAU, horloger, &c. 1756.

X. Tableau des rouages de la Sphère mouvante [a], composée par *Passemant*, en 1749.

Révolution périodique de la Lune, motrice de 48 heures.

Pignon, 72.25.20.41.20
Roue, 75.54.44.31.73 = 27 jours 7 heures 43' 4" 58'''.

Révolution de Mercure, motrice de 27 jours 7 heures, &c.

Pignon, 31. 85
Roue, 84.101 = 87 jours 23 heures 14' 15" 56'''.

Révolution annuelle de la Terre, motrice de 87 jours 23 heures, &c.

Pignon, 8.35.83
Roue, 43.44.51 = 365 jours 5 heures 48' 58" 3'''.

Révolution de Vénus, motrice de 365 jours 5 heures 48', &c.

Pignon, 53.76
Roue, 42.59 = 224 jours 16 heures 40' 30".

Révolution de Mars, motrice de 365 jours 5 heures, &c.

Pignon, 53.75
Roue, 84.89 = 1 an 321 jours 16 heures 32'11".

Révolution de Jupiter, motrice de 365 jours 5 heures, &c.

Pignon, 9.45
Roue, 49.98 = 11 ans 312 jours 22 heures 28'0.

[a] Cette Sphère devant être placée à Paris, dans le Palais des Tuileries, galerie du premier Consul; le citoyen *A. Janvier* a été chargé de la réparer (en l'an 8); cet Artiste nous a donné le tableau ci-dessus, qui contient les nombres des dents des rouages que *Passemant* a employés dans sa Sphère.

Révolution de Saturne, motrice de 365 jours 5 heures, &c.

Pignon, 7. 40
Roue, 80.103 = 29 ans 156 jours 12 heures 46′ 40″.

Révolution de la Lune par rapport à son nœud, motrice de 29 jours 12 heures 44′ 3″.

Pignon, 50.67
Roue, 49.63 = 27 jours 5 heures 5′ 36″.

« On pourroit demander (observe le C.en A. JANVIER, à la suite du tableau qu'il a dressé) où est la révolution de vingt-neuf jours douze heures quarante-quatre minutes, qui fait marcher ce rouage, parce qu'en effet on ne l'aperçoit nulle part dans le tableau précédent; mais on a vu la révolution périodique, qui consiste dans le temps que la Lune emploie à faire le tour du Ciel; cet intervalle, comme on sait, est plus court que la révolution synodique, qui est le temps que la Lune emploie à revenir au Soleil : or, cette révolution n'a lieu que par l'effet de la transposition de la Terre, dont l'orbite emporte une roue, immobile au centre de l'orbite de la Lune, et autour de laquelle la Lune tourne véritablement en vingt-neuf jours douze heures quarante-quatre minutes trois secondes : c'est cette roue qui est la motrice de ce rouage, dont la révolution est très-exacte pour représenter les éclipses.

» La dernière roue de ce rouage porte un petit cadran, sur lequel la Lune indique sa position par rapport au nœud ; ce cadran porte encore un excentrique qui fait passer la Lune au-dessus ou au-dessous du plan de l'écliptique, dans les limites de sa plus grande latitude.

» Le cadran des nœuds est placé verticalement, il accompagne la Lune et tourne autour de la Terre en même-temps qu'il fait sur son centre une révolution dans le temps que nous avons dit. Cette particularité a singulièrement compliqué le calcul et rendu l'effet moins commode à observer. Malgré ce défaut, cette fonction est une de celles qui montre un autre génie que celui de PASSEMANT : il falloit mieux connoître l'Astronomie que le reste ne l'annonce, pour imaginer une pareille disposition qu'il est impossible de bien saisir sans figures. »

XI.
Remarques sur la Sphère mouvante de *Passemant*, par *P. le Roy*.

« M. PIGEON, qui a fait au commencement de ce siècle des sphères mouvantes [a], avoit placé, comme tous ses prédécesseurs, la Pendule au-dessus de la sphère ; d'où il arrivoit qu'il n'avoit qu'un ressort pour force motrice, et que le pendule n'avoit que six pouces de longueur ; ce qui rendoit la machine incapable d'aucune justesse.

» M. PASSEMANT, au contraire, ayant imaginé de mettre la sphère au-dessus de la Pendule, y a appliqué un poids mouflé, et un pendule à secondes fort pesant. En second lieu, il a évité dans l'ouvrage la confusion qu'on sembloit avoir affectée jusqu'alors : il a séparé, et placé dans un ordre clair et distinct, la Pendule à secondes, la sonnerie, et tous les mouvemens des planètes. La première partie occupe une cage dans la partie antérieure de la machine ; la seconde dans la postérieure, et la troisième, une troisième cage horizontalement placée au-dessus des précédentes. Les quantièmes sont aussi à part sur la grande plaque de la Pendule, et tout est à découvert.

» Quant aux calculs de cette sphère, ils sont d'une précision à laquelle on n'auroit pas même soupçonné qu'on pût arriver.

» En effet, au lieu que dans le planisphère de M. HUYGENS la révolution annuelle de la Terre n'étoit que de trois cent soixante-cinq jours, et que M. PIGEON convient dans une description de

[a] *Étrennes chronométriques* de M. *le Roy* aîné, fils de *Julien*, page 35, 1759.

sa sphère, que la Terre y a un degré d'erreur en trente-cinq ans, Mercure un degré en un an et demi, Vénus un degré d'erreur en cinq ans, l'Académie déclare dans ses Mémoires de 1749, que dans la sphère de M. PASSEMANT, on ne peut trouver en trois mille ans un seul degré de différence avec les Tables astronomiques. »

XII. Horloge-Planétaire de M. *Passemant*, 1754. [a]

« M. PASSEMANT exécuta en 1754 une horloge très-ingénieuse, dont le groupe, formant la boîte, avoit cinq pieds de haut. Cette boîte étoit faite en bronze doré, représentant les différens instans de la création, réunis sous un même point de vue. La Terre est représentée par un globe de bronze de quatorze pouces de diamètre, sur lequel tous les pays sont gravés avec les villes principales. Ce globe est placé au milieu de rochers et de chutes d'eau qui lui servent d'horizon universel. Des nuées s'élèvent derrière le globe, et sont terminées par un grand Soleil de bronze doré, de trois pieds de diamètre. Au milieu est placée l'horloge, dont les communications donnent au globe terrestre ses divers mouvemens. Par le premier mouvement, ce globe tourne sur lui-même; et comme le Soleil qui semble l'éclairer, ne peut en éclairer que la partie supérieure, l'autre partie inférieure paroît être dans la nuit. Ainsi, toutes les villes qui commencent à être au bord de l'horizon universel formé par les eaux et les rochers, entrent dans le jour : celles qui passent sous le rayon solaire ont midi, et celles qui atteignent l'autre bord de l'horizon entrent dans la nuit, et le Soleil se couche pour elles.

» Les jours y croissent et décroissent pendant l'année. Les pôles s'élèvent insensiblement et s'abaissent de vingt-trois degrés et demi en été, et de vingt-trois degrés et demi en hiver. Par ce

[a] *Description et usage des Télescopes, &c.* Ouvrage et invention de *Passemant*, ingénieur du Roi, au Louvre, à Paris, *in-12*, *voyez* page 74.
Cette horloge étoit destinée pour le Roi de Golconde, elle est actuellem. à Paris.

mouvement, qui se fait suivant la déclinaison du Soleil, les jours changent de longueur par toute la Terre, les saisons se succèdent les unes aux autres, et on voit les pays qui ont six mois de jour et six mois de nuit, et l'heure qu'il est à chaque instant pour tous les peuples du monde.

» Dans les nuées est placé un planétaire, où les planètes ont chaçune leur mouvement propre. Toutes les planètes ont leur véritable excentricité, et leur mouvement est accéléré dans le périhélie, et retardé dans l'aphélie, suivant les Tables astronomiques. Les quatre premières planètes les plus proches du Soleil, ont des distances proportionnelles entre elles. Une Lune placée au milieu des nuées, croît et décroît régulièrement; en sorte que cette machine, dont les révolutions sont de la plus grande exactitude, réunit l'utilité à la magnificence. »

XIII. Horloge à mouvemens célestes, envoyée à l'Empereur de la Chine, par le Roi de la Grande-Bretagne, en l'année 1792, avec divers présens.[a]

« LE PREMIER et le principal de ces présens[b], est composé d'un grand nombre de parties qui peuvent être employées séparément et ensemble; c'est la représentation de l'univers, dont la Terre ne fait qu'une petite partie. Cet ouvrage est le plus bel effort des sciences de l'Astronomie et de la Méchanique combinées. Il démontre, et il imite avec une exactitude mathématique, les divers mouvemens de la Terre, selon le système des Astronomes d'Europe, ainsi que les divers mouvemens de la Lune autour de la Terre; les mouvemens des planètes autour du Soleil; le système particulier de la planète que les Européens appellent *Jupiter,* avec les quatre lunes qui se meuvent autour de lui; le système de Saturne avec l'anneau de cette planète et ses lunes; enfin, les éclipses, les conjonctions et les oppositions des corps célestes. Une autre partie de cet ouvrage indique le mois, la

[a] *Relation authentique de l'ambassade de Milord* Macartney, *en Chine.*

[b] Voyez *Bibliothèque Britannique*, vol. VII, janvier 1798, page 49.

semaine, le jour, l'heure et la minute à celui qui l'observe. Cette machine est aussi simple dans sa construction, qu'elle est compliquée et étonnante dans ses effets : et il n'y en a aucune de ce genre en Europe qu'on puisse lui comparer pour la perfection : elle est calculée pour plus de mille ans, et sera long-temps un monument du respect avec lequel les vertus de S. M. I. sont considérées dans les contrées du monde les plus éloignées. »

NOUS AVONS présenté ci-devant toutes les notions que nous avons pu recueillir sur les horloges à sphère mouvante et sur les horloges-planétaires, mais sans pouvoir indiquer la construction de ces machines, et moins encore faire connoître les temps des révolutions qui ont été employées, les Auteurs de ces horloges n'ayant jamais publié les nombres des rouages des divers systèmes qui composent une sphère : heureusement que nous pouvons y suppléer complètement par les connoissances que nous a communiquées un Artiste célèbre dans ce genre de travail, le C.en A. JANVIER. Nous lui devons non-seulement ce qui concerne son propre travail, mais il nous a procuré le tableau des nombres employés par PASSEMANT dans sa sphère ; tableau que nous avons placé ci-devant, à la suite de la description de cette sphère. *Voyez* page 202.

XIV.
Description de l'Horloge - planétaire et à Sphère mouvante, composée en 1789, par M. *A Janvier;* l'exécution terminée l'an IX de la République (1801).
Plan de cette Machine.

JE ME suis proposé, dit l'Auteur[a], dans la composition de cette machine, de représenter les révolutions périodiques moyennes de toutes les planètes depuis la Terre et la Lune, son satellite, jusqu'à l'orbite de la planète découverte par HERSCHEL ;

[a] Dans un Mémoire qu'il a remis aux commissaires nommés par l'Institut national *(Coulomb, Delambre et Ferdinand Berthoud)* pour l'examen de cette Horloge-sphère. Nous ne ferons ici que transcrire la description faite par M. *Janvier* dans ce Mémoire : nous en donnons tous les détails, parce qu'ils peuvent être utiles, et que d'ailleurs cette matière n'est traitée nulle part.

Les révolutions synodiques moyennes de Mercure et de Vénus, combinées avec la révolution diurne du Soleil;

Les révolutions synodiques moyennes des satellites de Jupiter, leur configuration successive pour tous les instans du jour; la parallaxe de Jupiter, et l'heure de son passage au méridien;

Les mouvemens vrais du Soleil, de la Lune; des nœuds de la Lune et de son apogée, pour en conclure les éclipses du Soleil et de la Lune, avec toute la justesse que l'on peut attendre de ces moyens.

Je me suis proposé de lier à toutes ces fonctions les phénomènes généraux des marées, et d'en indiquer l'heure pour soixante ports des principaux lieux de la Terre;

Et, enfin, d'exprimer toutes ces révolutions en unités de la même espèce, de les lier entr'elles par un principe unique de mouvement uniforme, par la communication directe d'une roue, dont la révolution s'achève en vingt-quatre heures de temps moyen; de faire dépendre cette roue primitive d'un rouage particulier, dont la puissance motrice est un ressort égalisé par une fusée; de ne laisser à ce rouage d'autres fonctions que la conduite simultanée de toutes les révolutions que je viens d'énoncer, et de subordonner la vîtesse de ce moteur et de son rouage à la marche de l'horloge à laquelle il communique en dernier terme.

Les fonctions de l'horloge se bornent donc à la simple mesure du temps, à l'indiquer, et à régler la durée des révolutions contemporaines du rouage qui fait mouvoir les diverses parties de la sphère, &c.

La complication que paroît présenter ce plan, ne peut donc troubler les fonctions de la machine: et son horloge, si elle est bien établie, doit mesurer le temps avec toute la régularité d'une bonne horloge astronomique.

De l'Horloge.

Cette partie de la machine est une véritable horloge marine, exécutée

exécutée selon les principes et les dimensions qui ont été publiés en 1773, par FERDINAND BERTHOUD dans son Traité des horloges marines.

Le moteur de cette horloge est un ressort égalisé par une fusée. Le régulateur est un balancier suspendu horizontalement par un ressort : les pivots du balancier tournent entre six rouleaux : le balancier est entretenu en mouvement par le rouage, au moyen d'un échappement à vibrations libres.

La durée des oscillations du balancier est d'une seconde de temps : ainsi, par la nature de cet échappement, l'aiguille des secondes ne fait que trente battemens par minute, ou un battement en deux secondes de temps.

La compensation des effets du chaud et du froid sur le balancier et son spiral, est produite par une lame composée d'acier et de cuivre, qui, agissant sur le spiral, en change la longueur, et par-là opère la correction.

Le spiral est disposé convenablement pour rendre isochrones les oscillations d'inégale étendue du régulateur.

Forme adoptée pour l'Horloge à Sphère mouvante.

L'ensemble de cette composition présente pour base un piédestal, au-dessus duquel est placée une colonne tronquée qui supporte la sphère.

Le piédestal présente quatre faces, qui ont trente-huit pouces de hauteur, et douze pouces de largeur. Chaque face du piédestal porte deux cadrans émaillés, sur lesquels sont représentées toutes les fonctions ou effets que je me suis proposé d'obtenir en dehors de la sphère mouvante.

La colonne tronquée est formée par la réunion de trois cages cylindriques qui renferment le régulateur, les roues de l'horloge et les roues des planètes, qui accomplissent leurs révolutions dans la sphère dont cette machine est surmontée.

Distribution des

L'horloge à sphère présentant quatre faces, on conçoit

divers effets qui sont produits par cette Machine.

qu'elle est faite pour être isolée : cette disposition est également commandée par la sphère qu'il faut pouvoir observer sur tous les points de sa circonférence horizontale.

Je vais présenter, par ordre de numéros, les fonctions des cadrans de chaque face du piédestal.

Première face, cadran supérieur.

Ce cadran présente les subdivisions du jour moyen astronomique, en heures et minutes, mesurées par le mouvement uniforme du régulateur; l'équation du temps, le mois et le jour du mois.

Cadran inférieur.

Les révolutions synodiques moyennes de Mercure et de Vénus combinées avec la révolution diurne du Soleil [a].

C'est la cage de cette partie de la machine qui renferme le rouage et le ressort moteur de toutes les fonctions étrangères à la simple mesure du temps. Ce rouage communique directement avec les trois autres faces du piédestal d'une part, et de l'autre avec les roues des planètes. Cette dernière communication se fait en passant à travers la cage de l'horloge.

Le rouage de cette première face du piédestal reçoit du mouvement de l'horloge la vîtesse de sa marche, en sorte que l'axe de communication fait sa révolution en vingt-quatre heures ou un jour de temps moyen. Cette vîtesse s'établit à-la-fois dans la sphère et sur toutes les faces du piédestal.

L'axe de communication inférieure arrive sur chaque face à la hauteur du petit cadran.

Seconde face du piédestal, cadran supérieur.

Ce cadran présente les révolutions synodiques moyennes des satellites de Jupiter; la longitude moyenne de Jupiter, et sa parallaxe.

Cadran inférieur.

Le jour de la semaine, et l'heure du passage de Jupiter au méridien.

Troisième face, cadran supérieur.

Ce cadran présente les mouvemens du Soleil, de la Lune et des nœuds réduits à l'équateur; les passages vrais du Soleil et de

[a] Voyez *planche XXIII, figure 4.*

la Lune au méridien ; les heures solaires et lunaires vraies, et les éclipses du Soleil et de la Lune.

Cadran inférieur.

Les heures solaires moyennes, les jours du mois, les mois et les années.

Quatrième face, cadran supérieur.

Ce cadran présente l'âge de la Lune, sa distance au Soleil en temps et en degrés ; l'heure de la haute-mer pour soixante ports indiqués sur le cadran.

Cadran inférieur.

Le lieu de l'apogée de la Lune ; la situation de la Lune relativement à la ligne des absides, et la correction de l'heure de la haute-mer indiquée sur le cadran supérieur.

XV. Explication du Méchanisme de la Sphère mouvante.

LA *PLANCHE XX* représente la machine toute montée, à la réserve de ce qui tient à la décoration.

La platine supérieure A porte le *piédouche* auquel la sphère est attachée, et par une disposition qui permet le libre passage de tous les canons des roues destinées à mouvoir les planètes ; ce pied est brisé en B pour laisser voir les trois roues de Jupiter, Saturne et Herschel, qui seroient recouvertes par la base de ce pied.

La révolution de Mercure est la plus rapide du tableau qui représente l'arrangement du système planétaire [a], et c'est aussi celle-là qui s'accomplit sur l'orbite la moins étendue et la plus près du Soleil, elle doit aussi être la première dans l'arrangement méchanique.

La roue de Mercure est placée tout près de la seconde platine C : le pivot tourne dans cette platine, et l'axe prolongé jusque dans la sphère y porte la planète D, placée sur une tige d'acier perpendiculaire au rayon qui est ajusté à frottement sur l'axe de la roue de Mercure.

La roue de Vénus porte un canon qui tourne librement sur

[a] *Voyez* ci-après ce tableau.

Dd 2

l'axe de Mercure ; ce canon entraîne la planète E par un ajustement semblable au précédent.

La troisième roue est étrangère aux révolutions que j'ai présentées. Cette roue tourne avec la vîtesse de deux jours moyens ; son canon est ajusté libre sur celui de la roue de Vénus : ce canon porte la petite roue F dans la sphère : je reviendrai à cette roue lorsqu'il sera question de la révolution diurne de la Terre. Voilà trois roues établies concentriquement avec les vîtesses de Mercure, de Vénus et de quarante-huit heures. Mais on conçoit que si l'on plaçoit la quatrième roue, qui sera celle de la révolution annuelle, immédiatement sur le canon de la roue de quarante-huit heures, la pression du poids de tous les accessoires qu'entraîne la Terre occasionneroit une résistance considérable au mouvement rapide de la troisième roue. Pour éviter cette résistance, j'ai séparé la roue annuelle de la roue de quarante-huit heures, par un pont semblable à celui que l'on emploie dans les Pendules pour séparer la roue des heures de celle des minutes : ce pont est attaché sur la platine C, et son canon prolongé dans la sphère porte la petite roue G, qui par conséquent est immobile. La fonction de cette roue sera expliquée lorsque je reviendrai à la roue F.

Les roues des révolutions périodiques de la Terre, Mars, Jupiter, Saturne et Herschel, sont placées de suite les unes après les autres, et leurs canons n'ont plus d'intermédiaires immobiles depuis celui de la Terre, jusqu'à celui de la roue d'Herschel.

Le rectangle HHH, est ajusté à frottement sur le bout du canon de la roue annuelle par la virole I. La partie opposée tourne librement sur l'axe K comme sur un pivot ; l'axe est immobile et fixé au pôle L au moyen d'un écrou. C'est le châssis rectangle HH qui entraîne la Terre autour du Soleil.

Les quatre planètes supérieures sont entraînées par quatre grands cercles 1, 2, 3, 4, ajustés à frottement, par une virole sur le bout de chaque canon qui répond à la vîtesse de la planète que le cercle entraîne. Ces cercles tournent librement sur l'axe K, à l'autre extrémité du diamètre.

Ainsi toutes les révolutions, depuis Mercure jusqu'à Herschel, sont établies concentriquement autour du Soleil, sur l'axe de l'écliptique. Voyons maintenant comment s'exécute la révolution de la Lune autour de la Terre; comment ce satellite de notre globe lui présente ses diverses phases; comment il sort du plan de l'écliptique; comment la section de son orbite avec le plan rétrograde; comment l'apogée avance, et comment on distingue ses effets.

Au-dessus de la partie supérieure du rectangle H, on voit une grande roue L, rivée sur un canon qui sert à la fixer sur l'axe immobile K, par le moyen d'une vis de pression.

La roue L engrène dans la roue M, qui est emportée autour de la roue L par l'effet du mouvement annuel; car l'axe de la roue M tient à la traverse H et au pont N. La roue L fait donc un tour par rapport à la roue M, pendant une révolution périodique de la Terre = 365 jours 5 heures 48 minutes 49 secondes.

L'axe de la roue M porte l'aiguille de la Lune. Or, on vient de voir que la roue L fait un tour en une année moyenne relativement à la roue M, qui est celle de la révolution de la Lune autour de la Terre. La motrice de la Lune est donc une roue annuelle. Le nombre de dents de cette motrice L doit donc être au nombre de dents de la roue M, comme 365 jours 5 heures 48 minutes 49 secondes est à 29 jours 12 heures 44 minutes; car la révolution de M se mesure par son retour au centre de L: ce centre représente le Soleil; le retour à ce point représente le retour à la conjonction, et le mouvement de M doit répondre au mois synodique lunaire.

La motrice annuelle L = 285.

Roue de la Lune... M = 19.

La Lune parcourt une orbite d'une petite étendue ; et vu l'extrême simplicité de cette combinaison de roues, j'ai cru pouvoir négliger une légère différence ; et cela avec d'autant plus de raison, que la révolution de la Lune est représentée, avec toute l'exactitude que l'on peut espérer des moyens méchaniques, sur l'un des grands cadrans du piédestal, où l'orbite lunaire occupe le plus grand cercle.

Au-dessous de la traverse supérieure du châssis HH, on voit deux roues O, P, rivées sur le même canon, et fixées par une vis de pression sur l'axe immobile K. Ces deux roues sont les motrices de deux cadrans cylindriques Q, R, qui tournent concentriquement à l'axe de la roue M, sur un canon rivé à la pièce H. Ce canon, immobile, porte une petite roue en dessous du cadran R : cette roue est ajustée à frottement, et retenue par une portée qui ne permet que le jeu nécessaire pour la liberté des cadrans.

C'est au-dessous de cette petite roue que l'axe prolongé de la roue M, porte le bras sur lequel est placé l'axe S qui tient au globe de la Lune. L'axe S porte une roue T, de même diamètre et même nombre de dents que la roue immobile qui retient les cadrans sur le canon de la traverse du rectangle HH. Ces deux roues sont en communication par l'entremise d'une troisième roue (d'un nombre arbitraire), placée sur le rayon qui emporte la Lune avec sa roue T. Par l'effet de cette transposition autour d'une roue immobile, le globe de la Lune présente toujours le même hémisphère au Soleil ; et ce globe étant moitié blanc et moitié noir, il présente tantôt la partie noire, et tantôt la partie blanche à la Terre, et successivement toutes les phases de la Lune pendant une révolution synodique.

Les deux cadrans Q, R portent chacun une roue ; ces deux roues correspondent aux roues O, P, immobiles sur l'axe de l'écliptique.

La roue O, qui mène le cadran R, est fendue sur le nombre 98, et la roue du cadran sur celui de 93. Le cadran marche avec la différence 5 : il rétrograde comme le nœud de la Lune et représente le lieu de ce nœud, avec l'approximation d'un degré par siècle.

La roue P, qui mène le cadran Q, est fendue sur le nombre 102, et celle du cadran sur celui de 115 : le cadran avance avec la différence 13, et cette vîtesse est sensiblement celle de l'apogée : son lieu sera représenté avec l'approximation d'un demi-degré par siècle.

Le petit cadran cylindrique V est placé à frottement sur le canon du pont X, dans la direction de l'axe qui passe par le centre des deux premiers cadrans Q, R. Le cadran V est par conséquent immobile, et son point O est dirigé vers le centre de la sphère. L'axe S (de la Lune) indique les jours de la Lune sur le cadran V, par sa pointe inférieure ; la pointe opposée indique le lieu du nœud sur le cadran R, et le lieu de l'apogée sur le cadran Q, ou, pour mieux dire, cette pointe indique si la Lune est dans son nœud ou son apogée ; car c'est la ligne des nœuds du cadran qui indique le lieu du nœud sur l'écliptique.

L'axe S s'élève et s'abaisse perpendiculairement sur le plan de l'écliptique par le moyen d'un lévier, dont le centre de mouvement n'est pas visible sur la figure (ce centre de mouvement est établi sur la pièce qui porte la roue T et sa roue de communication). Le lévier appuie sous la face de la roue T, très-près de l'axe, d'une part ; l'autre bout appuie sur un excentrique que l'on aperçoit sous le cadran des nœuds R. L'action de l'excentrique faisant mouvoir le lévier, il soulève la roue T, et par conséquent la Lune, au-dessus du plan de l'écliptique, et la laisse redescendre au-dessous, alternativement par un intervalle égal à la moitié de la révolution de la roue T autour de l'excentrique. Or, le mouvement par lequel la roue T est emportée, est égal au moyen mouvement de la Lune par rapport au Soleil, et dans cette translation se trouve aussi le mouvement par rapport au nœud ; car le cadran R se déplace avec cette vîtesse et emporte l'excentrique.

La Lune a donc son mouvement moyen en longitude et en latitude dans des limites très-approchantes du vrai système de la nature, et par les moyens les plus simples.

Il nous reste à expliquer comment la Terre tourne sur son axe, et comment cet axe demeure perpendiculaire au plan de l'équateur céleste, et parallèle à l'axe du monde.

La sphère est représentée du côté du signe de la balance, à-peu-près sur le plan du grand cercle qui passe par les solstices Y, Z. L'équateur EQ, EQ s'incline de droite à gauche en descendant; car la sphère est fixée sur son pied par le pôle de l'écliptique.

La Terre est transportée dans le plan de l'écliptique autour du Soleil en une année moyenne, et son axe doit rester perpendiculaire au plan du cercle EQ, EQ, sur quelque point de son orbite qu'elle soit transportée.

Pour représenter cet effet, j'observerai d'abord que la roue G est immobile sur le bout du canon que porte le pont de séparation, placé entre la roue annuelle et la roue de 48 heures, établie la troisième dans l'organisation de la sphère ; j'observerai que la roue G est placée sur l'alignement et à la même hauteur d'une roue que l'on voit sous le pont X. Cette roue est de même diamètre, et porte le même nombre de dents que la roue G.

Au-dessus de la roue correspondante à G, est une petite

roue

roue 8, rivée sur un canon. Le canon de la roue 8 tourne librement sur l'axe de la première roue, et passe aussi librement dans le canon du pont X, qui forme la cage de ces deux petites roues. Le canon de la roue 8 porte, au-dessus du cadran V, une petite roue égale à celle que l'on voit sur le bout de l'axe de la Terre, et dont elle est la motrice.

Sur le bout de l'axe qui passe dans le canon de la roue 8, et qui porte la correspondante à G, est ajusté à frottement le petit cercle 5, dans le plan duquel sont montés les pivots de l'axe de la Terre 6, 7.

Lorsque la Terre se rencontre dans le plan du grand cercle qui passe par les solstices, le cercle 5 doit se trouver dans ce plan, puisque cet axe est monté sur le petit cercle 5. A toutes les distances angulaires des solstices, ce cercle 5 doit rester parallèle au grand. Expliquons ces effets.

La roue qui correspond à la roue G, est montée sur la traverse inférieure du châssis HH, entre cette traverse et le pont X: l'axe de cette roue porte le cercle 5, et passe par son plan. Si cette roue étoit sans communication, le plan du cercle, une fois dirigé au centre de la sphère, y resteroit constamment pendant sa transposition autour de la roue G : mais la roue G est immobile; elle communique avec sa correspondante par une troisième roue (arbitraire); et comme il résulte de l'effet de la transposition, que la roue immobile fait réellement un tour, elle communique ce tour à son égale, et le cercle 5 rétrograde d'un tour, c'est-à-dire qu'il reste parallèle au plan du grand cercle, et maintient l'axe de la Terre dirigé vers la même partie du Ciel.

Puisque le cercle S rétrograde d'un tour par rapport au centre de la sphère (qui est le Soleil) pendant une révolution annuelle, le Soleil paroîtra faire un tour diurne d'occident en orient par l'effet de cette rétrogradation : mais, par cette rétrogradation, le pôle de la Terre tourne aussi autour de sa roue de communication, portée par le canon de la roue 8, et l'engrenage fera faire un deuxième tour à la Terre, d'orient en occident, par rapport au Soleil, durant la révolution annuelle : ainsi, l'on ne compteroit que trois cent soixante-trois révoluions diurnes en une année moyenne de trois cent soixante-cinq jours, si l'Artiste n'avoit pas prévu cette décomposition, et cherché le moyen de la rétablir.

J'ai dit que la roue F tourne avec une vîtesse de quarante-huit heures : cette roue correspond avec la roue 8 sous le pont X; la roue 8 est moitié de la roue F : elle tourne donc avec la vîtesse d'un jour moyen, quel que soit le nombre de dents de la roue intermédiaire 9.

La roue 8 communique sa vîtesse au globe terrestre, sans altération, par le moyen de la petite roue placée sur le bout de son canon, roue égale à la correspondante placée sur l'axe de la Terre.

La roue F tourne d'orient en occident, c'est-à-dire contre le mouvement annuel qui se fait autour d'elle et sur son centre. Par l'effet de la révolution annuelle, il résulte donc un tour complet de la roue F : or, on a vu que ce tour est égal à quarante-huit heures; il aura donc communiqué deux tours à la roue 8, qui tourne avec une vîtesse de vingt-quatre heures; et ces deux tours auront été communiqués sans perte au globe de la Terre. Mais on se rappelle que la transposition de la Terre a détruit deux révolutions diurnes par l'effet des engrenages des roues destinées au maintien du parallélisme de l'axe de la Terre. Il falloit donc rétablir ces révolutions; et c'est pour y parvenir par un moyen simple et dérivé de la même cause, que je suis arrivé dans la sphère avec une vîtesse de quarante-huit heures: or, cette vîtesse est celle de F; et je viens de démontrer que cette roue fera une révolution complète dans le même intervalle, et par la même cause qui fait perdre deux révolutions diurnes à la

Terre; et comme cette révolution est égale à deux jours moyens, la décomposition du mouvement se trouve rétablie, ce qui me paroît évident, et c'est aussi ce que l'expérience confirme.

Nous devons ajouter à cette explication de la sphère, qu'indépendamment du globe terrestre, l'axe 6 et 7 entraîne un méridien et un horizon dans sa révolution diurne.

L'horizon est mobile, et l'on peut l'élever ou l'abaisser suivant la latitude du lieu où l'on transporte la sphère, et obtenir ainsi le lever et le coucher de toutes les planètes indiqué par les momens où elles passent par le plan de l'horizon.

XVI.
Explication du méchanisme renfermé dans le piédestal et dont les effets sont indiqués par les cadrans de ses quatre faces.
Première face.

C'EST LÀ que sont placés le rouage primitif et le ressort moteur de toutes fonctions, qui sort des limites de la simple mesure du temps.

Ce rouage, par une disposition toute simple, conduit sur le cadran supérieur les aiguilles d'heures et minutes du temps moyen. Les secondes ne pouvant marcher par communication, sont indiquées dans l'horloge même.

Les minutes du temps vrai sont indiquées par l'aiguille du temps moyen sur un cadran tournant. La roue annuelle présente les mois et le jour du mois à travers une ouverture pratiquée à la platine. Cette roue fait sa révolution en trois cent soixante-cinq jours juste : mais les années bissextiles sont rétablies par un artifice de méchanique.

L'axe de la roue de vingt-quatre heures qui porte cette vîtesse aux trois autres faces, est placée à la hauteur du centre du cadran inférieur. Cet axe porte le cadran qui par conséquent tourne sur lui-même. Ce cadran est divisé en vingt-quatre heures astronomiques, avec leurs subdivisions de dix en dix minutes, qui sont marquées par une aiguille fixe.

Sur la ligne qui passe par vingt-quatre heures et douze heures, est placé un petit Soleil, autour duquel circulent Mercure et Vénus : ces deux planètes sont emportées chaque jour par la révolution du cadran, et leur motrice est immobile au centre de mouvement.

Mercure revient au point 0 heure après 115 jours 21 heures 5' 37".

Vénus y revient au bout de 583 jours 22 heures 5'.

Rouage de Mercure.

Pignons, 6. 8. 12
Roues, 24.27.103 = 115 jours 21 heures 5' 37".

Rouage de Venus.

Pignons, 4. 4. 18
Roues, 19.53.167 = 583 jours 22 heures 5'.

Seconde face, Jupiter et ses satellites.

Ce côté de la machine est représenté *planche XXI, figure 1.*

Le cadran supérieur porte une division de trois cent soixante degrés, distribués en douze signes ; cette partie est coupée et tourne de droite à gauche [a]; ainsi l'index A, figuré sur l'ombre de Jupiter, indique une marche d'occident en orient sur le cercle des signes. Ce cercle tourne avec la vîtesse de Jupiter établie dans la sphère mouvante. C'est le lieu de la planète ou du Soleil qui est indiqué par l'index A. Le lieu de Jupiter vu de la Terre est indiqué par un fil tendu sur deux curseurs saillant à travers les ouvertures circulaires B, C, pratiquées à la platine aux bords du cadran ; les limites de ces ouvertures correspondent à la plus grande parallaxe de Jupiter, et le fil des curseurs peut arriver dans la direction D, E. L'angle parallactique est marqué sur l'arc

[a] D'orient en occident. L'orient est à droite et l'occident à gauche, parce que j'ai voulu représenter les configurations des satellites telles qu'on les voit avec une lunette astronomique qui renverse les objets.

de cercle, placé entre les deux cadrans, par un index qui répond au fil D E.

Les curseurs sont conduits par une révolution égale à la révolution synodique de Jupiter ; cette vîtesse est aussi celle de l'aiguille F, qui montre sur le cadran G l'heure du passage de Jupiter au méridien.

La révolution synodique de Jupiter a pour motrice une roue, dont la révolution est de 7 jours = 168 heures ; c'est son axe qui porte l'aiguille H, qui marque les jours de la semaine sur le cadran inférieur.

C'est, comme je l'ai dit, la roue du mouvement synodique de Jupiter qui mène l'aiguille de l'heure du passage de Jupiter au méridien : cette roue porte encore un excentrique qui conduit le fil parallactique, et le fait passer deux fois par o durant la révolution synodique. Ce passage a lieu dans les conjonctions et dans les oppositions, lorsque le fil est dans la ligne menée de la planète au Soleil.

Les petits globes 1, 2, 3, 4 représentent les quatre satellites de Jupiter, placés chacun au bout d'une aiguille égale au rayon de l'orbite. Le petit globe placé au centre du cadran représente Jupiter, et la partie colorée représente l'ombre projetée à l'opposite du Soleil.

Les satellites sont censés être dans l'ombre lorsqu'ils passent sur cette projection ; ainsi, dans la position actuelle du fil D E qui représente la direction de Jupiter vu de la Terre, les satellites les plus éloignés du centre peuvent disparoître deux fois pour l'observateur de notre monde ; d'abord en passant derrière la planète, ensuite en passant dans l'ombre projetée à l'opposite du Soleil.

Troisième face, les mouvemens du Soleil, de la Lune, &c.

Cette face est gravée au bas de la figure de la sphère, *planche XX.*

Le cadran supérieur présente, comme le précédent, une division de trois cent soixante degrés, distribués en douze signes.

La partie du cadran qui porte la division du cercle et la figure des signes, est également coupée et séparée du fond ; mais ici le cercle est fixé sur la platine et c'est le fond qui tourne, contre l'ordre des signes : ce cercle représente le mouvement du nœud de la Lune qui rétrograde, et fait le tour du Ciel en six mille sept cent quatre-vingt-dix-huit jours, &c.

Les signes sont distribués de droite à gauche (d'occident en orient), et les aiguilles marchent dans cette direction, c'est-à-dire contre le mouvement ordinaire de toutes les aiguilles des Pendules.

J'ai adopté ce mode pour que la partie septentrionale de la Terre, représentée au centre de ce cadran, soit tracée dans le véritable ordre de la nature ; car cette Terre tourne autour de son centre en un jour sidéral, et dans le même ordre que les aiguilles ; ainsi, par l'effet de cette révolution, le Soleil et la Lune paroîtront faire le tour diurne d'orient en occident, ou de gauche à droite sur le cadran, et la division horaire de l'équateur de la Terre sera numérotée dans l'ordre accoutumé, de gauche à droite.

Le point o de la division de l'équateur passe par le méridien de Paris ; une aiguille d'acier qui est fixée au cadran qui représente le globe de la Terre, passe par ce point, et représente le méridien : ce méridien se prolonge jusque sur la division du cercle extérieur.

Ainsi l'aiguille tourne avec le globe en un jour sidéral, et sa pointe indique sur le cercle extérieur, le degré de l'équateur céleste qui répond au méridien pour un instant quelconque : elle indique le passage vrai du Soleil et de la Lune à o de l'équateur terrestre, et ce passage a lieu lorsque la pointe de cette aiguille correspond au même degré que l'aiguille du Soleil ou de la Lune.

Le Soleil porte une ouverture circulaire du diamètre d'environ quatre degrés de la circonférence, sur laquelle il est transporté par son mouvement propre ; le trou du Soleil répond à la circonférence sur laquelle est tracée la partie colorée, sur la ligne des nœuds du cadran qui en représente le mouvement. L'aiguille du Soleil porte sur la partie du côté opposé, une partie circulaire percée d'un trou de même diamètre que celui du Soleil. Ce trou correspond à la partie colorée la plus proche du centre du cadran des nœuds. Ces espaces colorés dans la coïncidence du nœud, aux temps des conjonctions et oppositions, indiquent l'étendue de l'éclipse, soit du Soleil, soit de la Lune, dans les ouvertures pratiquées à l'aiguille du Soleil.

L'étendue des parties colorées répond aux termes moyens des éclipses, qui sont de 16 degrés $\frac{1}{2}$ pour les éclipses de Soleil, et de 10 degrés $\frac{3}{4}$ pour les éclipses de Lune.

Les parties colorées ne présentent pas la même figure pour les éclipses de Soleil et celles de Lune ; mais on en conçoit facilement la raison : la Lune est si petite relativement au Soleil, que le sommet du cône d'ombre projeté sur la Terre, n'est presque qu'un point sur la surface de ce globe. La Terre au contraire étant beaucoup plus grosse que la Lune, et la Lune étant très-près de la Terre, le cône d'ombre projeté sur l'orbite de la Lune peut embrasser plusieurs fois le diamètre de son globe.

L'aiguille du Soleil n'a point un mouvement uniforme ; j'ai dit qu'elle doit présenter le lieu vrai.

Cette aiguille est conduite par une roue qui tourne avec une vîtesse uniforme : mais cette roue A B, *planche XXI, figure 2*, fait un angle de vingt-trois degrés vingt-huit minutes avec le plan qui représente le cadran ou l'équateur C D. La section de l'angle se fait au point E, sur la ligne qui passe par les premiers points du Belier et de la Balance, c'est-à-dire par les équinoxes, et l'inclinaison a lieu sur la ligne des solstices.

Indépendamment de l'inclinaison, la roue AB est excentrique à l'axe EG, sur lequel est placé l'arc de cercle de déclinaison F: cet arc de cercle est tracé du point de section E de l'axe EG, avec la roue AB.

L'excentricité doit être de trois mille trois cent soixante-quinze parties du rayon EF divisé en cent mille.

L'excentricité a lieu du côté du solstice d'été par la ligne qui passe à trois signes huit degrés cinquante-quatre minutes quarante secondes, c'est le lieu de l'apogée en 1800 : c'est aussi dans cette direction que doivent être pratiquées les ouvertures longitudinales 1, 2, sur la base K vue en plan, *fig. 7*, et de profil, *fig. 8*.

La roue AB tourne librement entre les deux platines HH; l'une des platines fait partie du canon I, dans lequel passe l'axe EG; ce canon est fixé sur la platine de la cage, par le moyen de deux vis; l'autre platine H, vue de profil, *fig. 3*, et en plan, *fig. 4*, porte une retraite L, sur laquelle tourne la roue AB vue en plan, *fig. 5*; cette retraite est un peu plus épaisse que la roue, afin que l'on puisse faire porter les deux platines l'une contre l'autre par la pression de leurs vis, et que néanmoins la roue AB tourne librement.

La cheville portée par la roue AB, vue en M, *fig. 5*, doit être d'acier parfaitement cylindrique, et ajustée sans jeu dans la fente NN pratiquée au cercle de déclinaison vu séparément, *fig. 6*. Cette ouverture longitudinale de cercle doit être bien parallèle à l'axe OP qui porte l'aiguille du Soleil; enfin la cheville M, lorsque l'aiguille est placée, doit passer par le même plan que l'aiguille; c'est-à-dire, que le Soleil doit correspondre au plan du cercle de déclinaison.

Avec

Avec toutes ces données et une perfection de main-d'œuvre qui, de nos jours, ne souffre plus de difficulté, le mouvement de l'aiguille entraînée par la roue AB, au moyen de l'arc de cercle F, représente à trois secondes près le mouvement du Soleil donné par les Tables de MAYER : cette exactitude a été constatée par les C.ens COULOMB, BERTHOUD et DELAMBRE, et consignée dans leur rapport à l'Institut, le 11 pluviôse an 8.

L'aiguille de la Lune est conduite par un autre cercle de déclinaison, entraîné par une cheville comme celle M, *fig. 5*, placée sur la roue du mouvement périodique de la Lune vue *figure 1, planche XXII.*

Mais l'orbite de la Lune n'est pas dans le plan de l'écliptique, elle fait un angle de cinq degrés avec ce plan, et l'on n'auroit qu'une partie de la réduction à l'équateur, si la roue AB, *fig. 1*, qui représente l'orbite de la Lune, tournoit dans le plan de l'écliptique.

Si la section de l'angle avec l'écliptique étoit immobile, il suffiroit d'établir d'abord l'obliquité de ce cercle, plus l'obliquité de la Lune sur son plan, et l'on auroit l'inclinaison absolue de AB ; mais la section de l'orbite lunaire rétrograde sur l'écliptique avec la vîtesse de six mille sept cent quatre-vingt-dix-huit jours quatre heures cinquante-deux secondes, il faut donc représenter ce déplacement successif du nœud de l'orbite, pour que l'inégalité de vîtesse du cercle E représente sur l'axe F qui doit conduire la Lune, l'inégalité résultant de l'inclinaison de l'écliptique combinée avec le déplacement de l'orbite lunaire.

Ainsi les petites platines G, G entre lesquelles la roue AB est ajustée, ne peuvent être immobiles comme dans la disposition du mouvement du Soleil. Exposons comment ces platines déplacent le plan de la roue.

La ligne HH est perpendiculaire à CD, qui doit faire un

angle de vingt-trois degrés vingt-huit minutes avec la ligne II qui représente l'équateur.

La broche K, *fig. 2*, est placée dans la direction de la ligne HH, et fixée à la platine de la cage par un empatement L et deux vis 1, 2.

Cette broche est d'acier parfaitement tournée et polie, elle sert de pivot au canon M de la roue NN, *fig. 1*, et par conséquent cette roue tourne parallèlement à l'écliptique ; sa vîtesse est égale à celle du nœud de la Lune.

La roue NN, vue séparément, *fig. 3*, porte sur le bout de son canon la platine GG fixée solidement sous un angle de cinq degrés avec l'axe du canon M ; la seconde platine s'ajuste sur celle-ci avec deux vis, et c'est dans la retraite pratiquée entre ces deux platines que tourne librement la roue AB du mouvement périodique de la Lune.

Ainsi la roue N tourne parallèlement à l'écliptique, et portant sur son canon deux plateaux inclinés de cinq degrés sur son axe de rotation : ces plateaux présentent cette inclinaison sur tous les points du cercle, par la révolution de la roue N ; mais on a vu que la roue AB tourne entre, ils la maintiendront donc dans leur plan, et sa section avec la ligne CD parcourra l'écliptique dans un espace de temps égal à la durée de la révolution de N = la révolution du nœud de la Lune.

Le plan de la roue A, *fig. 1*, devant se déplacer continuellement par la révolution de la roue N, l'axe de cette dernière roue a dû tenir au plan qui déplace la roue A, par conséquent l'axe F n'a pu se disposer comme dans la figure précédente et passer dans les ouvertures que l'on auroit pratiquées au milieu des plateaux G, G ; ici les plateaux sont fixés sur le canon de la roue N, au lieu que dans la disposition précédente (relative au temps vrai du Soleil), ils sont attachés à un cylindre creux.

L'arc de cercle de déclinaison E, vu en perspective *fig. 4*, porte un axe qui tourne librement dans le canon attaché à la platine par l'assiette RS, *fig. 1*. La partie T, *fig. 4*, tourne sur la surface extérieure du canon.

La roue N fait une révolution en même-temps que les nœuds de la Lune ; cette roue conduit le cadran des nœuds avec une vîtesse inégale, par le moyen d'un cercle de déclinaison qui n'a pu être ici représenté.

Le cadran intérieur qui représente la Terre, tourne avec une vîtesse de vingt-trois heures cinquante-six minutes quatre secondes, ainsi cette révolution ne compléteroit pas le jour, si le Soleil étoit sans mouvement ; mais pendant la révolution de la Terre sur son axe, le Soleil a parcouru un arc diurne de sa révolution annuelle, et le temps employé par la Terre pour revenir au Soleil, ajouté au temps employé pour revenir au même point de l'équateur, complète le jour astronomique.

Le cadran inférieur, *planche XX*, présente les époques moyennes de tout ce qui se passe sur celui que je viens de décrire ; savoir les heures, les jours, les mois et les années. Le millésime paroît à travers une ouverture pratiquée à la platine, et ses changemens sont disposés pour dix mille ans.

Pour changer la vîtesse du jour moyen en celle du jour sidéral, présentée par le cadran supérieur de la troisième face, j'ai employé les deux solides suivans :

Temps moyen 305080 = 29.40. 63

Temps sidéral 304247 = 19.67.239

dont la différence est.. 833.

Ils donnent l'*accélération*

$$\frac{86400'' \times 833}{305080} = \frac{2160'' \times 833}{7627} = 3' \, 55'' \, 54''' \, 33^{iv} \, 40^{v}.$$

Cette accélération répond à une année de 365 jours 5 heures

49 minutes, un peu plus longue que celle qui est employée dans cette Machine.

La suite de trois roues motrices et de trois roues de conduite que nous venons d'établir, donnera donc la vîtesse avec laquelle doit tourner la roue X, *fig. 2*, *planche XXI*, pour le mouvement diurne.

D'après tout ce que nous avons dit, on voit que l'aiguille de la Lune étant conduite par l'axe F, *planche XXII*, *fig. 1*, ne doit avoir que l'inégalité résultant de l'inclinaison de l'orbite, et de la variation de son plan sur le plan de l'équateur. Nous nous sommes bornés à cette première inégalité, pour donner une idée plus nette de ce méchanisme.

Explication relative à l'équation du temps, représentée par un méchanisme très-simple, qui est de l'invention de *A. Janvier*.

Si l'on fait tourner sur le pivot P de l'axe O P, *planche XXI*, *fig. 6*, le canon d'une roue 2, 3, *fig. 2*, parallèle au plan du cadran, qui est parallèle à l'équateur; si cette roue est égale à A B, et si elle est menée par le même pignon 4, il est clair que cette seconde roue achèvera sa révolution dans le même temps que la première.

Si le canon de la seconde roue 2, 3 porte une aiguille semblable à celle qui est conduite par l'axe P, *fig. 6*, cette aiguille avancera d'un mouvement uniforme, et représentera sur le cadran la vîtesse du Soleil fictif moyen, que l'on suppose parcourir uniformément l'équateur céleste : tantôt cette aiguille précédera la première; tantôt elle répondra au même degré de l'équateur, et tantôt enfin elle restera en arrière. L'arc compris entre les deux aiguilles représentera la différence entre l'ascension droite moyenne, et l'ascension droite vraie. Cet angle sera égal à l'équation du temps qui a lieu au degré de longitude indiqué par l'aiguille du Soleil vrai, en supposant toutefois que l'inclinaison de la roue est exactement de vingt-trois degrés vingt-huit minutes; que l'excentricité est de trois mille trois cent soixante-quinze parties du rayon, et qu'elle a lieu sur la ligne qui passe à trois signes huit degrés cinquante-quatre minutes pour l'an 1800; que la direction de la rainure NN, *figure 6*, est parfaitement dans le plan de l'axe OP; que cette rainure passe par l'aiguille; que la rainure NN a véritablement pour centre la section E, *figure 2*; et, enfin, que les aiguilles ont été mises à zéro, ou correspondantes au degré de l'équateur où l'équation doit être nulle.

Si l'on substitue deux cadrans de vingt-quatre heures subdivisées en minutes, à la place de deux aiguilles, ces cadrans 5 et 6, *figure 2, planche XXI*, vus en plan, *figure 9*, donneront aussi l'angle horaire répondant à l'équation du temps, pourvu que le cercle NN, *figure 6*, passe véritablement par le point O du cadran du temps vrai que ce cercle conduit. On distingue ce cadran par une figure du Soleil S, *figure 9*.

Enfin, si l'axe du cercle de déclinaison, *figure 6*, est un cylindre creux, dans lequel on fasse tourner un autre axe avec la vîtesse d'un jour sidéral, dont j'ai donné le rouage; si cet axe porte une aiguille M, *figure 9*, on verra sur cette machine, à chaque instant du jour, le degré de l'équateur céleste qui passe au méridien du lieu : l'heure moyenne sera indiquée par cette aiguille sur le cadran de l'équateur, menée par la roue 2, 3, et l'heure vraie sera indiquée sur le second cadran. Le retour de l'aiguille M, au midi du cercle horaire extérieur, marquera le terme du jour moyen : son retour au midi du cercle horaire intérieur, terminera le jour vrai astronomique; et cette combinaison de mouvemens présentera une idée exacte de la manière dont se composent les jours.

Apogée de la Lune.

AB, *planche XXII*, *figure 5*, représente le cercle de longitude gradué en trois cent soixante degrés, distribués en douze signes. Ce cercle est immobile sur la platine du cadran, comme dans la *figure 9*, *planche XXI*.

Les signes sont distribués de gauche à droite, et le méridien M marche dans le même ordre, ainsi que les aiguilles du Soleil et de la Lune.

Le Soleil S est attaché sur la ligne 0^h du cadran TV : ce cadran est celui du temps vrai ; car on a vu que le Soleil marche sur le cercle AB avec une vîtesse inégale, en raison de l'obliquité et de l'excentricité de sa roue. Ainsi le méridien M indiquera les subdivisions du temps vrai. Le Soleil S est percé : cette ouverture circulaire est de quatre degrés de diamètre.

Le cadran TV porte sur la ligne de minuit une partie saillante, percée d'un trou de quatre degrés.

On a vu ci-devant que les parties colorées C, D sont destinées à représenter les éclipses et leur étendue à travers les deux ouvertures circulaires : ainsi nous passerons de suite à l'équation du centre pour le mouvement de la Lune.

La roue PP, figurée sur le cadran, est montée excentriquement sur le canon d'une roue qui tourne avec la vîtesse de l'apogée de la Lune. L'excentricité de cette roue sur le canon qui la porte, est de onze mille quatre-vingt-dix-huit parties du rayon de l'orbite : ce rayon est la distance du centre de la roue P au centre de la roue N : c'est aussi l'espace compris entre les lignes ponctuées A, B, *figure 6.*

L'excentricité de onze mille quatre-vingt-dix-huit parties, produit une équation de six degrés vingt minutes : c'est l'équation moyenne.

Les observations ont fait reconnoître que cette équation varie depuis cinq degrés jusqu'à sept degrés deux tiers ; que l'équation est la plus grande lorsque l'apogée coïncide avec la ligne de syzygies, et qu'elle est la plus petite lorsqu'il répond aux quadratures. C'est ce résultat qu'il faut représenter.

La roue de la Lune L a pour centre de mouvement, le

centre de la roue P de l'apogée. La roue L est faite en anneau, et ses dents sont pratiquées à la circonférence intérieure. Cette roue est assujettie dans une coulisse FG, attachée sur la roue P, par le moyen de trois vis. La roue L tourne librement entre la roue P et la coulisse F.

La roue L porte un bras H, *fig. 5* et *6:* ce bras est coudé, pour passer sans frotter sur la coulisse : sur l'extrémité de ce bras est assujettie la petite roue N, par le moyen de deux petites rozettes, *figure 7,* qui lui permettent de tourner librement et sans jeu.

Le bras H tenant à la roue L, se meut avec la vîtesse de cette roue, autour du centre de la roue P : il emporte la petite roue N, qui, à raison de sa communication avec la roue P, tourne avec une vîtesse déterminée par le rapport de son diamètre avec celui de la roue P : ce rapport est comme la moitié de la révolution synodique est à la révolution anomalistique. Ainsi la roue P fait faire deux tours à la roue N pendant la durée d'une révolution synodique.

La roue N porte un petit cylindre *c, fig. 6* et *7 :* ce cylindre d'acier, parfaitement rond et poli, est excentrique à la roue de deux mille trois cent vingt-sept parties du rayon, qui répondent à une équation de un degré vingt minutes.

Le cylindre *c* passe sans jeu dans une ouverture longitudinale pratiquée à l'aiguille de la Lune, *figure 8* et *figure 5 :* cette ouverture doit être assez étendue pour renfermer les limites de l'excentricité de la roue P et du cylindre *c* réunies ; car l'aiguille de la Lune tourne sur l'axe du mouvement diurne sur lequel elle est libre : cette aiguille est retenue par une portée pratiquée à l'aiguille M. On place à frottement sur le petit cylindre *c,* une virole qui retient aussi l'aiguille.

Dans les conjonctions, le cylindre doit se trouver le plus

éloigné du centre de la roue P, sur la ligne qui passe par le centre de la roue N; il s'y retrouve dans les oppositions, puisque la révolution de N est égale à la moitié d'une révolution synodique. Dans les quadratures, le cylindre *c* se trouve encore sur la ligne des centres P et N, mais au dedans et le plus près du centre P. Ainsi on doit concevoir que le cylindre *c* décrit une ellipse, comme celle ponctuée, *figure 9*, autour du centre P, qui représente le centre de la roue de l'apogée P, *figure 5*.

Ainsi, dans la conjonction, lorsque le cylindre *c* qui représente le vrai lieu de la Lune, répond au Soleil S, si le Soleil répond à l'apogée de la Lune, l'excentricité sera T*c*, *figure 5*, et l'équation de sept degrés quarante minutes : mais quand la conjonction arrivera à trois signes de l'apogée, l'excentricité sera *td*, et l'équation du centre sera la moindre ou seulement de cinq degrés.

L'équation moyenne aura lieu lorsque la conjonction arrivera à quarante-cinq degrés de l'apogée, et que le cylindre se trouvera sur le cercle AB, centre de mouvement de la roue N. L'angle compris entre le cylindre *c* dans cette position, et le centre de la roue N, représentera la variation.

Ceci bien entendu, exposons l'effet du mouvement de la roue P, sur la vîtesse de la roue L, *figure 5*; et démontrons, s'il est possible, par quel artifice on maintient la vîtesse de la roue L, malgré sa décomposition, par le mouvement de P.

La roue L, *fig. 5*, reçoit son mouvement d'une roue placée sur le bout d'un canon qui tourne dans le canon de la roue qui porte la roue excentrique P, et dans lequel passe l'axe qui porte le méridien M. La motrice de la roue L est la moitié de son diamètre; en sorte que la motrice fait deux tours pour un de la roue L. La motrice tourne du même côté, parce qu'elle engrène par la circonférence intérieure.

Si

Si la roue L n'avoit point de communication avec sa motrice, on conçoit que la roue P lui causeroit une avance d'une révolution complète pendant la révolution de l'apogée ; mais la roue L engrène dans son pignon moteur ; ce pignon est la moitié de la roue ; il la fait rétrograder d'un demi-tour ; reste une avance d'un demi-tour pendant la révolution de la roue P = révolution de l'apogée = 3231 jours 8 heures 34 minutes.

Puisque la roue P avance la roue de la Lune d'une demi-révolution durant la révolution de l'apogée, pour contrebalancer cet effet, il faut augmenter le temps de la révolution de la roue L, de manière que l'accélération causée par la roue de l'apogée, la réduise à la juste valeur de la révolution de la Lune.

Soit donc R la véritable durée de la révolution périodique ; x l'augmentation dont elle a besoin ; ($R + x$) sera la révolution augmentée qu'il faut déterminer ; on aura cette analogie.

La révolution de l'apogée : avance de demi-révolution périodique : : la révolution augmentée : à l'augmentation ;

Ce qui donne $x =$ 2 heures 47′ 1″,92

$R + x =$ 27 jours 10 heures 30′ 6″,31

Et par conséquent $R =$ 27 jours 7 heures 43′ 4″,42 ;

car en 27 jours 10 heures 30 minutes 6 secondes 31, la roue L, par son mouvement propre, fera un tour entier sur la roue P ; pendant ce temps la roue L sera accélérée de 2 heures 47 minutes 1 seconde 92 : il y aura donc alors 2 heures 47 minutes 1 seconde 92 qu'elle aura fait une révolution entière ; et cette révolution aura par conséquent duré 27 jours 7 heures 43 minutes 4 secondes 4.

Cette transformation doit se tirer de la vîtesse de l'axe du cercle de déclinaison F, *figure 4* ; car c'est la vîtesse de cet axe qu'il faut que la roue L conserve, malgré son déplacement continuel autour du pignon qui la mène.

On a vu que la roue AB, *figure 1*, fait une révolution en 27 jours 7 heures 43 minutes 4 secondes 25 tierces un quart: c'est cette vîtesse que nous devons communiquer à l'aiguille de la Lune, sur le cadran, *figure 5;* car cette aiguille doit passer par le même degré que le plan de déclinaison E, *figure 1*, toutes les fois que la Lune se trouve en même temps dans l'apogée et dans les syzygies, afin que les inégalités combinées de l'excentricité et de l'inclinaison coïncident dans le véritable ordre de la nature.

Explication de la *figure 6, planche XXII.*

L'AXE D doit être en communication directe avec l'axe F, *figure 1*, ou plutôt c'est le même axe si l'on veut.

La roue 1, fixée sur l'axe D, donne le mouvement à la roue 2; celle-ci porte une seconde roue 3, qui donne le mouvement à la roue 4; la roue 4 porte le pignon qui conduit la roue L, *figure 5*.

La roue 6 est celle qui tourne avec la vîtesse de l'apogée, et dont le canon porte excentriquement la roue P, *fig. 5* et *6*.

La petite roue 8 est celle du mouvement diurne; son axe porte le méridien M, *figure 5*. L'aiguille de la Lune, *fig. 8* et *5*, est ajustée librement sur cet axe.

Les roues 9 et 10, *figure 6*, portent le cadran des nœuds, et celui des heures qui tient à l'aiguille du Soleil. Ces deux roues reçoivent une vîtesse inégale, par la communication directe de l'axe d'un cercle de déclinaison, entraîné par une roue inclinée, ainsi qu'on l'a déjà expliqué ci-devant.

Rouage de transformation de la révolution périodique de la Lune, en une révolution de 27 jours 10 heures 30' 6";

Pignons, = 61.139 = 27 jours 7 heures 43' 4",
Roues, = 65.131 = 27 jours 10 heures 30' 6".

Nous avons dit que les roues N et P, *planche XXII, fig. 5*, sont entre elles comme la révolution anomalistique est à la moitié de la révolution synodique.

Le rapport le plus exact serait :

Roue P = 386,
Roue N = 207;

mais ces nombres sont trop grands, et je n'ai employé que

P = 138,
N = 74.

Quatrième face du piédestal, les Marées.

Les phénomènes des marées sont liés aux passages de la Lune au méridien, à ses élongations au Soleil, et à ses différentes distances à la Terre.

Le mouvement du cercle horaire des marées est réglé sur la révolution synodique de la Lune : cette vîtesse est altérée par la fonction d'une ellipse, qui communique au mouvement du cadran les différences qui se trouvent dans les tables calculées [a].

Les différences pour l'apogée et le périgée de la Lune, sont données par deux ellipses qui modifient les vîtesses des aiguilles des minutes qui indiquent sur le petit cadran la correction de l'heure établie sur le cadran supérieur, pour la haute mer de chaque port. La révolution synodique de la Lune, employée pour la représentation de ces effets, se trouve, ainsi que celle de l'apogée, dans les tableaux placés à la fin de cet article.

Quoique cette partie présente des effets difficiles à représenter avec l'exactitude à laquelle je crois avoir atteint, j'y attache peu d'importance, et je bornerai là des détails que je ne pourrois faire concevoir sans un grand nombre de figures.

J'observerai en finissant, que cette partie ne marche point uniformément ; son mouvement est interrompu pendant 24 heures, et le mouvement d'un jour moyen se fait en quelques minutes.

[a] Voyez *Connoissance des temps*, vol. de l'an IX.

Il m'a paru plus utile et plus curieux de présenter ainsi les phénomènes, et d'en conserver le tableau pendant vingt-quatre heures sous l'œil de l'observateur. Je ne crois pas d'ailleurs que ces phénomènes puissent se présenter d'une autre manière; car l'heure du port établie, les variations dépendantes des situations respectives du Soleil et de la Lune coordonnées entr'elles, les heures des divers ports le sont aussi, elles marchent toutes ensemble; le changement en vingt-quatre heures appartient à toutes, et l'on n'auroit pas plus la véritable indication du phénomène, si le mouvement étoit continu, que l'on n'a l'indication précise du jour d'un quantième qui n'est pas à sautoir.

Disposition fort simple pour représenter le mouvement de la Lune, par *A. Janvier.*

ON PEUT représenter, dit le C.en JANVIER, les révolutions propres des planètes par les seules différences de leur passage au méridien, en leur faisant faire la révolution diurne. Les planètes dont la révolution est plus longue que le mouvement annuel, reviennent au méridien plutôt que le Soleil; celles dont la révolution est plus prompte y reviennent plus tard, par la raison que le mouvement propre est contraire au mouvement diurne, et se fait d'occident en orient.

Je vais exposer la manière de représenter le mouvement de la Lune, dont la révolution périodique est plus prompte que celle du Soleil, et qui, par conséquent, doit revenir chaque jour plus tard au méridien par le mouvement diurne.

Soit la roue A, *planche XXIII, fig. 1,* une des roues de mouvement d'une horloge dont la vîtesse soit égale à vingt-quatre heures = la révolution diurne du Soleil.

Sur le bout prolongé de l'axe de cette roue, en dehors de la platine B, on ajustera à frottement le canon de la roue C; le bout de ce canon portera l'aiguille du Soleil D, vue en plan *fig. 2.*

La roue C mènera la roue E, à laquelle sera fixée la roue F, qui mènera la roue G; le canon de cette dernière tournera sur le canon de la roue C, et portera l'aiguille de la Lune H.

Supposant que les roues soient entr'elles comme 3224 : 3337; les aiguilles marcheront avec une différence de vîtesse = 113. 3224 étant = 86400", on aura 113 = 50' 28" 17''' $\frac{1}{3}$; et l'aiguille lunaire ne reviendra au méridien ou o heure du cadran, qu'après 24 heures 50' 28" 17''',3, environ 2''' plutôt que ne donnent les Tables astronomiques les plus exactes.

Les facteurs des nombres qui sont entr'eux comme ces révolutions, sont 62 . 52 pour les roues du Soleil = 3224; et 71 . 47 pour les roues de la Lune = 3337.

Ainsi la roue C aura 62 dents; la roue E, 52; la roue F, 47, et la roue G, 71 dents.

Par cette combinaison, l'aiguille lunaire retardera dans un mois synodique, d'une révolution complète, sur l'aiguille solaire, et présentera successivement toutes les distances moyennes de la Lune au Soleil, ainsi que les phases dépendantes de ces distances.

Pour représenter les phases de la Lune, l'aiguille lunaire H, *fig. 1*, vue en plan *fig. 3*, porte un globe I moitié blanc, moitié noir: ce globe est monté sur un axe qui porte également la roue K.

Le globe passe dans le trou L pratiqué à l'aiguille lunaire, l'axe est noyé dans une cannelure creusée le long de l'aiguille, et la petite roue K passe dans une mortoise carré-long.

L'aiguille de la Lune porte un cadran MM, *fig. 3*, divisé en vingt-neuf jours et demi, qui sont successivement indiqués par la petite pointe, *fig. 2*, de l'aiguille du Soleil, à mesure que le cadran rétrograde.

L'aiguille du Soleil est rivée sur un pignon qui s'ajuste carrément sur le bout du canon de la roue C; ce pignon engrène dans une petite roue montée entre le cadran et l'aiguille lunaire: cette roue peut avoir tel nombre de dents que l'on voudra; mais la petite roue K doit être égale au pignon N, sur lequel est rivée l'aiguille du Soleil.

Cette roue de communication entre le pignon N et la roue K est nécessaire pour que le mouvement de rotation du globe se fasse de droite à gauche, et que dans les premiers et derniers quartiers de la Lune, la partie blanche de ce globe se trouve tournée du côté de l'image du Soleil, attachée sur l'aiguille D.

TABLEAU I.er,

Des Révolutions périodiques des Planètes ou de leur retour à l'Équinoxe, tiré de l'Astronomie de Lalande, *édit. de 1792.*

MERCURE,	87 jours	23 heures	14'	32",7.
VÉNUS,	224	16	41	27,7.
LA TERRE,	365	5	48	48.
MARS,	686	22	18	27,4.
JUPITER,	4330	14	39	2,3.
SATURNE,	10746	19	16	15,5.
HERSCHEL,	83 ans	52	4	= 30347 jours 4 heures.

LA LUNE, SATELLITE DE LA TERRE.

Révolution périodique :

27 jours 7 heures 43' 4",6795.

Révolution synodique :

29 jours 12 heures 44' 2",8283.

Révolution synodique des Satellites de JUPITER :

1.er	1 jour	18 heures	28'	36".
2.e	3	13	17	54.
3.e	7	3	59	36.
4.e	16	18	5	7.

Révolution synodique de JUPITER :

398 jours 19 heures 12' 54",15.

TABLEAU II.

ROUAGES employés par A. JANVIER dans sa Sphère mouvante, et calculés par lui, pour imiter les Révolutions périodiques des Planètes.

La roue de l'horloge qui sert de motrice à ces rouages, fait sa révolution en 24 heures = 86400 secondes.

MERCURE.

Pignons, 10. 43. 53
Roues, 80.140.179 = 87 jours 23 heures 14' 30" 22"'.

VÉNUS.

Pignons, 7. 17. 37
Roues, 62. 81.197 = 224 jours 16 heures 41' 25".

LA TERRE.

Pignons, 7. 13. 23
Roues, 52. 61.241 = 365 jours 5 heures 48' 49" $\frac{31}{161}$.

MARS.

Pignons, 6. 6. 71
Roues, 89.137.144 = 686 jours 22 heures 18' 35".

JUPITER.

Pignons, 6. 6. 6. 41
Roues, 57.72.89.105 = 4330 jours 14 heures 38' 2".

SATURNE.

Pignons, 4. 6. 8. 37
Roues, 82.92.92.110 = 10746 jours 19 heures 14' 35".

HERSCHEL.

Pignons, 6. 6. 6. 7
Roues, 60.73.97.108 = 30347 jours 3 heures 25' 43".

TABLEAU III.

ROUAGES servant à imiter les Révolutions synodiques des Satellites de JUPITER (conduits par une roue dont la révolution est de 24 heures = 86400 secondes).

Premier Satellite.

Pignons, 3.31.181
Roues, 4.76. 98 = 1 jour 18 heures 28′ 35″ 37‴.

Deuxième Satellite.

Pignons, 6. 6. 19
Roues, 11.13. 17 = 3 jours 13 heures 17′ 53″ 41‴.

Troisième Satellite.

Pignons, 19.31
Roues, 63.67 = 7 jours 3 heures 59′ 35″ 33‴1.

Quatrième Satellite.

Pignons, 4.71
Roues, 61.78 = 16 jours 18 heures 5′ 4″ 13‴.

Révolution synodique de JUPITER, motrice de 7 jours.

Pignons, 6. 61
Roues, 132.158 = 398 jours 19 heures 12′ 54″.

TABLEAU IV.

ROUAGES employés pour produire les diverses Révolutions et mouvemens de la LUNE.

Révolution périodique, motrice de 24 heures.

Pignons, 5. 20. 19
Roues, 23. 37. 61 = 27 jours 7 heures 43′ 4″ 25‴$\frac{1}{4}$.

Révolution

Révolution synodique.

Pignons, 15. 22. 53
Roues, 58. 65.137 = 29 jours 12 heures 44′ 2″ 52‴.

Rouages pour la révolution de l'apogée de la LUNE, motrice de 24 heures.

Pignons, 6. 8. 10
Roues, 69.127.177 = 3231 jours 8 heures 33′.

Motrice de 27 jours 7 heures 43 minutes.

Pignons, 10. 13. 31
Roues, 57. 74.113 = 3231 jours 8 heures 44′.

Révolution des nœuds, par la roue N =

Pignons, 25. 59
Roues, 106.259 = 6798 jours 5 heures.

Rouage calculé (comme les précédens) par le C.en A. JANVIER, *pour obtenir une révolution annuelle, exactement conforme à celle des Tables astronomiques (actuelles).*

Pignons, 10.12. 15
Roues, 47.52.269 = 365 jours 5 heures 48′ 48″ 0‴.

CHAPITRE VII.

TABLEAU chronologique des Auteurs auxquels on doit les inventions et les découvertes qui ont été faites sur la Mesure du temps par les Horloges ; contenant une Notice[a] *du travail des Auteurs et de ceux qui ont contribué à la perfection des diverses parties de ces Machines.*

LA TÂCHE que nous avions osé entreprendre, celle de former un Recueil des inventions les plus importantes qui composent l'Art de la mesure du temps par les horloges, est terminée par le Chap. VI, qui traite des horloges qui imitent les mouvemens célestes. Nous avons soutenu, non sans peine, cette tâche, et l'avons conduite jusqu'à l'époque actuelle ; et si ce Recueil ne comprend pas tout ce qui s'est fait sur cet Art, c'est que des Auteurs qui nous sont inconnus, n'ont rien publié de plus qui soit parvenu à notre connoissance. Il nous reste maintenant à présenter sous un seul point de vue, le tableau des Auteurs des inventions rassemblées dans cet ouvrage. C'est l'objet du présent Chapitre. Le Chapitre VIII et dernier contiendra les définitions et explications des termes de l'Art. Il sera suivi de l'APPENDICE, dans lequel on trouvera une notice des principaux ouvrages qui ont été publiés sur la mesure du temps.

400 ans avant J. C. PLATON. On attribue à ce célèbre Philosophe, disciple de SOCRATE, l'invention de l'horloge nocturne : c'étoit une clepsydre

[a] Dans ces notices, nous suivrons l'ordre chronologique de la publication des Ouvrages des Auteurs.

ou horloge d'eau, qui indiquoit les heures de la nuit par le son et le jeu d'une flûte.

Voyez ci-devant, Tome I, page 65.

ARISTOTE. Dans un Traité de cet Auteur célèbre, sur la Méchanique, il est fait mention, à ce que l'on prétend, des roues dentées : mais il est incertain si cette belle invention fut connue du temps de ce Philosophe.

350 ans avant J. C.

Voyez un Mémoire du C.[en] *Fournier*, imprimé dans le 5.e cahier du Journal de l'École polytechnique. = *Voyez* ci-devant, Tome I, page 29, note *.

ARCHIMÈDE, célèbre méchanicien et géomètre de Syracuse, auteur de la sphère mouvante, si justement célébrée. Il paroît certain qu'on doit à ce grand Méchanicien l'invention des roues dentées, sans le secours desquelles il n'auroit pu composer sa sphère mouvante.

250 ans avant J. C.

Voyez ci-devant, Tome I; page 29.

CTÉSIBIUS, méchanicien d'Alexandrie, construisit une horloge d'eau ou clepsydre, dans laquelle il fit usage des roues dentées.

150 ans avant J. C.

Voyez ci-devant, Tome I, page 32.

HÉRON, méchanicien célèbre, né à Alexandrie, et disciple de CTÉSIBIUS. Il s'acquit une haute réputation par son habileté dans la Méchanique, et ce fut un des anciens qui écrivit le plus dans ce genre.

140 ans avant J. C.

Dans un ouvrage qu'il publia sur la Méchanique, il restitua ou attribua à ARCHIMÈDE l'instrument que nous appelons le *Cric*, composé de roues et de pignons.

Voyez ci-devant, Tome I, page 29.

Ce fut principalement par ses horloges d'eau ou clepsydres, par ses automates et ses machines à vent, qu'HÉRON excita l'admiration de l'Antiquité.

80 ans avant J.C. POSSIDONIUS, auteur d'une sphère mouvante.

Voyez ci-devant, Tome I, page 37.

40 ans avant J.C. VITRUVE, auteur d'un Traité d'Architecture, à la suite duquel il a rassemblé divers instrumens de Méchanique. Il a traité des horloges d'eau ou clepsydres.

Voyez ci-devant, Tome I, page 32.

An 490 après J.C. CASSIODORE construisit deux horloges hydrauliques.

Voyez ci-devant, Tome I, page 37.

An 514. BOÉTHIUS, versé dans la Méchanique et la Gnomonique, construisit des horloges solaires et hydrauliques.

Voyez ci-devant, Tome I, page 37.

An 721. Y-HANG, astronome chinois, composa une horloge planétaire.

Vers l'an 990, on fit à la Chine une nouvelle horloge assez semblable à celle d'Y-HANG.

Voyez ci-devant, Tome I, page 38.

An 809. HAROUN AL-RASCHID, roi de Perse, envoya à CHARLEMAGNE une horloge de laiton, d'une exécution admirable.

Histoire de l'Astronomie moderne, Tome I, page 219. = *Voyez* ci-devant, Tome I, page 39.

An 840. PACIFICUS, archidiacre de Véronne, est le premier, selon

BAILLY, qui ait fait une horloge à roues dentées, mue par un poids et réglée par un balancier, et par un échappement.

Histoire de l'Astronomie moderne, Tome I, page 321. = *Voyez* ci-devant, Tome I, page 47.

GERBERT, moine d'Aurillac, puis archevêque de Reims, et ensuite pape sous le nom de SILVESTRE II, fut célèbre par ses connoissances astronomiques et méchaniques. Plusieurs Auteurs lui attribuent l'invention de la première horloge à roue, réglée par un balancier.

An 996.

Traité du P. *Alexandre*, page 16. = *Voyez* ci-devant, Tome I, page 44.

RICHARD WALINGFORT, abbé de S. Alban en Angleterre, qui vivoit en 1326, par un miracle de l'Art, fit une horloge qui n'avoit pas sa pareille dans toute l'Europe, selon le témoignage de GESNER.

An 1326.

Traité d'Horlogerie du P. *Alexandre*, page 17.

DONDIS (JACQUES DE), surnommé HOROLOGIO, fit une horloge planétaire.

An 1350.

Histoire des Mathématiques, Tome I, page 439. = *Voyez* ci-devant, Tome I, page 51.

HENRI DE VIC. CHARLES V, dit *LE SAGE*, fit construire dans Paris la première grosse horloge par HENRI DE VIC, qu'il fit venir d'Allemagne, et la mit sur la tour de son palais. Cet Artiste n'étoit pas l'inventeur de cette horloge ; mais c'est la première qui fut connue en France.

An 1370.

Traité d'Horlogerie du P. *Alexandre*, page 17. = *Jean Froissart*, deuxième Volume, Chapitre 128.

En 1382, le duc de Bourgogne fit ôter de la ville de Courtray une horloge qui sonnoit les heures. « C'étoit l'un des plus beaux que l'on connût alors tant en deçà qu'au-delà de la mer ; et il le fit apporter à Dijon, où il est encore à présent sur la tour Notre-Dame ».

Traité d'Horlogerie, page 17. = *Moréri* sur le mot HORLOGE du palais. = *Froissart*, Chapitre 128, deuxième Volume. Paris, 1574, *in-folio*.

An 1446.

RÉGIOMONTANUS (JEAN MULLER), célèbre astronome et méchanicien. Il fit avec WALTHERUS, son disciple, des additions à la fameuse horloge de Nuremberg, une des merveilles de son temps : il avoit aussi commencé à faire exécuter un planétaire.

Histoire des Mathématiques, Tome I, page 450.

An 1484.

WALTHERUS, astronome, élève de RÉGIOMONTANUS. WALTHERUS dit (BAILLY) ne partage avec personne l'honneur d'avoir fait usage des horloges pour mesurer le temps des observations astronomiques. C'est en 1484 que nous en trouvons le premier exemple : WALTHERUS avertit que la sienne étoit bien réglée, et qu'elle donnoit exactement l'intervalle d'un midi à l'autre.

Histoire de l'Astronomie moderne, Tome I, page 321.

An 1530.

GEMMA FRISIUS ou REINERUS GEMMA, médecin hollandais. Il imagina l'anneau astronomique, qui sert à trouver l'heure qu'il est dans tous les pays : il fut un des premiers qui proposèrent les mouvemens de la Lune pour la détermination des longitudes; et le premier il proposa la mesure du temps ou les horloges pour trouver les longitudes en mer.

Voyez ci-devant, Tome I, page 272.

ORONCE FINÉE, professeur au collége de France, et auteur du planétaire qu'il fit exécuter pour le cardinal de Lorraine. An 1530.

Voyez ci-devant, page 180.

APPIAN (PIERRE), en allemand BIENEWITS. Il passe pour le premier qui ait songé à employer les observations des distances de la Lune, à trouver les longitudes. An 1540.

Histoire de l'Astronomie moderne, Tome II, page 634.

CARDAN, dans un livre qu'il a publié, traite de la figure des dents des roues. An 1557.

Traité du P. *Alexandre*, page 295.

TICHO-BRAHÉ, célèbre astronome Danois, avoit quatre horloges qui marquoient les heures, minutes et secondes de temps pour ses observations. An 1560.

Astronomie de *Lalande*, Tome II, n.° 2460.

DASIPODE publie la construction d'une horloge de son invention. An 1578.

Traité d'Horlogerie du P. *Alexandre*, page 296.

BYRGE (JUSTE), Suisse, né en 1552, paroît avoir eu les talens les plus distingués. Il eut d'abord la plus grande réputation pour la construction des instrumens ; il est l'Inventeur du compas de proportion : il inventa les Logarithmes. BECKER a fait honneur à JUSTE BYRGE, d'une découverte également importante ; c'est celle du pendule, et de son application aux horloges. An 1580.

Histoire de l'Astronomie moderne, Tome I, page 372. = *Voyez* ci-devant, Tome I, page 96.

An 1607. PANCIROLLE. On a de lui un ouvrage qui traite de l'Horlogerie.

Traité d'Horlogerie du P. *Alexandre*, page 296.

An 1610. GALILÉE, célèbre philosophe et mathématicien, né à Pise en 1564, mort en 1642. L'Astronomie lui doit plusieurs belles découvertes, parmi lesquelles on doit compter celle des quatre satellites de Jupiter au 11 janvier 1610. Dans la suite il proposa les éclipses de ces satellites pour la détermination des longitudes en mer. La mesure du temps doit à GALILÉE la belle découverte du mouvement oscillatoire du pendule, qu'il employa à diverses observations.

Voyez ci-devant, Tome I, page 86.

An 1644. HAFSTEN, dans un livre qu'il a publié en 1644, prétend que les horloges dont on se servoit alors, avoient été inventées par GERBERT.

Traité du P. *Alexandre*, page 299.

An 1644. SCHOTT a donné, dans son livre intitulé *Thecnica curiosa*, la description d'un planétaire, et les figures des dents des roues. Parmi les pièces d'Horlogerie dont il parle, on trouve une horloge dont la boîte est cylindrique, qui descend en marchant le long d'un plan incliné.

Traité du P. *Alexandre*, page 309.

An 1648. VENDELINUS a observé le premier l'effet de la chaleur sur les métaux.

Voyez ci-devant, Tome I, pages 200-201.

An 1660. HOOK (ROBERT). Le docteur HOOK a été un des plus célèbres Méchaniciens,

Méchaniciens et Physiciens que l'Angleterre ait produits. L'Horlogerie lui doit plusieurs belles découvertes : la plus importante est celle de l'application qu'il fit en 1660 [a], d'un ressort au balancier des montres, pour en régler les vibrations; cette heureuse invention a été l'origine de la perfection que les montres ont acquise depuis cette époque.

Le docteur Hook est l'inventeur de l'échappement composé de deux balanciers : cette nouvelle disposition donnée au régulateur des montres, les rend moins susceptibles des agitations qu'elles éprouvent en les portant.

L'échappement à ancre, substitué si heureusement à l'ancien échappement à roue de rencontre des horloges à pendule, paroît aussi être de l'invention du docteur Hook. Voici ce qu'en dit Derham dans son Traité d'Horlogerie, *page 172 :*

« Cette méthode de M. Huygens continua d'y être la seule en usage pendant plusieurs années; savoir, des Pendules à roue de rencontre, pour se mouvoir entre deux lames cycloïdales : mais dans la suite, M. Clément, horloger de Londres, inventa, à ce que dit M. Smith, la manière de les faire aller avec moins de poids, et, si l'on veut, avec une lentille plus pesante, pour faire les vibrations plus petites. Mais M. le docteur Hook nie à M. Clément l'invention de cette pièce, pour se l'attribuer, en assurant qu'il en a fait exécuter une semblable, qu'il présenta à la Société royale, peu de temps après l'embrasement de Londres.

» Il reste, dit Derham, encore une autre invention touchant les pendules, c'est celle du pendule circulaire; M. Huygens en a parlé comme d'une chose de son invention; mais feu le savant docteur Hook se l'attribue, comme étant en effet de

[a] *Voyez* ci-devant Tome I, page 139, les preuves de cette découverte du docteur *Hook*, et de plus grands détails sur ses recherches.

lui. On trouve la description de ce pendule, et de tout ce qui y a part, dans le *Lectiones Cutlerianæ* du docteur Hook. *Animad. in Hevelii Mach. cœl.* pag. 60. »

Mais s'il paroît certain que l'invention du pendule circulaire appartient au docteur Hook, il ne l'est pas moins que la théorie des oscillations isochrones de ce régulateur ne peut appartenir qu'à Huygens; car, selon la remarque de M. Montucla [a], M. Hook n'étoit pas assez profond géomètre pour des découvertes de cette nature (la cycloïde, &c.)

On a encore attribué au docteur Hook, diverses autres inventions, celle de la machine à fendre, &c.; mais nous ne connoissons aucune preuve qui lui assure ces inventions.

Il est auteur du baromètre à cadran et à aiguille, qu'on appelle aussi *baromètre à roue.*

An 1662.

Fromentil, horloger hollandais, vint en Angleterre, et y fit les premières horloges à pendule qui s'y soient vues, vers l'an 1662.

Derham, Traité d'Horlogerie, page 171.

An 1666.

Picard, astronome célèbre du dix-septième siècle, a observé le premier les variations des horloges à pendule, par diverses températures.

Mémoires de l'Académie, année 1666.

An 1667.

Van-Helmont se dit inventeur du pendule pour mesurer le temps.

Traité du P. *Alexandre*, page 309.

[a] *Histoire des Mathématiques*, Tome II, page 466.

MOUTON, astronome, fit usage du pendule simple pour ses observations astronomiques. An 1670.

FLAMSTEED, astronome célèbre d'Angleterre, est auteur des premières Tables de l'équation du temps. An 1672.

HUYGENS (CHRISTIAN), seigneur de Zelem et de Zulichem, le plus célèbre Méchanicien, et l'un des plus profonds Géomètres du dix-septième siècle, peut être considéré comme l'*instaurateur* [a] de l'Horlogerie. HUYGENS naquit à la Haye le 14 avril 1629, de M. CONSTANTIN HUYGENS, secrétaire et conseiller des Princes d'Orange. An 1673.

M. HUYGENS s'étoit acquis, dès l'année 1665, une telle réputation [b], que LOUIS XIV voulant fonder dans sa capitale une Académie des Sciences, le fit inviter, sous des conditions honorables et avantageuses, à venir s'établir en France. Il les accepta, et vint résider à Paris en 1666. Durant le séjour qu'il y fit, il fut un des principaux ornemens de l'Académie royale des Sciences, dont il enrichit les registres d'une multitude d'écrits profonds. Il eût peut-être terminé sa carrière en France, sans la révocation de l'édit de Nantes. En vain tenta-t-on de l'y retenir, en l'assurant qu'il y jouiroit de la même liberté qu'auparavant; il ne put se résoudre à vivre davantage dans un pays où sa religion alloit être proscrite; il prévint l'édit fatal, en se retirant dans sa patrie, en 1681, où il mourut le 5 juin 1695.

Parmi les découvertes en Méchanique de M. HUYGENS, on en remarque une principale, et qui semble avoir été le motif et l'occasion de toutes les autres; c'est celle de l'application du pendule à régler le mouvement des horloges.

[a] Expression employée par *Daniel Bernoully*.

[b] *Histoire des Mathématiques*, Tome II, page 382.

Il y avoit dans les premiers succès de cette application, de quoi satisfaire HUYGENS ; mais l'envie de la porter à une plus grande perfection, ne lui permit pas d'en rester là. C'est à cette savante inquiétude que nous devons les profondes et subtiles recherches qu'il mit au jour en 1673, dans son immortel ouvrage intitulé *Horologium oscillatorium.*

M. HUYGENS considéra dans cet ouvrage qu'il devoit arriver, par diverses circonstances, que les oscillations de son pendule ne fussent pas toujours égales en étendue. Or, dans ce cas, leur durée n'auroit plus été parfaitement la même, et il craignit que ces petites différences accumulées ne fissent à la fin une somme sensible : cette considération lui inspira l'idée de faire en sorte que, quelle que fût l'étendue des oscillations de son pendule, elles fussent géométriquement égales : or, ce problème se réduit à déterminer le long de quelle courbe un poids doit rouler, afin que, de quelque point que sa chute commence, il arrive dans le même temps au plus bas. Il rechercha, et il trouva que c'étoit la cycloïde qui jouissoit de cette propriété.

M. HUYGENS ayant montré qu'il falloit que le poids du pendule décrivît une cycloïde [a], afin que ses oscillations quelconques fussent d'égales durées, il lui restoit à exécuter ce méchanisme. Il imagina pour cela, avec beaucoup de sagacité, que toute courbe pouvoit être décrite par le développement d'une autre ; de sorte qu'afin que le centre du pendule décrivît une cycloïde, il falloit déterminer cette autre courbe. . . . Nous nous bornons ici à remarquer qu'il trouva que la courbe sur laquelle se devoit appliquer le fil du pendule étoit encore une cycloïde égale et posée seulement en sens contraire. En conséquence, il suspendit la verge de son pendule à des fils de soie, et il plaça vers le point de suspension deux arcs de

[a] *Histoire des Mathématiques,* Tome II, page 386.

cycloïde, afin que ces fils s'appliquassent sur ces arcs pendant les oscillations.

Cette disposition de la cycloïde, de même que celle de l'horloge à pendule d'HUYGENS, sont gravées et placées au commencement de son Traité, avec la description de cette machine.

A la suite de la description, on trouve aussi dans ce Traité la composition de sa première horloge à pendule, disposée pour trouver les longitudes. Cette horloge marine fut éprouvée en mer en 1664.

Depuis cette époque, HUYGENS s'appliqua à perfectionner son horloge marine. Il inventa, pour cet effet, le remontoir, méchanisme ingénieux, par lequel le régulateur reçoit toujours une force constante, malgré les inégalités de la force motrice ou ressort, celle des engrenages, &c.

On doit à HUYGENS l'invention d'un nouveau régulateur, auquel il a donné la propriété de l'isochronisme, comme il l'avoit fait dans le pendule au moyen de la cycloïde. Ce régulateur est le pendule circulaire ou à pirouette, dont le principe est tiré de la force centrifuge combinée avec celle de la pesanteur.

Un poids étant suspendu à un fil, au lieu de lui donner un mouvement d'oscillation dans un plan vertical, comme au pendule ordinaire, on le fait tourner circulairement, de sorte que le fil auquel il est suspendu, décrive une surface conique. Ce mobile est ainsi sollicité par deux forces qui ont des directions contraires : l'une est la pesanteur, qui tend à le ramener à la perpendiculaire, en le faisant rouler le long de la courbe qu'il décriroit par une oscillation ordinaire ; l'autre est la force centrifuge, qui tend à l'écarter de cette perpendiculaire, en l'élevant le long de la même courbe.

Pour en former un régulateur par cette sorte de mouvement combiné de ces deux forces, HUYGENS imagina de placer un axe verticalement, tournant librement sur ses deux pivots. Cet axe porte une lame d'une certaine largeur, figurée suivant la courbure de développée de la parabole. Ce même axe est percé d'une fente latérale, qui donne passage au fil du pendule, et qui lui permet de se hausser et de s'abaisser en s'enveloppant sur la courbe ou en se développant de dessus elle : par ce moyen, le centre du poids du pendule se trouve toujours dans une ligne parabolique, et par conséquent ses évolutions circulaires seront toutes de même durée, ainsi que l'Auteur le démontre.

Ce pendule circulaire a été employé par HUYGENS à régler l'horloge : il a même fait exécuter plusieurs horloges, une, entre autres, pour le Grand Dauphin, fils de LOUIS XIV. L'Éditeur de cet ouvrage l'a eue entre les mains vers 1765.

Ce pendule, tournant toujours du même côté, a l'avantage de ne pas faire de bruit.

Ce régulateur, quoique très-savamment combiné, n'a pas été imité : mais la théorie n'en est pas moins admirable, de même que celle de la cycloïde, qui a eu le même sort.

L'application d'un ressort droit au balancier des montres, appartient au docteur HOOK, célèbre méchanicien anglais : mais il étoit réservé à HUYGENS de perfectionner cette application, en donnant à ce ressort la figure spirale. Par cette heureuse application, le balancier, réglé par le ressort plié en spirale, est devenu un régulateur presque aussi parfait que le pendule. Aussi HUYGENS, qui en sentoit le prix, prétendoit-il, par la disposition qu'il donna à sa montre, parvenir à trouver, par son moyen, les longitudes en mer.

Dans son Traité des horloges, HUYGENS propose le pendule pour servir de mesure universelle et perpétuelle, et il en indique les moyens.

Nous terminerons cette Notice sur les recherches méchaniques

faites par M. HUYGENS, en rapportant ce que dit l'Auteur de l'Histoire des Mathématiques [a] [MONTUCLA] en parlant du planétaire[b] d'HUYGENS :

« Je ne dis qu'un mot d'un ouvrage posthume de M. HUYGENS, son *Automatum planetarium*, ou la description d'une machine propre à représenter les mouvemens et les périodes des planètes. On y remarque avec plaisir la manière ingénieuse dont M. HUYGENS parvient, malgré l'incommensurabilité de ces périodes, à représenter leur rapport : il le fait avec tant d'exactitude, qu'après trente révolutions de la Terre, Saturne, par exemple, n'est trop avancé dans son cercle que d'environ deux minutes et demie. Les Anglais, qui ont exécuté ces dernières années plusieurs de ces instrumens, leur ont donné le nom d'*Orreryes*, à cause que le premier qui ait été fait chez eux, étoit destiné au comte D'ORRERY. On les verra probablement quelque jour s'autoriser de ce nom pour en revendiquer l'invention. »

PERRAULT (CLAUDE), méchanicien, architecte, médecin, &c. Il fut membre de l'Académie royale des Sciences de Paris : on lui doit la traduction de l'Architecture de VITRUVE, avec des notes ; ouvrage qui nous a conservé l'ancienne mesure du temps par les horloges à clepsydre et les horloges solaires, &c. PERRAULT est né à Paris en 1613 : il s'est immortalisé par le péristile du Louvre. — An 1673.

RICHER. On doit à cet Astronome la première observation du raccourcissement du pendule sous l'équateur. — An 1673.

Voyez ci-devant, Tome I, page 116.

HAUTEFEUILLE (L'abbé D') fait le premier, en France, — An 1674.

[a] Tome II, page 485.

[b] *Voyez* ci-devant Chap. VI, la description de ce Planétaire.

l'application d'un ressort (droit) au balancier pour en régler les vibrations. HUYGENS, peu après, donna à ce ressort la figure spirale.

An 1675. ROÉMER est le premier qui ait traité de la véritable figure que doivent avoir les dents des roues : on lui doit la première invention de l'instrument des passages, perfectionné vers 1730 par GRAHAM.

M. DE LA HIRE revendiqua en 1695 l'application de l'épicycloïde aux dents des roues : mais, suivant le témoignage de LEIBNITZ, cette prétention n'étoit pas fondée ; elle appartient en effet à ROÉMER.

An 1675. LEIBNITZ. On trouve dans les Transactions philosophiques, Tome X, *page 285*, une lettre de ce célèbre Philosophe, dans laquelle il propose un remontoir d'égalité, propre à être adapté à une montre qu'il destinoit à donner les longitudes en mer.

An 1675. TURET, habile horloger de Paris, fit, sous la direction d'HUYGENS, la première application d'un ressort plié en spirale au balancier d'une montre, pour en régler les vibrations.

Voyez ci-devant, Tome I, page 135.

An 1676. BARLOW, horloger de Londres, inventa, en 1676, la répétition, qu'il adapta aux horloges, et, quelques années après, aux montres. QUARRE, vers le même temps, appliqua aussi la répétition aux montres : sa construction fut trouvée préférable à celle de BARLOW.

Voyez ci-devant, Tome I, page 149.

An 1677. CAMPANI (MATHIEU), méchanicien, né dans le diocèse de Spolette. « Il inventa la Pendule muette, ainsi nommée, parce que

que son mouvement ne fait aucun bruit [a] : il y ajouta cette lanterne, connue depuis sous le nom de *lanterne magique*, par le moyen de laquelle, sans jeter les yeux sur le cadran, où l'on ne peut rien observer pendant la nuit, l'heure paroît distinctement peinte sur un drap. Il inventa aussi le pendule double, par le moyen duquel on prévient cette inégalité de vibrations à laquelle HUYGENS avoit déjà remédié en partie par sa cycloïde : mais ce qui rendit particulièrement célèbre MATTHIEU CAMPANI, ce fut son adresse à travailler des verres de lunettes, et à construire d'excellens télescopes : ce furent ceux de cet Artiste qui montrèrent pour la première fois à M. CASSINI les deux lunes (ou satellites) les plus voisins de Saturne. »

Voyez Dictionnaire des Artistes, par M. l'abbé *de Fontenai*, 1776, chez Vincent.

OUGTHRED, dans un ouvrage qu'il publia en 1677, a traité de la partie arithmétique des rouages des horloges. — An 1677.

Traité du P. *Alexandre*, page 313.

CLÉMENT, horloger de Londres, inventa, vers 1680, l'échappement à ancre, au moyen duquel le pendule décrit de petits arcs isochrones ; invention qui a fait supprimer la cycloïde d'HUYGENS, d'ailleurs inutile et nuisible. — An 1680.

Voyez ci-devant, Tome I, page 204.

TOMPION, célèbre artiste, auquel l'Horlogerie anglaise a dû sa première perfection, inventa, en 1695, un nouvel échappement pour les montres ; c'est celui à repos. — An 1695.

Voyez ci-devant, page 6.

[a] L'invention du régulateur de l'horloge nommée *Pendule muette*, dont il est parlé ci-dessus, qui est sûrement le pendule *circulaire* ou à *pirouette*, appartient au Docteur *Hook*, et sa théorie à *Huygens*. *Voyez* ci-devant Tome I, page 129.

An 1698. SMITH, horloger de Londres, publia, en 1698, un petit ouvrage dans lequel il explique les causes de l'inégalité du mouvement du Soleil, et la manière de régler les horloges.

An 1698. DERHAM, astronome-méchanicien, a publié un ouvrage sur l'Horlogerie, dans lequel il traite du calcul des rouages, et de la partie historique de l'Art.

Voyez ci-après Appendice.

An 1700. FACIO, Genevois, de la société royale de Londres, inventa les rubis percés, qu'on a employés depuis pour les trous des pivots de balancier, &c., dans les montres.

Voyez ci-devant, page 8.

An 1700. DE BAUFRE, horloger français, établi à Londres, construisit un échappement à repos dans le genre de celui de TOMPION, mais dont les palettes et le repos étoient faits en diamant. La roue d'échappement étoit double, ou plutôt deux roues placées sur un même axe.

An 1700. AMONTONS, méchanicien, a le premier traité des frottemens; il proposa, vers 1700, la construction d'une horloge d'eau ou clepsydre à l'usage des Navigateurs.

Voyez Mémoires de l'Académie des Sciences, et l'Éloge de cet Auteur par *Fontenelle*.

An 1700. DE LA HIRE a donné, dans les Mémoires de l'Académie des Sciences, années 1700 et 1703, diverses observations qu'il a faites sur les horloges à pendule d'HUYGENS.

MARTINOT et HAYE publièrent, en 1701, la construction de la sphère mobile qu'ils présentèrent au Roi. An 1701.

Voyez ci-devant, page 191.

SULLY (HENRI), artiste célèbre, auquel l'Horlogerie française doit son premier lustre, et dont les recherches savantes et les écrits profonds ont tracé la route qui a conduit ses successeurs à la découverte des longitudes par les horloges. An 1717.

SULLY naquit en Angleterre en 1680. « A peine fut-il sorti d'apprentissage (dit M. JULIEN LE ROY [a]) de chez M. GRETON, horloger de Londres, où il avoit fait de grands progrès et acquis de la réputation, que son génie, naturellement élevé et porté aux grandes choses, lui fit tourner ses vues vers la découverte des longitudes (par l'Horlogerie). » Voici comment SULLY rapporte lui-même ses premiers essais [b] :

« L'année 1703, feu M. le Chevalier WREN [c], me jugeant propre à faire quelques tentatives utiles pour la mesure du temps en mer, me donna une belle recommandation à cet effet : je m'appliquai à M. le Duc DE SOMMERSET, qui m'adressa à M. le Chevalier NEWTON, pour m'expliquer avec lui sur mes vues; ce qui me procura l'honneur d'être connu de ce grand homme, qui me donna les lumières dont j'avois besoin, n'étant alors qu'un jeune homme de vingt-trois ans : il m'encouragea dans mon dessein. »

Mais ce ne fut que long-temps après que SULLY travailla en effet à l'exécution de ses projets. SULLY, peu de temps après, quitta l'Angleterre : en 1708, il fut en Hollande, où il connut

[a] *Mémoire sur l'Horlogerie,* à la suite de la *Règle artificielle du temps*, page 383, édition de 1737.

[b] *Description abrégée d'une Horloge d'une nouvelle invention, pour la juste mesure du temps sur mer, &c.*, page 261, note [b].

[c] Célèbre Méchanicien et Architecte, qui a construit l'église de Saint-Paul à Londres.

le célèbre BOËRHAVE : de là, il passa à Vienne, où il fut connu du Prince EUGÈNE, et plus particulièrement de M. le Duc D'AREMBERG, qui devint son protecteur, et auquel il resta attaché jusqu'en 1715, qu'il accompagna ce Prince en France. C'est à cette époque qu'il soutint à Paris l'inutilité de la cycloïde.

« Étant à Francfort sur le Mein, l'année 1711, j'y publiai une petite brochure en français, qui avoit pour titre *Méthode pour régler les montres,* avec une dissertation sur l'excellence de l'Horlogerie, où j'insinuai ce qu'on devoit espérer de cet Art pour l'usage de la Navigation. »

HENRI SULLY publia en 1717, à Paris, sa *Règle artificielle du temps* [a]; ouvrage très-bien fait et fort utile, qui a servi à instruire non-seulement le public, à qui il étoit destiné, mais sur-tout les Artistes. On trouve à la fin de la Règle artificielle du temps, un Mémoire contenant la description d'une montre de nouvelle construction, qui fut présentée par l'Auteur à l'Académie royale des Sciences, en juin 1716. Les Commissaires nommés par l'Académie, le P. SÉBASTIEN, MM. VARIGNON, CASSINI et SAURIN en firent un rapport honorable pour l'Auteur. Ce Mémoire a sûrement contribué à la perfection de l'Horlogerie, par l'examen qu'il contient sur les diverses parties des montres, leurs défauts, les moyens de les corriger, &c.

En 1737, on publia une seconde édition de la Règle artificielle du temps, augmentée de plusieurs Mémoires faits par M. JULIEN LE ROY, ami et émule de SULLY. Parmi ces Mémoires, on en trouve un fait par SULLY; il a pour titre *Histoire des Échappemens.* (Nous en avons fait usage ci-devant, Chapitre I, page 3-17).

Au commencement de 1718, le Gouvernement de France

[a] Imprimée chez *Grégoire Dupuis.* Cet ouvrage est dédié à M. le Duc *d'Aremberg,* en date du 30 juillet 1714, à Vienne.

établit à Versailles une manufacture d'Horlogerie, sous la direction de SULLY, qui avoit amené de Londres environ soixante ouvriers. Peu de temps après, cet Artiste fut obligé, par les intrigues du sous-directeur, de quitter la manufacture de Versailles : mais il en établit une autre à Saint-Germain, sous la protection de M. le Duc DE NOAILLES. Ces manufactures rivales eurent peu de succès ; la première dura deux ans, et la seconde un an seulement : elles furent cependant très-utiles par l'émulation qu'elles excitèrent, et sur-tout en procurant aux Horlogers de Paris d'habiles ouvriers. C'est à cette époque que la main-d'œuvre a commencé à se perfectionner.

Ce fut vers les temps dont nous venons de parler, que SULLY s'occupa sérieusement de l'exécution de ses horloges à longitudes et de sa montre marine. Ces machines furent terminées en 1723. Cet Artiste présenta à l'Académie royale des Sciences de Paris, au mois d'avril de cette année, un premier Mémoire qui contenoit les principes et la construction de sa Pendule à lévier ; et en juillet 1724, SULLY présenta à la même Académie un second Mémoire sur le même sujet.

Les horloges marines et la montre de SULLY furent éprouvées à Bordeaux, le 7 septembre 1726 ; et si ces épreuves n'annoncèrent pas un succès décidé, au moins est-il certain qu'on pouvoit espérer que ces machines, étant perfectionnées et rectifiées par leur Auteur, deviendroient très-utiles aux Navigateurs.

Ce fut au retour de son voyage à Bordeaux, en 1726, que HENRI SULLY publia son ouvrage ayant pour titre *Description abrégée d'une horloge d'une nouvelle construction, pour la juste mesure du temps sur mer* [a].

C'est dans cet ouvrage de SULLY que l'on trouve la construction de son horloge et de sa montre marine ; les principes

[a] Imprimé à Paris, chez *Briasson*, volume *in-4.°*, 1726.

qui servent de base à leur construction ; ses diverses tentatives sur ce travail ; sa belle invention des rouleaux pour réduire les frottemens de son régulateur ; diverses recherches et expériences sur les ressorts spiraux réglans des montres à balancier ; le détail des épreuves qui avoient été faites en mer avec deux de ses horloges et de la montre marine. De tout le travail intéressant de ce célèbre Artiste, on peut conclure que s'il eût employé un correctif pour la température dans sa montre marine, et sur-tout si son extrême amour pour son Art ne l'eût pas enlevé sitôt, il auroit prévenu HARRISON, sinon avec le même succès, au moins assez pour mériter la première palme.

« Ce fut en octobre 1728, dit M. JULIEN LE ROY [a], que les jours de l'un des plus habiles Horlogers de l'Europe furent terminés [b], et dont les derniers furent encore employés aux moyens de perfectionner les horloges marines, et tâcher de les rendre utiles à la Navigation.

» Son illustre Pasteur, M. le Curé de S. Sulpice, ordonna son enterrement, où les pompes funèbres furent amplement déployées : il le fit inhumer dans son église, vis-à-vis les portes du sanctuaire du grand autel, et peu à l'occident de la méridienne même sur laquelle SULLY traçoit les degrés des signes quelques jours avant sa mort. »

Nous terminerons cette Notice sur le travail du célèbre HENRI SULLY, par une réflexion que nous ne croyons pas déplacée. Cet Artiste étoit né en Angleterre ; et quoiqu'il l'eût quittée fort jeune, les recherches qui l'ont illustré en France, n'étoient pas

[a] *Règle artificielle du temps*, 2.e édition, page 409.

[b] *Sully* mourut d'une fluxion de poitrine, pour s'être échauffé en cherchant une personne du faubourg Saint-Marceau, qui avoit dessein de présenter une nouvelle invention à la Société des Arts : il en prit l'adresse, laquelle étant fausse, *Sully* fit tant de tours dans ce grand faubourg, qu'il en mourut cinq ou six jours après.

ignorées à Londres : car on voit dans son dernier ouvrage, publié en 1726, qu'il avoit adressé à M. GEORGES GRAHAM, avec qui il a été en correspondance, le précis de tout son travail. Cependant, dans tout ce qui a été publié en Angleterre sur les travaux d'HARRISON, on ne trouve nulle part que SULLY ait jamais été nommé ni cité pour avoir le premier tracé la route. HARRISON a fait usage des rouleaux ; on ne dit pas où il a trouvé cette excellente invention. En un mot, on a considéré HARRISON en Angleterre pour avoir tout créé, et on a ravi à SULLY la gloire qui lui étoit due. Pourquoi ? nous l'ignorons : seroit-ce parce que SULLY s'est illustré en France ?

Voyez ci-devant, Tome I, page 276.

LE BON, habile horloger de Paris, présenta, en 1717, à l'Académie royale des Sciences, une Pendule à équation à cadran mobile, fort simple. Cette espèce d'équation a depuis été perfectionnée. An 1717.

SERVIÈRE (NICOLAS GROLLIER DE), méchanicien ingénieux, né à Lyon en 1596, mort en 1689. M. DE SERVIÈRE, après avoir quitté le service militaire, travailla à se former un cabinet en Méchanique, composé des pièces du tour, d'Horlogerie et d'autres machines. La description de ce cabinet parut en 1719. M. GROLLIER DE SERVIÈRE, petit-fils de l'Auteur, en a publié une seconde édition qui parut en 1751, chez JOMBERT, *in-4.°* La célébrité que ce cabinet curieux a obtenue, exige que nous citions la partie qui concerne les horloges. Ces horloges singulières sont au nombre de dix-sept, presque toutes différentes : parmi ces horloges, on en trouve d'ingénieuses, et entre autres la septième de la description. C'est un tambour contenant le mouvement d'une horloge, qui descend d'un mouvement uniforme le long An 1719.

d'un plan incliné. Cette même machine avoit déjà été publiée dès 1644 par SCHOTT, dans son livre intitulé *Thecnica curiosa.* Nous ignorons quel est le véritable Auteur de l'invention [a].

On ne voit dans ces différentes horloges que la représentation extérieure : l'Auteur de la description de ce cabinet n'en a pas expliqué le méchanisme. Nous observerons que l'on ne peut d'ailleurs considérer ces inventions que comme des amusemens en quelque sorte étrangers à la mesure du temps.

An 1720.

SAURIN. Dans les Mémoires de l'Académie pour 1720, on trouve une recherche utile de cet Auteur, sur les moyens de rendre isochrones les oscillations du pendule appliqué à l'horloge. Pour y arriver, il détermine la figure des faces de l'ancre d'échappement.

An 1722.

DE CAMUS, gentilhomme Lorrain. Dans le *Traité des forces mouvantes* que ce *gentilhomme* a publié en 1722, on trouve à la fin de l'ouvrage la construction de plusieurs montres à sonnerie et à secondes; celle d'une Pendule à sonnerie allant un an, &c. : ces ouvrages n'ayant en rien contribué à la perfection de l'Art, nous croyons n'en pas devoir faire plus longue mention.

Voyez ci-devant, page 150.

An 1722.

MASSY, horloger hollandais, obtint le prix proposé par l'Académie royale des Sciences, pour l'année 1720, dont le sujet étoit : *Quelle seroit la manière la plus parfaite de conserver sur mer l'égalité du mouvement d'une Pendule, soit par la construction de la machine, soit par la suspension !*

Voyez ci-devant, Tome I, page 275.

[a] Dans le *Traité d'Horlogerie* de *Thiout*, cette horloge y est décrite et son méchanisme expliqué; ce que n'a pas fait l'Auteur de la description du cabinet de M. *de Servière.*

DU TERTRE

DU TERTRE (JEAN-BAPTISTE), habile et ingénieux horloger de Paris, construisit en 1724 son échappement à deux balanciers.

An 1724.

On a attribué à cet Artiste la première idée d'un échappement à vibrations libres ; mais sa construction n'a pas été connue.

GEORGE GRAHAM, horloger anglais, membre de la Société royale de Londres. Cet Artiste célèbre a également contribué à la perfection de diverses parties de l'Horlogerie, et à celle des instrumens de l'Astronomie ; il s'est aussi occupé des observations astronomiques. Dès 1715 il construisit un pendule propre à corriger les influences de la température, au moyen d'un tube rempli de mercure, attaché à la verge du pendule en place de la lentille ; et dans le Mémoire inséré dans les Transactions philosophiques pour l'année 1726, où il rend compte des recherches qu'il avoit faites dès 1715, on trouve qu'il a été le premier qui ait proposé, pour cette correction du pendule, deux métaux différemment dilatables : moyen aujourd'hui presque le seul en usage. GRAHAM est auteur de l'échappement à repos pour les horloges à pendule, et de celui à cylindre pour les montres. Cet Artiste a perfectionné l'instrument des passages, si important pour les observations astronomiques : il a construit un très-grand secteur, et il a beaucoup travaillé à la perfection du quart de cercle mural.

An 1726.

On attribue aussi à M. GEORGE GRAHAM l'exécution du premier planétaire qui ait été construit en Angleterre.

Voyez ci-devant, page 196.

PIERRE LE ROY, frère de JULIEN, habile horloger de Paris, a contribué, vers le même temps, à perfectionner la main-d'œuvre de l'Horlogerie. Il est auteur d'un échappement à repos pour les

An 1730.

montres, formé par un cône sur lequel agissent deux roues d'échappement placées sur le même axe.

An 1730. GAUDRON, habile horloger de Paris, auteur d'une Pendule à remontoir.

An 1733. REGNAULD, de Châlons, est un des premiers Horlogers qui se sont occupés en France de la compensation des effets du chaud et du froid dans le pendule.

Voyez ci-devant, page 65.

An 1734. ALEXANDRE (D. JACQUES), auteur du *Traité général des horloges*, ouvrage qui nous a procuré diverses notions historiques. Cet Auteur a traité, avec succès, du calcul des mouvemens des corps célestes; et ceux qui s'appliquent à représenter ces mouvemens, doivent le consulter.

An 1737. JULIEN LE ROY, horloger de Paris, ami et émule de HENRI SULLY. C'est à ces deux Artistes que l'Horlogerie de France doit sa première perfection. JULIEN LE ROY naquit à Tours en 1686, et mourut à Paris en 1759.

Nous plaçons cet Artiste célèbre à la date de 1737, parce que c'est à cette époque qu'il florissoit et qu'il travailla à la seconde édition de la Règle artificielle du temps, de HENRI SULLY; ouvrage qu'il enrichit de plusieurs Mémoires intéressans sur diverses parties de l'Horlogerie, parmi lesquels on trouve un Mémoire de SULLY, sur la partie historique des échappemens, lequel n'étoit pas inséré dans l'édition de 1717. On trouve dans ces mêmes additions un Mémoire intéressant de JULIEN LE ROY, sur les grosses horloges, que cet Artiste a perfectionnées; et un autre Mémoire de lui, pour servir à l'histoire de l'Horlogerie, et qui est particulièrement destiné à l'éloge de son ami HENRI SULLY : ce Mémoire est également honorable pour l'Auteur qui loue son ami, et pour celui qui en est l'objet.

Dès 1717, JULIEN LE ROY présenta à l'Académie royale des Sciences de Paris, une Pendule à équation de sa composition, qui marque le temps vrai, le lieu du Soleil et sa déclinaison.

On lui doit la construction des montres à répétition sans timbre. Il a placé dans les Pendules à répétition la cadrature sur la seconde platine. Cet Artiste a perfectionné les horloges publiques par sa construction des horloges horizontales. Ce fut vers 1730 qu'il fit exécuter la première horloge horizontale, pour le Séminaire étranger. On trouve dans les Mémoires de l'Académie des Sciences de 1741, la méthode de compensation que JULIEN LE ROY a appliquée aux horloges astronomiques. JULIEN LE ROY a appliqué à ses horloges astronomiques l'échappement à double lévier, avec une dimension propre à rendre les oscillations isochrones, en donnant pour longueur aux léviers le rayon de la roue.

L'Horlogerie est sur-tout redevable à JULIEN LE ROY, de la perfection que la main-d'œuvre acquit de son temps, par les encouragemens et l'émulation qu'il excita parmi les Artistes.

JULIEN LE ROY a joui, pendant sa vie, d'une grande considération; il la méritoit, non-seulement par ses talens, mais sur-tout par son amour pour l'Art qu'il cultivoit, et par ses vertus privées. Il eut le bonheur rare d'être père de quatre fils, qui tous se sont distingués dans les Sciences et dans les Arts : l'aîné, PIERRE LE ROY qui lui a succédé, étoit de l'Académie d'Angers, et auteur de très-bonnes montres marines ; comme son père, il a cultivé l'Horlogerie avec beaucoup de succès; JEAN-BAPTISTE LE ROY, de l'Académie royale des Sciences, et depuis de l'Institut national, très-versé dans la connoissance des machines et des diverses inventions ; JULIEN-DAVID LE ROY, professeur de l'Académie royale d'Architecture, de l'Institut de Bologne, aujourd'hui membre de l'Institut national, auteur des ruines de la Grèce; et CHARLES LE ROY, de l'Académie royale de Montpellier, correspondant de celle des Sciences de Paris, professeur de médecine en l'Université de Montpellier.

Voyez Appendice.

An 1739.

DEPARCIEUX fut un membre distingué de l'Académie royale des Sciences ; il présenta à l'Académie un fort bon moyen de compensation de la température dans les horloges à pendule.

Il est auteur d'un grand et bon ouvrage sur la Gnomonique, publié en 1741.

C'étoit un excellent citoyen, auquel on doit le projet de conduire l'eau de l'Ivette à Paris.

An 1741.

THIOUT l'aîné, horloger de Paris, publia en 1741 le *Traité d'Horlogerie pratique ;* ouvrage dans lequel il a rassemblé un grand nombre d'inventions faites jusqu'à ce temps sur l'Horlogerie, et plusieurs machines ingénieuses de sa composition.

Voyez Appendice.

An 1741.

PIERRE FARDOIL, horloger de Paris, auteur d'une Machine à fendre toutes sortes de nombres : cet Artiste a aussi construit divers instrumens et outils utiles à l'Horlogerie.

Voyez le Traité de *Thiout,* et ci-devant, page 127.

An 1741.

ENDERLIN, habile et savant artiste-méchanicien, établi à Paris vers l'an 1736, a enrichi le Traité d'Horlogerie de THIOUT de plusieurs articles intéressans [a] sur les machines qui servent

[a] Ces articles sont, 1.° une démonstration de la forme ou figure que doit avoir l'*ancre* d'une horloge à pendule pour rendre ses oscillations isochrones; 2.° d'un échappement à repos, à cheville, pour les montres ; et d'un

à la mesure du temps : il a également donné la construction d'une horloge à équation de son invention, laquelle marque les quantièmes et phases de la Lune, les mois et leurs quantièmes perpétuels, le lieu du Soleil, son lever et son coucher, les années bissextiles, &c. Nous avons donné ci-devant la construction et les dessins de cette machine.

Voyez ci-devant, page 188.

CASSINI (JACQUES), fils du célèbre astronome DOMINIQUE CASSINI, publia en 1741, dans les Mémoires de l'Académie des Sciences, quelques recherches qu'il avoit faites pour parvenir à la compensation des effets du chaud et du froid sur le pendule: il rapporte dans ce Mémoire les tentatives faites en Angleterre par M. GRAHAM, et il propose lui-même diverses constructions qu'il avoit imaginées pour remplir ce but. An 1741.

Mémoires de l'Académie des Sciences, année 1741.

BOUGUER, célèbre mathématicien, de l'Académie des Sciences, auteur d'un *Traité de Navigation, &c.*, proposa dans les Mémoires de l'Académie des Sciences pour 1745, un instrument très-simple, propre à estimer les diverses dilatations des métaux. An 1745.

Mémoires de l'Académie des Sciences, 1745, page 230.

DANIEL BERNOULLY, célèbre mathématicien de Bâle en Suisse, remporta, en 1747, le prix qui avoit été proposé par l'Académie des Sciences de Paris : son Mémoire contient des recherches profondes sur les horloges destinées à la navigation. An 1747.

Voyez ci-devant, Tome I, page 277.

échappement à repos à deux rochets; 3.° sur les irrégularités du pendule, dans lequel l'Auteur prouve l'inutilité de la cycloïde d'*Huygens*; 4.° sur la figure des dents des roues, et des ailes des pignons.

An 1749. PASSEMANT, artiste célèbre, qui a cultivé cette partie de l'Horlogerie qui représente les mouvemens des corps célestes. Il est auteur de l'horloge à sphère mouvante qui étoit placée dans le cabinet de LOUIS XV à Versailles : cet Artiste a aussi composé des horloges planétaires, &c. ; il est auteur d'un instrument d'Astronomie appelé *héliostate.*

Voyez ci-devant, page 197.

An 1749. CAMUS, membre de l'Académie royale des Sciences de Paris. Il est auteur d'un *Cours de Mathématiques ;* le quatrième volume traite de la Méchanique en général. Il parle dans cet ouvrage de la figure des dents des roues et des pignons ; des nombres de dents que les roues d'une machine doivent avoir, pour que deux ou plusieurs d'entre elles fassent en même temps des nombres donnés de révolution. Il donne le calcul pour trouver un rouage propre à donner à une roue une révolution annuelle moyenne de trois cent soixante-cinq jours cinq heures quarante-neuf minutes ; et une révolution synodique moyenne de la Lune en vingt-neuf jours douze heures quarante-quatre minutes trois secondes douze tierces.

An 1750. RIVAZ, habile méchanicien, auteur des horloges d'un an, à court pendule et à lentille pesante, dont le pendule, qui est formé par un canon, contient un métal qui, se dilatant plus que le cuivre, opère la correction entière des effets du chaud et du froid : on doit aussi à RIVAZ diverses combinaisons fort simples de l'équation du temps.

Voyez ci-devant, page 151.

An 1751. LE PLAT, horloger de Paris, proposa en 1751, dans un

Mémoire présenté à l'Académie des Sciences, l'application d'un remontoir mis en action par un courant d'air.

Mémoires de l'Académie des Sciences, 1751.

ELLICOTT, horloger de Londres, auteur d'un pendule à compensation, composé de deux verges, l'une d'acier attachée à la suspension, et l'autre de cuivre ajustée sur la première : le bout inférieur de celle de cuivre agit sur deux léviers qui remontent la lentille. An 1752.

Voyez ci-devant, page 71.

ROMILLY, habile horloger, auteur de plusieurs articles de l'Encyclopédie, s'est occupé, vers 1768, de la construction d'une montre marine qu'il avoit mise au concours du prix de l'Académie; un Astronome mal-adroit la fracassa : sa construction est demeurée inconnue. Il est auteur d'une montre allant un an sans être remontée. An 1754.

Voyez ci-devant, page 170.

CARON-BEAUMARCHAIS dut sa première réputation en Horlogerie, à un échappement de son invention pour les montres, celui à cheville. CARON abandonna cette carrière, pour suivre celle des lettres et du théâtre. An 1754.

JODIN (JEAN), habile artiste-horloger établi à Paris. Il publia en 1754 son *Traité des Échappemens*. An 1754.

Voyez Appendice.

LE PAUTE (J. A.), auteur d'un *Traité d'Horlogerie*, a perfectionné l'échappement à cheville, et l'a employé avec succès dans ses ouvrages. M. J. A. LE PAUTE aîné, aidé de son frère, et ensuite de ses neveux, s'est particulièrement distingué par la bonne construction et la belle exécution des grandes horloges An 1755.

publiques, et il a porté cette partie au plus haut degré de perfection, comme on le voit dans les horloges de la ville de Paris, de l'École militaire, de l'Hôtel des Invalides, &c.

Voyez ci-devant, Tome I, page 237; et Appendice pour ce qui concerne le Traité d'Horlogerie.

An 1755.

LALANDE (LEFRANÇOIS DE), astronome, auteur du grand ouvrage intitulé *Astronomie.* Cet Auteur célèbre s'est aussi occupé de diverses parties de Méchanique relatives à l'Horlogerie; savoir, 1.° d'un *Traité des engrenages*, et de la figure des dents des roues; 2.° du calcul des rouages; 3.° du centre d'oscillation du pendule: ces trois articles sont insérés dans le Traité d'Horlogerie de J. A. LE PAUTE.

Voyez Appendice.

An 1763.

JEAN HARRISON, horloger anglais, célèbre par son travail sur la découverte des longitudes en mer. M. HARRISON est né vers 1693, mort à Londres en 1776. « Avant de s'établir à Londres [a], il demeuroit dans un lieu appelé *Barrow*, de la province de Lincoln, assez près de Barton sur l'*Humber.* HARRISON n'avoit pas été élevé dans l'état qu'il professe maintenant; il y fut conduit par les fortes impulsions d'un génie naturel, et tel qu'il s'en est vu en d'autres exemples, porter ceux qui en sont possédés, beaucoup plus loin qu'ils n'auroient pu faire, s'ils eussent été conduits par les préceptes les plus recherchés et par les règles de l'Art: c'est par-là qu'il se trouva capable non-seulement d'exécuter tout ce qui avoit été fait jusqu'alors par les plus

[a] Ce que nous allons rapporter ici sur le travail de *Harrison*, est extrait d'une brochure ayant pour titre: *Récit de ce qui s'est fait à dessein de découvrir les longitudes en mer, relatif à la montre de M. J. Harrison, &c. Londres*, 1763. Le N.° VI de cette brochure est un Discours de M. *Martin Folkes*, écuyer, président de la Société royale, en délivrant une médaille d'or à M. *Harrison;* ce Discours est extrait des minutes de la Société royale, du 30 novembre 1749.

habiles

habiles ouvriers de l'art de l'Horlogerie, mais, de plus, de faire paroître de nouvelles lumières dans cet Art, par la judicieuse poursuite et l'application avec laquelle il a produit des horloges beaucoup plus exactes qu'aucune de celles qui avoient été faites avant lui.

» Les premiers essais qu'il fit pendant qu'il étoit encore jeune, avoient une particulière relation avec son premier état, qui étoit charpentier et menuisier, et qu'il pratiquoit sous son père : cet état le conduisit à faire plusieurs recherches sur la nature des bois qu'il employa à la construction de ses premières horloges ; et il avoit de là même tiré *certains* avantages qu'il crut dignes d'être conservés.

» Il trouva de là que les pivots faits avec du cuivre pouvoient utilement se mouvoir dans des trous de bois, sans avoir besoin d'employer de l'huile pour en adoucir les frottemens, et éviter par-là les inconvéniens qui proviennent de l'extension et de la condensation de ce fluide, et de la nécessité de nettoyer l'ouvrage de temps en temps.

» Il trouva aussi qu'en faisant que les dents de ses roues, au lieu d'agir à l'ordinaire sur les dents des pignons, roulassent sur des cylindres de bois fixés par des chevilles de cuivre, il pourroit éviter les inconvéniens des frottemens. . . . . .

» Mais ce que M. HARRISON regarde comme la plus essentielle de ses inventions pour réduire les frottemens, consiste dans la combinaison de son échappement; ce qu'il obtint par une espèce de jointure qu'il ajouta aux palettes, par laquelle elles furent mises en mouvement, selon la nature des rouleaux d'un grand rayon, sans aucun glissement (comme il est ordinaire sur les dents de la roue[a]).

[a] Pour se former une juste idée de cette espèce d'échappement, nous renvoyons aux figures qui le représentent, *planches V* et *VI* du *Traité des Horloges marines*, et son explication, N.os 501, 521, et page 531 du même ouvrage. Cet échappement est une imitation de celui d'*Harrison.*

» La difficulté qui se présenta ensuite, fut l'alongement ou le raccourcissement du pendule par le chaud et par le froid; difficulté qui demeuroit encore à vaincre.... Mais M. HARRISON trouva une invention pour corriger ces effets de la température : il avoit observé que les barres de différens métaux ne changent pas également de longueur; il composa donc, après une infinité d'expériences, un pendule composé de baguettes de deux métaux, acier et cuivre, réunies parallélement en forme de *gril;* il les ajusta si bien, qu'il eut, par ce moyen, un pendule composé, dont le centre d'oscillation fut dans tous les temps à la même distance du point de suspension; et par ces divers moyens réunis, il se trouva, dès 1726, muni de deux horloges à longs pendules, dans lesquelles toutes les irrégularités connues furent ou retranchées, ou au moins si heureusement balancées l'une par l'autre, que ces deux horloges, placées en différens endroits de la maison, gardèrent le temps ensemble, sans éprouver plus d'une seconde de différence pendant un mois; et qu'une des deux qu'il garda pour son usage, qu'il a encore, et qu'il a constamment comparée avec une étoile fixe, n'a pas varié avec le Ciel, de plus d'une minute en dix ans. C'est à ce premier succès de son travail que l'on doit ses tentatives sur les horloges de mer.

» Il vivoit près d'un port de mer, et il étoit à portée de connoître la nature et le mouvement des vaisseaux; il savoit de quelle importance il seroit pour la Navigation, et de quelle utilité pour le genre humain, si des horloges, portées au même degré d'exactitude que celle qu'il avoit déjà construite, pouvoient être mises en état d'endurer les violens et irréguliers mouvemens de cet élément inconstant et impétueux. Il s'appliqua donc à rechercher quelle dévroit être la construction d'horloges destinées à la Marine. Il connut d'abord évidemment que le premier moteur de ces horloges ne devoit pas être un poids, mais un ressort, et que le régulateur devoit être un balancier et non un pendule. Il choisit donc pour régulateur de son horloge marine, deux balanciers placés dans le même plan, et qui, se communiquant leurs mouvemens, faisoient leurs vibrations en sens contraire; de sorte que l'un des deux balanciers étant agité par le mouvement du vaisseau, l'autre arrêtoit l'effet de cette agitation, et l'un et l'autre continuoient leurs vibrations. Ces balanciers n'étoient pas de forme circulaire, mais composés de quatre boules placées aux extrémités de deux tiges.

» Pour produire les oscillations des balanciers, HARRISON employa des ressorts spiraux cylindriques en forme de tire-bourre: il en plaça deux sur chaque axe de ses balanciers; mais comme on sait que la chaleur diminue l'élasticité des ressorts, et que le froid, au contraire, l'augmente, et que dès-lors les vibrations des balanciers réglés par des ressorts sont plus lentes par la chaleur, et plus promptes par le froid, ce qui fait retarder ou avancer l'horloge, l'inventeur a trouvé le moyen d'y remédier, en faisant que ces ressorts spiraux soient tendus plus ou moins, selon les diverses températures. Il employa, pour produire cet effet, des châssis semblables à un gril, de même nature que ceux dont nous avons parlé pour l'horloge à pendule, lesquels agissoient sur les ressorts spiraux, et tellement disposés, qu'ils conservoient constamment la même élasticité ou force à ces ressorts, en augmentant ou diminuant leur force selon les changemens de la température.

» L'échappement, dans cette horloge marine, étoit de même nature que celui que M. HARRISON avoit appliqué à son horloge à pendule.

» Le grand ressort étoit monté une fois le jour; et un second ressort tenoit la machine en mouvement, pendant que l'on remontoit le ressort moteur.

» Le mouvement de l'horloge étoit placé dans une espèce de

Mm 2

châssis mobile, assez ressemblant à ce que les marins appellent *suspension de cadran.*

» Dans cet état, cet instrument ou horloge, dont l'Auteur avoit raison d'être satisfait, fut, après quelques épreuves, placée dans un bateau sur la rivière d'*Humber*, par un temps très-rude, et portée à Londres, et sur la requête de M. HARRISON, le chevalier WAGER la fit mettre à bord d'un vaisseau de guerre qui alloit à Lisbonne, d'où elle fut rapportée de la même manière, conservant, pendant ce voyage, assez de régularité pour fixer la longitude; corrigeant la mauvaise estime du vaisseau d'environ un degré et demi.

» Ce fut sur le rapport authentique fait du succès de ce voyage aux commissaires de la longitude, qu'ils encouragèrent l'Auteur, et l'engagèrent à faire une seconde horloge, plus petite que la première, qui occupoit trop de place dans le vaisseau. Il entreprit donc cette seconde horloge, qui occupoit la moitié moins de place : à la suite de cette seconde, il en fit une troisième, avec divers changemens que nous ne pouvons rapporter tous. Un de ces changemens, et qui est remarquable, est la diminution des roues réellement employées à la mesure du temps. Ici il y a deux moteurs : le premier est le grand ressort qui fait tourner le rouage; une des roues de ce rouage remonte un petit ressort qui fait mouvoir la roue d'échappement [a]. Par cette disposition, les inégalités du grand ressort et des engrenages n'influent pas sur la régularité de l'horloge. M. HARRISON supprima, dans cette troisième horloge, trois des ressorts spiraux des balanciers, en n'en conservant qu'un seul de la même espèce, lequel remplit les mêmes fonctions d'une manière plus simple. Dans cette nouvelle disposition, il a aussi changé le méchanisme de correction des effets de la température, en employant, au lieu de grils, un

[a] Il est ici question du remontoir, inventé long-temps avant par *Huygens*.

nouveau thermomètre métallique, d'une construction encore plus simple, qui consiste seulement en deux règles plates de cuivre et d'acier, placées l'une sur l'autre, et fortement fixées ensemble par des chevilles qui traversent ces deux règles, et rivées ensemble. Ces chevilles sont placées de proche en proche : par ce moyen, cette nouvelle lame, ainsi composée, devient tantôt convexe et tantôt concave, selon les divers degrés d'extension de ces deux métaux ; en sorte qu'un des bouts de cette lame étant fixé solidement à la platine de l'horloge, l'autre bout, qui est libre, parcourt autour du spiral un chemin suffisant pour opérer la compensation de la température : pour cet effet, le bout de la lame qui est libre, porte deux chevilles entre lesquelles le spiral passe ; et de cette manière, ce ressort devient tantôt plus long et tantôt plus court. »

C'est à la suite de ce discours, dont nous venons de donner l'extrait, que le Président de la Société royale remit à M. Harrison la médaille d'or que cette savante Société accordoit à son travail et à ses recherches : en même temps le Président lui adressa un discours que nous devons rapporter, parce qu'il honore également et l'Artiste qui l'a mérité, et la Société qui l'accorde.

« M. Harrison,

» Par l'autorité et au nom de la Société royale de Londres, pour l'encouragement des connoissances naturelles, je vous fais ici présent de ce petit mais fidèle gage de sa considération et de son estime. Je vous félicite, en son nom, sur les succès que vous avez déjà obtenus ; et je souhaite très-sincèrement que toutes vos recherches et vos expériences futures puissent de toute manière répondre à ces commencemens, et que la pleine perfection de votre grande entreprise puisse enfin être couronnée d'un plein succès, à votre avantage particulier et à celui du public ; et que tant d'années passées si louablement et si diligemment à perfectionner ces talens que le Dieu tout-puissant vous a accordés, soient récompensées comme le méritent votre constance et persévérance. »

« Ordonné que les remercîmens de la Société soient faits au Président pour cet excellent discours. »

Nous avons rendu le discours dont nous venons de donner l'extrait, avec toute la fidélité possible, et autant que nous l'a permis le peu de connoissances que nous avons de la langue angiaise ; mais nous croyons au moins avoir présenté l'esprit de ce discours : il nous a paru d'autant plus nécessaire de le placer ici, qu'il présente les premiers travaux de M. Harrison, et la construction de ses trois premières horloges marines ; ce que l'on n'a donné nulle part, et dont nous n'avons eu la première connoissance qu'en 1763 (époque où Harrison publia la brochure intitulée *an Account of the proceedings, in order to the discovery of the longitude at sea; relating to the time piece of M. John Harrison* [a], *&c.*). Ce discours n'a pas été imprimé avant cette époque ; car il a été tiré en 1763 des registres de la Société royale, et non des Transactions philosophiques, où on ne le trouve pas.

Vers 1758, M. Harrison travailla à une quatrième horloge : celle-ci, beaucoup plus petite que les précédentes, est de la forme d'une montre. L'Auteur a donné le nom de *garde-temps* à cette machine : c'est cette petite horloge à longitude dont la description a été publiée en 1767, et qui a remporté le prix proposé pour la découverte des longitudes en mer par l'acte du Parlement d'Angleterre [b].

[a] *London, prinfed by, T. and* J. W. Pasham, *&c.*, 1763.

[b] *Voyez* ci-devant, Tome I, page 278.

Cette montre marine ou petite horloge de M. HARRISON diffère autant des trois premières horloges, par la forme et le volume, que par la construction. HARRISON n'a pas employé de rouleaux dans sa dernière horloge pour réduire les frottemens des pivots du balancier. Ici ces pivots roulent simplement dans des trous : le spiral, adapté à ce balancier, est figuré à l'ordinaire, comme ceux des montres ; il n'est pas cylindrique, comme le sont ceux de ses trois premières horloges.

L'échappement de la montre marine de M. HARRISON est l'ancien échappement à roue de rencontre, dont la roue est figurée à couronne, comme celle de nos montres ordinaires ; mais les palettes sont différemment figurées, afin d'avoir moins de recul. En un mot, la montre de M. HARRISON n'est qu'une montre ordinaire perfectionnée ; et sa justesse est plutôt due à la perfection de la main-d'œuvre, qu'aux principes de sa construction et aux combinaisons de son méchanisme.

M. HARRISON a adapté à cette montre, un remontoir comme dans ses premières horloges, c'est-à-dire que le grand ressort moteur remonte un petit ressort huit fois par minute.

La correction des effets du chaud et du froid est produite dans la montre par une lame composée, pareille à celle qu'il a adaptée à sa troisième horloge marine.

Enfin la montre marine de M. HARRISON n'a pas de suspension ; elle est placée tout simplement dans une position horizontale, que l'on varie selon les inclinaisons du vaisseau.

An 1763.

BERTHOUD (FERDINAND), auteur de l'*Essai sur l'Horlogerie* [a], et de plusieurs autres ouvrages sur l'Art de la mesure du temps [b], auteur et éditeur de l'*Histoire de la mesure du temps par les*

[a] Publié en janvier 1763.

[b] On trouvera dans l'*Appendice* une notice de tous les Ouvrages de cet Auteur.

horloges, est né en mars 1727, à Plancemont, montagne du Jura, comté de Neufchâtel, Helvétie.

Ce fut en 1742 que FERDINAND BERTHOUD, alors âgé de quinze ans, vit pour la première fois travailler à l'Horlogerie, et qu'il fut entraîné par un goût particulier à ce travail. On prit, dans la maison de son père [a], un ouvrier horloger, pour lui donner les premières notions de la main-d'œuvre.

FERDINAND BERTHOUD vint à Paris en l'année 1745, pour se perfectionner dans l'Horlogerie et dans l'étude de la Méchanique : depuis cette époque il s'est fixé en France, qu'il a adoptée pour sa seconde patrie, et nous devons considérer comme productions françaises les longs travaux de cet Artiste.

Les recherches et le travail qui, pendant plus d'un demi-siècle, l'ont occupé, et sans aucun relâche, sont consignés dans les ouvrages imprimés qu'il a publiés, en sorte que nous devons nous dispenser de les rapporter ici : mais parmi ces recherches, il en est une qui, par son importance, mérite d'être citée ; c'est celle qui a pour objet la détermination des longitudes en mer par les horloges.

Dès avant 1754, FERDINAND BERTHOUD étoit occupé de cette recherche. En 1760, sa première horloge fut exécutée ; il en donna les principes et la construction en 1763, dans son Essai sur l'Horlogerie. En 1764, sa première montre marine fut éprouvée en mer. En 1768, il livra les deux horloges N.° 6 et N.° 8, qu'il avoit construites et exécutées pour le Gouvernement : les épreuves en furent faites en 1768 et 1769, par MM. DE FLEURIEU et PINGRÉ. Nous avons rapporté ci-devant, Tome I,

[a] Son père étoit architecte et justicier du *Val-de-Travers*, Bourgeois de Neuchâtel et Vallengin ; il avoit destiné son fils à un état pour lequel celui-ci n'avoit pas de disposition [ministre].

page

page 322 et suivantes, le succès de ces épreuves ; nous devons nous dispenser d'en parler ici.

Depuis cette époque, cet Artiste n'a pas cessé de travailler à perfectionner et simplifier les horloges et les montres à longitudes, afin de rendre ces machines d'un usage général dans la Navigation : les ouvrages qu'il a publiés là-dessus en contiennent tous les détails, auxquels nous renvoyons.

Une découverte importante pour la constante justesse des horloges et des montres à longitudes, est celle de l'isochronisme des oscillations du balancier par le spiral : cette découverte est uniquement due à FERDINAND BERTHOUD ; il en a prouvé le principe et établi la théorie dans son Traité des horloges marines : il avoit annoncé cette recherche dans l'Essai sur l'Horlogerie ; et si cette utile découverte n'a pas été autant célébrée que la cycloïde, elle a eu, plus que celle-ci, l'avantage d'être généralement adoptée et suivie.

A la suite d'un long travail constamment soutenu, et de recherches profondes, FERDINAND BERTHOUD est parvenu à établir des principes certains sur les régulateurs des machines qui mesurent le temps, des horloges astronomiques, des montres portatives, des horloges et des montres à longitudes. Il a le premier établi et publié ces principes, dans l'Essai sur l'Horlogerie : ils étoient jusques-là ignorés. Il a en conséquence construit, d'après sa théorie, ses horloges astronomiques à pendule composées à châssis, ses montres portatives à compensation, ses horloges et ses montres marines ; et les ouvrages qu'il a publiés depuis 1763, ne sont que les développemens des premiers principes consignés dans l'Essai sur l'Horlogerie.

Nous terminerons cette notice, en présentant les titres de quelques-unes des recherches de cet Auteur.

Ses expériences sur les dilatations des divers métaux, &c. :

elles ont été faites avec un pyromètre de sa composition, disposé pour éprouver un pendule à secondes, composé pour la correction de la température, et observer si cette correction est complète, et si la masse de la lentille n'affaisse pas la verge du pendule;

Ses expériences sur les divers moyens de suspendre un pendule, sur les résistances que le pendule éprouve de la part de l'air, &c.;

Ses expériences sur les diverses sortes d'échappemens, leurs frottemens, &c., au moyen de l'instrument qu'il a composé à cet effet;

Sa théorie sur le balancier régulateur des montres, sur les frottemens de ses pivots, &c.;

Sa théorie sur les causes des variations des montres portatives, et des moyens de compenser les effets de la température dans ces machines;

De l'instrument qu'il a composé pour faire les expériences sur les ressorts spiraux réglans des balanciers des montres, et parvenir à l'isochronisme des vibrations;

Sa théorie sur l'isochronisme des oscillations du balancier par le spiral;

Sa méthode de suspendre le balancier des horloges marines, par un ressort très-flexible qui en soutient le poids et réduit les frottemens à la plus petite quantité, constamment la même.

Nous n'indiquerons pas ici les diverses inventions de cet Artiste; ses horloges à équation, astronomiques, &c.; les divers échappemens de sa composition; l'échappement libre, &c.; divers instrumens destinés à perfectionner la main-d'œuvre, à éprouver les horloges et les montres par diverses températures, &c.: nous renvoyons à ses ouvrages.

An 1764. CHAPPE (M. l'Abbé), membre zélé de l'Académie royale des Sciences, et excellent citoyen français, fut chargé, en 1764, par le Gouvernement, de faire conjointement avec M. DUHAMEL-DU-MONCEAU, de la même Académie, l'épreuve de la montre marine N.° 3, de FERDINAND BERTHOUD. Cette épreuve fut faite à Brest, sur la corvette *l'Hirondelle*, commandée par M. le chevalier DE GOIMPY.

En 1768, M. CHAPPE fit usage de cette même montre N.° 3, dans son voyage en Californie, où il fut observer le passage de Vénus [a] sur le Soleil : elle lui servit à fixer la longitude de la Véra-Crux et de la Dominique.

« M. l'abbé CHAPPE paya cher [b] le bonheur d'avoir réussi dans l'observation de ce fameux passage (celui de Vénus sur le Soleil). Il avoit été l'attendre en Californie; il y mourut victime de son zèle, et acheta de sa vie l'honneur de cette grande décision. L'Histoire lui doit des éloges, et les hommes de la reconnoissance. M. l'abbé CHAPPE portoit, dans la carrière des Sciences, le même courage que l'on montre dans celle des armes: le péril ne l'étonnoit pas, pourvu qu'il fût sûr d'échanger sa vie contre la gloire. »

CUMMING (ALEXANDRE), horloger de Londres, publia en 1766 un ouvrage ayant pour titre *les Élémens des pendules et des montres adaptés à la pratique.* — An 1766.

Voyez Appendice.

Cet Artiste a construit un instrument ingénieux, appelé *barométrographe.*

PEZENAS, astronome, a traduit en français la description de la montre de JEAN HARRISON. — An 1767.

[a] M. l'abbé *Chappe* avoit été envoyé en 1761, au Kamtchatka, pour observer le premier passage de Vénus sur le Soleil.

[b] *Histoire de l'Astronomie moderne*, Tome III, page 108.

Nn 2

An 1768. MONTUCLA, auteur de l'*Histoire des Mathématiques.* Nous avons tiré plusieurs articles de cet excellent ouvrage.

An 1768. COURTANVAUX (M. le marquis DE), honoraire de l'Académie des Sciences, amateur distingué des Arts et des Sciences, qu'il cultiva lui-même, fit construire et armer à ses frais (en 1767) une frégate (appelée *l'Aurore*), sur laquelle il s'embarqua à dessein de contribuer à la perfection de la Navigation. Ce bâtiment fut sur-tout destiné aux épreuves qu'il vouloit faire de la méthode des horloges et des montres pour déterminer les longitudes en mer : pour cet effet, il avoit invité plusieurs Artistes qui s'occupoient alors de cette recherche, à lui remettre les ouvrages qu'ils avoient construits. M. PIERRE LE ROY fut le seul Artiste qui se présenta : il livra en conséquence ses deux montres marines, lesquelles furent embarquées au Havre. MM. PINGRÉ et MESSIER furent chargés des observations et des détails de l'épreuve. Au retour de la campagne, qui dura environ trois mois, M. PINGRÉ s'occupa de rédiger le journal de ce voyage, lequel fut publié en 1768, sous le titre de *Journal du voyage de M. le marquis DE COURTANVAUX, sur la frégate l'*Aurore*, pour essayer, par ordre de l'Académie, plusieurs instrumens relatifs à la longitude, &c.*

An 1768. MESSIER, astronome, de l'Académie des Sciences, fut adjoint, en 1767, à M. PINGRÉ, pour faire l'épreuve des montres de M. PIERRE LE ROY.

An 1768. PINGRÉ, de l'Académie des Sciences, astronome-géographe de la marine, a fait trois campagnes de mer, en qualité d'observateur pour l'épreuve des horloges et montres marines ; la première en 1767, avec M. le marquis DE COURTANVAUX,

pour éprouver les montres marines de M. PIERRE LE ROY; la deuxième avec M. DE FLEURIEU, pour l'épreuve des horloges marines de FERDINAND BERTHOUD; et la troisième en 1771, avec MM. VERDUN DE LA CRENNE et DE BORDA, pour vérifier l'utilité de plusieurs méthodes et instrumens servant à déterminer la latitude et la longitude tant du vaisseau que des côtes, îles, &c.

An 1769.

LUDLAM, professeur d'Astronomie à Cambridge. Dans un ouvrage qu'il a publié en 1769, ayant pour titre *Observations astronomiques*, il donne la construction d'une horloge dont le pendule est fait en bois.

An 1770.

LE ROY (PIERRE), fils aîné de JULIEN LE ROY, a été célèbre de nos jours par la construction d'une montre marine qui a remporté plusieurs fois le prix de l'Académie des Sciences. La construction de cette montre a été publiée en 1770, dans l'ouvrage qui a pour titre *Mémoire sur la meilleure manière de mesurer le temps en mer*, et qui fait suite au voyage de M. CASSINI fils, pour l'épreuve des montres de M. LE ROY.

PIERRE LE ROY, s'étoit fait connoître dès 1755, par la construction d'une pendule à sonnerie à une roue. *Voyez* Mémoires de l'Académie de 1755, Histoire, *page 140*. Cet Artiste publia, en 1759, un petit ouvrage intitulé *Étrennes chronométriques* ou Calendrier pour 1759, lequel contient divers articles intéressans sur la mesure du temps, et les divers usages des montres, &c. dans la société. Ce petit ouvrage méritoit d'être imprimé sous un autre format, et avec plus de détails : l'Auteur étoit très en état de les donner; au lieu que sous la forme d'almanach, il demeure perdu pour l'Art. M. LE ROY est mort en 1785.

On doit regretter encore que les deux montres marines de M. LE ROY, dont les succès ont prouvé la bonne construction, ne soient pas placées dans un dépôt national. Ces machines sont restées entre les mains de sa famille, et par conséquent perdues pour l'Art : heureusement que les principes et la construction de ces montres sont consignés dans le Mémoire imprimé dont nous venons de parler, et dont l'extrait est placé ci-devant, Tome I, *page 297*.

An 1770.

CASSINI, astronome, fils de M. CASSINI de Thuri, fut chargé, en 1768, de la deuxième épreuve des montres marines de M. PIERRE LE ROY : cette épreuve fut faite sur la frégate *l'Enjouée*, sous le commandement de M. DE TRONJOLY, capitaine de vaisseau. Cette frégate partit du Havre pour aller relâcher à Saint-Pierre, proche Terre-Neuve, de là passer à Cadix et aux côtes d'Afrique. M. LE ROY s'embarqua sur ce vaisseau pour suivre la marche de ses montres : la campagne finie, le vaisseau fut se rendre à Brest : l'épreuve dura du 1.er juin au 1.er novembre. M. CASSINI publia, en 1770, le journal de cette épreuve, sous le titre de *Voyage fait en 1768, pour éprouver les montres marines inventées par M. LE ROY, par M. CASSINI fils,* avec le Mémoire sur la meilleure manière de mesurer le temps en mer, qui a remporté le prix double, au jugement de l'Académie des Sciences, contenant la description de la montre à longitudes, par M. LE ROY l'aîné, 1770.

An 1771.

ROCHON (l'abbé), de l'Académie royale des Sciences. Il fit usage, en 1771, dans un voyage à l'Ile de France, de l'horloge marine N.° 6, de FERDINAND BERTHOUD.

An 1772.

ARNOLD (JEAN), horloger anglais, est devenu célèbre pour avoir construit diverses montres de poche exactes, le balancier

portant sa compensation : il a aussi construit et exécuté un grand nombre de montres marines. Dans le second voyage du capitaine Cook, trois de ces montres furent embarquées. Dans le voyage du capitaine Vancouver, il y eut plusieurs montres de M. Arnold d'embarquées : elles furent très-utiles à ce célèbre Navigateur.

Voyez ci-devant, Tome I, page 367.

M. Arnold avoit obtenu une patente ou privilége, pour avoir adapté un spiral cylindrique à ses montres. On avoit oublié que Jean Harrison, dès 1736, avoit adapté cette espèce de spiral à sa première horloge marine.

Voyez ci-devant, page 275.

An 1773.

De Fleurieu, officier distingué de la Marine, également versé dans l'Astronomie, la science du Navigateur et de la Méchanique, fut chargé, en 1768, du commandement de la frégate *l'Isis*, armée pour faire l'épreuve des horloges marines N.° *6* et N.° 8, de Ferdinand Berthoud. M. Pingré, astronome-géographe de la Marine, fut nommé pour, de concert avec M. de Fleurieu, faire les observations relatives à cette épreuve : ces épreuves durèrent plus d'un an. A son retour, M. de Fleurieu rédigea l'ouvrage qu'il publia en 1773, lequel a pour titre, *Voyages faits, en 1768 et 1769, à différentes parties du Monde, pour éprouver en mer les horloges marines inventées par M. Ferdinand Berthoud.* Cet ouvrage, en deux volumes *in-4.°*, contient tous les détails et les résultats concernant cette épreuve authentique, avec les déterminations de dix-sept lieux dont la position a été fixée par les horloges; et c'est la première fois qu'on a fixé la longitude au moyen des horloges ou des montres. Le second volume de cet ouvrage contient un Appendice, dans lequel M. de Fleurieu établit toutes les règles de calcul, et les méthodes nécessaires à employer pour faire servir les horloges à la détermination des longitudes en mer, à fixer la position des lieux, reconnoître les courans, &c.: c'est le premier Traité qui ait été publié sur cette importante matière.

M. DE FLEURIEU, qui s'étoit occupé de la mesure du temps en mer, avoit, dès 1765, présenté à l'Académie des Sciences de Paris, un projet d'horloge marine ; mais il ne l'a pas mis à exécution.

An 1776.

DE BORDA, savant géomètre, navigateur et méchanicien, officier de Marine, a fait, en 1776, un voyage utile pour la perfection de la Géographie, sur les côtes d'Afrique, ayant fixé, par le secours d'une horloge N.° 18, et d'une montre marine N.° 4 (l'une et l'autre de FERDINAND BERTHOUD), la vraie position des lieux depuis le cap *Spartel* jusques au cap *Bayador*, en y comprenant les îles Canaries. *Voyez* Tome I, *page 359*.

Dans la campagne de M. d'ESTAING, vers 1780, M. DE BORDA fit diverses observations de longitudes, au moyen de l'horloge N.° 10 de FERDINAND BERTHOUD, appartenant aux Espagnols.

On doit à M. DE BORDA d'avoir perfectionné un instrument précieux pour les Observateurs; cet instrument, qu'on appelle *cercle*, avoit été proposé par MAYER.

An 1776.

COOK, célèbre navigateur anglais, le CHRISTOPHE COLOMB du XVIII.e siècle. On doit au capitaine COOK la découverte d'un grand nombre d'îles et de peuples inconnus pour nous avant lui : il a entrepris trois grands voyages ; les deux premiers autour du Monde, et le troisième, qui malheureusement n'a pas été achevé par lui, a été fait à l'Océan pacifique, pour faire des découvertes

dans

dans l'hémisphère septentrional, &c., et résoudre la question du passage du nord.

Dans le deuxième voyage du capitaine COOK à l'hémisphère austral et autour du Monde, ce Navigateur commandoit la frégate *la Résolution*, sur laquelle fut embarquée une montre marine exécutée par M. KENDALL, habile horloger de Londres, sur les principes de M. HARRISON. Cette montre lui a servi à fixer un grand nombre de longitudes. Il y avoit sur le même vaisseau une montre de la construction de JEAN ARNOLD. Le second vaisseau, appelé *l'Aventure*, sous les ordres du capitaine COOK, fut commandé par le capitaine FURNEAUX. On plaça deux montres marines d'ARNOLD sur *l'Aventure;* et ces machines furent observées et mises sous la direction de deux astronomes, MM. WALES et BAYLEY.

Dans son troisième voyage, en 1776, 1777, 1779 et 1780, le capitaine COOK commanda *la Résolution*, et il avoit sous ses ordres le vaisseau *la Découverte*, commandé par le capitaine CLERKE. Le Bureau des longitudes accorda au capitaine COOK la même montre marine qu'il avoit emportée dans son second voyage, et qui l'avoit instruit, d'une manière si exacte, de la distance du premier méridien : elle a été faite par M. KENDALL, sur les principes de M. HARRISON. On la mit à bord de *la Résolution*.

Dans le Journal qui a été publié de ces deux voyages, et rédigé par le capitaine COOK lui-même, ce Navigateur parle en divers endroits, et avec beaucoup d'éloge, de la montre de KENDALL, et de l'utilité dont elle lui a été.

Voyez ci-devant, Tome I, page 356.

KENDALL (LARCUM), habile horloger de Londres. Cet Artiste fut une des six personnes nommées, en 1765, par l'Amirauté, An 1776.

pour recevoir la description et l'explication de toutes les parties de la montre de M. HARRISON ; et il fut ensuite chargé par le Bureau des longitudes, d'exécuter une montre marine, exactement semblable à celle de JEAN HARRISON, et sur les mêmes principes : c'est cette montre, imitée par M. KENDALL, qui fut accordée au capitaine COOK dans son second voyage autour du monde : elle servit encore à ce célèbre Navigateur dans son troisième et dernier voyage. Dans ces deux voyages, la montre de M. KENDALL a servi très-utilement pour fixer la longitude de divers lieux.

An 1778.

VERDUN DE LA CRENNE, officier de marine, fut chargé, en 1771, du commandement de la frégate *la Flore*, destinée aux épreuves de plusieurs horloges et montres marines, et de divers autres instrumens. MM. DE BORDA et PINGRÉ furent nommés pour assister à ces épreuves, conjointement avec M. DE VERDUN : au retour de cette campagne, ces savans rédigèrent leur travail, qui fut publié en 1778, sous le titre de *Voyage fait, en 1771 et 1772, en diverses parties de l'Europe, de l'Afrique et de l'Amérique, pour vérifier l'utilité de plusieurs méthodes et instrumens servant à déterminer la latitude et la longitude, &c.*; 2 volumes *in-4.°*

Voyez Appendice.

An 1782.

ÉMERY (JOSIAS), horloger de Londres, né en Suisse, a exécuté des montres de poche qui ont eu la plus grande réputation, fondée sur leur parfaite régularité, et, entre autres, la montre qu'il avoit construite pour M. le Président SARRON. La construction de cette montre n'a pas été publiée ; mais elle a été connue en France vers 1782.

Voyez ci-devant, page 108.

An 1784.

M. DE ROSILY, capitaine de vaisseau, a fait usage, pendant

plusieurs années consécutives, d'une horloge N.° XXIV de FERDINAND BERTHOUD, dans les mers de l'Inde : son travail n'a pas été publié.

An 1785.

CHABERT (M. le Marquis DE), chef d'escadre, de l'Académie des Sciences, &c., publia, en 1785, un Mémoire extrait de ceux de l'Académie pour l'année 1783, dans lequel il traite de l'usage des horloges marines, relativement à la Navigation, et sur-tout à la Géographie, où l'on détermine la différence en longitudes de quelques points des Antilles, &c. Pendant la campagne de M. le Comte D'ESTAING, en 1778 et 1779, et celle de M. le Comte DE GRASSE, en 1781 et 1782, M. DE CHABERT fit usage des horloges et montres à longitudes construites par FERDINAND BERTHOUD.

Avant l'époque dont nous parlons, M. DE CHABERT avoit fait servir les horloges à la rectification des cartes marines. Dès 1771 il entreprit de fixer les positions de l'Archipel de la Méditerranée : il employa, à cet effet, la montre marine N.° 3, de FERDINAND BERTHOUD, la même dont M. CHAPPE s'étoit servi dans son voyage en Californie; en 1775 il fit une seconde campagne dans la Méditerranée avec deux horloges marines du même Auteur. Ce travail, très-étendu, fait par M. DE CHABERT, n'a pas encore été publié.

M. DE CHABERT a été un des officiers de la Marine qui, le premier, s'étoit occupé de la perfection de la Géographie, et de la rectification des cartes marines, en associant les connoissances et les méthodes astronomiques à celles du Navigateur, comme on le voit dans un ouvrage qu'il publia en 1753, sous le titre de *Voyage fait, par ordre du Roi, en 1750 et 1751, dans l'Amérique septentrionale, pour rectifier les cartes des côtes de l'Acadie, de l'Ile-Royale et de l'Ile de Terre-Neuve, et pour en fixer les principaux points par des observations astronomiques.*

An 1787.

CHASTENET-PUYSÉGUR, major des vaisseaux du Roi, de l'Académie de Marine, publia, en 1787, un ouvrage ayant pour titre, *Le Pilote de l'île de Saint-Domingue et des débouquemens de cette île, &c.*

Dans cet ouvrage, M. DE CHASTENET rend compte des méthodes qu'il a suivies et des calculs qu'il a employés pour fixer la position en longitude de quatre-vingt-treize points ou lieux déterminés, au moyen des montres marines de FERDINAND BERTHOUD.

Ces observations ont été faites en 1784 et 1785.

An 1791.

BRUIX (DE), capitaine de vaisseau, fit usage, vers cette époque, de l'horloge marine N.° 8 : elle lui servit à sauver un convoi de plusieurs bâtimens.

An 1791.

D'ENTRECASTEAUX, officier de marine, chargé d'une expédition pour la recherche de LA PÉROUSE, embarqua quatre horloges et des montres marines.

An 1798.

DE LA PÉROUSE, capitaine de vaisseau, célèbre Navigateur. En 1785, le Gouvernement de France forma le projet d'un armement de deux vaisseaux, destinés à faire de nouvelles découvertes. Le commandement du premier fut donné à M. DE LA PÉROUSE ; le second, à M. le Chevalier DE LANGLE, officier distingué dans la Marine : ces deux vaisseaux furent chargés de tout ce qui étoit nécessaire pour une longue expédition autour du Monde ; des Savans, des Astronomes, &c., furent envoyés pour concourir à de nouvelles découvertes. On embarqua cinq horloges marines, de l'invention et de la construction de FERDINAND BERTHOUD.

Cette petite escadre partit de Brest le 1.er août 1785. Les

détails des opérations de cette campagne ont été adressés au Ministre de la Marine, jusqu'au 7 février 1788, à Botany-Bay: depuis cette époque, on n'a pu rien apprendre du sort de ce Navigateur.

Le Gouvernement a fait publier tout ce qu'il a pu recueillir de cette expédition, dans l'ouvrage qui a pour titre, *Voyage DE LA PÉROUSE autour du monde, pendant les années 1785, 1786, 1787 et 1788.*

Voyez ci-devant, Tome I, page 363.

MUDGE (THOMAS), horloger anglais. An 1799.

M. MUDGE fut nommé, en 1765, avec LARCUM KENDALL, &c., pour recevoir la description et les dessins de la montre marine de M. JEAN HARRISON, et comparer la montre même &c. Cet Artiste a construit depuis une montre marine qui diffère totalement de celle d'HARRISON. Cette machine, quoique fort ingénieuse par son échappement, est tellement compliquée, qu'on l'imitera difficilement. Son fils en a publié la description en 1799.

THOMAS MUDGE est auteur d'un échappement libre, décrit ci-devant, *page 37* : il a depuis composé un échappement très-ingénieux, qu'on peut appeler *Échappement libre-remontoir.* Nous en avons donné ci-devant la description, d'après les Transactions philosophiques de 1794, et l'explication d'après la Bibliothèque britannique.

Voyez ci-devant, page 46.

JANVIER (ANTIDE), artiste et méchanicien très-versé dans la connoissance des mouvemens des corps célestes. On lui doit la composition d'une horloge à sphère mouvante et à planisphère, dont les diverses révolutions s'exécutent avec la même exactitude An 1800.

que les corps qu'ils représentent le font dans le Ciel. Par des moyens fort ingénieux, il a imité les mouvemens irréguliers du Soleil et de la Lune. Il est auteur d'une nouvelle méchanique qui imite parfaitement l'équation du temps, et par la nature même qui la produit.

Voyez ci-devant, page 207 et suivantes, la description de l'horloge à sphère mouvante de cet Artiste.

An 1800.

BREGUET, artiste-horloger, établi à Paris. On connoît de lui plusieurs moyens ingénieux qu'il a employés dans diverses parties de l'Horlogerie : son chronomètre musical, celui d'une horloge qui règle une montre, un échappement-remontoir, &c. Il n'a rien publié.

Voyez ci-devant, page 55, la description de l'échappement libre-remontoir de M. *Breguet*, et page 174, une notion d'un méchanisme ingénieux du même Artiste, pour régler une montre dans diverses inclinaisons.

M. BREGUET paroît être le premier qui ait travaillé à Paris, lui-même, les pierres précieuses à l'usage des montres. Cet Artiste s'est fait une méthode pour travailler les rubis formés en cylindre, qu'il emploie dans ses montres ordinaires : il les exécute avec une grande perfection, ainsi que les rubis percés pour les pivots. On peut reprocher en général aux Artistes qui s'occupent du travail des pierres précieuses à l'usage des montres, de faire un mystère de leurs procédés. Il y a cependant plus d'un siècle que ce secret fut trouvé à Genève, offert en France, et enfin porté à Londres, où depuis il a été pratiqué.

Voyez ci-devant, page 8.

CHAPITRE VIII.

Explication abrégée des diverses parties qui servent à la mesure du temps ; celle des Machines mêmes qui marquent cette mesure ; avec les Définitions des principaux Termes qui sont en usage pour désigner les pièces qui composent les Horloges, ainsi que celles des Instrumens et Outils qui sont employés pour l'exécution des Horloges, &c. ; par ordre alphabétique.

A.

Accéléré se dit d'un mouvement dont la vîtesse augmente à chaque instant. Telle est la nature du mouvement d'un corps qui tombe librement. Ici les espaces parcourus sont comme les carrés des temps : ils parcourent quinze pieds dans la première seconde, quarante-cinq pieds dans la deuxième seconde, soixante-quinze pieds dans la troisième, &c. : en une seconde ils ont donc quinze pieds de chute ; en deux secondes soixante pieds ; en trois secondes ils ont cent trente-cinq pieds. Ces nombres sont comme les carrés 1, 4, 9 des nombres 1, 2, 3. C'est à GALILÉE que l'on doit la théorie ou la loi de la chute des corps.

Acier, le plus dur des métaux : il est naturel ou préparé ; ce dernier est du fer converti en acier.

Agent ou *Moteur*. C'est la puissance qui produit le mouvement. Voyez *Moteur*.

Agitations du vaisseau (les), sont un des obstacles à l'application du pendule aux horloges marines.

Aiguille ou *Index*, qui indique les parties du temps graduées sur le cadran.

Aile ou *Volant*, modérateur des roues de sonnerie.

Aile, se dit aussi des dents du pignon.

Alidade, lévier ou bras flexible qui règle le chemin que l'on fait faire à la plate-forme ou diviseur de la machine à fendre les dents des roues.

Alongement des métaux par la chaleur. Voyez *Dilatation.*

Ancre, pièce de l'échappement de ce nom. Voyez *Échappement à ancre.*

Arbre, *Aissieu*, *Tige* ou *Axe*, termes synonymes pour désigner une pièce qui tourne sur elle-même au moyen de ses pivots. Voyez *Pivots.*

Assiette. On appelle assiette en Horlogerie, une pièce formant une base qui sert à y fixer une roue, &c. L'assiette d'une roue est un canon chassé à force sur une tige pour y river la roue.

Astres, est la dénomination générale des corps célestes; du Soleil, de la Lune, des étoiles, planètes, comètes, &c.

Astronomie. C'est l'étude ou la science du mouvement des corps célestes. L'Astronomie est l'origine de la mesure du temps: l'horloge est devenue pour l'Astronomie un instrument qui en a hâté les progrès.

Atmosphère. On appelle ainsi la couche d'air ou de vapeurs qui

qui environne la Terre. Le baromètre sert à mesurer sa pesanteur.

Attraction. Voyez *Gravité.*

Axe ou *Centre de mouvement* d'une pièce qui tourne sur elle-même.

B.

BALANCE ÉLASTIQUE, instrument qui sert à éprouver les ressorts spiraux réglans, et à connoître s'ils sont propres à rendre isochrones les oscillations du balancier. (Traité des Horloges marines, N.° 145.)

Balancier. Le balancier est un anneau circulaire, dont la circonférence, également pesante, est concentrique à un axe portant deux pivots, sur lesquels cet anneau peut tourner librement : il doit donc, par sa nature, rester en équilibre sur lui-même, quelle que soit sa position ; et il doit de même conserver son mouvement par les diverses positions qu'on peut lui donner. Le balancier, joint au premier échappement connu (celui à roue de rencontre) devint le modérateur ou régulateur des anciennes horloges, de celles portatives, &c.

Le balancier seul ne peut produire des oscillations.

Balancier régulateur. Le balancier, joint au ressort spiral réglant, est devenu le régulateur des horloges portatives (modernes) appelées *montres :* il est celui des horloges à longitudes, et des horloges astronomiques portatives. L'élasticité du spiral est au balancier ce que la pesanteur est au pendule.

Barillet ou *Tambour,* pièce dans le vide de laquelle on place un ressort plié en spirale, pour servir de moteur aux horloges ou aux montres.

Baromètre, instrument de physique, au moyen duquel on connoît la pesanteur de l'air.

Bascule, petit lévier qui agit sur les chevilles de la roue de sonnerie, et qui sert à élever le marteau.

Bissextile, année de 366 jours.

C.

Cadran, cercle gradué qui porte les chiffres servant à marquer les parties du temps.

Cadran solaire. Voyez *Horloge solaire.*

Cadrature. Ce sont les pièces d'une horloge, &c. qui, placées entre la platine et le dessous du cadran, servent à faire tourner les roues des heures. On appelle aussi *cadrature,* les pièces de la répétition qui sont placées sous le cadran.

Cage. C'est ce qui contient les roues et le méchanisme de l'horloge : elle est composée de quatre piliers, et de deux traverses appelées *platines.*

Calibre ou *Plan* sur lequel on trace la disposition des pièces d'une horloge.

Canon, tuyau creux ou percé dans sa longueur pour tourner autour d'un axe, et qui peut avoir un mouvement différent en durée de celui de l'axe. Voyez *Concentrique.*

Centre de mouvement. C'est le point autour duquel une pièce tourne.

Centre d'oscillation. C'est, dans le pendule, le point autour duquel toute la force du poids de la verge et de la lentille est réunie. Ce centre est au-dessus de celui de gravité.

Centre de suspension. C'est, dans le pendule, le point autour duquel le pendule oscille.

Centrifuge (Force). C'est l'effort que fait un corps qui tourne sur lui-même, pour s'éloigner de son centre de mouvement. C'est en vertu de cette force que les oscillations du pendule sont plus lentes sous l'équateur que vers les pôles.

Chaleur. La chaleur augmente le volume de tous les corps.

Chaperon. Voyez *Roue de compte.*

Chaussée, canon qui s'ajuste à frottement sur la tige de la roue de minute, et dont le bout porte l'aiguille, afin de la faire tourner séparément de la tige pour la mettre à l'heure. Voyez *Minuteries.*

Clepsydre. Voyez *Horloge d'eau.*

Cliquet, petit lévier mobile sur son centre, qui, pressé par un ressort, soutient l'effort du moteur, et facilite son remontage. Voyez *Encliquetage.*

Compas à michromètre. Instrument propre à mesurer, avec la plus exacte précision, les plus petites parties d'une machine, comme les pivots des montres, l'épaisseur des roues, celle des lames des ressorts spiraux réglans, &c. Ce compas est composé d'une mâchoire, dont une partie est fixe, et l'autre, qui forme un lévier, est mobile sur deux pivots. Le lévier a deux bras; le plus court forme la mâchoire, et l'autre agit près du centre d'une aiguille mobile sur deux pivots. C'est cette aiguille qui marque sur une portion de cercle gradué, les dimensions de la pièce que l'on veut mesurer. Chaque division du cadran répond à la 400.e partie d'une ligne.

Compensateur Isochrone. Méchanisme destiné à rendre isochrone un spiral réglant qui n'a pas cette propriété. *Voyez* Appendice.

Compensation. On appelle de ce nom un méchanisme au moyen duquel on corrige ou détruit des variations de l'horloge qui sont indépendantes de la machine même, comme de compenser, dans le pendule ou dans le balancier, les variations causées par la dilatation et contraction des métaux, par les divers degrés de chaud et de froid.

Compte-pas ou *Odomètre,* instrument qui sert à mesurer le chemin fait par un carrosse ou par un vaisseau.

Concentrique, qui a le même centre de mouvement. On dit que deux aiguilles sont concentriques, lorsqu'elles tournent séparément autour d'un même centre : c'est ainsi que l'aiguille des heures est attachée sur un canon qui roule sur la chaussée, autre canon qui roule sur la tige de la roue de minutes pour porter l'aiguille.

Condensation ou *Contraction,* termes qui expriment la diminution du volume d'un corps par le froid.

Corde sans fin. C'est une corde dont les deux bouts sont joints ensemble par une couture non apparente : elle porte un poids et un contre-poids ; elle sert à doubler la durée de la marche de l'horloge, et donne le moyen de remonter le poids, sans que l'horloge cesse de marcher.

Courbure (La) des dents des roues et des pignons, doit être une épicycloïde.

Couteau de suspension. C'est une pièce angulaire faite en acier très-dur, qui pose sur une rainure, et qui, en suspendant le pendule, rend ses oscillations très-libres.

Cremaillère, rateau denté, dont les dents sont figurées à rochet. Voyez *Rateau.*

Cycloïde, ligne courbe, formée par la révolution d'un point de la circonférence d'un cercle sur une ligne droite.

La cycloïde est une courbe dont la génération est facile à concevoir. Qu'on imagine un cercle qui roule sur une ligne droite et dans un même plan, tandis qu'un point de la circonférence laisse une trace sur ce plan; le clou d'une roue qui roule sur un plan droit, décrit en l'air une courbe, qui est la cycloïde.

C'est GALILÉE qui a eu le premier l'idée de la cycloïde.

C'est à HUYGENS que l'on doit deux belles propriétés de la cycloïde. La première est celle de la plus vîte descente. Je m'explique : qu'on ait deux points qui ne soient ni dans la même ligne horizontale, ni dans la même perpendiculaire, et qu'on demande le chemin le long duquel un corps devroit rouler par un mouvement uniformément accéléré, afin qu'il y employât le moins de temps possible; ce n'est point une ligne droite, comme on pourroit le croire, c'est un arc de cycloïde passant par ces deux points. La seconde de ces propriétés est de rendre isochrones les oscillations du pendule simple.

Cylindre ou *Tambour*, corps rond, d'égal diamètre dans sa longueur. C'est sur lui que s'enveloppe la corde qui supporte le poids d'une horloge.

Cylindre, pièce de l'échappement de ce nom. Voyez *Échappement à cylindre*.

D.

DÉCLINAISON. C'est la distance d'un astre à l'équateur.

Degré, la 360.e partie du cercle.

Degré décimal, la 400.e partie du cercle.

Densité. C'est la quantité de matière contenue dans un corps sous un volume donné. Un corps égal à un autre pour le volume, s'il contient deux fois plus de matière, c'est-à-dire, s'il est double de pesanteur, a deux fois plus de densité.

Dent, espèce de lévier dont les roues et les pignons sont formés pour se communiquer le mouvement. Les extrémités des dents doivent être terminées par une courbe, afin que le mouvement transmis soit uniforme : cette courbe est celle que les Géomètres appellent *Épicycloïde*.

Dents (Les) de la roue de rencontre sont inclinées hors du centre; la face est plane, et le derrière creusé en arc. Voyez *Roue de rencontre*.

Détente, pièce d'une sonnerie qui sert à arrêter ou à donner le mouvement au rouage pour que l'heure sonne.

Détentillon, pièce qui dans une sonnerie sert à élever la détente.

Diamètre d'un cercle. C'est une ligne droite, qui passant par le centre de ce cercle, coupe sa circonférence en deux parties égales.

Dilatation, terme de physique, par lequel on exprime l'effet de la chaleur sur les corps pour en augmenter le volume. *Extension* est synonyme.

Dilatation (Table de la) des métaux, en passant de 0 degré du thermomètre de RÉAUMUR, et éprouvant ensuite 27 degrés de chaleur, les barres ou verges ayant 461 lignes de longueur. *Voyez* cette Table, ci-devant, *page 63*.

Drageoir, rainure faite autour du tambour ou barillet pour recevoir le couvercle, ou dans la lunette d'une boîte de montre pour loger le cristal.

E.

ÉCHAPPEMENS. L'échappement est cette méchanique de l'horloge dont les fonctions sont, 1.° de restituer au régulateur soit le pendule ou le balancier, la force qu'il perd à chaque vibration par le frottement qu'il éprouve, et par la résistance de l'air; 2.° pendant que le régulateur mesure le temps, l'échappement règle la vîtesse du mouvement des roues, lesquelles indiquent, par leurs aiguilles, sur le cadran, les parties du temps divisé par le pendule ou par le balancier. Il faut considérer deux temps dans l'effet de l'échappement : celui de l'impulsion rendue au régulateur, pendant lequel la roue avance d'une partie qui répond à une vibration; et le second, celui par lequel l'action de la roue et celle du moteur demeurent suspendues, tandis que le régulateur achève son oscillation. *Voyez* ci-devant, Chapitre I.er, les diverses sortes d'échappemens employés en Horlogerie.

Élasticité, propriété des corps (durs), par laquelle, lorsque leur figure a été changée par quelque effort, ils reprennent leur première figure dès que l'effort vient à cesser. C'est par cette propriété qu'un ressort fait marcher l'horloge, et que le spiral réglant fait osciller le balancier. La force élastique des ressorts diminue par la chaleur, et elle augmente par le froid.

Ellipse. On appelle de ce nom, en Horlogerie, une courbe que l'on a imaginée pour faire suivre à une aiguille de l'horloge les variations du temps vrai ou temps variable du Soleil.

Encliquetage ou *Remontoir.* On appelle ainsi le méchanisme au moyen duquel on remonte le poids moteur, le ressort d'une horloge, ou la fusée d'une montre. Ce méchanisme consiste à procurer au cylindre qui porte le poids, à la

fusée de la montre, ou à l'arbre du ressort, un mouvement rétrograde qui se fasse séparément de la première roue du rouage. Pour cet effet, le cylindre ou la fusée, &c. porte un rochet dont les dents sont droites d'un côté, et dirigées à son centre, et, de l'autre, sont inclinées. Les dents de ce rochet agissent sur un petit lévier mobile sur son centre, que l'on appelle *cliquet*, lequel est porté par la première roue du rouage : le bout de ce cliquet est droit, et entre dans les dents du rochet, y étant obligé par l'action d'un ressort. Si donc on fait tourner le cylindre ou la fusée en arrière, c'est-à-dire, dans le sens de l'inclinaison des dents du rochet qu'il porte, on n'éprouvera aucun obstacle, parce que l'inclinaison des dents écartera le cliquet; ainsi on remontera le moteur : mais aussitôt qu'on cessera de faire tourner le cylindre, la force du moteur ramenera le côté droit des dents du rochet, lesquelles arcbouteront contre le bout droit du cliquet; par conséquent le moteur entraînera la première roue du rouage, pour continuer à faire marcher l'horloge.

Éclipse. Les éclipses du Soleil, de la Lune et des satellites de Jupiter, servent à donner les longitudes. *Voyez* Tome I, *page 261.*

Écliptique, cercle qui représente la trace du mouvement annuel du Soleil : il coupe l'équateur en deux parties, dont il s'éloigne ensuite de 23 degrés 28 minutes au nord et au midi : les points les plus éloignés sont appelés les *solstices*, et ceux qui coupent l'équateur sont les *équinoxes*. Ce cercle est appelé *écliptique*, du nom d'éclipse, parce que les éclipses arrivent lorsque la Lune est dans ce plan.

Écrou, pièce dont le trou est cannelé en vis.

Engrenage. On nomme engrenage l'action des dents d'une roue sur celles d'une autre roue ou d'un pignon, pour la faire tourner

tourner autour de son centre de mouvement, et pour lui transmettre son mouvement.

Les roues sont ordinairement faites avec du cuivre et les pignons en acier. Dans les anciennes horloges les roues étoient faites avec du fer.

Épicycloïde. C'est la courbe qui doit terminer l'extrémité des dents des roues et des pignons pour que l'action de la roue soit uniforme ; propriété indispensable dans l'engrenage.

Épicycloïde (L') est une ligne courbe formée par la révolution d'un cercle autour d'un autre cercle. M. ROËMER est le premier qui ait découvert que l'épicycloïde est la meilleure ou la seule figure qu'on puisse donner aux dents des roues pour que leur action sur les pignons soit uniforme.

La théorie de cette courbe est belle et ingénieuse ; mais son utilité se borne à l'usage des roues des grandes machines, sur les dents desquelles elle peut être tracée ; mais elle est impraticable dans les roues de nos horloges : les ouvriers habiles de tous les temps y ont suppléé par un tact plus sûr ; en faisant agir la roue sur les dents du pignon, ils sentent si le mouvement communiqué l'est d'une manière uniforme, sans saut ni accottement. Ils figurent en conséquence, sans s'en douter, des dents dont la courbure est nécessairement une épicycloïde.

Équateur. C'est un grand cercle qui partage la terre en deux hémisphères : ce cercle est également éloigné des deux pôles, ou pivots sur lesquels la Terre paroît tourner. L'équateur est le lieu de la Terre où son mouvement se fait avec plus de rapidité ; et on a observé, par des expériences certaines, que le pendule est plus court sous l'équateur qu'aux pôles ; ce qui prouve évidemment le mouvement de rotation de la Terre.

Lorsque le Soleil arrive à l'équateur, les jours sont égaux aux nuits par toute la Terre, parce que le Soleil se lève au point du vrai orient, et se couche au point du vrai occident.

Les peuples qui vivent sous l'équateur, ont leurs jours égaux aux nuits. Ce cercle est celui d'où l'on compte la latitude.

Le jour naturel est mesuré par la révolution de l'équateur : cette révolution est achevée quand le même point de ce cercle revient au même méridien en 24 heures.

L'équateur étant divisé, comme tous les grands cercles, en trois cent soixante degrés, chaque heure contient la vingt-quatrième partie de ce cercle, c'est-à-dire quinze degrés ; ainsi un degré de l'équateur vaut quatre minutes d'heure, &c.

Ce sont les degrés de l'équateur qui déterminent la différence des méridiens ; c'est ce qu'on appelle *longitude des lieux.* Voyez *Longitude* et *Méridien* (Astronomie de Lalande).

Équation du temps. C'est la différence qu'il y a chaque jour de l'année, entre le temps vrai mesuré par le Soleil, et le temps moyen mesuré par les horloges. *Voyez* Tome I, *page 174.*

Équilibre se dit de deux puissances qui étant en action opposée restent en repos.

Étain, métal dont la dilatation est double de celle du fer. Voyez *Dilatation.*

Étau d'établi, outil qui sert à pincer et fixer très-solidement une pièce, pour la travailler soit avec la lime ou avec le marteau. Cet outil s'attache à une table ou établi.

L'étau est formé par deux fortes pièces de fer qui ont un centre commun, et dont l'extrémité supérieure forme une mâchoire, entre laquelle on serre fortement, au moyen d'une vis et d'un lévier, la pièce qu'on veut travailler.

Les étaux ordinaires s'ouvrent par un mouvement angulaire :

on en fait dont le mouvement se fait parallélement ; mais ceux-ci sont peu en usage ; ils sont moins solides et plus chers.

Étau à main. C'est une sorte d'étau plus petit que ceux d'établi; on s'en sert en le tenant d'une main, et limant de l'autre.

Étoile, roue formée par des rayons angulaires ; c'est une partie des horloges à répétition.

Étoiles, *astres*, ou *étoiles fixes* : ce sont autant de Soleils. Le mouvement de la Terre comparé aux étoiles fixes, est constamment égal ou de même durée : aussi emploie-t-on les étoiles pour avoir une mesure invariable du temps et régler les horloges.

Étuve, boîte disposée convenablement pour faire varier sa température intérieure, de manière à éprouver les effets de ces changemens dans les corps ou machines qu'on y place.

Excentrique, qui n'a pas le même centre de mouvement.

F.

Filière, outil qui sert à canneler les vis ; c'est une plaque ou planche mince faite en acier, dans laquelle sont percés des trous de diverses grosseurs ; ces trous sont ensuite cannelés, c'est-à-dire, formés intérieurement par un filet tournant en spirale cylindrique ; cet outil étant trempé très-dur, on y fait entrer à force en tournant le petit cylindre qu'on veut former en vis.

Pour canneler les trous de la filière, on commence par faire un outil qui s'appelle *taraud :* c'est un cylindre que l'on figure en vis avec une lime angulaire, et lequel étant trempé, sert, en le faisant tourner dans le trou, à imprimer les filets formés autour du cylindre.

Force, ou puissance d'un corps en mouvement pour vaincre un obstacle.

Force centrifuge. L'effort que fait un corps qui tourne autour d'un centre pour s'en éloigner, est ce qu'on appelle *force centrifuge.* Si ce corps, mu circulairement, étoit libre, il s'échapperoit par la tangente au cercle qu'il décrit. *Voyez*, Traité des Horloges D'HUYGENS, ce qui concerne les théorèmes sur la force centrifuge.

Force motrice; dans les horloges fixes, c'est le poids; dans les horloges portatives, c'est le ressort.

Fourchette, pièce d'une horloge à pendule : elle est fixée sur la tige d'échappement et elle communique avec le pendule, afin de lui transmettre la force du rouage et du moteur pour entretenir ses oscillations.

Fraises, limes circulaires qui servent à fendre les dents des roues et des pignons. Les fraises sont de petites roues faites d'acier trempé; elles sont fendues ou taillées en rochet.

Froid. Le froid augmente les frottemens à un tel degré, que s'il est excessif, il arrête ou suspend le mouvement des horloges.

Le froid augmente la force élastique des corps, ressorts, &c.

Le froid diminue le volume des corps.

Frottement. On appelle frottement la résistance qu'éprouve un corps qui tourne, roule ou glisse sur un autre; cette résistance détruit une partie de l'action ou puissance qui fait mouvoir le corps.

Le frottement est produit par l'engrenement des surfaces qui terminent les corps, parce que la matière dont ils sont composés est inégale et séparée par des *pores* qui, étant pénétrés par les parties raboteuses de la matière, obligent les surfaces à se déchirer, &c.

La considération du frottement est très-importante dans les machines en général, mais sur-tout dans celles qui mesurent le temps ; parce qu'ici il est le plus grand obstacle à leur constante justesse.

Le frottement augmente en raison de la pression et en proportion de l'espace parcouru ; il est le produit de la pression et de l'espace parcouru ; il s'accroît à mesure que les surfaces se déchirent ; il varie par les diverses températures, et le grand froid l'augmente au point de suspendre, en entier, le mouvement de l'horloge.

Fusée, cône tronqué à-peu-près de la figure d'une cloche. Une propriété très-importante de la fusée est de servir à égaliser la force du ressort moteur des horloges portatives ; en sorte que le ressort, par cette belle invention, devient une puissance motrice aussi égale et constante que celle du poids moteur, et qu'elle a même plus que ce dernier, l'avantage d'être portative sans que le mouvement ni les positions en puissent changer l'action.

Le contour de la fusée est cannelé en rainure creuse, faite en spirale, allant de la base au sommet ; c'est autour de cette rainure que s'enveloppe la corde qui répond de la fusée au barillet ou tambour qui renferme le ressort moteur.

C'est par l'inégalité des diamètres des spires que la fusée obtient cette belle propriété d'égaliser la force inégale du ressort : car lorsque le ressort est au haut de sa bande, la corde se développe sur le plus petit diamètre de la fusée, ce qui diminue l'action du ressort sur le rouage ; et lorsque le ressort est au bas ou à la fin de sa tension, la corde agit sur le plus grand diamètre de la fusée ; effet qui ramène à l'égalité, l'action que le ressort communique au rouage par l'intermédiaire de la fusée.

G.

Garde-corde ou *garde-chaîne*, méchanique employée dans les horloges à ressort et à fusée pour former un arrêt assez fort pour empêcher de remonter trop haut le ressort moteur, crainte de le faire casser ou de faire rompre la corde.

Cet arrêt se fait au moment où la corde est arrivée à la fin du dernier tour qui est au sommet de la fusée ; la corde étant alors fort près de la platine de la cage, elle appuie sur un lévier flexible à ressort, porté par cette platine, et oblige le bout droit de ce lévier de se présenter au devant d'un crochet porté par le sommet de la fusée ; ce crochet, en continuant de tourner, va arc-bouter contre le bout du lévier ; effet qui arrête tout l'effort de la main qui remonte le ressort.

Garde-temps. C'est le nom donné par Harrison à sa montre à longitude.

Gnomon, instrument pour prendre la hauteur du Soleil, déterminée par la longueur de son ombre : il sert aussi à donner l'heure.

Gnomonique. C'est l'Art ou la Science de construire les horloges solaires ou cadrans.

Gravité ou *attraction*, propriété des corps placés dans l'espace, et par laquelle ils sont attirés et retenus dans les limites qui leur ont été assignées.

H.

Hauteur du Soleil, ou méthode pour trouver l'heure vraie par la hauteur absolue du Soleil. Cette méthode, inventée par les Astronomes, est également d'usage à terre et à la mer : mais elle est encore plus précieuse dans la Navigation, pour trouver l'heure du vaisseau ; car connoissant l'heure du premier méridien ou du lieu du départ conservée par les horloges, ou déduite des distances de la Lune au Soleil ou aux étoiles, on en conclut la longitude du vaisseau, ou la différence des méridiens.

La méthode des hauteurs absolues du Soleil, pour en conclure l'heure, consiste à connoître 1.° la hauteur du pôle ou la latitude de l'observateur, ce qui donne la distance du pôle au zénith ; 2.° la déclinaison de l'astre observé, d'où on conclut sa distance au pôle, &c. On trouve également l'heure vraie par la hauteur d'une étoile. *Voyez* l'usage de cette méthode et les calculs dans l'Appendice du Voyage de FLEURIEU, imprimé en 1773. On trouvera dans cet ouvrage tout ce qui est relatif à la détermination des longitudes par les horloges, que l'Auteur a su faire servir le premier à la rectification des cartes.

Hauteurs correspondantes du Soleil, ou méthode pour trouver le midi vrai. Cette méthode consiste à prendre, avec un quart de cercle, &c. des hauteurs égales du Soleil avant et après midi, d'après lesquelles on conclura l'instant du passage de cet astre au méridien.

Heure, partie du jour. Chez les anciens l'heure étoit la soixantième partie du jour. « On partagea le jour (dit BAILLY, Histoire de l'Astronomie ancienne), et successivement toutes ses subdivisions, en soixante parties, &c. Le jour est également divisé en soixante heures chez les Siamois, les Tartares, les Perses, les Chaldéens, les Égyptiens ; enfin chez tous les peuples connus de l'ancien monde. »

Heure (L'), chez les nations modernes, est la vingt-quatrième partie du jour. L'heure se divise en soixante minutes.

Heure décimale ou républicaine. C'est la dixième partie du jour ; elle contient cent minutes.

Heure (L'), à la Chine, est la centième partie du jour ; elle s'appelle *ké*, le ké contient cent minutes.

Horizon. C'est dans chaque lieu un cercle qui sépare la partie visible du Ciel, de celle qui ne l'est pas. On change d'horizon à chaque pas que l'on fait sur notre globe.

Horizontale, ligne ou surface qui est de niveau ; telle est la surface de l'eau contenue dans un vase.

Horloge, mot propre dont on se sert pour désigner une machine quelconque qui divise et marque les parties du temps.

Le méchanisme d'une horloge est composé de plusieurs parties également importantes, et qui, par leur correspondance, assurent la mesure exacte du temps . . . Elles sont, 1.° le régulateur ; 2.° l'échappement ; 3.° le rouage ; 4.° le moteur ; 5.° l'encliquetage ou moyen de remontage du moteur ; 6.° le cadran et les aiguilles qui marquent le temps mesuré par l'horloge.

Le régulateur est la partie la plus importante de l'horloge ; il est le véritable instrument de la mesure du temps : c'est lui qui, par ses oscillations, par ses pas égaux et précipités, divise le temps. Le régulateur, par les fonctions de l'échappement avec lequel il est lié, règle la vîtesse des roues, dont les fonctions sont de compter les pas du régulateur ; et par un double effet de l'échappement, ces mêmes roues, par leur action sur lui, transmettent au régulateur la force du moteur, afin d'entretenir son mouvement oscillatoire que les frottemens et la résistance de l'air tendent à détruire.

Horloge, constellation. Les Astronomes ont donné le nom d'*horloge* à une constellation de l'hémisphère austral : elle est représentée

représentée sous la forme de l'horloge à pendule à secondes : cette constellation fut ainsi nommée par le célèbre astronome LACAILLE, et par l'Académie. *Voyez* Astronomie de LALANDE, *N.° 711*.

Horloge ancienne à roues dentées et à balancier. Dans les premières horloges à roues dentées, auxquelles on a appliqué le balancier, le régulateur étoit horizontal et suspendu par un cordon : les oscillations ou vibrations étoient produites par l'échappement, une des plus belles découvertes de la mesure du temps : le moteur étoit un poids agissant sur un cylindre porté par la première roue de l'horloge : l'axe de cette roue portoit une aiguille qui marquoit les heures sur le cadran. Ainsi ces anciennes et premières horloges renfermoient dans leurs constructions ce qui constitue encore aujourd'hui nos horloges : tout se trouvoit inventé, on n'a fait depuis que perfectionner. *Voyez* Tome I, *page 55*.

Horloge à pendule. L'application du pendule aux horloges est attribuée à HUYGENS, cependant elle lui est disputée : mais quel que soit l'Auteur de cette application, on est forcé de reconnoître que cet Auteur n'a fait que substituer le pendule au balancier; que toutes les parties constitutives des machines qui mesurent le temps étoient inventées plus de deux siècles auparavant, et que sans la belle invention de l'échappement, cette application n'eût pu avoir lieu. Mais si on a pu disputer à HUYGENS cette application, cela ne diminue pas sa gloire : il est le premier qui ait reconnu que le pendule qui décrit des arcs de cercle, fait ses oscillations plus lentes par les grands arcs, et plus promptes par les petits arcs ; on lui doit la sublime théorie de la cycloïde et son application à l'horloge : et c'est ici le fondement de toute la perfection de nos horloges modernes fixes.

Notion abrégée des principales Horloges qui sont en usage.

Horloge astronomique à pendule. On appelle de ce nom les horloges qui sont destinées à être placées dans les Observatoires : cet instrument précieux a beaucoup servi à perfectionner l'Astronomie et la Physique générale ; il exige la plus rigoureuse précision.

Ces horloges sont ordinairement à secondes d'un seul battement ; le pendule est composé pour corriger les effets du chaud et du froid.

Horloge astronomique portative. Ces machines sont destinées à l'observateur qui voyage : le régulateur est un balancier portant la correction des effets du chaud et du froid.

Horloge barométrographique. Ces machines tracent elles-mêmes, sur un papier, les changemens qui arrivent dans la hauteur du Baromètre.

Horloge compteur. C'est un instrument qui sonne les secondes, et qui les marque sur un cadran, de même que les minutes. Il est destiné aux observations astronomiques et physiques. Lorsque l'observateur attend le moment du passage d'un astre, il met en marche le compteur, de sorte que le battement des secondes corresponde exactement à ceux de l'horloge astronomique, et par le moyen de la sonnerie, il compte les parties du temps sans regarder son horloge astronomique, et il détermine précisément le moment du phénomène qu'il observe.

Horloge de bois. Ce sont des machines qui se fabriquent dans la ci-devant Franche-Comté : les cages, les roues et la majeure partie de l'horloge sont faites en bois ; elles sont d'un prix très-modique, et vont cependant assez bien pour les usages ordinaires ;

elles sont infiniment préférables aux clepsydres ou horloges des Anciens : on en fait à sonnerie ou à réveil, &c.

Horloge décimale ou républicaine. C'est celle qui a été proposée en France en 1793. Dans cette horloge le jour est divisé en dix heures consécutives, qui se comptent de minuit d'un jour à minuit suivant. L'heure est divisée en cent minutes, et la minute en cent secondes. Le jour contient mille minutes et cent mille secondes.

Horloge d'eau ou *Clepsydre.* Ce sont les horloges dont les Anciens se servoient avant l'invention des horloges à roues réglées par le balancier et l'échappement : mais depuis cette invention utile, on a abandonné les clepsydres.

Horloge à équation. On appelle de ce nom (ou Pendule à équation) celles qui marquent le temps vrai et le temps moyen.

Horloge à équation qui marque en même temps le lever et le coucher du Soleil, le lieu du Soleil dans le zodiaque, les mois, les quantièmes de mois perpétuels, les quantièmes et phases de la Lune, le jour de la semaine, &c.

Horloge marine ou *à longitude.* C'est à l'aide de ces machines que les Navigateurs déterminent avec facilité la longitude en mer, ou la différence des méridiens : elles sont également utiles à la Géographie pour fixer la position des lieux.

Horloge nocturne. C'est le nom que l'on a donné à une horloge à clepsydre, dont on attribue l'invention à Platon.

Dans les horloges nocturnes ou de nuit, dont on fait usage de nos jours, le cadran des heures est tournant, les heures sont percées à jour, ainsi que l'index qui indique les heures, mais qui reste fixe : on place au haut de l'horloge, derrière la partie supérieure du cadran et de l'index, une lampe qui éclaire les heures à mesure qu'elles passent sous l'index.

Horloge parallactique ou *Héliomètre.* C'est une horloge qui fait suivre à une lunette le mouvement des astres.

Horloge perpétuelle. On a donné ce nom à des horloges dont le moteur est remonté par l'action de l'air.

Horloge à pirouette ou *à pendule circulaire,* inventée par HUYGENS : le régulateur n'oscille pas comme le pendule, il tourne toujours dans le même sens ; c'est plutôt un balancier dont le poids suspendu s'écarte ou s'approche de son centre de mouvement, par l'effet de la force centrifuge.

Horloge à planisphère. *Voyez* ci-devant, Tome I, *page 176.*

Horloge polycamératique. M. LE PAUTE a donné ce nom à une horloge de sa construction, qui, placée dans un château ou grande maison, marque les heures sur plusieurs cadrans placés en diverses chambres.

Horloge portative. Voyez *Montre.*

Horloge publique ou de clocher. Ces machines furent les premières inventées.

Horloge à quantième.

Horloge ou *Pendule à quatre parties.* C'est celle qui sonne l'heure et le quart à chaque quart, et qui répète l'un et l'autre à volonté, et qui est en même temps à réveil.

Horloge à répétition.

Horloge à réveil.

Horloge solaire ou *Cadran.*

Horloge solaire du temps moyen.

Horloge à sonnerie.

Horloge à sonnerie d'heure et quart à chaque quart.

Horloge à sphère mouvante.

Horloge à temps vrai. C'est celle qui mesure le temps inégal du Soleil, par l'alongement et le raccourcissement du pendule ; ce qui produit des oscillations d'inégales durées, qui mesurent le temps variable du Soleil. Le P. ALEXANDRE a le premier donné la construction de cette horloge. *Voyez* Traité des Horloges du P. ALEXANDRE, *page 142.*

Horlogerie, l'Art de faire les machines qui mesurent le temps.

Horologio, nom adopté par la famille DE DONDIS.

Huile. L'huile appliquée aux parties frottantes des corps qui se meuvent, diminue leur frottement.

I.

INÉGALITÉ (L') du mouvement du Soleil a été reconnue par HIPPARQUE.

Inertie, propriété commune à tous les corps de rester en leur état, soit de repos ou de mouvement, à moins que quelques causes étrangères ne les en fassent changer.

Instrument. C'est un terme généralement employé pour désigner une machine composée, propre à des fonctions précises et exactes, qui suppléent à l'adresse de l'homme. L'instrument diffère de l'outil, parce que celui-ci est simple et sert au travail sans tirer de lui-même la perfection qui n'est due, par son usage, qu'à l'adresse de l'Artiste : la machine à fendre les roues, par exemple, est un instrument ; la lime où le marteau est un outil.

Instrument composé pour trouver l'heure exacte du temps vrai. C'est un instrument qui réunit les fonctions du quart de cercle des Astronomes, pour avoir l'heure par des hauteurs absolues du Soleil, et le midi par des hauteurs correspondantes : il sert en même temps d'instrument des passages, pour avoir en tout temps le midi vrai.

On a donné la construction de cet instrument composé, ci-devant *page 139*.

Nous faisons mention ici de cet instrument, parce que nous le croyons indispensable à un Artiste qui veut juger lui-même la justesse de la marche des horloges astronomiques, et celle des horloges à longitudes.

Instrument à diviser et à graduer les cadrans. Voyez *Machine à fendre.*

Instrument des hauteurs absolues et correspondantes du Soleil, et l'instant de son passage au méridien.

Instrument des passages (des astres dans le plan du méridien). Cet instrument est composé d'un axe horizontal, sur lequel est fixée une lunette qui s'élève ou s'abaisse dans le plan du méridien ; en sorte que par son moyen on observe, avec beaucoup de précision, le passage des astres au méridien : celui du Soleil donne le midi.

Cet instrument, si utile aux Astronomes, a été perfectionné par le célèbre horloger anglais GRAHAM ; ce même Artiste a également perfectionné le secteur et le quart de cercle mural, autres instrumens d'Astronomie.

Instrument servant à diviser toutes sortes de nombres.

Isochrone, mouvement qui est de même durée. On appelle en général isochrones les oscillations ou vibrations d'un corps qui sont de mêmes durées. Ces oscillations sont naturellement isochrones lorsque le corps qui les mesure parcourt constamment la même étendue, et que par conséquent il a la même vîtesse : mais on a fait plus, on est parvenu à rendre isochrones les oscillations d'inégale étendue. C'est à HUYGENS que l'on doit cette belle découverte, celle de la cycloïde courbe, au moyen de laquelle le pendule (simple) fait des oscillations de même durée, quoique les espaces qu'il parcourt soient inégaux. *Voyez* Tome I, *page 124.*

J.

JOUR. On appelle *jour,* ou *jour artificiel,* la durée d'une révolution entière du Soleil. Le jour artificiel embrasse un jour naturel et la nuit consécutive.

Les Chaldéens comptoient le jour d'un lever du Soleil à l'autre : chaque peuple le comptoit différemment (selon PLINE, les Égyptiens commençoient le jour à minuit). Les habitans de l'Ombrie le commençoient à midi, les Romains à minuit. *Voyez* Histoire de l'Astronomie ancienne, *page 400.*

Jour (à la Chine). Le jour est divisé chez les Chinois en 100 kés, le ké en 100 minutes, et la minute en 100 secondes.

Jour astronomique. Le jour astronomique est composé de vingt-quatre heures comme le jour civil. Mais ces heures se comptent de suite depuis le midi d'un jour au midi suivant.

Jour civil. Le jour civil commence à minuit et finit à minuit suivant : il est composé de deux fois douze heures. On compte les douze premières de minuit à midi, et les douze dernières de midi à minuit. L'heure est divisée en 60 minutes, et la minute en 60 secondes, &c. : le jour contient donc 1440 minutes et 86,400 secondes ; l'heure 3600 secondes.

Jour décimal, ou jour de la République française. Le jour décimal est divisé en dix heures, qui se comptent de suite de minuit à minuit : l'heure est divisée en 100 minutes, et la minute en 100 secondes ; ainsi le jour contient 10,000 minutes et 100,000 secondes.

Jours solaires ; leur inégalité. L'inégalité du mouvement du Soleil reconnue par HIPPARQUE[a], conduisit ce célèbre Astronome à une découverte importante ; c'est celle de l'inégalité des jours : l'une en effet résulte de l'autre. Un jour artificiel de vingt-quatre heures est l'intervalle de temps écoulé entre un midi, ou le passage du Soleil au méridien, et le midi suivant. Mais dans cet intervalle le Soleil s'est avancé, par son mouvement propre, d'un degré vers l'orient ; de sorte que, pendant la durée d'un jour, les 360 degrés de l'écliptique passent au méridien, plus le degré dont le Soleil s'est avancé. Il n'y auroit point d'inégalité à cet égard, si le mouvement du Soleil étoit toujours le même ; mais il varie depuis 57 minutes jusqu'à 61 minutes, et ces quatre minutes de différence rendent les jours inégaux. Ce n'est pas tout : le temps du jour se compte par la révolution diurne autour des pôles de l'équateur ; le mouvement du Soleil a lieu dans l'écliptique, et il résulte de l'obliquité de ces deux cercles, qu'à des parties égales sur l'écliptique répondent des parties inégales sur l'équateur. Quand le Soleil s'avanceroit tous les jours uniformément d'un degré, ce degré répondroit sur l'équateur à des parties tantôt plus grandes, tantôt

[a] *Histoire de l'Astronomie moderne,* Tome I, page 90.

plus

plus petites, d'où naît une nouvelle différence dans la longueur des jours. Ces inégalités, en s'accumulant, forment ce que nous appelons aujourd'hui *l'équation du temps* [a], c'est-à-dire, la différence du temps vrai au temps moyen, du temps marqué par le Soleil au temps marqué par une horloge bien réglée et qui marche d'un mouvement toujours égal et uniforme.

Cette différence des jours seroit bien plus considérable, si on comptoit le jour, d'un lever ou d'un coucher du Soleil à l'autre, comme faisoient quelques anciens peuples. Il y a plus; elle ne seroit pas la même dans les différens climats : c'est ce qui décida sans doute HIPPARQUE à compter le jour d'un midi à l'autre. Il y trouva deux avantages; celui d'avoir une différence plus petite, moins sensible dans les observations, et celui d'avoir une différence qui est la même dans tous les pays. Voilà l'origine de notre jour astronomique : tandis que, par l'usage civil, on redouble les heures dans la durée du jour, pour conserver les vestiges de l'ancienne division en douze parties, les Astronomes comptent vingt-quatre heures de suite, la première commençant à midi, et la dernière finissant au midi suivant.

L.

LATITUDE. On nomme *latitude* d'un lieu, sa distance à l'équateur, ou la quantité dont il est avancé dans la partie du nord ou dans la partie du sud : cette distance se mesure sur la surface du globe par le plus court chemin, et par conséquent, sur le méridien qui passe par le lieu et qui est toujours perpendiculaire à l'équateur. Si le lieu est sous l'équateur, il n'a point de latitude ; et si au contraire on pouvoit aller jusqu'au

[a] On doit à *Flamsteed* les premières tables qui ont été dressées de l'équation du temps ; elles parurent en 1672. Depuis *Hipparque*, on n'avoit fait aucun usage de sa découverte sur l'inégalité des jours solaires.

pôle, on auroit quatre-vingt-dix degrés et la plus grande de toutes les latitudes.

La latitude est encore égale à la quantité dont le pôle est élevé au-dessus de l'horizon.

Le pendule qui bat les secondes n'a pas la même longueur sous toutes les latitudes ; il doit être plus court sous l'équateur, et devenir plus long à mesure qu'on va vers le pôle.

Lentille, poids que l'on attache au bas de la verge qui forme le pendule. Sa forme étant angulaire, éprouve moins de résistance de la part de l'air.

Lévier, machine simple, la première puissance de la Méchanique. Le lévier est une verge inflexible qui, formant deux bras inégaux et étant supportée au point qui les divise par un appui, augmente la force limitée de l'homme, sert à élever les fardeaux lorsqu'il agit sur le plus long bras. Le lévier entre dans la composition de toutes les machines, le treuil, la poulie, les roues ; ou plutôt les machines ne sont que des composés du lévier.

On appelle en général *lévier*, un bras sur lequel on agit pour faire mouvoir un corps ; telle est la manivelle, &c. : ici on obtient d'autant plus de force ou de puissance, que le lévier ou bras sur lequel l'homme agit, parcourt un plus grand espace pendant que le corps qu'on élève en parcourt un moindre.

Limaçon, pièce d'une répétition, figurée en spirale et formée par des degrés ou marches qui vont de la circonférence au centre. Le limaçon des heures est divisé en douze parties ou degrés , formés chacun en portion de cercle : ce limaçon détermine le nombre de coups que la répétition doit sonner, au moyen du râteau dont un bras va appuyer sur un des degrés.

Le limaçon des quarts est divisé en quatre parties.

Limbe, cercle ou portion de cercle gradué en degrés, &c.

Longitude. La longitude est la différence orientale ou occidentale qu'il y a entre deux méridiens quelconques. Elle se compte sur l'équateur. Le problème pour la découverte des longitudes en mer a fort exercé les Savans ; les méthodes proposées se réduisent aux suivantes :

1.° Les éclipses de Lune.
2.° Les éclipses des satellites de Jupiter.
3.° L'occultation des étoiles fixes.
4.° Les horloges.
5.° Les distances de la Lune au Soleil ou aux étoiles.
6.° La déclinaison de l'aiguille aimantée.
7.° Le sillage du vaisseau.

Parmi ces diverses méthodes, deux seulement paroissent généralement adoptées de nos jours pour la détermination des longitudes en mer ; celle des horloges, et celle des distances de la Lune au Soleil ou aux étoiles.

Chacune de ces méthodes a ses avantages particuliers. Celle des horloges est préférable pour les petites distances et pour la rectification des cartes ; la méthode des distances est plus propre à déterminer la longitude dans les voyages de long cours.

C'est donc par le concours de ces deux méthodes que la navigation se fera sûrement, et que l'on parviendra à fixer la position des lieux et à perfectionner les cartes marines.

Le Problème des longitudes en mer se réduit à ceci : *Déterminer, à un même instant, l'heure du vaisseau et l'heure du méridien de départ, ou de tout autre méridien convenu.* La différence des heures réduites en parties de l'équateur (à raison de quinze degrés pour une heure, et d'un degré pour quatre minutes de temps, &c.) donne la longitude du navire rapportée au méridien qu'on a choisi pour terme de comparaison.

M. DE FLEURIEU, qui le premier a employé les horloges à la détermination des longitudes et à la perfection des cartes, a aussi donné le premier toutes les règles de calcul et d'observation requises pour l'usage des horloges à longitude. *Voyez* Voyage fait en 1768 et 1769; de l'imprimerie royale, 1773; Appendice.

M.

MACHINE. On entend en général par *machine*, un composé de pièces qui, correspondant entre elles d'après les principes de la Méchanique, servent à augmenter la force ou puissance limitée de l'homme, ou à suppléer et étendre son adresse.

C'est sous ce dernier point de vue que les machines ou instrumens sont employés dans le travail des horloges.

Machine à arrondir. C'est le nom d'un instrument utile pour la perfection des engrenages dans les machines qui mesurent le temps : c'est par son secours que l'on figure en épicycloïde les dents des roues et des pignons.

Machine à fendre. On appelle ainsi l'instrument le plus utile en Horlogerie : c'est celui qui sert à fendre ou tailler les dents des roues et des pignons, à graduer les cadrans, &c.

Machine à tailler les fusées, instrument au moyen duquel on forme la rainure spirale qui doit maintenir la chaîne ou la corde de la fusée.

Machine à tailler les limes.

Machine à figurer et à tailler les limes à arrondir.

Machine servant à diviser toutes sortes de nombres.

Méridien. Le méridien est le point du Ciel qui partage en deux parties égales l'intervalle d'un lever au coucher d'un astre, c'est-à-dire, le point de sa plus grande hauteur au-dessus de l'horizon, ou le milieu de sa course. Chaque lieu de la Terre a son méridien.

Le méridien partage tout le Ciel en deux hémisphères, dont l'un est à l'orient et l'autre à l'occident.

Le méridien d'un pays situé plus à l'orient ou plus à l'occident de Paris, est différent du méridien de Paris ; et l'observateur qui marche vers l'orient ou vers l'occident, change de méridien de toute la quantité dont il avance vers l'orient ou vers l'occident, puisque son méridien passe toujours par son zénit.

Tous les méridiens des différens pays se réunissent et se coupent aux pôles du monde ; ils sont tous coupés en deux parties égales par l'équateur, et lui sont perpendiculaires.

Tous les peuples placés sur le même méridien, et d'un pôle à l'autre, ont midi au même instant.

Méridien. Différence de méridiens. Voyez *Longitudes.*

Mesure naturelle du temps par le Soleil. La mesure immédiate du temps est celle des révolutions journalières du Soleil : c'est la première mesure dont les Astronomes ont fait usage, et celle à laquelle on doit toujours recourir. Cependant cette mesure n'est pas uniforme : HIPPARQUE, célèbre astronome, qui vivoit 150 ans avant J. C., reconnut le premier les causes de l'inégalité des révolutions du Soleil.

Mesure artificielle du temps par les horloges. Le Soleil est la mesure naturelle du temps, mais on ne le voit pas toujours. L'homme a appelé l'Art à son secours, pour suppléer cet astre, et il a inventé les horloges ; ces machines qui, de nos jours, sont devenues si utiles dans l'usage civil, à l'Astronomie et à la Navigation.

Pendant que le Soleil mesure un temps inégal, les horloges au contraire ne peuvent mesurer (naturellement) qu'un temps égal, uniforme. Nous appelons *mesure artificielle,* celle qui est donnée par les horloges. Nous allons exposer ici quelques-uns des obstacles qui s'opposent à la constante justesse des horloges, et des principes qui doivent diriger l'Artiste dans la composition et l'exécution de ces machines.

Les changemens continuels qui arrivent dans la température de l'air, causent de très-grandes variations dans la marche des machines qui mesurent le temps : l'action du froid sur-tout est infiniment nuisible : cette action condense ou contracte tous les corps, en sorte qu'il en résulte deux effets : 1.° Le pendule régulateur de l'horloge fixe devient plus court par le froid, ce qui accélère ses vibrations ; le balancier régulateur de l'horloge portative devient plus petit, et son spiral acquiert en même temps plus de force élastique : deux causes qui accélèrent ses vibrations. 2.° Le froid augmente considérablement le frottement des pivots des roues de l'horloge, et il ôte en même temps toute la fluidité de l'huile qu'on emploie à adoucir les frottemens ; et ces deux causes agissent de telle sorte, qu'elles diminuent considérablement l'étendue des oscillations du régulateur, soit le pendule dans l'horloge fixe, ou le balancier dans celle portative ; ce qui fait nécessairement varier la durée de ces oscillations, et par conséquent la marche de l'horloge : il arrive même que si le froid est trop violent, il fait arrêter la machine.

Les Auteurs qui ont traité de la mesure du temps, ont proposé divers moyens pour remédier à ces obstacles. Celui qui paroissoit d'abord le plus simple, étoit de maintenir l'horloge dans une température égale et constante, au moyen de lampes placées dans la boîte qui la contient [a].

On a peu employé ce premier moyen, quoique fort utile, parce qu'il exige trop d'asservissement, de la part de l'observateur, pour maintenir constamment la même température. On a donc eu recours à des moyens de correction produits par le méchanisme même de l'horloge, soit dans le pendule, soit dans le balancier et son spiral.

Pour parvenir sûrement à la composition d'une machine qui mesure le temps, et déterminer la construction et les dimensions des différentes parties qui doivent en constituer le système, il faut le concours de l'*invention*, de la *théorie*, de la *main-d'œuvre* et de l'*art des expériences :*

1.° L'*invention*, ou l'application des moyens, c'est-à-dire, la composition de la machine ;

2.° La *théorie*, ou les principes de Méchanique qui doivent diriger les moyens de construction ;

3.° La *main-d'œuvre*, qui met à exécution les diverses parties de l'horloge, avec la perfection que la théorie exige et suppose ;

4.° L'*expérience*, ou les épreuves qui servent à vérifier les moyens de construction et les limites de la théorie.

Métaux. Les métaux se dilatent par la chaleur et se condensent par le froid, selon toutes leurs dimensions. Voyez *Dilatation, &c.*

Microscope, verre d'un court foyer, qui grossit les objets. Cet instrument est très-utile aux Artistes horlogers.

[a] Voyez *Mémoires de l'Académie*, année 1722. *Massy*, horloger, a proposé ce moyen dans le Mémoire qui a remporté le prix. *Pierre le Roy* a également proposé ce moyen. *Ferdinand Berthoud* l'a employé dans son horloge astronomique en 1789 ; et dès 1768, il exigeoit que ses horloges à longitudes fussent réchauffées par une lampe pendant le grand froid.

Midi. C'est le moment où le Soleil est parvenu à sa plus grande hauteur au-dessus de l'horizon : il est alors dans le plan du méridien du lieu. Voyez *Méridien.*

Minute de temps, la soixantième partie de l'heure.

Minute décimale en temps, la centième partie de l'heure.

Minuteries ou *Roues de cadran.* Ce sont des roues qui, placées entre le dehors de la platine des piliers et le cadran, servent à la conduite des aiguilles qui marquent les heures et les minutes.

Les minuteries ou roues de cadran, dans les montres et les pendules ordinaires, sont composées du pignon de chaussée, dont le bout du canon, figuré en carré, reçoit l'aiguille des minutes : le canon de chaussée s'ajuste à frottement sur le pivot ou tige prolongée de la roue du rouage qui fait un tour par heure ou en soixantes minutes. Le pignon de chaussée engrène dans une roue dont le diamètre, trois fois plus grand que celui du pignon, a trois fois plus de dents, et conséquemment le pignon de chaussée fait trois tours pendant que la roue en fait un; celle-ci, qui s'appelle roue de *renvoi,* fait donc un tour en trois heures de temps. La roue de renvoi est fixée sur un pignon qui conduit la roue de cadran, dont la révolution se fait en douze heures; car le pignon de renvoi fait quatre tours, pendant que la roue de cadran en fait un. La roue de cadran est fixée sur un canon dont le bout porte l'aiguille des heures; ce canon tourne librement sur le canon de chaussée.

Montre, horloge portative.

Moteur. C'est un agent quelconque, qui donne le mouvement à une machine. Dans les horloges astronomiques fixes à pendule, le moteur est un poids; dans les horloges portatives, c'est un ressort.

Mouvement

Mouvement, action, vie. Le mouvement est le transport ou passage d'un corps d'un lieu à un autre lieu. Les pas ou époques du mouvement s'expriment par le mot *temps*. Une période ou révolution d'un corps qui se meut uniformément, est la mesure du mouvement et du temps. Si le mouvement qui anime tous les corps placés dans l'espace venoit à cesser, il n'y auroit plus de temps; celui-ci n'existe que par le mouvement.

Mouvement. On appelle mouvement en Horlogerie, la partie intérieure de l'horloge qui sert à la mesure du temps, et qui le marque par les aiguilles et le cadran.

O.

Or; sa dilatation. *Voyez* ci-devant, *page 63*.

Orbite. L'orbite de la Terre est le chemin qu'elle trace dans le ciel en tournant autour du Soleil, par sa révolution annuelle.

Oscillation ou *Vibration*, mouvement d'un corps qui va et revient alternativement sur lui-même.

Oscillations isochrones (Les) sont celles qui ont la même durée.

P.

Palette, petit lévier porté par chaque bout de l'axe de balancier, dans l'échappement à roue de rencontre.

Parallèle. Deux lignes ou deux surfaces qui sont également distantes entre elles dans tous leurs points, s'appellent *parallèles*.

Pendule, horloge à pendule. Le mot *horloge* est le plus convenable à employer lorsque l'on parle de la machine en général:

le pendule n'en forme qu'une partie qui prend le nom de *régulateur.*

Pendule. On appelle ainsi un corps qui étant suspendu par un fil ou une verge, oscille librement autour d'un centre.

La découverte du pendule simple appartient au célèbre GALILÉE.

Les Astronomes se sont servis long-temps du pendule simple pour les observations astronomiques.

Ce ne fut que vers le milieu du XVII.e siècle que le pendule fut appliqué aux horloges et substitué au balancier; on attribue cette application à HUYGENS. Depuis cette époque, le pendule a été le régulateur des horloges fixes.

Pendule à compensation. On appelle de ce nom le pendule dont la verge est formée de plusieurs barres ou tringles de différens corps, comme de l'acier et du cuivre, dont les dilatations différentes produisent la compensation des effets du chaud et du froid.

Pendule invariable, instrument formé par une verge dont toutes les parties sont fixes, et tellement liées à la lentille, que le tout ne forme qu'un même corps. Cet instrument a été construit par GRAHAM, célèbre horloger anglais, pour servir à mesurer les effets de la pesanteur par les diverses latitudes.

Pendule libre. On appelle *pendule libre,* celui qui, séparé du rouage de l'horloge et de l'échappement, oscille librement : dans cet état, la durée de ses oscillations n'est pas troublée par l'échappement.

Pendule mixte ou *balancé.* Nous donnons ce nom à une espèce de pendule dont on a dénaturé les vibrations, en plaçant un contre-poids au-dessus du point de suspension, afin de ralentir les vibrations naturelles du pendule : par cette disposition, on a pu faire battre les secondes à un pendule très-court, pendant que le pendule naturel, qui bat les secondes, doit avoir de longueur 3 pieds 8 lignes $\frac{1}{2}$, ou plus exactement 440 lignes $\frac{60}{100}$.

On a fait peu d'usage de ce pendule, parce que son état forcé, qui diminue sa puissance, et l'addition d'un plus grand poids, en font un régulateur moins parfait.

Pendule à pirouette ou *circulaire.* Ce pendule, dont l'invention appartient à HUYGENS, au lieu de faire ses oscillations dans le même plan, décrit au contraire un cône dont la base est horizontale : il tourne toujours du même côté, par l'action du rouage ; ensorte qu'ici on ne fait pas usage de l'échappement. Ce pendule est suspendu à un fil qui se développe sur une courbe, et dont la propriété est telle, que, quoique le pendule décrive des cônes inégaux dans l'air par l'inégalité de la force motrice et l'effet naturel de la force centrifuge, le temps des révolutions du pendule reste de même durée.

Pesanteur, gravité ou attraction, propriété de la matière. C'est une faculté qui réside dans les corps pour forcer les corps voisins de s'en approcher ; et lorsque ces corps s'approchent, lorsqu'ils tombent vers les premiers, cette tendance, cette chute est l'effet de leur attraction ou de leur pesanteur. *Voyez* Histoire de l'Astronomie moderne, *page 735.*

C'est en vertu de la pesanteur, de la tendance des corps vers le centre de la Terre, que le pendule oscille ou vibre.

Pesanteur de l'air ou *de l'atmosphère.* Le baromètre est l'instrument qui mesure cette pesanteur.

Les changemens qui ont lieu dans la pesanteur de l'air,

tendent à faire varier les durées ou temps des vibrations des corps qui oscillent dans ce fluide ; mais cet effet est presque nul dans le pendule et dans le balancier, au lieu que les changemens dans la température de l'air, causeroient les plus grands écarts si l'Art n'y suppléoit pas.

Pignon, petite roue dentée.

Pignon à lanterne. Dans les grandes horloges publiques, on emploie, au lieu de pignons dentés, des fuseaux ou petits cylindres qui sont assemblés entre deux platines ou disques : chaque fuseau tient lieu de dent.

Piliers, montans qui servent à assembler deux plaques ou platines, pour former la cage qui doit contenir les roues et autres pièces de l'horloge.

Piton. C'est une pièce d'une montre, laquelle, attachée à la platine, sert à fixer le bout extérieur du ressort spiral réglant du balancier.

Pivots. Ce sont deux portions cylindriques qui terminent les bouts des axes ou essieux, et sur lesquels l'axe et les pièces qu'il porte tournent dans des trous : les pivots sont plus petits que l'axe, afin d'éprouver moins de résistance du frottement; les pivots sont retenus, selon leur longueur, par de petites bases où surfaces qui portent contre le dehors du trou.

Planisphère ou *Planétaire.* C'est une machine qui indique, sur un plan, les révolutions des planètes et des astres.

Plate-forme ou *Diviseur.* C'est une grande platine ronde, faite en cuivre, sur laquelle sont tracés des cercles concentriques, divisés en divers nombres : cette platine est fixée sur l'arbre de la machine à fendre ; en sorte que, par son moyen, on divise et on taille les dents des roues et des pignons, &c.

Platines, sorte de planche mince faite en cuivre écroui. Deux platines réunies par les piliers, forment une cage de l'horloge.

Plomb; sa dilatation. *Voyez* ci-devant, *page 63*.

Poids (Le) employé pour moteur dans une horloge, a une action constante, soit qu'il agisse au haut ou au bas de sa descente.

Pôles. Ce sont les deux points opposés du globe de la Terre, autour desquels se fait, comme sur deux pivots, sa rotation journalière. La hauteur du pôle au-dessus de l'horizon, donne la latitude.

Pont, pièce coudée d'équerre à chaque bout, afin de former une petite cage à une partie de l'horloge.

Pyromètre, instrument qui sert à faire connoître les différens degrés de dilatation et de condensation des métaux et autres corps, par le chaud et par le froid. *Voyez* ci-devant, *pages 60 — 145*.

R.

RÂTEAU. On appelle *râteau*, en Horlogerie, une portion de cercle dentée.

Il y a deux sortes de râteaux : la première est celle dont les dents sont figurées comme les dents ordinaires des roues ; cette espèce de râteau mène ou est menée par un pignon. Dans les montres on se sert du râteau pour régler la montre : le râteau est employé dans les horloges et montres à équation ; par l'appui d'un bras qu'il porte sur l'ellipse ou courbe, il fait avancer ou reculer l'aiguille des minutes du temps vrai, pour lui faire suivre les variations du Soleil.

Le râteau est, sur-tout, mis en usage dans les horloges à répétition appelées *tirages :* ici le râteau porte un bras qui correspond au limaçon des heures; et selon le plus ou moins de sa descente ou enfoncement dans les pas ou degrés du limaçon, l'horloge frappe plus ou moins de coups. Ces deux pièces réunies, le râteau et le limaçon, tiennent lieu de la roue de compte ou chaperon des horloges à sonnerie, c'est-à-dire, servent à déterminer l'heure que la répétition doit frapper.

La seconde espèce de râteau est également une portion de cercle dentée; mais ici les dents sont figurées en rochet, et, au lieu d'être conduites par un pignon, elles sont remontées par une palette du rouage de la sonnerie; et après chaque dent que cette palette remonte, le râteau est arrêté par un cliquet. On a donné le nom de *crémaillère* à cette sorte de râteau; et c'est en effet une véritable crémaillère par son jeu.

Dans les horloges à sonnerie ou à répétition, dans lesquelles la crémaillère est employée, elle porte un bras qui correspond au limaçon des heures, afin de déterminer par sa descente ou enfoncement dans les degrés du limaçon, le nombre d'heures que l'horloge doit sonner.

Recul (Échappement à). C'est celui qui, après avoir reçu l'impulsion de la roue, le régulateur achevant sa vibration, fait reculer la roue : tel est l'échappement à roue de rencontre, à ancre, à double lévier, &c.

Régulateur. C'est, dans les machines qui mesurent le temps, la puissance qui, par l'égale durée de ses mouvemens ou vibrations, règle et détermine la vîtesse des roues, et par conséquent de la mesure du temps : tel est le pendule à compensation dans les horloges astronomiques et fixes, et le balancier réglé par le spiral et à compensation dans les horloges à longitude et dans les montres portatives, perfectionnées d'après les horloges marines.

Remontoir. On appelle de ce nom un méchanisme particulier dont le but est de rendre parfaitement égale et constante la force qui entretient le mouvement du régulateur, et de telle sorte qu'il ne participe pas ou ne reçoive pas les forces inégales que causent les variations des frottemens des pivots du rouage, celles des engrenages, l'inégalité de la force motrice, &c. On doit à HUYGENS la première idée de ce méchanisme ; il en fit usage dans sa première horloge marine à pendule. LEIBNITZ, après lui, a proposé le même moyen : GAUDRON et d'autres Artistes en ont aussi fait usage : enfin, de nos jours, THOMAS MUDGE, célèbre artiste anglais, a inventé le meilleur remontoir connu.

Répétition, méchanisme adapté à l'horloge, au moyen duquel, en tirant un cordon, &c., on peut savoir, à chaque moment du jour ou de la nuit, l'heure et les parties d'heure qui sont marquées sur le cadran.

Repos (Échappement à). On a donné ce nom aux échappemens dans lesquels la roue, après avoir donné l'impulsion au régulateur, reste immobile pendant que celui-ci achève sa vibration. Voyez *Échappement à cylindre*, ci-devant, *page 26 et suiv.*

Résistance ou *Frottement.* L'air résiste au mouvement du pendule et du balancier, et le frottement résiste au mouvement des roues, &c. La résistance de l'air cause très-peu de variations aux régulateurs des horloges : il n'en est pas de même des frottemens des corps employés dans ces machines, les pivots, &c. ;

c'est au contraire le plus grand obstacle à l'exacte mesure du temps.

Ressort, propriété des corps, par laquelle, en cédant à un effort qui change leur figure, aussitôt que l'effort cesse, ils reprennent leur premier état, et restituent au même instant la force qui avoit été employée à les faire fléchir.

Ressort moteur d'une horloge. Ce ressort est formé par une lame d'acier trempée et pliée en spirale, que l'on place dans un tambour ou barillet. Le ressort ainsi employé agit également, quelle que soit la position de l'horloge : c'est par cette propriété que le ressort a été substitué au poids, et qu'il sert de moteur aux horloges portatives. *Voyez* ci-devant, Tome I, *page 74.*

Ressort auxiliaire, qui sert à faire marcher l'horloge ou la montre pendant qu'on la remonte. *Voyez* ci-devant, *page 162.*

Réveil. Le réveil est une méchanique simple et ingénieuse, adaptée à l'horloge, et au moyen de laquelle, à une heure et à un instant donnés de la nuit, un marteau frappe à coups précipités sur une cloche, et fait un bruit assez fort pour avertir et réveiller. *Voyez* ci-devant, Tome I, *page 70.*

Rochet, roue dentée, dont les dents sont droites d'un côté et dirigées vers le centre, et inclinées de l'autre côté. Le rochet est employé à divers usages : le premier a été de servir au remontage du moteur dans le méchanisme appelé *encliquetage ;* le second usage du rochet a été d'être substitué à la roue de rencontre, et de former la roue d'échappement, de l'échappement à ancre, soit à recul, soit à repos ; on l'appelle alors *rochet d'échappement.*

Rouage. C'est l'assemblage de plusieurs roues et pignons qui, placés dans une cage, s'engrènent successivement, de manière à transmettre à la dernière roue le mouvement que la première reçoit du moteur.

Roue d'échappement. C'est la dernière roue du rouage de l'horloge. Voyez *Échappement.*

Roue de compte ou *Chaperon.* C'est un cercle de la sonnerie qui est formé par des entailles inégales entre elles, qui servent à déterminer le nombre de coups que le marteau doit frapper.

Roue dentée, cercle taillé dans sa circonférence, et formant des léviers ou dents propres à transmettre le mouvement à une autre roue ou pignon, et par-là multiplier la vîtesse, &c.

Une roue dentée doit être considérée comme une suite de léviers de même longueur, qui ont un centre commun.

L'invention des roues dentées a servi de base et de première origine à l'Art de la mesure du temps par les horloges méchaniques.

Roues de cadran. On a donné ce nom aux roues qui sont placées sous le cadran pour porter les aiguilles. Voyez *Minuteries.*

Rouleau, roue non dentée, qui sert à la réduction des frottemens du balancier. L'application des rouleaux pour réduire les frottemens du balancier et les rendre constans, est due à SULLY.

S.

SAUTOIR, espèce de cliquet qui, dans la répétition, contient l'étoile sur laquelle est fixé le limaçon des heures.

Soleil; ses variations. *Voyez* ci-devant, Tome I, *page 172.*

Sonnerie, méchanique adaptée à l'horloge, et au moyen de laquelle un marteau frappe sur une cloche, à chaque heure révolue, autant de coups que l'aiguille marque d'heures sur le cadran. *Voyez* ci-devant, Tome I, *page 66.*

Sonnerie des secondes. Voyez *Compteur.*

Sphère mouvante, horloge savante et ingénieuse qui représente tous les mouvemens des astres. *Voyez* ci-devant, Tome II, *page 176.*

Spiral (Ressort). On appelle *spiral*, une lame d'acier trempé pliée selon la figure spirale des Géomètres : un ressort spiral placé dans un tambour, forme le moteur des horloges et des montres; adapté au balancier, il devient une partie intégrante du régulateur. Le spiral est au balancier ce que la pesanteur est au pendule : c'est le spiral réglant qui produit les vibrations du balancier; il détermine, conjointement avec la masse et le diamètre du balancier, la durée des oscillations.

Spiral isochrone. On a donné ce nom au spiral dont la propriété est de rendre d'égales durées les oscillations d'inégales étendues du balancier. Voyez *Traité des Horloges marines*, N.° 137 et suivant, la théorie qui sert de fondement à cette découverte importante pour la constante justesse des horloges à longitudes.

Suspension. On appelle en général *suspension*, dans les machines qui mesurent le temps, cette partie de l'horloge qui supporte le régulateur, de telle sorte qu'il puisse osciller librement.

Suspension du balancier. Dans les anciennes horloges, le balancier étoit horizontal, et suspendu par un cordon qui soutenoit son poids : par ce moyen il éprouvoit beaucoup moins de frottemens dans ses vibrations.

Dans les horloges à longitudes, dont le balancier est horizontal, on a également suspendu ce régulateur ; mais au lieu d'un fil, on a employé une lame étroite et mince d'acier trempé.

Suspension à couteau, pour le pendule.

Suspension de l'horloge à longitudes. La suspension, dans les horloges à longitudes, est un méchanisme qui sert à maintenir l'horloge dans une position constante, malgré les agitations du vaisseau : le principe en est le même que celui de la suspension de la Boussole ou *Compas de mer*, dont se servent les Marins. L'origine de ce méchanisme est due à CARDAN ; il l'employa pour maintenir la lampe toujours horizontalement dans le vaisseau : cette invention a conservé le nom de *Suspension de la lampe de* CARDAN.

HUYGENS fit usage de cette suspension dans son horloge marine à pendule ; SULLY, &c. dans les horloges à balancier.

Suspension du pendule, par des fils, et ensuite par des lames d'acier trempé.

Dans la première application du pendule à l'horloge, HUYGENS avoit suspendu son pendule par deux fils qui se développoient sur deux portions de la cycloïde : mais depuis cet Auteur, on reconnut l'inutilité de la cycloïde et les défauts de ces fils de suspension ; on substitua à ces fils, des lames de ressort d'acier trempé très-flexibles ; et au lieu de la cycloïde, on fit usage de petits arcs, obtenus par un nouvel échappement.

T.

TAMBOUR. Voyez *Barillet.*

Température, état plus ou moins chaud de l'air ; degré de chaleur ou de froid qui nous environne : le thermomètre est l'instrument qui sert à indiquer les divers degrés de la chaleur ou du froid de l'air.

Les changemens continuels qui arrivent dans la température, sont les causes des plus grandes variations des horloges. Voyez *Mesure du temps.*

Tempéré, état moyen de la chaleur ou du froid.

Temps, durée ; l'indication et la succession du mouvement. Les révolutions des astres sont la mesure du mouvement et du temps.

On ne peut concevoir de temps ou de durée que par le mouvement.

Temps apparent. C'est celui qui est mesuré par le mouvement du Soleil : ce temps est inégal. *Voyez* ci-devant, Tome I, *page 174.*

Temps moyen ou *égal.* C'est celui qui partage les inégalités du mouvement du Soleil. Il est naturellement mesuré par les horloges et par les étoiles fixes. *Voyez* ci-devant, Tome I, *page 177.*

Temps vrai ou *apparent.* Voyez *Temps apparent.*

Ténacité, résistance que les corps opposent avant de se rompre ou de se séparer.

Thermomètre, instrument de physique qui marque le degré de température de l'air ; c'est-à-dire, les divers degrés de chaleur ou de froid de l'air.

Cet instrument est formé par une petite fiole de verre portant un tube, qui contient ou de l'esprit de vin ou du mercure : cette liqueur, étant dilatée par la chaleur ou condensée par le froid, monte ou descend dans le tube, et marque sur une échelle placée à côté, les degrés de la température.

Thermomètre métallique. C'est un instrument qui marque les divers degrés de la température, par une aiguille mise en mouvement au moyen de verges de différens métaux. On en forme de tels sur les verges composées du pendule.

Timbre, espèce de cloche sur laquelle le marteau de l'horloge frappe pour faire sonner les heures dans les horloges d'appartement, soit à sonnerie ou à répétition.

Tour, outil qui sert à tourner ou à rendre rondes les diverses pièces employées dans les machines.

Trempe, opération par laquelle on fait acquérir à l'acier toute la dureté dont il est susceptible. Pour cet effet, on fait chauffer la pièce qu'on veut tremper, jusqu'à ce qu'elle soit d'un rouge couleur de cerise : en ce moment on la plonge dans de l'eau froide, et elle acquiert une grande dureté.

Trempe en paquet. L'opération pour la trempe ordinaire, dont nous venons de parler, ne peut être mise en usage que pour tremper l'acier ; et, d'ailleurs, par cette manière de tremper, le métal n'obtient pas le plus grand degré de dureté possible. On a imaginé une trempe qui sert également à l'acier et au fer ; c'est celle qu'on appelle *trempe en paquet :* elle consiste à placer dans une boîte de fer la pièce que l'on veut tremper, et à l'entourer de suie de cheminée pilée, mêlée avec du charbon pilé, délayés dans de l'eau avec de l'urine; cela forme une pâte et un paquet, que l'on fait chauffer dans du charbon qui, à mesure qu'il s'allume, échauffe naturellement le paquet, sans qu'il faille souffler. Dès que le paquet a acquis le degré de rouge convenable, on l'ouvre et on retire la pièce, qu'on jette dans l'eau.

V.

Verge de balancier, pièce qui forme l'échappement à roue de rencontre, au moyen de deux palettes situées aux extrémités de l'axe, et qui correspondent avec les dents de la roue de rencontre. Voyez *Échappement.*

Verge. C'est la tige ou pièce qui, dans le pendule, porte la lentille.

Verge composée. C'est, dans la Pendule, un méchanisme composé de plusieurs verges, dont une partie est faite en acier et l'autre en cuivre, et dont l'objet est de corriger les variations de la température.

Vibrations ou *Oscillations.* C'est, dans le pendule, le mouvement qu'il fait en allant et revenant sur lui-même. Ce sont ces vibrations qui règlent le mouvement de l'horloge, et qui forment la mesure du temps.

Le balancier réuni au spiral, a, comme le pendule, un mouvement de vibrations qui règlent la marche de l'horloge ou de la montre.

Virole. C'est, dans le barillet, le cercle qui forme le tambour pour placer le ressort moteur.

Virole de spiral. C'est un petit canon fendu, qui s'ajuste sur l'axe de balancier pour y fixer le bout intérieur du ressort spiral réglant.

Vis, instrument de Méchanique, qui est d'une utilité générale dans tous les Arts méchaniques. La vis est un cylindre cannelé en spirale, et qui, conduite par un lévier, acquiert une force capable de mouvoir et de presser très-fortement les corps sur lesquels on la fait agir.

Vis sans fin. C'est un cylindre cannelé et creusé sur sa surface en formant un filet qui, engrenant dans les dents d'une roue, la fait avancer d'une dent pendant que la vis fait un tour.

Dans les anciennes montres cette disposition tenoit lieu de l'encliquetage du barillet.

La vis sans fin ne diffère de la vis ordinaire que par la manière dont elle est employée : cette dernière entrant dans un trou cannelé qui reste fixe en tournant la vis, elle s'élève ou s'abaisse dans le trou, au lieu que la vis sans fin reste fixe en tournant entre deux collets ou pivots ; et par son engrènement avec une circonférence cannelée en vis, celle-ci tourne pendant que la vis, à chacune de ses révolutions, fait avancer une dent de la roue : si la vis est à deux filets, elle fait avancer deux dents à chacune de ses révolutions.

Volant. Le volant est le modérateur ou régulateur des rouages à sonnerie et à répétition, &c. Il est formé par deux ailes larges et légères qui, par la résistance qu'elles éprouvent dans l'air, servent à modérer la vîtesse des roues et à régler l'intervalle entre chaque coup de marteau.

Z.

Zénit. C'est le point, dans le Ciel, qui s'élève verticalement au-dessus de notre tête : celui auquel se dirige le fil à-plomb. On change de zénit à chaque pas que l'on fait.

APPENDICE.

APPENDICE.

APPENDICE,

Contenant la Notice des principaux Ouvrages qui ont été publiés sur la mesure du temps par les Horloges.

EN donnant ici, sous le titre d'APPENDICE, une notice des ouvrages qui ont été publiés sur les horloges, nous pensons ne devoir parler que de ceux qui ont servi à établir les principes de la Science de la mesure du temps, ou à perfectionner l'Art de l'Horlogerie. Or, les premiers ouvrages qui ont été écrits sur cette matière, ne sont pas de ce nombre; et ce n'est qu'à dater de la publication du Traité des Horloges d'HUYGENS, en 1673, que l'on a commencé à traiter de ces principes : car, jusqu'à HUYGENS, l'Horlogerie pouvoit être considérée comme un Art méchanique qui n'exigeoit que la main-d'œuvre. Mais l'application que ce célèbre Auteur fit de la Géométrie et de la Méchanique à ses découvertes, a fait de cet Art une Science où la main-d'œuvre n'est plus que l'accessoire, et dont la partie principale est la théorie du mouvement des corps, qui embrasse tout ce que la Géométrie, la Méchanique et la Physique ont de plus profond. C'est aussi depuis cette époque que des Artistes savans et doués du génie des Méchaniques ont traité eux-mêmes de l'Art qu'ils professoient; et ce sont en effet les ouvrages de ces Méchaniciens dont il est utile de donner une notice, puisque ce sont eux qui ont fondé l'Art de la mesure du temps, qui l'ont enrichi tant par leurs principes que par leurs découvertes, et que c'est à eux aussi que l'on doit la perfection de la main-d'œuvre, portée de nos jours au plus haut degré de précision.

Quant aux anciens Auteurs qui ont écrit sur les horloges, nous placerons ici les titres et les dates de leurs ouvrages; et nous renverrons au Traité général des Horloges du P. ALEXANDRE, les personnes qui desireront connoître ce que ces ouvrages contiennent, cet Auteur en ayant donné une courte analyse.

Dans le Chapitre IX, intitulé *Bibliographie*, le P. ALEXANDRE a rassemblé les noms de tous les Auteurs qui ont écrit sur la mesure du temps. Ce Chapitre est divisé en articles principaux : le premier contient les titres des livres et les noms des Auteurs qui ont traité des horloges solaires ou cadrans.

Le second parle des horloges d'eau et de celles de sable, et des Auteurs qui en ont traité.

Le troisième contient les titres des livres et les noms des Auteurs qui ont écrit sur les horloges méchaniques à roue. Ici le P. ALEXANDRE donne l'analyse des ouvrages. C'est de ce troisième article que nous allons donner l'extrait, c'est-à-dire, les titres des ouvrages et les noms des Auteurs seulement, renvoyant, comme nous l'avons dit, au Traité général de cet Auteur.

CARDAN, 1557.

Hieronymi CARDANI [a] de varietate rerum libri XVII. *Basileæ, Henric.-Petri, 1557*, in-fol.

DASYPODE, 1578.

Conrandi DASYPODII Descriptio horologii astronomici Argentinensis, in summo templi erecti. *Argentorati, Wiriot, 1578*, in-4.°

PANCIROLLE, 1607.

Guidonis PANCIROLLI antiqua deperdita, et nova reperta. *Ambergæ, Forflerus, 1607*, in-8.°

GALILÉE, 1639.

L'usage du cadran ou de l'horloge physique universel, par GALILÉE, mathématicien du Duc de Florence. *Paris, Rocolet, 1639*, in-8.°

Nous avons rapporté ci-devant, Tome I, *page 89*, les usages du pendule simple proposé par GALILÉE.

HAËFTEN, 1644.

Benedicti HAËFTENI monasticæ Disquisitiones. *Antuerpiæ, Bellerus, 1644*, in-fol.

GEORGES, 1660.

Horloge magnétique, elliptique ou ovale nouveau, pour trouver les heures du jour et de la nuit; par Pierre GEORGES. *Toul, 1660*, in-8.°

SCHOTT, 1664.

P. Gasparis SCHOTTI, Soc. Jesu, Thecnica curiosa, seu mirabilia artis. *Herbipoli, Hertz, 1664*, in-4.°

[a] *Traité général des Horloges*, par le P. *Alexandre*, page 295.

Cet ouvrage est rempli de figures et curieux, dit le P. ALEXANDRE.

Joan. Bapt. VAN-HELMONT Ortus medicinæ; editio 4.ª *Lugduni, Huguetan, 1667*, in-fol.

VAN-HELMONT, 1667.

Guillelmi OUGTHRED Ætonensis Opuscula mathematica hactenùs inedita. *Oxonii, è theatro Sheldoniano, 1677*, in-8.°

OUGTHRED, 1677.

Matth. CAMPANI DE ALIMENIS Horologium, solo naturæ motu atque ingenio, dimetiens et numerans momenta temporis constantissimè æqualia. *Romæ, 1677*, in-4.°

CAMPANI DE ALIMENIS, 1677.

Pendule perpétuelle, par l'Abbé DE HAUTEFEUILLE. *1678*, in-4.°

HAUTEFEUILLE, 1678.

J. J. BECHERI Theoria et experientia de novâ temporis dimentiendi ratione et horologiorum constructione. *Londini, 1680*, in-8.°

BECHER, 1680.

Gilberti CLARK Ougthredus explicatus, ubi de constructione horologiorum. *Londini, 1682*, in-8.°

CLARK, 1682.

La partie arithmétique de l'Horlogerie est bien traitée dans ce livre, selon le témoignage de M. LEIBNITZ.

Horological Disquisitions, par M. SMITH, horloger de Londres, *1698*.

SMITH, 1698.

APRÈS avoir rappelé ces anciens Auteurs, nous allons présenter les notices des ouvrages qui font l'objet du travail de cet Appendice.

Christiani HUGENII Zulichemii, Constantini filii, Horologium oscillatorium, sive de motu pendulorum ad horologia adaptato demonstrationes geometricæ. *Parisiis, Muguet, 1673*; ou Traité des Horloges à pendule.

HUYGENS, 1673. Traité de l'Horloge à pendule.

Le Traité des Horloges à pendule d'HUYGENS est l'ouvrage le plus profond et le plus rempli du vrai génie de la Méchanique qui ait été publié sur la mesure du temps, et c'est aussi le premier ouvrage dans lequel on ait soumis le méchanisme des horloges à des principes certains.

HUYGENS. 1673.

Nous allons donner un court extrait de cet excellent Traité de l'horloge à pendule; nous le devons d'autant plus, qu'il n'y a pas eu de traduction de cet ouvrage imprimée dans notre langue.

Le Traité des Horloges à pendule d'HUYGENS est divisé en cinq Parties.

La I.re PARTIE contient la description et le plan de l'horloge à pendule.

II.e PARTIE. De la chute des corps graves, et de leur mouvement dans la cycloïde.

III.e PARTIE. Du développement et de la mesure des courbes.

IV.e PARTIE. Du centre d'oscillation.

V.e PARTIE. Construction d'une autre horloge, déduite du mouvement circulaire des pendules, avec treize théorèmes sur la force centrifuge.

Les trois premières pages de ce Traité sont une sorte d'introduction, dans laquelle HUYGENS expose l'objet de son ouvrage, et où il répond à ceux qui ont voulu lui disputer la première application du pendule à l'horloge. Nous allons transcrire ce qu'il dit à ce sujet :

« Il y a seize ans que j'ai publié un ouvrage[a] sur la construction des horloges à pendule; mais ayant découvert depuis plusieurs choses importantes sur la même matière, j'ai jugé d'autant plus à propos de les publier, qu'elles m'ont paru faire la meilleure partie des principes que l'on peut desirer sur cette partie de la Méchanique. En effet, personne jusqu'ici n'a encore trouvé dans un pendule simple une méthode de mesurer le temps en parties égales, les oscillations par de grands arcs n'étant pas de même durée que par des petits; mais à l'aide de la Géométrie, et par la considération des propriétés d'une certaine ligne courbe, je suis parvenu à donner à ce pendule toute l'égalité qu'on peut desirer dans ses oscillations grandes et petites.

» Plusieurs expériences faites sur ce pendule, tant sur terre que sur mer, ont déjà fait voir combien il peut être utile à l'Astronomie et à la Navigation. La courbe dont je viens de parler, et que les Géomètres appellent *cycloïde*, est celle que décrit un clou d'une roue qui tourne

[a] *Hugenii Horologium oscillatorium, &c.* 1673; page 1.

sur un plan. Cette courbe a un grand nombre de propriétés remarquables, et qui ont fait l'objet des recherches de plusieurs Savans : mais nous nous sommes contentés d'y considérer la propriété de mesurer le temps. Peu de temps après la publication de l'ouvrage dont je viens de parler, j'avois communiqué à quelques amis cette découverte, à laquelle j'avois été conduit, non par quelque soupçon que cette courbe pût avoir une telle propriété, mais par une suite de recherches sur ce sujet. Ayant depuis recherché une démonstration qui pût satisfaire tout lecteur, nous la donnons ici; et elle fait l'objet de la principale partie de ce livre, dans lequel il a été indispensable de démontrer et d'étendre même une partie de la doctrine de GALILÉE sur la chute des corps; doctrine dont la conséquence la plus remarquable sans doute est la propriété que nous annonçons.

» Pour appliquer cette découverte aux pendules, il nous a fallu entrer dans des considérations toutes nouvelles sur les lignes courbes; examiner quelles courbes naissent du développement d'un fil appliqué sur une autre : par-là nous avons trouvé le moyen de comparer la longueur des courbes à des lignes droites; et si nous nous sommes étendus sur ce sujet, un peu plus que l'objet présent ne semble le demander, la nouveauté et l'élégance de cette théorie nous justifieront sans doute.

» Plusieurs Auteurs ont considéré la nature du pendule composé; mais le peu d'étendue de leurs recherches, et l'utilité de ce pendule dans la construction des horloges, m'ont engagé dans une théorie plus profonde et plus exacte, et qui, si je ne me trompe, renferme plusieurs propositions dignes de remarque. Toutes ces choses sont précédées de la construction méchanique de l'horloge, et du pendule que j'y adapte. J'y ai eu principalement en vue l'usage dont il peut être pour les observations astronomiques, mais de manière qu'on pût aisément juger des changemens qu'il faudroit y faire pour l'appliquer à d'autres usages.

» Au reste, cette invention a eu, comme je m'y étois bien attendu, le sort des découvertes utiles et qui peuvent donner de la gloire à leur Auteur; elle m'a été enviée : et si ceux qui ont été capables de cette jalousie, n'en ont pas revendiqué l'honneur pour eux-mêmes, au moins l'ont-ils revendiqué en faveur de quelqu'un de leur nation. Il ne sera

HUYGENS. 1673.

donc point déplacé que je prévienne ici le public contre l'injustice de leurs assertions ; le seul moyen suivant suffira, je pense.

» Personne ne peut nier qu'il y a seize ans, on n'avoit, soit par écrit, soit par tradition, aucune connoissance de l'application du pendule aux horloges, encore moins de la cycloïde, dont je ne sache pas que personne me conteste l'addition. Or, il y a seize ans actuellement que j'ai publié, comme je l'ai dit, un ouvrage sur cette matière [a]; et la date de l'impression diffère de sept années de celle des écrits où cette invention est attribuée à d'autres. Quant à ceux qui cherchent à en attribuer l'honneur à GALILÉE, les uns disent qu'il paroît que ce grand homme avoit tourné ses recherches de ce côté ; mais ils font plus, ce me semble, pour moi que pour lui, en avouant tacitement qu'il a eu dans ses recherches moins de succès que moi. D'autres vont plus loin, et prétendent que GALILÉE ou son fils a effectivement appliqué le pendule aux horloges : mais quelle vraisemblance y a-t-il qu'une découverte aussi utile, non-seulement n'eût point été publiée dans le temps même où elle a été faite, mais qu'on eût attendu, pour la revendiquer, huit ans après la publication de mon ouvrage. Dira-t-on que GALILÉE pouvoit avoir quelques raisons particulières pour garder le silence pendant quelque temps ? dans ce cas, il n'est point de découverte qu'on ne puisse contester à son auteur. Mais en voilà, ce me semble, assez pour mettre tout lecteur en état de décider : venons à la construction de notre horloge [b]. »

Après avoir donné la description de son horloge à pendule, HUYGENS indique les moyens de la régler. Il propose deux méthodes, l'une par l'observation des étoiles fixes ; et l'autre par un cadran solaire ou une méridienne, en tenant compte des variations du Soleil, et à cet effet, on trouve dans l'ouvrage d'HUYGENS une table de l'équation du temps.

Cette première Partie est terminée par la description abrégée des horloges à pendule qu'HUYGENS avoit construites à dessein de donner les longitudes en mer, et il rapporte les épreuves qui en avoient été faites

[a] Cet ouvrage parut en Hollande, en 1658.

[b] Nous avons donné ci-devant, Tome I, *pages 119-124*, la description de l'Horloge à pendule d'*Huygens*, et la manière de tracer les portions de cycloïde.

faites en 1664. Nous avons donné ci-devant, *Tome I, p. 272*, tout ce qui concerne cette invention de M. HUYGENS.

IIe PARTIE. *De la chute des corps graves dans la cycloïde.*

HUYGENS présente, dans cette seconde Partie, vingt-six propositions qu'il démontre ; voici les principales de ces propositions :

Propos. 1.re Un corps pesant acquiert en tombant des degrés égaux de vîtesse en temps égaux, et décrit des espaces qui, en temps égaux et successifs, sont en progression arithmétique.

Propos. 2.e L'espace décrit pendant un certain temps par un corps pesant, en vertu de sa seule pesanteur, est la moitié de celui qu'il décriroit uniformément, dans le même temps, avec une vîtesse égale à celle qu'il a à la fin de sa chute.

Propos. 3.e Les espaces décrits par un même corps dans différens temps, pris depuis le commencement du mouvement, sont entre eux comme les carrés de ces temps, ou comme les carrés des vîtesses acquises à la fin de ces temps.

Propos. 4.e Si un corps, après être tombé d'une certaine hauteur, est repoussé verticalement avec la vîtesse acquise à la fin de la chute, il parcourra en montant les mêmes espaces, en temps égaux, qu'il avoit décrits en descendant; en sorte qu'il remontera précisément à la même hauteur, et perdra, en temps égaux, des degrés égaux de vîtesse.

Propos. 6.e Les vîtesses acquises à la fin de la chute, le long de plans inclinés de même hauteur, sont égales.

Propos. 7.e Les temps des descentes sur des plans différemment inclinés et de même hauteur, sont entre eux comme les longueurs de ces plans.

Propos. 8.e Si un corps descend le long de plusieurs plans différemment inclinés et contigus, et que la rencontre de ces plans ne fasse changer que sa direction et non sa vîtesse, il aura, à la fin de sa chute, la même vîtesse que s'il étoit tombé verticalement d'une hauteur égale à celle du premier de ces plans.

Il n'est pas nécessaire de donner les titres des autres propositions, parce qu'elles exigent des figures : d'ailleurs, pour entendre celles qui précèdent et les suivantes, il faut recourir à l'ouvrage même ; c'est là qu'on verra les démonstrations de la belle découverte d'HUYGENS sur

HUYGENS. 1673.

les propriétés de la cycloïde ; il nous suffit ici de terminer l'extrait de cette seconde partie par la proposition 25 :

« Dans la cycloïde renversée, et dont l'axe est vertical, le temps » qu'un corps emploie à venir d'un point quelconque de la cycloïde » au point le plus bas est toujours le même ; et ce temps est au temps » de la chute le long de l'axe, comme la demi-circonférence d'un » cercle est à son diamètre. »

Dans la III.e PARTIE du Traité des horloges, HUYGENS traite du développement et de la mesure des courbes.

IV.e PARTIE. *Du centre d'oscillation.*

« J'étois encore presque enfant, dit HUYGENS, lorsque le savant MERSENNE me proposa le problème des centres d'oscillation : cette question, à la solution de laquelle il avoit invité un grand nombre de Géomètres, faisoit alors beaucoup de bruit, ainsi que je le vois par les lettres qu'il m'écrivoit à ce sujet, et par les réponses de DESCARTES à l'invitation qu'il lui avoit faite sur la même matière. MERSENNE me proposoit de trouver les centres d'oscillation d'un secteur de cercle suspendu ou par son angle ou par le milieu de l'arc qui lui sert de base ; d'un segment de cercle ; d'un triangle suspendu ou par son sommet ou par le milieu d'un de ses côtés, en supposant l'axe d'oscillation perpendiculaire au plan de la figure : cette question revient à cette autre : Trouver un pendule simple, c'est-à-dire, la longueur d'un fil telle qu'un poids qui y seroit attaché feroit ses oscillations dans le même temps que la figure proposée.

» Le prix attaché à la solution étoit grand sans doute et digne de l'ambition des Savans ; mais personne ne répondit d'une manière satisfaisante. En mon particulier, n'ayant aucune ouverture sur ces sortes de recherches, les difficultés que j'éprouvai lorsque je commençai à méditer sur cette matière, me détournèrent de l'envie d'aller plus loin. Plusieurs grands Géomètres, entre autre DESCARTES et HONORÉ FABRE, qui s'étoient flattés d'avoir entièrement résolu ce problème, en ont à peine approché, si ce n'est dans quelques cas fort aisés et des plus simples ; encore les démonstrations qu'ils ont données pour ces cas, ne sont pas à l'abri de toute difficulté : c'est ce qu'on reconnaîtra aisément, j'espère, si on en fait la comparaison avec celles que nous allons donner, qui me semblent appuyées sur des principes plus certains, et que j'ai d'ailleurs trouvées parfaitement confirmées par l'expérience. Ce qui m'a rappelé enfin à cette matière, c'est la nécessité de trouver le moyen de régler les horloges par l'addition d'un petit poids à celui que porte la verge du pendule des horloges que nous avons décrites ci-devant.

» Mes efforts ayant eu plus de succès que lors de mes premières tentatives, j'ai repris la matière depuis son origine; et surmontant toutes les difficultés, non-seulement j'ai résolu les problèmes proposés par MERSENNE, mais plusieurs autres beaucoup plus difficiles, et découvert la route qu'il faut suivre pour trouver ces centres dans les lignes, les superficies et les solides; en sorte qu'outre le plaisir de trouver ce qui avoit été vainement l'objet des recherches de plusieurs Savans, et de connoître les lois de ces sortes de mouvemens, j'en ai retiré une utilité réelle et qui avoit fait mon premier objet; je veux dire un moyen facile de régler la marche des horloges. Une conséquence non moins utile de ces découvertes, c'est le moyen de fixer les mesures en les rapportant à une mesure fixe et inaltérable; c'est ce qu'on verra à la suite de la théorie que nous allons donner. »

Ce que nous venons de transcrire du commencement de la IV.ᵉ Partie du Traité des Horloges d'HUYGENS, indique suffisamment l'objet de ce travail, qui comprend vingt-six propositions. Nous avons transcrit, dans le Chapitre VII, *Tome I, p. 111*, la proposition 25, qui contient le *moyen d'établir* (par le pendule) *une mesure universelle et perpétuelle*, et la proposition 26, qui traite de la *manière de déterminer l'espace que les corps parcourent, par leur chute libre, dans un temps donné.* Voyez Chapitre VII, *Tome I, p. 128.*

La V.ᵉ PARTIE de l'ouvrage d'HUYGENS traite de l'*Horloge à pendule circulaire.*

Nous renvoyons au Chapitre VII, *Tome I, p. 129*, pour la description de cette horloge.

Le Traité des Horloges d'HUYGENS est terminé par l'énoncé de treize théorèmes sur la force centrifuge, mais sans aucune démonstration.

DERHAM. 1700. Traité d'Horlogerie.

TRAITÉ D'HORLOGERIE pour les montres et les pendules, traduit de l'ouvrage Anglais *The artificial Clock-maker, 1700*, de M. DERHAM [a]. *Paris, Dupuis, 1731*, in-12.

La seconde édition de cet ouvrage a été imprimée chez *Claude Lamesle. Paris, 1746*, 188 pages.

Le CHAPITRE I.er contient l'*explication des termes de l'Art.*

CHAP. II. *De l'Art de calculer les nombres.*

Section I. Règles générales préliminaires pour le calcul.

« Pour bien comprendre ce Chapitre, dit l'Auteur, il faut remarquer que ces automates, dont je vais faire ici le calcul, servent à mesurer les grandes portions du temps par de petits instans ou coups; ainsi, dans une montre, les coups du balancier mesurent les minutes, les heures, les jours. Présentement, le calcul ne sert que pour distribuer ces coups parmi les roues et les pignons, et pour les proportionner de manière qu'ils puissent mesurer le temps régulièrement.

» §. 1. En premier lieu, il faut savoir qu'une roue, étant divisée par son pignon, montre combien ce pignon fait de tours pour un de la roue. Ainsi, une roue de soixante menant un pignon de six, fera faire dix tours au pignon pour un seul tour de la roue.

» Les roues mènent les pignons depuis la fusée jusqu'au balancier, et par conséquent les pignons courent plus vîte ou font plus de tours que les roues dans lesquelles ils engrènent; mais c'est tout le contraire de la grande roue à la roue de cadran. Ainsi, dans le dernier exemple, la roue fait tourner le pignon dix fois; mais si le pignon fait tourner la roue, il faut qu'il fasse dix tours pour faire tourner la roue une seule fois. »

Section II. Manière de calculer les nombres pour les montres.

Section III. Pour calculer les sonneries des horloges.

Section IV. De la sonnerie des quarts et du carillon.

Section V. Le calcul pour différens mouvemens célestes.

« Les mouvemens dont j'entends ici donner les calculs, sont ceux du jour, du mois, de l'année, de l'âge de la Lune. »

§. 1. Pour appliquer ces mouvemens dans l'ouvrage d'une horloge,

[a] M. *Derham*, membre de la Société royale de Londres, publia cet ouvrage vers 1700. Voyez *Règle artificielle du temps*, de *Sully*, édition de 1717, Préface.

remarquez d'abord qu'ils peuvent dépendre d'un ouvrage qui est déjà en mouvement, ou être déjà mesurés par les battemens du balancier ou pendule.

§. 2. Mouvement pour montrer le jour du mois.

§. 3. Mouvement pour montrer l'âge de la Lune.

§. 4. Mouvement pour montrer le jour de l'an, l'endroit du Soleil dans l'écliptique, le lever ou coucher du Soleil, ou quelqu'autre mouvement annuel de 365 jours.

§. 5. Pour montrer les marées dans quelque port.

§. 6. Pour calculer les nombres qui montrent le mouvement des Planètes et le mouvement lent des Étoiles fixes.

CHAP. III. *Pour changer l'ouvrage des horloges ou des montres, et leur ajuster un autre mouvement.*

CHAP. IV. *Pour donner une juste proportion aux roues et aux pignons, selon l'Arithmétique et la Méchanique.*

CHAP. V. *Des pendules.*

CHAP. VI. *Des nombres pour diverses sortes de mouvemens automates, pour montrer les mouvemens des corps célestes.*

§. 1. Pour les nombres du Soleil et de la Lune. *Voyez* Chapitre II, Section V, &c.

§. 2. Des nombres pour montrer la révolution de Saturne, qui est de 10,759 jours.

§. 3. Des nombres pour Jupiter, dont la révolution est de 4,332 jours et demi.

§. 4. Des nombres pour Mars, dont la révolution est de 687 jours.

§. 5. Des nombres pour Vénus, qui fait sa révolution en 224 jours et demi.

§. 6. Des nombres pour Mercure, dont la révolution se fait en près de 88 jours.

§. 7. Des nombres pour représenter les mouvemens de la tête et de la queue du Dragon pendant près de dix-neuf ans, afin de montrer les éclipses du Soleil et de la Lune.

Des nombres pour les montres de poche.

CHAP. VII. *De la manière de gouverner les Pendules, avec des Tables pour cet usage, et d'autres usages concernant l'Horlogerie.*

DERHAM. 1700.

De l'équation des jours naturels. Pour trouver une ligne méridienne; pour régler une Pendule par les Étoiles fixes.

CHAP. VIII. *De l'histoire générale des montres et des Pendules, et de leur antiquité.*

CHAP. IX. *De l'invention des horloges à pendule.*

CHAP. X. *De l'invention des montres de poche, dites communément* montres à pendule.

Il est question, dans ce chapitre, de l'invention du ressort spiral adapté au balancier des montres. L'Auteur attribue cette invention au docteur HOOK.

CHAP. XI. *L'invention des Pendules à répétition.*

Application de cette invention aux montres de poche.

SULLY, 1717. Règle artificielle du temps.

RÈGLE ARTIFICIELLE du Temps ou Traité de la division naturelle et artificielle du temps; des Horloges et des Montres de différentes constructions; de la manière de les connoître et de les régler, par HENRI SULLY. *Paris, Dupuis, 1.re édition, 1717.* La seconde publiée par M. JULIEN LE ROY. *Dupuis, 1737.*

HENRI SULLY, Artiste célèbre du commencement de ce siècle, publia, en 1717, un ouvrage ayant pour titre *Règle artificielle du temps.* Cet ouvrage étoit particulièrement destiné à instruire le public, des principales connoissances nécessaires pour conduire les horloges et les montres. Il est écrit avec beaucoup de clarté; et s'il fut utile au public, il ne le devint pas moins aux Artistes, en les éclairant sur le principal usage de leur travail.

Une seconde édition de la Règle artificielle du temps fut publiée en 1737. Le célèbre JULIEN LE ROY en fut l'Éditeur. Cette édition a l'avantage d'être augmentée de l'Histoire des échappemens par SULLY, et d'être enrichie de plusieurs Mémoires intéressans de JULIEN LE ROY. C'est de cette dernière édition que l'on donne ici l'extrait.

Cet ouvrage est divisé en onze Chapitres.

Le CHAP. I.er traite de la construction *des horloges et des montres en général :* il explique de quelles manières les roues dentées agissent les unes sur les autres au moyen des pignons; ce qui augmente les révolutions des dernières roues et la durée des révolutions de la première ; il en fait les calculs, ainsi que celui de la force transmise, par le moteur, à la dernière roue du rouage.

Il marque les différens degrés de perfection de l'Horlogerie. Elle fut d'abord grossière ; ensuite on fit des horloges assez petites pour être portées dans la poche, et dont le principe de mouvement étoit un ressort plié en spirale, mais lequel agissoit inégalement : cette inégalité de force fut ensuite corrigée par l'invention de la fusée, et de la corde ou chaîne qui s'enveloppe sur le barillet et sur la fusée. Enfin, la plus grande perfection des montres est due à l'invention du ressort spiral adapté au balancier pour régler ses vibrations.

CHAP. II. Des différentes espèces d'horloges et de montres, et quels degrés d'exactitude on doit attendre de chacune en particulier, selon la nature de leur construction.

CHAP. III. Des raisons, tant physiques que méchaniques, pourquoi les montres ne peuvent pas aller aussi régulièrement que les pendules, quelque perfection que les Horlogers du premier ordre puissent leur donner.

CHAP. IV. De la division naturelle et artificielle du temps.

CHAP. V. Du temps APPARENT, et du moyen de le trouver sans erreur sensible.

CHAP. VI. Du temps ÉGAL, et de la manière de le trouver par les Étoiles fixes.

CHAP. VII. De la manière de se servir du temps apparent et du temps égal, pour bien régler les horloges et les montres.

CHAP. VIII. Remarques qui pourront être de quelque utilité dans le choix des montres.

CHAP. IX. Des causes principales pourquoi l'on ne peut pas bien juger de la bonté d'une montre par l'essai ; et des règles pour apprendre à en juger en deux jours autant qu'il est possible.

CHAP. X. De l'usage du ressort spiral dans les montres, avec des règles ou instructions nécessaires pour faire avancer ou retarder.

CHAP. XI. Quelques règles générales pour le ménagement des montres, avec quelques réflexions sur l'importance de l'art de les raccommoder.

SULLY. 1717.

DESCRIPTION d'une Montre de nouvelle construction [a] *présentée à l'Académie royale des Sciences de Paris. Juin 1716*, par HENRI SULLY.

La I.re Partie traite des frottemens.

La II.e Partie, de la convenance qu'il doit y avoir entre toutes les parties d'une montre.

Dans la III.e Partie l'Auteur propose des moyens qui peuvent contribuer à une plus grande justesse; ce qu'il obtient par des *réservoirs* pour conserver l'huile des pivots.

Le Mémoire qui contient la description de cette montre, fut présenté à l'Académie des Sciences : le P. SÉBASTIEN, MM. VARIGNON, DE CASSINI et SAURIN furent chargés d'en faire le rapport. Ce rapport rend le juste témoignage que les recherches de l'Auteur méritoient : « Nous avons remarqué (disent-ils) dans l'invention de l'Auteur, trois choses principales : 1.° une diminution des frottemens très-considérable, et par des voies qui nous ont paru également simples et ingénieuses; 2.° une adresse singulière pour conserver dans une égalité constante ce qui reste de frottemens; 3.° un arrangement des parties de la montre, qui marque beaucoup de sagacité dans l'inventeur, et qui promet une plus grande perfection : l'arrangement ordinaire étant une des principales causes de l'inégalité du mouvement dans une montre mise en différentes positions, &c. »

HISTOIRE CRITIQUE de différentes sortes d'Échappemens, par HENRI SULLY.

On trouve ci-devant dans le Chap. I.er, Tome II, l'extrait de ce Mémoire de SULLY, qui est placé à la suite de la Règle artificielle du temps. M. JULIEN LE ROY, qui a donné l'édition de 1737, y a joint plusieurs Mémoires intéressans, sous ce titre :

MÉMOIRES sur différentes parties de l'Horlogerie, par M. JULIEN LE ROY, *de la Société des Arts.*

Nous en donnons ici les titres principaux.

Mémoires historiques sur la montre de M. SULLY, et sur des moyens pour suppléer aux réservoirs, dont il parle dans sa description.

[a] Cette montre étoit à roue de rencontre, mais disposée plus favorablement que les montres ordinaires de cette espèce alors en usage.

Description

Description et usage d'un nouveau cadran horizontal universel, et propre à tracer des méridiennes.

SULLY. 1717.

Nouvelle construction de rouages de sonnerie de réveil.

Nouvelle manière de construire les grosses horloges, non-seulement plus simples que celles que l'on a faites jusqu'à présent, mais encore d'un meilleur usage.

Description abrégée de l'horloge du Séminaire étranger.

Cette horloge, qui est horizontale, est la première qui ait été faite; on doit cette excellente construction à M. JULIEN LE ROY, et elle a été adoptée depuis généralement.

DESCRIPTION ABRÉGÉE d'une Horloge d'une nouvelle invention, pour la juste mesure du temps sur mer; par HENRI SULLY. *Briasson, 1726,* in-4.°, 290 pages.

SULLY. 1726.

Cet ouvrage commence par une lettre de l'Auteur, au célèbre GEORGE GRAHAM, dans laquelle il expose le but de son travail et les difficultés qui s'opposent à l'usage d'une horloge à pendule à la mer.

1.re Notion de l'Horloge marine, adressée à *George Graham*, horloger, membre de la Société r. de Londres.

« J'ai tâché, dit-il, d'éviter de pareils inconvéniens dans la construction de ma nouvelle horloge : si j'ai eu le bonheur d'y avoir ajouté d'autres propriétés importantes à mon dessein, c'est peu qu'elles soient nouvelles; je n'y regarde que leur utilité : en voici deux des principales.

» La première de ces propriétés se trouve par l'application d'une certaine courbe, . . . pour conserver un parfait isochronisme aux arcs de vibration de diverses grandeurs. . . .

» La seconde consiste dans une méthode de réduire les frottemens de la puissance réglante à la moindre quantité, ou presque à zéro. »

Ensuite l'Auteur décrit son régulateur, dont nous avons donné une notion *Tome I, Chap. XV, pag. 285—294.* Dans cette lettre, il n'est pas fait mention de l'échappement, ni du reste de la composition de la machine. Cette lettre est datée de Versailles, le 29 juin 1724.

A la suite de cette lettre, on trouve l'extrait des registres de l'Académie des Sciences, en date du 11 mars 1724. Nous croyons devoir le transcrire; il appartient à l'Histoire de la découverte des horloges à longitudes.

SULLY. 1726. Extrait des Registres de l'Académie.

« MM. SAURIN, CASSINI, DE RÉAUMUR et DE MAIRAN, qui avoient été nommés pour examiner une horloge inventée et exécutée par M. SULLY, pour une plus juste mesure du temps en mer, en ayant fait leur rapport, et ayant dit que cette horloge en repos, comparée aux Pendules à secondes de l'Observatoire, ne s'en étoit écartée que de quatre ou cinq secondes par vingt-quatre heures; que, suspendue dans une berline qui alloit au trot sur un chemin pavé, il s'étoit trouvé au retour, après une heure et demie, qu'elle avoit retardé de quatre secondes, à l'égard de la pendule de l'Observatoire; mais, comme étant en repos, elle retardoit de plus de trois secondes dans une heure et demie [a], son retardement, par le mouvement de la berline, n'étoit que d'une seconde; que, suspendue à diverses reprises à une corde de dix-huit pieds, où on lui faisoit décrire différens arcs de cercle jusqu'à quarante ou cinquante degrés, elle avoit avancé de plusieurs secondes en peu de temps, les grandes oscillations la faisant avancer plus que les petites. »

Remarque de *Sully* sur l'Extrait de l'Académie.

M. SULLY observe, avec raison, que les épreuves faites par les Commissaires de l'Académie n'ont aucune analogie avec les mouvemens d'un vaisseau, et qu'on ne peut tirer aucune conséquence d'après ces expériences. En effet, qu'ont de commun les mouvemens d'une berline roulant sur un pavé, ou une balançoire, avec les mouvemens d'un vaisseau!

La première Partie de cet ouvrage est terminée par une *Dissertation sur la nature des tentatives pour la découverte des longitudes dans la navigation, et sur l'usage des horloges pour la mesure du temps en mer;* et par un Mémoire présenté à M. le Comte DE MAUREPAS, sur la manière de faire les premières expériences de ces horloges sur un vaisseau.

Seconde Partie. ***PREMIER MÉMOIRE*** *lu par l'Auteur devant l'Académie royale des Sciences, le 17 Avril 1723.*

M. SULLY rappelle ici les difficultés de faire servir les horloges à pendule à la mer.

« Dans cette nouvelle horloge, il y a, dit-il, deux choses principales à remarquer:

[a] Il y a ici une erreur, car plus haut il est dit, qu'elle ne s'étoit écartée que de quatre à cinq secondes par vingt-quatre heures, des Pendules de l'Observatoire. (*Note du Rédacteur de l'Histoire.*)

SULLY. 1726.

» 1.° La construction de la partie qui en fait la puissance réglante, avec ses propriétés ;

» 2.° La manière d'appliquer cette puissance aux autres parties de la montre qui ne servent qu'à entretenir son mouvement.

» Toute la différence de cette horloge à une autre, consiste dans ces deux choses : il me reste d'en donner l'explication.

» Cette nouvelle puissance réglante est composée de trois parties principales :

» 1.° D'un balancier ;

» 2.° D'un lévier que j'appellerai *constant* ou *horizontal ;*

» 3.° D'un lévier que j'appellerai *croissant* ou *courbe* (espèce de cycloïde).

» Le balancier et le lévier horizontal agissant réciproquement l'un sur l'autre par le fil qui lie le croissant au lévier horizontal, il résulte de cette combinaison trois propriétés singulières :

» La première, que les plus grands et les plus petits arcs de vibration sont parfaitement isochrones ;

» La seconde, que la dilatation ou le rétrécissement des métaux, causés par la chaleur ou par le froid, ou n'influent point sur les temps des vibrations, ou tout au plus dans une très-petite proportion de ce qui arrive au pendule par les mêmes causes;

» La troisième, que les variations dans la cause même de la pesanteur, qui affectent si sensiblement le pendule, ne peuvent produire d'inégalités sensibles par rapport au temps des vibrations de cette machine. »

Nous ne rapporterons pas ici tous les raisonnemens de l'Auteur pour appuyer ses propositions; il faut recourir à l'ouvrage même.

L'Auteur expose ensuite l'application qu'il a faite des rouleaux pour diminuer les frottemens des pivots du balancier.

SULLY annonce aussi les propriétés de son échappement, sans en dévoiler le méchanisme ; mais on sait que c'étoit un échappement à repos qui corrigeoit les inégalités de la force motrice.

Ce Mémoire est terminé par l'annonce d'une suspension propre à maintenir constamment l'horloge dans la même position.

SECOND MÉMOIRE lu à l'Acad. roy. des Sciences, le 8 Janvier 1724.

« J'ai établi, dit-il, que la puissance réglante de cette horloge a cet

SULLY. 1726.

avantage...., que la régularité de son mouvement est à l'abri des inégalités quelconques des forces motrices : 1.° en vertu de l'échappement et indépendamment de la courbe; 2.° par la seule courbe, indépendamment de l'échappement..... J'ai cru qu'il convenoit (malgré ces avantages) de ménager l'égalité de la force motrice.... J'emploie à cet effet deux forces motrices, dont la première ne sert qu'à remonter ou restituer la seconde; celle-ci agit, par rapport au mouvement, d'une manière assez uniforme, et elle est, chaque quart-d'heure, renouvelée par celle-là. Le célèbre M. LEIBNITZ a, le premier, publié cette méthode [a] dans le Journal des Savans de l'année 1675 ou 1676....

» Je reconnois cependant qu'une fusée suffiroit dans l'usage ordinaire, et qu'elle rendroit le total de la machine plus simple et d'une moindre dépense.

» J'ai encore expliqué et fait voir, par des expériences certaines, cette propriété de mon échappement, qu'il compense très-parfaitement, même les plus grandes inégalités de la force motrice : j'ai été le premier surpris d'une propriété si admirable....; mais plus cette propriété m'a paru avoir d'éclat, plus j'ai redoublé mon attention pour l'examiner à fond ; j'ai craint qu'ébloui par de belles apparences, il ne m'échappât quelque imperfection. Cet examen a fait naître un soupçon que je crois bien fondé : j'ai appréhendé que mes palettes d'acier, quelque dures et quelque polies qu'elles puissent être, ne fussent sujettes, en quelques rencontres, à certains accidens de ce métal, et qu'elles ne produisissent des variations nuisibles, attendu les frottemens qui s'y font. J'emploie donc, à la place de l'acier, des pierres précieuses dont l'extrême dureté, jointe au plus parfait poli, me rassure contre ce soupçon, et ne me laisse plus rien à desirer ni à craindre sur cet article.

» J'ai aussi disposé ces palettes d'une autre façon que dans la première machine. Je les mets sur la tige d'une roue de champ, au lieu de la tige du balancier, sur laquelle j'ai placé un pignon : la roue des palettes s'engrène dans ce pignon, et le fait alternativement tourner de côté et d'autre, &c.

» J'ai expliqué ma méthode de diminuer par des rouleaux les frottemens

[a] Cette disposition ou méchanisme appartient à *Huygens*, qui l'avoit employée dans son horloge marine. Voy. *De Horologio oscillatorio*. (*Note de l'Éditeur.*)

sur les pivots du balancier; mais afin de prévenir toute ombre d'objection sur cet article, j'ai répété ces rouleaux aux deux autres pivots du balancier, et encore à ceux du lévier horizontal qui porte le poids; les pointes des pivots qui peuvent toucher à quelque chose, depuis ceux de la roue des palettes jusqu'à ceux du lévier horizontal, sont par-tout soutenues de façon que le frottement total de toutes les parties ensemble de la puissance réglante, est presque nul.

» J'ai eu une grande attention au choix de la matière du fil qui tient le lévier horizontal suspendu, et qui prend à chaque vibration la forme de la courbe. Les propriétés que l'on doit principalement rechercher, sont, que le fil soit d'une grande flexibilité, qu'il ait assez de force, et qu'il soit peu sujet à s'alonger ou à se raccourcir. Je n'ai trouvé ces propriétés si bien réunies qu'en une chaîne de montre des plus déliées, dont je me suis servi avec succès; si la partie de la chaîne qui joue dans la courbe étoit d'or, elle seroit plus parfaite.

» Outre l'horloge à lévier, on a une autre horloge à ressort spiral; celle-ci ne cède guère en justesse à celle-là, &c. »

LETTRE de M. GEORGE GRAHAM en réponse à celle que lui avoit écrite M. SULLY, en lui envoyant la Description abrégée de son Horloge.

Voici les observations essentielles contenues dans cette Lettre.

« 1.° Je crois bien, dit M. GRAHAM, que les différens degrés de chaleur et de froid l'affecteront peu, sur-tout si la contraction et la dilatation des palettes et du balancier sont proportionnelles.

» 2.° Je ne sais si une augmentation ou une diminution proportionnelle des poids du balancier et du lévier, ne changeroit pas les durées des vibrations; si vous en avez fait l'expérience, mon doute cesse.

» 3.° Je crains que les différences des frottemens que souffrira la chaîne qui joue entre les courbes, ne causent quelques petites variations : cependant je ne connois rien de si flexible et de moins sujet aux petites altérations.

» 4.° Je juge qu'il est extrêmement difficile de former vos courbes, et qu'on ne peut en donner la véritable figure que par des observations et par des expériences. Si cette véritable figure des courbes est une

SULLY. 1726.

fois trouvée, je conçois qu'il sera facile d'en former d'autres, dont toutes les parties agissantes seront semblables.

» 5.° Le changement de position de la machine, par rapport à l'horizon, me fait le plus de peine. Il faut la suspendre dans un vaisseau, et le changement de position me paroît un effet inévitable de la suspension. De là suit nécessairement que les vibrations de la machine (du balancier) en seront plus ou moins affectées, à proportion de ce changement. Tous les mouvemens du vaisseau (aux circulaires et progressifs près), changeront la force de l'action du lévier sur le balancier; ce qui doit nécessairement affecter les durées des vibrations, puisque l'isochronisme dépend d'une pesanteur inaltérable dans le lévier, le poids du balancier restant le même. Si on s'imagine que la machine soit posée sur un plan parallèle à l'horizon, et dans cette situation que l'axe du lévier est parallèle à tous les deux, un changement de ce plan qui conserveroit le parallélisme de l'axe du lévier avec l'horizon, produiroit le même effet que si le point n'eût pas été changé, et qu'on eût donné une plus grande ou une plus petite élévation au lévier. Tout autre changement d'inclinaison diminuera le poids du lévier, ce changement étant analogue à un poids qui descend sur un plan incliné. Le mouvement du vaisseau en haut et en bas, changera aussi la pesanteur relative du lévier, ou son action sur le balancier, &c.

» Votre moyen de diminuer les frottemens sur les axes est fort bon. Je n'ai rien vu de semblable dans notre Art, qu'une seule fois, il y a plus de vingt ans: c'étoit le pivot supérieur du balancier d'une vieille horloge à balancier, qui étoit contenu et qui tournoit entre trois roues posées à cet effet. Il paroissoit que ces roues n'avoient pas été faites par le constructeur de l'horloge, et qu'une autre main les y avoit ajoutées. »

Dans une réponse de SULLY à la lettre dont nous venons de donner l'extrait, on lit ce qui suit, relativement à l'application des rouleaux:

« A l'égard de ma méthode pour diminuer les frottemens sur les axes, j'ignorois qu'on l'eût employée dans l'exercice de notre Art; mais ayant vu une grande roue qui servoit à tourner une meule suspendue à-peu-près de la même façon, je sentis le bon usage que l'on en pourroit

faire dans l'Horlogerie; je crois m'en être servi utilement dans cette machine. Si au défaut de cette roue, appliquée à une meule, j'avois connu la vieille horloge, je m'imagine qu'elle m'auroit fourni les mêmes idées, lesquelles je n'aurois peut-être point eues, sans quelques rencontres semblables. »

SULLY. 1726.

Dissertation sur la Montre marine.

« J'ai parlé, dans mon second Mémoire, d'une montre portative à balancier et à ressort spiral, que l'on pourroit rendre plus parfaite que toutes celles qui ont été jusqu'ici en usage. Je n'en ai parlé alors que pour faire voir qu'une telle montre pourroit servir de supplément, au défaut de ma Pendule à lévier, supposant qu'elle se trouvât dérangée par des mouvemens trop violens du navire dans un gros temps ou dans un orage, vu que la montre marine n'en seroit point affectée, et serviroit par conséquent à connoître les variations de la Pendule à lévier dans ces occasions, et à la remettre juste, sans erreur sensible, à la fin de l'orage.

» J'ai promis une description de cette montre, suffisante du moins pour expliquer ce qu'elle a de nouveau et de singulier dans sa construction, ses propriétés et ses usages.

» Pour sa construction, elle diffère des autres montres,

» 1.° Par la grandeur que je lui ai donnée, qui est telle, que tous les bons ouvriers pourront travailler ses parties les plus délicates dans la plus grande perfection possible. Je ne me suis point gêné sur cet article, comme on l'est dans les montres de poche, puisque, pour les usages qu'on en doit faire, elle n'est pas plus embarrassante dans la grosseur qu'elle a, que si elle étoit plus petite. Cette montre a trois pouces et demi de diamètre, et autant de profondeur.

» 2.° Elle diffère des autres montres par son échappement. J'ai expliqué devant les Académies de Paris et de Bordeaux, les propriétés de cet échappement; et j'ai fait voir par des expériences méchaniques, que la force motrice, doublée ou diminuée de la moitié (ce qui fait une différence de quatre à un), ne produit pas de variation sensible dans les durées des vibrations du balancier et son ressort spiral, comme ils se trouvent appliqués à cette montre ; d'où il est aisé de conclure que toutes les variations qui peuvent possiblement arriver dans la somme des frottemens du rouage, ne pourront causer que des variations

SULLY. 1726.

incomparablement plus petites dans le mouvement de cette montre, que dans celui de toute autre [a].

» 3.° Elle diffère encore des autres montres par un autre endroit très-important à la justesse de son mouvement, et à la durée de cette justesse. C'est par la méthode que j'ai déjà employée dans ma Pendule à lévier, pour diminuer les frottemens des pivots du balancier par l'application des rouleaux que je répète dans cette montre. Ici le pivot inférieur du balancier joue entre quatre rouleaux, et la pointe du pivot porte sur un rubis ou autre pierre dure et polie.

» 4.° Cette montre a de plus deux ressorts spiraux, dont l'utilité est considérable, et qu'il est nécessaire d'expliquer. Un de ces ressorts est appliqué à la roue des palettes qui engrène dans le pignon du balancier, et l'autre au balancier même. Le principal avantage du premier ressort consiste en ce qu'il sert d'aide et de guide à l'ouvrier pour arriver à la perfection ; savoir, la plus parfaite liberté possible des vibrations du balancier, et la plus parfaite égalité possible des durées de ces vibrations. D'ailleurs, par le moyen de ces deux ressorts ainsi appliqués, on parvient à régler cette montre avec plus de justesse et plus de précision qu'il ne seroit possible de le faire avec un seul ressort spiral. »

Voilà tout ce que l'Auteur nous apprend sur la construction de sa montre marine. Cette montre fut éprouvée à Bordeaux avec sa Pendule à lévier. Chacune de ces machines avoit sa suspension : l'une et l'autre de ces suspensions sont représentées dans la *planche III* de la Description abrégée dont nous faisons l'extrait. On les trouve dans la *pl. V, fig. 7* et *8* de notre Recueil.

On voit par la figure qui représente la montre marine de SULLY, que cette montre étoit horizontale. C'est la seule figure qu'il ait donnée de cette montre, et on n'y voit que l'extérieur de sa machine ; au reste on conçoit aisément, par ce que nous venons de rapporter, quelle en étoit la construction intérieure.

Le surplus de l'article qui concerne la montre marine, est employé au

[a] L'Auteur donne ici la description de cet échappement, mais sans figures : il est à *repos*, formé par deux tranches cylindriques ou palettes. Nous l'avons fait graver : il est représenté *pl. XII, fig. 2*, et décrit *Tome II, Chap. I.er, p. 28*. Cet échappement est le même dont *Sully* parle dans son second Mémoire cité ci-devant. *(Note de l'Éditeur.)*

au détail de grand nombre d'expériences que SULLY avoit faites sur les durées des vibrations du balancier gouverné par le spiral. Nous ne pouvons pas les rapporter ici, quoique fort intéressantes; nous regrettons que cet Artiste célèbre, au lieu de s'attacher à sa Pendule à lévier, n'ait pas adopté préférablement sa montre marine à balancier et à spiral; elle lui eût, sans doute, procuré plus de succès.

SULLY. 1726.

EXTRAIT DES REGISTRES de l'Académie royale des Belles-lettres, Sciences et Arts de Bordeaux, du 15 Décembre 1726.

« MM. DE CAUPOS et SARRAU, commissaires de l'Académie pour assister aux épreuves que M. SULLY devait faire sur la Garonne, de sa Pendule à lévier et de sa montre marine, ont fait le rapport suivant. »

Nous ne rapporterons ici que les résultats des épreuves.

Note du Rédacteur.

Première Expérience, le 7 Septembre 1726.

» En huit heures la pendule à lévier, sur la terre, avoit retardé de 45 secondes; ce qui fait par heure 5 secondes 38 tierces 30 quarts. Sur l'eau, en onze heures ou environ, elle retardoit de 51 secondes; ce qui fait par heure 4 secondes 38 tierces 10 quarts, $\frac{10}{11}$.

» Dans les mêmes huit heures, la montre marine, sur terre, avançoit d'une seconde. Sur l'eau, en onze heures de temps, elle retarda de 28 secondes; ce qui fait par heure 2 secondes 32 tierces 43 quarts $\frac{7}{11}$. »

Seconde Expérience, du 17 Septembre.

Résultat :

« Ainsi la Pendule à lévier, comparée à la Pendule à secondes laissée dans la maison, avoit retardé, dans l'espace de sept heures et demie (on néglige les six minutes de plus pour la facilité du calcul), de 18 secondes; ce qui revient à 2 secondes et 24 tierces par heure.

» Et la montre marine, dans le même temps, avoit retardé de 20 secondes; ce qui revient à 2 secondes 40 tierces par heure.

» Comparant ce retardement arrivé sur la Garonne pendant la tourmente, avec celui qu'on avoit observé sur la terre immédiatement auparavant, on trouve pour la différence 29 tierces, ou un peu moins de demi-seconde par heure à la Pendule à lévier; et à la montre marine, 1 seconde 10 tierces par heure.

SULLY. 1726.

» Pendant cette expérience, qui dura plus de sept heures et demie, on remarqua que les arcs de vibration avoient été souvent depuis 30 jusqu'à 80 degrés de côté et d'autre.

» Certifié à Bordeaux, le 17 Décembre 1726. SARRAU, secrétaire de l'Académie royale des Belles-lettres, Sciences et Arts. »

Observation sur le travail de *Henri Sully*.

HENRI SULLY, depuis HUYGENS, a été un des hommes dont les écrits ont dû le plus contribuer à la perfection de l'Horlogerie. Nous l'avons vu, dans sa *Règle artificielle du temps,* présenter des recherches et des principes très-utiles à la perfection des montres, et instruire le public des connaissances nécessaires pour la conduite des montres. Dans l'ouvrage qu'il publia en 1726, cet Artiste célèbre présenta un travail beaucoup plus important par son usage (la construction d'une horloge pour la mesure du temps en mer, et d'une montre marine), et qui, en exigeant des recherches plus profondes, demandoit aussi plus de génie dans sa composition. Cette tentative étoit alors regardée comme ayant un but chimérique ; mais moins d'un demi-siècle qui s'est écoulé depuis le travail de SULLY, a prouvé non-seulement la possibilité de la découverte, mais cette découverte a été appliquée avec le plus grand succès à la perfection de la Géographie et à la conduite des vaisseaux. Ce succès est également dû au premier travail de SULLY, et aux recherches que les Artistes qui lui ont succédé, ont ajoutées aux bases par lui établies ; et si SULLY n'a pas conduit lui-même la découverte qui l'occupoit au degré de perfection nécessaire, c'est qu'il lui manquoit des connoissances physiques alors ignorées, et une perfection de main-d'œuvre que de nouveaux instrumens ont portée à un très-haut degré de précision. Quoi qu'il en soit, on doit accorder à SULLY d'avoir fait les premiers pas vers cette belle découverte ; et s'il eût existé de nos jours, il l'auroit disputée aux Artistes qui l'ont amenée au point où nous la voyons : tant la nature l'avoit doué d'un heureux génie, et des connoissances nécessaires pour en faire de justes applications.

Horloge marine.

Le régulateur de cette horloge est un balancier placé verticalement, et dont les pivots sont portés par quatre rouleaux, deux sous chaque pivot : moyen précieux pour la réduction des frottemens des pivots du balancier, et dont la première application appartient évidemment à SULLY.

Les vibrations du balancier ne sont pas produites, comme dans nos montres, par un ressort spiral réglant, mais par un autre principe sur lequel SULLY fondoit le succès de sa machine.

SULLY substitua au spiral, un lévier placé horizontalement, et dont les pivots sont supportés par quatre rouleaux ; à l'extrémité du long bras de ce lévier est placé un poids destiné à produire les vibrations. Pour cet effet, vers le milieu de la longueur de ce bras, se développe, sur une portion de cercle, un fil dont l'autre bout est attaché à l'axe du balancier ; ce fil passe entre deux lames faites en cuivre, qui ont une courbure à-peu-près semblable à celle de la cycloïde, et dont les fonctions sont les mêmes. Si donc on fait tourner le balancier, la pesanteur du poids porté par le lévier, tendra à le ramener, et à le faire osciller, le fil que ce lévier porte se développant sur les portions de cycloïde, et ses oscillations continueront comme si le balancier étoit ramené par l'élasticité d'un ressort spiral. Les courbes de cette espèce de cycloïde sont telles, que selon les propriétés que l'Auteur leur attribue, les grands et les petits arcs décrits par le balancier, sont de même durée, c'est-à-dire, isochrones. Telle est la supposition sur laquelle SULLY a établi la justesse de son horloge ; et en effet, il est évident que l'on peut, à la vérité, par de longs tâtonnemens, parvenir à rendre les oscillations d'inégales étendues, parfaitement isochrones, la machine étant en repos, et en supposant que le fil flexible qui se développoit sur les courbes, n'éprouvât aucune altération ; condition que l'on ne pouvoit espérer d'obtenir. Mais cet Artiste attribuoit encore une autre propriété à la disposition de son régulateur : c'étoit de n'être pas susceptible des variations de la température ; propriété que ni la théorie, ni l'expérience, n'ont confirmée. Et quand même elle l'eût été, il restoit encore à ce régulateur d'autres vices bien plus importans ; car en supposant pour un moment que les oscillations d'inégales étendues fussent isochrones lorsque l'horloge étoit en repos dans sa position naturelle, cette propriété étoit détruite dès que la machine éprouvoit des agitations, ou que sa position étoit changée : car la pesanteur du poids, principe des oscillations, changeoit nécessairement par ces diverses situations, sur-tout lorsque l'horloge montoit ou descendoit, &c. Enfin, le poids du lévier acquéroit ou perdoit de sa

SULLY. 1726.

pesanteur par les diverses latitudes où la machine étoit transportée. Les objections ou observations que nous présentons ici, furent faites à l'Auteur par le célèbre horloger GEORGES GRAHAM, ainsi qu'on le voit par les lettres insérées à la suite de la *Description abrégée.*

Le P. ALEXANDRE. 1734. Traité général des Horloges.

TRAITÉ GÉNÉRAL DES HORLOGES par le R. P. Dom JACQUES ALEXANDRE, religieux Bénédictin de la Congrégation de Saint-Maur; ouvrage enrichi de figures. *Paris, Hippolyte-Louis Guérin, 1734,* in-8.°, 387 pages.

Précis de cet Ouvrage, et des matières qu'il contient.

§. 1. De la manière dont les Anciens distinguoient les années, et les partageoient en mois, jours et heures.

§. 2. Division de l'ouvrage et histoire des horloges.

CHAP. I.er *Des horloges solaires.*

Je réduis, dit l'Auteur, toute la pratique des cadrans à peu d'exemples, et je renferme le tout en treize articles, qui contiennent ce qui est essentiel pour faire de bons cadrans.

Le 1.er article est de l'horizontal, où je donne trois tables qui contiennent 3 degrés avec leurs divisions de 10 en 10 minutes, pour notre climat.

Le 2.e fait l'application de ces tables à un horizontal pour 48 degrés de latitude.

Les 3.e et 4.e fournissent un vertical régulier.

Les 5.e, 6.e et 7.e sont pour un déclinant de 30 degrés.

Le 8.e est un autre exemple pour un déclinant de 80 degrés.

Le 9.e est pour transporter le cadran sur le mur.

Le 10.e contient en abrégé les règles employées ci-dessus.

Le 11.e détermine les proportions qui sont à observer dans les cadrans.

Le 12.e est pour mettre les arcs des signes.

Le 13.e est pour les arcs de la longueur des jours.

CHAP. II. *Des horloges d'eau.*

« Les horloges ou Clepsydres dont les Anciens se sont servis pour marquer les heures tant du jour que de la nuit, et dont VITRUVE nous a conservé la mémoire dans son neuvième livre d'Architecture, étoient fort imparfaites, et n'approchoient nullement de la justesse et simplicité de celles qui ont été inventées, dans le dernier siècle, par le P. Dom CHARLES VAILLY, religieux Bénédictin de la Congrégation de Saint-Maur.

Le P. ALEXANDRE. 1734.

» Je renferme en huit articles tout ce qui est nécessaire tant pour la construction que pour l'usage de ces horloges. »

Le 1.er article donne une idée des horloges d'eau.

Le 2.e contient la description du tambour.

Le 3.e traite des cellules ou cloisons.

Le 4.e de la construction du tambour.

Le 5.e de la manière de sonder le tambour.

Le 6.e de la qualité de l'eau du tambour.

Le 7.e du mouvement du tambour.

Le 8.e de la manière de marquer les heures.

CHAP. III. *Des horloges à roues de gros volume.*

Définitions des principaux termes en usage pour les pièces d'Horlogerie.

Division de ce Chapitre.

« Je partage ce Chapitre en dix-sept articles; et comme le pendule dont le célèbre GALILÉE est le premier inventeur, a donné une perfection aux horloges à roues qui est infiniment au-dessus de tout ce que l'on avoit inventé jusqu'à son temps, je traiterai d'abord ce sujet ainsi. »

Art. 1.er Du pendule simple.

Art. 2. Du pendule isochrone.

Art. 3. Du principe du mouvement des horloges.

Art. 4. Des proportions que doivent avoir les roues et les pignons.

Art. 5. Pour trouver un nombre déterminé de vibrations.

Art. 6. Méthode pour avoir des nombres *rentrans.*

Art. 7. Pour employer des roues déjà faites.

Art. 8. Table des rouages.

Art. 9. De la roue de rencontre.

Art. 10. Du mouvement journalier.

Art. 11. Du mouvement annuel.

Art. 12. De la sonnerie des quarts.

Art. 13. De la sonnerie des heures.

Art. 14. Des détentes.

Le P. ALEXANDRE. 1734.

Art. 15. Des bascules.

Art. 16. Des remontoirs.

Art. 17. Du réveil.

CHAP. IV. *Des horloges à mouvement apparent.*

§. 1. De l'inégalité des jours.

Table des différences du mouvement moyen du Soleil à l'apparent.

§. 2. Des longueurs du pendule (pour mesurer le temps variable du Soleil).

§. 3. De la plaque *elliptique* (qui sert à changer les longueurs du pendule pour mesurer le temps apparent).

§. 4. De la cycloïde.

§. 5. Du changement de la cycloïde.

§. 6. Du mouvement annuel.

§. 7. Construction de l'ouvrage.

CHAP. V. *Du mouvement des planètes.*

§. 1. Système des planètes.

Le Soleil fait sa révolution en 365 jours 5 heures 49 minutes et 12 secondes environ.

Mercure fait sa révolution synodique en 88 jours.

Vénus. Elle tourne autour du Soleil en 224 jours 7 heures = 5,383 heures.

La Terre fait sa révolution parfaite en une année astronomique ou 365 jours 5 heures 49 minutes 12 secondes.

La Lune fait sa révolution synodique moyenne en 29 jours 12 heures 44 minutes 3 secondes.

Mars fait sa révolution en une année et 321 jours 18 heures = 16,488 heures.

Jupiter fait la révolution du Zodiaque en onze ans et 316 jours = 4,331 jours.

Saturne fait sa révolution en 29 années et 155 jours 13 heures = 10,740 jours 13 heures.

L'Auteur emploie ce Chapitre V à expliquer la méthode de calcul qu'il a employée pour trouver les rouages les plus convenables pour obtenir des révolutions propres à imiter aussi parfaitement qu'il est possible celles des astres.

Le rouage pour le *mouvement annuel astronomique* fait un tour en 365 jours 5 heures 48 minutes 58 secondes $\frac{18}{49}$.

Le P. ALEXANDRE. 1734.

« Ce mouvement est trop court d'une seconde $\frac{11}{49}$. »

Le rouage pour la Lune fait un tour en 29 jours 12 heures 43 minutes 52 secondes $\frac{148}{361}$, trop court de 9 secondes $\frac{13}{361}$.

On trouve également les rouages pour les autres planètes.

CHAP. VI. *Des horloges de moyen volume.*

§. 1. Des poids et contre-poids.

§. 2. Du ressort spiral pour faire l'effet du poids.

§. 3. De la fusée.

§. 4. Table des longueurs du pendule pour le moyen volume.

§. 5. Table des rouages, &c.

CHAP. VII. *Des horloges de petit volume, ou des montres de poche.*

§. 1. De la plate-forme.

§. 2. Du balancier et du ressort spiral.

§. 3. Des rouages.

CHAP. VIII. *De la répétition, et de l'instrument à fendre les roues.*

CHAP. IX. *Bibliographie, ou Catalogue des Auteurs qui ont écrit sur les horloges, avec une analyse des principaux ouvrages.*

TRAITÉ DE L'HORLOGERIE méchanique et pratique, approuvé par l'Académie royale des Sciences; par M. THIOUT l'aîné, horloger ordinaire de S. M. C. la Reine douairière d'Espagne, et de S. A. S. M.gr le Duc d'Orléans. *A Paris, C. A. Jombert*, 1741, 2 vol. in-4.°

THIOUT. 1741. Traité de l'Horlogerie.

Le premier volume de ce Traité, ou recueil de machines, est accompagné de cinquante planches gravées, qui servent à représenter très en détail, les outils ordinaires servant à l'exécution des pièces d'Horlogerie; diverses machines utiles et ingénieuses pour faciliter et perfectionner la main-d'œuvre; et les principaux échappemens en usage, ou qui ont été jusqu'alors inventés. Nous rapporterons ci-après la notice des principaux articles.

A la tête de ce volume on trouve :

Les DÉFINITIONS des principaux termes de l'art de l'Horlogerie, et

THIOUT. 1741.

de ceux des Mathématiques relatifs à cet Art, pour servir à l'intelligence de ce Traité.

PREMIÈRE PARTIE. *Description des outils servant à l'Horlogerie.*

Les descriptions des quatorze premières planches, sont destinées aux outils ordinaires qu'il seroit inutile de détailler ici.

Planche XV. Machine à dossier pour fendre les pignons.

Planches XVI, XVII et *XVIII.* Machine ordinaire pour fendre les roues et les pignons.

Planches XIX, XX, XXI et *XXII.* Machine à fendre les roues, inventée par M. SULLY, et perfectionnée par M. DE LA FAUDRIÈRE, conseiller au Parlement.

Planche XXIII. Machine à fendre une infinité de nombres, inventée par Pierre FARDOIL, horloger de Paris, avec une table des rochets à employer, et du nombre de tours ou portions de tour à faire à chaque dent que l'on veut fendre.

Planche XXIV. Machine à fendre et à égaler les roues de rencontre et les rochets de Pendule.

Planche XXV. Machine à tailler des fusées à droite et à gauche avec la même vis, par M. REGNAULT de Châlons.

Planches XXVI et *XXVII.* Autres machines à tailler les fusées.

Planches XXVIII et *XXIX.* Machine qui sert à plusieurs opérations d'Horlogerie, inventée par M. P. FARDOIL.

Les propriétés de cette machine sont; 1.° de trouver les degrés d'ouverture des palettes d'une verge de balancier de montre; 2.° de donner la longueur de ces palettes; 3.° de déterminer l'inclinaison des dents de la roue de rencontre.

Planche XXX. Autre machine servant au même usage. (De l'échappement à roue de rencontre.)

Planches XXXI et *XXXII.* Machines et outils d'engrenage.

Planches XXXIII et *XXXIV.* Machine à tailler les limes.

Planche XXXV. Machine à fendre les roues de rencontre enarbrées, par M. P. FARDOIL.

Planche XXXVIII. Machine à faire les engrenages de montre, inventée par M. l'abbé DANDELOT.

Explication

Explication et description de plusieurs échappemens d'horloges et de montres.

THIOUT, 1741.

Planche XXXIX. L'ancien échappement à *roue de rencontre*, employé aux premières horloges avec le régulateur-balancier ou *foliot.* L'échappement à *ancre*, &c.

Planche XL. Démonstration de M. ENDERLIN, pour former l'ancre d'un échappement à rochet.

Planche XLI. Échappement *à double lévier*, par M. le chevalier DE BÉTHUNE.

Pl. XLII. Échappement à deux balanciers, par M. JEAN-BAPTISTE DUTERTRE. On trouve dans la même Planche, l'échappement à repos de GRAHAM, et celui que SULLY adapta à son horloge marine, ou Pendule à lévier, et le régulateur même de cette horloge.

Planches XLIII, XLIV et *XLV*, représentant diverses autres sortes d'échappemens.

Planche XLV, figure 1.re, représentant « une composition pour cor- » riger l'erreur causée par la dilatation de la verge d'un pendule qui » bat les secondes, par la dilatation même; » par M. REGNAULT, horloger à Châlons.

Des irrégularités des Pendules, par M. ENDERLIN : l'Auteur y démontre l'inutilité de la cycloïde.

Mémoire sur la figure des dents des roues, et des ailes des pignons, pour rendre les horloges plus parfaites; par M. CAMUS, de l'Académie royale des Sciences. *Planches XLVI, XLVII.*

Sur la figure des dents des roues, &c.; par M. ENDERLIN.

Planche XLIX. Démonstration de l'échappement à roue de rencontre, par M. SULLY.

Planche L. Description d'un tour propre à tourner les calottes de montre et autres pièces ovales.

II.e PARTIE, formant le second volume. *De la construction des horloges ou Pendules.*

Planche I.re Réveil à poids.

Planche II. Horloge à poids, qui sonne l'heure et la demie.

Planche III. Mouvement de Pendule à secondes allant quinze jours.

Planche IV. Mouvement de Pendule à ressort.

THIOUT. 1741.

Planche V. Pendule à quarts.

Autre pendule qui sonne l'heure et la demie, avec un râteau et un limaçon.

Planches VI, VII, VIII et *IX.* Pendule à remontoir, par M. GAUDRON, et autres remontoirs.

Planche X. Pendule à ressort et à fusée, qui marque le quantième du mois et celui de la Lune.

Planches XIII, XIV, XV et *XVI.* Des répétitions de Pendule.

Planche XVII. Ancienne cadrature de répétition, par M. TOMPION.

Autre cadrature anglaise, qui sonne d'elle-même les heures; et, en tirant un cordon, répète les quarts et les heures après.

Planche XVIII. Cadrature de Pendule à ressort, qui sonne les heures et les quarts par un seul rouage.

Planche XIX. Répétition qui sonne les heures, les quarts et les minutes, de cinq en cinq minutes.

Planche XX. Pendule anglaise, qui sonne d'elle-même et répète l'heure et les quarts en tirant un cordon. Elle marque les quantièmes du mois, ceux de la Lune et ses phases; les jours de la semaine et les mois de l'année.

Planche XXI. Cadrature de Pendule qui sonne l'heure et les quarts et les répète, par M. AMAN.

Planche XXII. Pendule d'équation (par M. THIOUT).

Planche XXIII. Autre équation.

Planche XXIV. Autre équation.

Planche XXV. Pendule d'équation, par M. ENDERLIN. Elle marque les quantièmes du mois *perpétuels;* les quantièmes et phases de la Lune, le lever et le coucher du Soleil, le lieu du Soleil, les mois de l'année, &c.

Planche XXVI. Pendule qui marque le lever et le coucher du Soleil, les quantièmes de mois et de Lune, l'équation du Soleil, les mois, et les signes du Zodiaque.

Planche XXVII. Correction des effets du chaud et du froid, par M. DEPARCIEUX. Voyez aussi *planche V,* par le même.

Planche XXIX. Cadrature qui marque le lever et le coucher du Soleil, les mois, leurs quantièmes, ceux de la Lune, et l'heure qu'il est dans les principaux lieux de la terre, par M. JÉRÔME MARTINOT, horloger du roi.

Planche XXIX. Cadrature d'une autre sphère de l'Observatoire, par M. MARTINOT.

THIOUT, 1741.

Planche XXX. Cadratures anciennes.

Planche XXXIV. Description d'une montre ordinaire.

Examen des mouvemens des montres, par M. GAUDRON.

Même Planche. Des montres à secondes.

Planches XXXV et *XXXVI.* Différentes cadratures de montres à répétition.

Planche XXXVII. Montres à trois parties, qui sonnent les heures et les quarts à chaque quart, et qui sont à répétition.

Planche XXXIX. Sonnerie à crémaillère.

Planche XL. Pendule anglaise qui sonne les heures à chaque quart, et les répète à volonté.

Planche XLI. Grosse horloge de nouvelle construction (elle est horizontale), exécutée par M. ROUSSEL.

TRAITÉ DES ÉCHAPPEMENS, ou les échappemens à repos comparés aux échappemens à recul, avec un Mémoire sur une montre de nouvelle construction, suivi de quelques réflexions sur l'état présent de l'Horlogerie, &c.; par JEAN JODIN, horloger à Saint-Germain-en-Laye. *Paris, Ch. A. Jombert, 1754*, in-12.

JODIN. 1754. Traité des échappemens.

CHAP. I.er *Description des effets et propriétés de l'échappement à roues de rencontre.*

Section I.re Variation de principes.

Section II. Des variations qui suivent de la forme de l'échappement à roue de rencontre.

Section III. Des obstacles à la bonne exécution de l'échappement à roue de rencontre.

Section IV. Conjectures sur les vues que pouvoit avoir l'inventeur de l'échappement à roue de rencontre.

CHAP. II. *De l'échappement à cylindre.*

Section I.re Réflexions préliminaires sur les échappemens à repos en général.

JODIN. 1754.

Section II. Dissertation sur l'échappement à cylindre.

Section III. Réponse aux trois objections que l'on a coutume de faire sur l'échappement à cylindre.

CHAP. III. *Des moyens d'exécuter l'échappement à cylindre.*

Section I.re Détails de pratique et de théorie.

Section II. Récapitulation de ce qui a été dit de la nature des courbes des dents de la roue.

Section III. Explication des obstacles qui empêchent que la roue de cylindre ne puisse être plane.

Section IV. Deux questions à résoudre.

Mémoire sur une montre de nouvelle construction.

Considérations sur l'échappement nouveau (celui à cheville).

Réflexions sur l'état présent de l'Horlogerie.

Suite des considérations sur l'échappement nouveau à cheville.

LE PAUTE. 1755. Traité d'Horlogerie.

TRAITÉ D'HORLOGERIE contenant tout ce qui est nécessaire pour bien connoître et pour régler les Pendules et les montres ; la description des pièces d'Horlogerie les plus utiles, des répétitions, des équations, des Pendules à une roue, &c. ; celle du nouvel échappement ; un Traité des engrenages, avec plusieurs Tables et dix-sept Planches en taille-douce : dédié à M. le Marquis DE MARIGNY, par M. J. A. LE PAUTE, horloger du roi. *Paris, Chardon père, 1755,* in-4.°

PRÉFACE HISTORIQUE.

I.re PARTIE.

CHAP. I.er Des horloges en général.

CHAP. II. Description d'une pendule à secondes.

CHAP. III. Description d'une montre ordinaire à roue de rencontre.

CHAP. IV. Remarques sur le choix des montres.

CHAP. V. Manière de faire avancer ou retarder une montre par le moyen du ressort spiral.

CHAP. VI. Comparaison des horloges et des montres; de leur construction et de leur exactitude.

LE PAUTE. 1755.

II.e PARTIE.

LE PAUTE. 1755.

marquer le temps vrai et le temps moyen par deux aiguilles de minutes.

CHAP. XVII. Manière de faire marquer le temps vrai aux Pendules par l'addition d'une seule roue.

CHAP. XVIII. Description d'un petit cadran par le moyen duquel on peut faire suivre le temps vrai aux horloges.

CHAP. XIX. Traité des engrenages, dans lequel on détermine géométriquement la figure la plus avantageuse pour les dents des roues, et pour les ailes des pignons.

CHAP. XX. Remarques sur la manière de trouver facilement des nombres pour les roues qui doivent tourner dans des espaces de temps donnés, les unes par rapport aux autres.

CHAP. XXI. Du mouvement oscillatoire d'un pendule simple ou composé, libre ou appliqué aux horloges.

F.d BERTHOUD. 1759. L'art de régler les Pendules.

L'ART de conduire et de régler les Pendules et les montres, à l'usage de ceux qui n'ont aucune connoissance de l'Horlogerie, par FERDINAND BERTHOUD. *A Paris, Michel Lambert, 1759,* petit in-12, 80 pages.

On trouve dans ce petit ouvrage, des notions simples du méchanisme des machines qui mesurent le temps, les causes des variations des montres, les règles qu'il faut suivre pour gouverner les Pendules et les montres. Il est divisé en quinze articles.

Art. 1.er De la division du temps : ce que c'est que le *temps vrai* et le *temps moyen.*

Art. 2. Explication du méchanisme d'une Pendule : comment elle mesure le temps.

Art. 3. Explication du méchanisme d'une montre.

Art. 4. Des causes de la justesse des Pendules; du temps qu'elles mesurent ; du degré de justesse qu'on en peut espérer.

Art. 5. Des causes des variations des montres; du degré de justesse qu'on peut attendre de ces machines.

Art. 6. Différence d'une montre qui n'est pas réglée, de celle qui varie : en quoi l'une et l'autre diffèrent de celle qui est réglée.

F.d BERTHOUD. 1759.

Art. 7. Comment on peut vérifier la justesse d'une montre.

Art. 8. Il est nécessaire que chaque personne conduise sa montre, la règle et la remette à l'heure tous les huit ou dix jours.

Art. 9. Usage du *spiral :* comment il faut toucher à l'aiguille de rosette d'une montre pour la régler.

Art. 10. De la manière de régler les Pendules.

Art. 11. Comment il faut régler les Pendules et les montres, par le passage du Soleil au méridien.

Art. 12. Manière de tracer des lignes méridiennes propres à régler les Pendules et les montres.

Art. 13. Des précautions à mettre en usage pour acquérir de bonnes montres et Pendules.

Art. 14. Des moyens de conserver les montres.

Art. 15. Contenant le précis des règles qu'il faut suivre pour conduire et régler les Pendules et les montres ; les observations qu'il est à propos de faire pour jouir avantageusement de ces machines utiles. (Cet article est destiné aux personnes qui voudront se dispenser de lire le reste de l'ouvrage.)

F.d BERTHOUD. 1763. Essai sur l'Horlogerie.

ESSAI SUR L'HORLOGERIE, dans lequel on traite de cet Art relativement à l'usage civil, à l'Astronomie et à la Navigation ; avec trente - huit Planches gravées en taille - douce : par FERDINAND BERTHOUD. *Paris , Jombert , 1763 ,* 2 vol. in-4.° La 2.e édit. en 1786.

Dans cet ouvrage, l'Auteur traite, avec la plus grande étendue, de toutes les parties de la mesure du temps : la construction des montres, des Pendules ordinaires, des horloges et des montres à équation, des horloges astronomiques ; ses premières recherches sur les horloges marines ou à longitude ; la théorie, la construction et la main-d'œuvre de ces diverses machines.

L'Auteur indique dans le plan de l'ouvrage qui est à la tête du premier volume, les motifs et le but de son travail.

« C'est aux difficultés que j'ai été forcé de surmonter pour m'instruire de l'Art de l'Horlogerie, que l'on doit cet *Essai,* d'abord fait

F.d BERTHOUD. 1763.

pour mon usage. Je n'ai point trouvé de livres qui m'aient prescrit les règles que l'on doit suivre pour faire de bonnes machines pour la mesure du temps ; car les ouvrages que nous avons sur l'Horlogerie, contiennent des descriptions de machines, et fort peu de principes ; en sorte que j'ai travaillé à découvrir des principes, comme si, jusqu'ici, il n'eût pas été question de machines propres à mesurer le temps.

» Si nous devons beaucoup aux Artistes célèbres qui ont perfectionné la pratique de l'Horlogerie, il n'est pas moins vrai que jusqu'ici on n'avoit établi aucun principe fixe sur les régulateurs des Pendules et des montres : on n'avoit ni dit ni prouvé si les balanciers, par exemple, doivent être grands ou petits, légers ou pesans ; faire des vibrations lentes ou promptes ; avoir une grande ou une petite quantité de mouvement : de quoi dépend la justesse des montres, &c. On n'a point expliqué ni indiqué les causes de leurs variations, ni comment on peut les corriger ; en un mot, on n'a point encore traité des principes qui doivent servir de base à la construction de ces machines ; en sorte qu'il est arrivé de là que les ouvriers dont l'intelligence est le plus bornée, se sont fait des principes arbitraires et à leur mode.

» Je ne crois cependant pas que tous ceux qui ont fait de bonnes machines propres à mesurer le temps, y aient absolument été conduits par le hasard, et qu'ils n'aient eu aucune règle ; mais s'il y en a qui aient acquis quelques lumières, ils les ont si soigneusement gardées pardevers eux, qu'elles n'ont point été connues ; et même à juger des principes des Artistes qui ont eu le plus de réputation, par le changement continuel de construction, on peut assurer qu'ils n'avoient aucune règle fixe, et qu'ils ne connoissoient nullement les lois du mouvement et celles de méchanique qui auroient dû les diriger : car ces principes sont très-invariables. Je crois donc que l'on me saura quelque gré, si je donne aux Artistes un exemple qui aidera à perfectionner cet Art ; c'est de publier ce que l'on est parvenu à découvrir. De cette manière, nos recherches ne demeureront pas ensevelies ; elles deviendront par-là utiles à ceux qui desirent de s'instruire ; et en aplanissant la route, elles aideront ceux qui ont du génie, à perfectionner l'Art. Il seroit à souhaiter que tous ceux qui ont acquis quelques connoissances, jusqu'alors ignorées, aimassent assez leur état pour communiquer leurs découvertes ; mais on

craint

craint d'ordinaire de les rendre publiques, de peur que d'autres Artistes n'en profitent; ce qui prouve bien le peu de génie et de ressources de ceux qui pensent ainsi.

» Quant à cet ouvrage, il est le fruit d'une longue et pénible étude, et d'expériences suivies. Je n'ai épargné ni peines, ni soins, ni dépenses pour m'instruire, et je ne fais mystère d'aucune des choses que j'ai apprises : j'espère qu'en cela, il sera autant utile aux Horlogers qu'aux amateurs de l'Art. »

A la suite du plan de l'ouvrage, est placé le *Discours préliminaire sur l'Horlogerie*, son origine, ses progrès, son état actuel, les talens requis et les connoissances qu'il faut réunir pour posséder la Science de la mesure du temps.

L'ouvrage est divisé en deux Parties, dont chacune forme un volume.

La I.re PARTIE contient trente-six Chapitres.

CHAP. I.er De la division du temps; du temps vrai ou apparent; du temps moyen ou uniforme.

CHAP. II. Description d'une machine fort simple, propre à mesurer le temps, avec les définitions des principaux termes de l'Horlogerie.

CHAP. III. Description d'une Pendule à secondes et à sonnerie.

CHAP. IV. Suite du méchanisme des sonneries.

CHAP. V. Description d'une sonnerie fort simple, qui peut marcher un an sans être remontée.

CHAP. VI. Des répétitions.

CHAP. VII. Description d'une Pendule à répétition.

CHAP. VIII. Des montres : premières notions de ces machines.

CHAP. IX. Description d'une montre à *roue de rencontre.*

CHAP. X. Description d'une montre à répétition dont l'échappement est à cylindre.

CHAP. XI. Description d'une montre à *réveil.*

CHAP. XII. Comment on fait marquer l'équation du temps aux horloges. Description d'une *Pendule à équation.*

CHAP. XIII. Des Pendules d'équation à *cercles mobiles.*

CHAP. XIV. Description d'une montre d'équation à secondes concentriques, marquant les mois de l'année et leurs quantièmes.

F.d BERTHOUD. 1763.

CHAP. XV. Description d'une Pendule d'équation à deux aiguilles de minutes concentriques : elle marque les mois de l'année, leurs quantièmes, et les années bissextiles.

CHAP. XVI. Description d'une équation à deux aiguilles et deux cadrans.

CHAP. XVII. Description d'une cadrature d'équation qui ne marque que le temps vrai.

Des horloges à temps apparent par les vibrations rendues inégales en changeant les longueurs du pendule.

CHAP. XVIII. Description d'une montre d'équation, à répétition, à secondes concentriques d'un seul battement.

CHAP. XIX. De la manière de tracer les courbes d'équation des Pendules ou des montres.

CHAP. XX. De l'usage de la table d'équation pour régler les ouvrages d'Horlogerie.

CHAP. XXI. Description de l'échappement à *repos* en pendule.

CHAP. XXII. Description de l'échappement à *cylindre* pour les montres.

CHAP. XXIII. Des échappemens à recul ; de l'échappement à roue de rencontre.

CHAP. XXIV. De l'échappement à *double lévier ;* de celui à *ancre.*

CHAP. XXV. Description de la *machine à fendre* les dents des roues des Pendules et des montres.

CHAP. XXVI. De la *fusée ;* ses propriétés : description de la *machine à tailler les fusées.*

CHAP. XXVII. Description de différens instrumens et outils les plus utiles pour l'exécution des ouvrages d'Horlogerie.

CHAP. XXVIII. Description de l'instrument à mesurer la force des ressorts.

De l'instrument ou machine destinée aux épreuves *de la durée des grands et des petits arcs de vibration d'un même balancier*, &c., et à *mesurer les degrés de force d'un spiral plus ou moins tendu*, &c. : cet instrument a servi aux premières recherches faites par l'Auteur de l'Essai sur l'Horlogerie pour parvenir à la découverte de l'isochronisme des vibrations du balancier par le spiral.

CHAP. XXIX. De l'outil d'engrenage, et de la manière de déterminer exactement les grosseurs des pignons.

CHAP. XXX. Description d'une montre à *trois parties* *, d'une nouvelle disposition.

CHAP. XXXI. Des soins d'exécution et de construction d'une montre.

CHAP. XXXII. Des causes qui font arrêter ou varier une montre, avec la manière de les reconnaître et d'y remédier.

CHAP. XXXIII. Examen des causes qui font arrêter et varier les Pendules.

CHAP. XXXIV. De la manière de juger des nouvelles productions en Horlogerie.

CHAP. XXXV. Des baromètres et des thermomètres à aiguilles.

CHAP. XXXVI. Des opérations de la main-d'œuvre pour l'exécution des pièces d'Horlogerie.

Ce Chapitre forme un traité complet de main-d'œuvre pour l'exécution d'une Pendule à répétition, et de l'échappement à repos des Pendules à secondes. Il est divisé en douze articles, qui terminent la première Partie de l'Essai.

II.e PARTIE.

« Jusqu'ici, dit l'Auteur, j'ai traité de l'Horlogerie, en suivant la route ordinaire des Auteurs qui ont écrit de cet Art, c'est-à-dire, en me bornant simplement aux descriptions des machines, et en prescrivant certains soins de main-d'œuvre aux ouvriers. Il reste une partie plus importante et dont on n'a point encore écrit ; c'est d'établir une théorie et des principes de construction fondés sur les lois du mouvement, et vérifiés par l'expérience, et d'après lesquels on puisse partir pour disposer et exécuter les machines qui mesurent le temps, en sorte qu'elles marchent avec la plus grande justesse possible : voilà le but que je me suis proposé dans cette seconde Partie de mon Essai. Je suis fort éloigné de penser que j'aie rempli cet objet, mais j'en ai du moins tracé le chemin; et j'ai entrepris de traiter cette matière, de sorte que les Artistes à qui mon ouvrage est destiné, puissent en profiter. Je vais donc traiter séparément de toutes les parties essentielles

* C'est-à-dire, qui sonne l'heure, et répète elle-même l'heure et le quart à chaque quart, et qui répète les heures et les quarts à volonté.

F.d BERTHOUD. 1763. des machines qui servent à la mesure du temps, en commençant par les plus simples. »

Cette seconde Partie est divisée en quarante-sept Chapitres.

CHAP. I.er Du lévier.

CHAP. II. Des roues et des pignons.

CHAP. III. Du calcul de la force transmise par le moteur à la dernière roue d'un rouage.

CHAP. IV. Des engrenages des roues et des pignons ; des défauts des mauvais engrenages.

CHAP. V. Démonstration de l'engrenage ; des courbes des dents des roues et des pignons ; de la manière de tracer ces courbes.

CHAP. VI. Du calcul des révolutions des roues.

CHAP. VII. Usage du calcul des fractions, pour trouver le temps de la marche des pendules et des montres, le nombre que l'on doit mettre aux roues d'échappement, &c.

CHAP. VIII. Méthode pour trouver le nombre de dents qu'il faut mettre aux roues d'un rouage donné.

CHAP. IX. Du pendule simple.

CHAP. X. Des propriétés du pendule simple.

CHAP. XI. De la manière la plus avantageuse de suspendre un pendule pour lui faire conserver le plus long-temps possible le mouvement imprimé.

CHAP. XII. Des résistances qu'éprouve un pendule qui se meut dans l'air.

CHAP. XIII. Des expériences faites sur le pendule *libre.*

CHAP. XIV. De la force requise pour entretenir le mouvement d'un pendule, selon que les arcs qu'il décrit sont grands ou petits. Comparaison de cette force avec la quantité de mouvement du pendule dans ces différens cas.

CHAP. XV. Suite du calcul sur le pendule libre.

CHAP. XVI. Des pendules qui sont mus par l'action inégale des ressorts.

CHAP. XVII. Description de la machine que j'ai construite pour vérifier les effets des échappemens, et les changemens qu'ils causent aux pendules libres, selon la nature de l'échappement.

F.d Berthoud. 1763.

Chap. XXXII. De l'usage des échappemens; leurs propriétés; de l'isochronisme des vibrations du balancier : comment on peut y parvenir.

Chap. XXXIII. Principes sur les forces de mouvement des balanciers.

Chap. XXXIV. De la manière de calculer les pesanteurs que doivent avoir les balanciers relativement au moteur, à l'étendue des arcs, diamètre, nombre de vibrations, &c.

Chap. XXXV. De la puissance motrice d'une montre; le ressort.

Chap. XXXVI. Description d'une montre à secondes, à deux vibrations par secondes.

Chap. XXXVII. Description d'une montre à secondes qui va huit jours sans remonter. Le régulateur formé par deux balanciers qui font une vibration par seconde. Expériences sur les vibrations lentes.

Chap. XXXVIII. Recherches et expériences concernant les horloges *astronomiques.*

Chap. XXXIX. Description de l'horloge astronomique.

Chap. XL. De l'utilité de l'Horlogerie pour la Marine, et pour découvrir les *longitudes* en mer.

De la longitude des lieux sur le globe terrestre.

Chap. XLI. Examen des principes que l'on doit suivre dans la composition d'une horloge marine, au moyen de laquelle on puisse déterminer les longitudes en mer.

Chap. XLII. Description de l'horloge marine que j'ai construite et exécutée pour servir à la Navigation, et à déterminer les longitudes en mer.

Chap. XLIII. Détail de main-d'œuvre, calcul et expériences concernant l'horloge marine.

Chap. XLIV. Construction de deux horlôges marines plus simples, dont le moteur est un poids.

Chap. XLV. Additions et expériences sur les verges de pendule, propres à corriger les dilatations et contractions des métaux.

Chap. XLVI. Additions à différentes parties des montres.

Description d'une *machine à fendre* les diverses sortes de roues des montres.

De l'exécution de l'échappement à cylindre.

F.[d] BERTHOUD. 1763.

CHAP. XLVII. De la construction et de l'exécution d'une montre dans laquelle on réunit tout ce qui peut contribuer à sa justesse.

Ce Chapitre contient un traité complet de la main-d'œuvre d'une montre.

CUMMING. 1766.

THE ELEMENTS of clock watch-work adapted to practice in two Essays, by ALEXANDER CUMMING, member of the phil. Soc. of Edimb. *London, A. Miller, 1766*, in-4.°, 198 pages.

Ces élémens d'Horlogerie sont divisés en deux Essais.

Le premier est relatif aux moyens de perfectionner les horloges.

Le second, au perfectionnement des montres.

HARRISON. 1767. Montre marine.

PRINCIPES de la Montre de M. HARRISON, [a] avec les planches relatives à la même montre; imprimés à Londres, en 1767, par ordre de MM. les Commissaires des Longitudes. *A Avignon. Se vend à Paris, Jombert, 1767*, in-4.°

Notes prises par M. *Maskelyne*, sur la découverte du garde-temps ou montre marine de M. *Harrison*.

« Le balancier décrit naturellement les plus grands arcs lorsqu'il est dans une position horizontale; les grands arcs se décrivent naturellement en moins de temps que les petits.

» Pour ajuster la montre de manière que toutes ses vibrations grandes et petites s'achèvent en temps égaux, on doit faire en sorte, 1.° que les temps soient égaux, lorsque la montre étant placée verticalement les heures III et VI, IX et XII, sont au plus haut : il faut pour cela que les poids opposés des différentes parties du balancier soient différens les uns des autres sans nuire à l'équilibre; 2.° dans la position horizontale, on aura le même résultat par l'effort combiné du dos des palettes d'échappement et du clou cycloïdal.

» L'action du clou à cycloïde, lorsqu'il touche le ressort spiral du balancier, tend à accélérer ses vibrations; et ce ressort abandonnant plus long-temps ce clou dans les grandes vibrations qu'il ne fait dans

[a] Traduit de l'anglais par le P. *Pezenas*.

HARRISON. 1767.

les moindres, le balancier en est moins accéléré dans le premier cas qu'il ne l'est dans le second; par conséquent, l'action du clou tend à réduire le temps des différentes vibrations, à fort peu près, à l'égalité.

» Lorsque le ressort spiral est en repos, il touche le clou à cycloïde, et il ne commence à l'abandonner qu'au moment où le balancier a décrit 45 degrés.

» La verge du thermomètre est composée de deux platines minces de cuivre et d'acier rivées ensemble en différens endroits, de manière que le cuivre se dilatant plus que l'acier par la chaleur, et se resserrant plus par le froid, cette verge devient convexe par la chaleur du côté du cuivre, et convexe par le froid du côté de l'acier; d'où il suit que l'une de ses extrémités étant fixe, l'autre bout prend un mouvement correspondant aux divers changemens du froid et du chaud : or, le ressort spiral passe entre deux chevilles portées par le bout mobile du thermomètre, ce qui raccourcit ou alonge le spiral, et produit la correction des effets de la température. »

Le diamètre du balancier est de 2 pouces $\frac{2}{10}$; celui de la platine de 3 pouces $\frac{8}{10}$.

La montre donne exactement cinq battemens par seconde.

Il y a dans cette montre quatre ressorts : le premier est le grand ressort; le second est enfermé dans l'intérieur de la fusée pour faire marcher la montre pendant qu'on la monte; le troisième est un ressort qui se débande huit fois par minute; et le quatrième est celui du balancier.

Les trous où tournent les pivots sont tous percés dans des rubis, et les pointes des pivots portent sur des diamans.

Les palettes d'échappement sont en diamant.

Il faut appliquer de l'huile aux palettes d'échappement et aux trous des pivots, mais fort peu.

Cette montre peut aller trois ans sans qu'il soit nécessaire de la nettoyer.

Principes du garde-temps de M. *Harrison* (expliqués par lui-même).

« On a pris les plus grandes précautions pour éviter les frottemens, soit en faisant tourner les roues sur des pivots très-petits et dans des trous percés dans des rubis, soit par le grand nombre de dents dans les roues et dans les pignons.

» La

» La partie qui mesure le temps n'emploie que la huitième partie d'une minute sans être montée. Cette partie est fort simple, et la roue qui est auprès de celle du balancier sert à la remonter : par ce moyen, la force qui agit sur cette roue est toujours la même; et tout le reste de la montre ne contribue pas plus à mesurer le temps, que la personne qui monte le grand ressort une fois par jour.

HARRISON. 1767.

» Il y a dans la fusée un ressort que je nomme le second ressort principal : il est toujours tendu par le grand ressort; et pendant qu'on monte celui-ci et qu'il ne peut agir, le second se détend et supplée à l'action du premier.

» Dans les montres ordinaires, les roues ont communément, sur le balancier, un tiers de la force du ressort spiral; mais dans ma montre les roues n'ont que la huitième partie de la force du spiral : et l'on conviendra aisément que moins les roues auront d'action sur le balancier, plus la machine sera parfaite.....

» Le balancier de ma montre pèse plus de trois fois autant que le balancier des montres ordinaires, et il a aussi trois fois plus de diamètre. Les balanciers des montres ordinaires parcourent environ six pouces dans une seconde, et le mien en parcourt environ vingt-quatre dans le même temps; en sorte que, quand même ma montre n'auroit que cet avantage sur les autres montres, on devroit s'attendre à un bon succès dans l'exécution : mais ma montre n'est nullement affectée des différens degrés du froid et du chaud, ni de l'agitation du vaisseau; et la force des roues est tellement appliquée au balancier, jointe à la figure de son ressort et à une cycloïde artificielle (s'il m'est permis d'user de ce terme), laquelle agit sur ce ressort, que par toutes ces inventions, soit que le balancier fasse des vibrations plus grandes ou plus petites, elles se formeront toutes en temps égaux; et par conséquent, si la montre va, elle ira juste. Il est donc évident qu'une pareille montre doit entièrement sa précision aux principes et non au hasard.

» Voici l'explication des dessins sur lesquels j'ai construit ma quatrième montre, et les dessins mêmes. »

Nota. On trouve cette explication et les figures dans la traduction faite par le P. PEZENAS, à laquelle nous renvoyons.

A la suite de la description de la montre de M. HARRISON, le

HARRISON. 1767.

P. PEZENAS a ajouté le RÉSULTAT des observations de M. MASKELYNE sur la montre de M. HARRISON..... ; et l'EXTRAIT de la réponse de M. JEAN HARRISON aux remarques et objections de M. MASKELYNE, servant de suite aux *Principes* de la montre de M. HARRISON. *A Avignon, Paris, Jombert, 1768.*

COURTENVAUX. 1768. Voyage fait en mer pour l'épreuve des montres de M. *le Roy*, &c.

JOURNAL DU VOYAGE de M. le Marquis DE COURTENVAUX sur la frégate *l'Aurore*, pour essayer (en mer), par ordre de l'Académie, plusieurs instrumens relatifs à la longitude ; mis en ordre par M. PINGRÉ, chanoine régulier de S.te-Geneviève, nommé par l'Académie pour coopérer à la vérification desdits instrumens [a], de concert avec M. MESSIER, astronome de la Marine. *Paris, de l'Imprimerie royale, 1768*, in-4.°

CHAP. I.er Objet du voyage ; définition des longitudes terrestres ; récompenses promises et accordées à ceux qui contribueroient à en rendre la recherche moins difficile sur mer.

CHAP. II. Examen des différentes solutions dont le problème des longitudes est susceptible, et premièrement de celles qui sont fondées sur l'Astronomie.

CHAP. III. Examen des méthodes fondées sur la Physique et la Méchanique.

CHAP. IV. Raisons qui m'ont déterminé à faire faire une frégate pour accomplir le dessein que j'avois formé de faire des épreuves sur les longitudes.

CHAP. V. Départ de Paris ; description du Havre-de-Grâce ; opérations et observations faites en cette ville relativement à l'objet du Voyage.

CHAP. VI—X. Route du vaisseau jusqu'à Amsterdam.

CHAP. XI. Séjour à Amsterdam ; marche des montres marines.

CHAP. XIII. Opérations faites à Boulogne ; retour au Havre.

CHAP. XIV. RÉCAPITULATION de ce qui concerne les montres marines de M. LE ROY, et CONCLUSION de l'ouvrage.

[a] Deux *Montres marines* de M. *le Roy*, et le *Mégamètre* de M. *de Charnières*, &c.

LE ROY. 1768. Exposé succinct des travaux de MM. *Harrison* et *le Roy*.

EXPOSÉ succinct des travaux de MM. HARRISON et LE ROY dans la recherche des longitudes en mer, et des épreuves faites de leurs ouvrages; par M. LE ROY. *Paris, Jombert, 1768,* in-4.°, 50 pages.

Dans l'introduction, l'Auteur rappelle les tentatives qui ont été faites sur la découverte des longitudes en mer, et les prix proposés &c.

Art. 1.er Précis historique des travaux de M. HARRISON et des épreuves faites sur la montre marine.

Extrait des observations faites dans l'Observatoire royal de Greenwich sur la montre de M. HARRISON.

Art. 2. Précis des recherches de l'Auteur [M. LE ROY], et de quelques épreuves faites sur deux montres de sa construction.

Épreuves des montres de l'Auteur dans le voyage de Hollande sur la frégate *l'Aurore* (en 1767), voyage de M. DE COURTENVAUX.

Art. 3. Parallèle de la montre à longitudes de M. HARRISON avec les miennes.

Pièces justificatives. Preuves de l'ancienneté des recherches de l'Auteur sur les montres à longitudes.

Copie d'un papier cacheté, déposé par l'Auteur au secrétariat de l'Académie, le 18 Décembre 1754.

Description d'une nouvelle horloge propre pour l'usage de la mer.

CASSINI. 1770. Voyage en mer pour l'épreuve des montres de M. *le Roy*.

VOYAGE fait par ordre du roi, en 1768, pour éprouver les montres marines inventées par M. LE ROY; par M. CASSINI fils: avec le MÉMOIRE sur la meilleure manière de mesurer le temps en mer, qui a remporté le prix double au jugement de l'Académie royale des Sciences, contenant la description de la montre à longitudes présentée à sa majesté le 5 Août 1766; par M. LE ROY l'aîné. *Paris, Charles-Antoine Jombert, 1770,* in-4.°, avec figures.

I.re PARTIE. *Relation d'un Voyage à l'île Saint-Pierre proche Terre-Neuve, et aux côtes d'Afrique et d'Espagne.*

CASSINI. 1770.

Départ du Havre-de-Grâce, le 13 Juin 1768, après avoir réglé les montres marines A et S de M. LE ROY.

II.e PARTIE. *Journal des observations astronomiques.*

Observations faites au Havre pour régler les montres marines.

Longitude de l'île Saint-Pierre par les montres.

Longitude de Cadix par les montres.

De la comparaison journalière des montres.

Tableau général de l'épreuve des montres.

RÉCAPITULATION et CONCLUSION de l'épreuve des montres de M. LE ROY.

III.e PARTIE. *De l'usage des montres marines.*

Moyen de les employer à la détermination des longitudes en mer; épreuves nécessaires pour bien s'assurer de leur bonté avant de s'en servir.

Construction des tables horaires.

Usage des tables horaires pour déterminer sans calcul l'heure vraie en mer, la latitude d'un lieu, l'erreur d'un instrument.

Tables horaires.

« En finissant, je ne peux mieux fixer ce que l'on doit penser du succès de cette épreuve des montres marines, qu'en rappelant le jugement de l'Académie, prononcé le 5 Avril 1769, à la séance de la rentrée publique de Pâque.

» L'Académie a adjugé le prix au Mémoire qui a pour devise, *Labor improbus omnia vincit,* et à la montre qui est jointe à ce Mémoire. L'Auteur de l'un et de l'autre est M. LE ROY, horloger de sa majesté. La marche de la montre de M. LE ROY, observée à la mer dans plusieurs voyages, dont un a été des côtes de France à Terre-Neuve, et de Terre-Neuve à Cadix, a paru en général assez régulière pour mériter à l'Auteur cette récompense, dont le but principal est de l'encourager à de nouvelles recherches; car l'Académie ne doit pas dissimuler que, dans une des observations qui ont été faites sur cette montre, elle a paru, même étant à terre, avancer assez brusquement de onze ou douze secondes par jour, d'où il s'ensuit qu'elle n'a pas encore le degré de perfection qu'on peut y desirer. »

LE ROY. 1770. Mesure du temps en mer.

MÉMOIRE sur la meilleure manière de mesurer le temps en mer, qui a remporté le prix double au jugement de l'Académie royale des Sciences ; contenant la description de la montre à longitudes présentée à sa majesté le 5 Août 1766 ; par M. LE ROY l'aîné [a].

INTRODUCTION.

I.re PARTIE.

Examen de différens moyens qu'on peut tenter pour mesurer le temps en mer.

II.e PARTIE.

Examen des causes qui font varier les montres.

Art. 1.er Du ressort en général, et des altérations qui peuvent arriver dans la force du ressort spiral.

Art. 2. Seconde source d'inégalités dans les montres : le non-isochronisme des vibrations de leur régulateur, provenant tant du ressort spiral en lui-même, que de la nature de l'échappement.

Art. 3. Troisième principe de variations dans les montres : la manière dont le balancier y est soutenu, et les différentes situations où elles se trouvent.

Art. 4. Quatrième inconvénient des montres : elles retardent par la chaleur, et avancent par le froid.

Art. 5. Cinquième cause d'erreur dans les montres : le peu de puissance de leur régulateur eu égard à leur force motrice.

III.e PARTIE.

Description de la nouvelle montre marine. Exposition des moyens par lesquels on y a prévenu les différentes causes d'irrégularités ci-dessus rapportées.

Art. 1.er Du rouage.

Art. 2. Suite de la description de la nouvelle montre ; des moyens par lesquels on y a réduit les frottemens à la moindre valeur, en rendant le régulateur aussi libre et aussi puissant qu'il pouvoit l'être.

[a] Ce Mémoire est imprimé à la suite du Voyage de M. *Cassini*.

LE ROY. 1770.

Art. 3. Nouveau moyen par lequel on donne aux vibrations du balancier, l'isochronisme le plus parfait.

Art. 4. Où l'on établit de nouveau la nécessité de donner aux vibrations du régulateur, la plus grande liberté possible.

Art. 5. Description de l'échappement de la nouvelle montre, qui conserve au régulateur l'isochronisme et la liberté de ses vibrations.

Art. 6. De la compensation des effets du chaud et du froid; de la nécessité de conserver au ressort spiral une longueur invariable; moyen par lequel, sans changer cette longueur, on règle la nouvelle montre à la plus petite quantité près; description de la nouvelle compensation, &c.

Art. 7. Des moyens employés dans la nouvelle montre, pour que toutes ses parties restent les mêmes, après avoir subi les plus grandes différences dans la température.

Art. 8. Moyens employés pour prévenir l'effet des secousses et les différentes positions. (Suspension de la montre.)

IV.e PARTIE.

Suite d'observations sur la construction de la nouvelle montre, par lesquelles on confirme les avantages des méthodes qui y sont employées. Solution de quelques difficultés qu'on pourroit faire contre quelques-unes de ces méthodes. Récapitulation, &c.

Observation I.re De la force motrice.

Observation II. Sur le fil de suspension.

Observation III. Sur la matière du régulateur.

Observation IV. Sur le mouvement du balancier.

Observation V. Sur la compensation de la chaleur et du froid.

Observation VI. Sur le volume de la machine. « Il ne me paroît pas excéder beaucoup celui des boussoles ou compas des variations, dont on ne s'est jamais plaint. »

L'Auteur termine son Mémoire, en proposant un nouveau moyen de correction des effets du chaud et du froid dans les montres : ce moyen consiste en deux demi-cercles concentriques au balancier; ces demi-cercles sont formés par des lames composées d'acier et de cuivre rivées ensemble (selon la méthode d'HARRISON). Les bouts de ces lames doivent porter des masses qui opèrent la correction, en se rapprochant du

LE ROY. 1770.

centre du balancier par la chaleur, et en s'en écartant par le froid : les *fig. 4* et *5* de la *planche I.re* du Mémoire représentent cette compensation produite par le balancier. Cette méthode de correction, qui est fort bonne pour les montres, a depuis été adoptée en Angleterre, et imitée en France. M. LE ROY a eu l'avantage de l'avoir le premier proposée pour les montres.

Fait observé par M. *le Roy* sur l'isochronisme des vibrations du balancier par le spiral [a].

« Ce n'est que depuis quelque temps que j'ai enfin reconnu ce *fait* important, qui désormais doit servir de base à la théorie des montres, et de guide aux ouvriers; savoir : *qu'il y a, dans tout ressort d'une étendue suffisante, une certaine longueur où toutes les vibrations, grandes ou petites, sont isochrones; que cette longueur trouvée, si vous raccourcissez ce ressort, les grandes vibrations seront plus promptes que les petites; si au contraire vous l'alongez, les petits arcs s'acheveront en moins de temps que les grands.* »

M. LE ROY n'a présenté, dans son Mémoire sur la meilleure manière de mesurer le temps en mer, ce qui concerne l'isochronisme du spiral, que comme un *fait* qu'il a observé, et non comme un principe établi; et il a cru pouvoir se dispenser d'un plus long détail pour expliquer l'effet qu'il a observé : mais ce fait au moins est vérifié par le succès qu'ont eu deux de ses montres éprouvées à diverses époques ; et ces montres, quoiqu'à ressort et sans fusée, ont mérité à l'Auteur deux prix doubles; ce qui prouve qu'elles étoient établies sur de très-bons principes.

On ne peut donc pas révoquer en doute le parfait isochronisme des deux ressorts spiraux appliqués à son régulateur [le balancier]. Il y auroit peut-être quelques observations à faire sur l'exposition de ce *fait*, laquelle n'est pas rigoureusement exacte; mais nous ne pouvons nous permettre aucune discussion sur cet objet.

FLEURIEU. 1773. Voyage pour l'épreuve en mer des horloges marines de F.d Berthoud.

VOYAGE fait par ordre du Roi, en 1768 et 1769, à différentes parties du monde, pour éprouver en mer les horloges marines inventées par FERDINAND BERTHOUD ; publié par ordre du Roi, par M. D'ÉVEUX-DE-FLEURIEU, enseigne des

[a] *Voyez* Mesure du temps en mer, *page 15*.

FLEURIEU. 1773.

vaisseaux de sa Majesté; de l'Académie des Sciences, Belles-lettres et Beaux-arts de Lyon. *Paris, de l'Imprimerie royale*, 1773, 2 vol. in-4.°

INTRODUCTION, traitant de l'objet et du succès du voyage, &c.

I.re PARTIE [a], *contenant le journal des horloges marines, et le journal de la navigation.*

Journal des horloges marines.

I.re Vérification, à ROCHEFORT, du 14 Novembre au 7 Décembre 1768.

II.e Vérification, à l'île d'Aix, du 19 au 22 Décembre 1768.

III.e Vérification, à l'île d'Aix (2.e station), 1769.

IV.e Vérification, à Cadix, du 1.er au 4 Mars.

V.e Vérification, à Sainte-Croix de Ténériffe, le 27 Mars.

VI.e Vérification, à l'île de Gorée, le 7 Avril.

VII.e Vérification, dans la baie de la Praya, île de Sant-Yago, une de celles du Cap-Vert, du 13 au 18 Avril 1769.

VIII.e Vérification, au fort Saint-Pierre de la Martinique, 7 Mai 1769.

IX.e Vérification, au fort royal de la Martinique, du 11 au 15 Mai 1769.

X.e Vérification, au Cap-Français, île Saint-Domingue, du 30 Mai au 10 Juin 1769.

XI.e Vérification, dans la baie d'Angra, du 25 au 31 Juillet 1769.

XII.e Vérification, à Sainte-Croix de Ténériffe (seconde station), du 1.er au 23 Août 1769.

XIII.e Vérification, à Cadix (seconde station), du 4 au 10 Octobre 1769.

XIV.e et dernière Vérification, à l'île d'Aix (troisième station), du 1.er au 13 Novembre 1769.

RÉCAPITULATION et CONCLUSION.

Premier point de vue. Erreur absolue des horloges marines, dépendante des variations survenues dans leur mouvement, ou erreurs aux attérages. Justesse des horloges sous ce premier point de vue.

[a] Cette I.re Partie forme le premier volume.

Précision

Précision qu'on exige dans les horloges marines.

Somme des erreurs absolues que les horloges marines auroient données au retour dans un même port, en supposant que leur mouvement n'eût pas été progressif, et qu'on n'eût pas calculé d'après des mouvemens moyens.

Exactitude des horloges dans la supposition d'un cas très-rare.

Erreur des horloges sur les différences des méridiens, en calculant la marche de chaque horloge d'après des mouvemens moyens.

Justesse des horloges marines sous ce second point de vue.

JOURNAL DE LA NAVIGATION.

II.e PARTIE[a], *contenant le recueil des observations astronomiques, leurs résultats, et diverses tables générales relatives à l'épreuve, avec un APPENDICE sur la manière d'employer les horloges marines à la détermination des longitudes en mer*, &c.

Observations, et résultats des observations, &c.

Tableau général du mouvement respectif des deux horloges marines pendant 376 jours d'épreuve.

Observations faites à la mer pour déterminer la longitude, en comparant l'heure du navire conclue de la hauteur des astres, à celle que les horloges marines indiquoient pour le méridien de Paris.

Comparaison des longitudes conclues de l'estime, avec celles qui ont été données par les horloges marines.

Essai de deux méthodes pour déterminer la latitude du navire.

APPENDICE contenant diverses instructions sur la manière d'employer les horloges marines à la détermination des longitudes; avec les modèles de calcul relatifs aux différentes observations qu'on peut faire, soit à terre, soit à la mer, pour vérifier leur régularité.

CHAP. I.er *Section I.re* De la mesure du temps.

Section II. Trouver la relation du temps marqué par une horloge au temps moyen, et le rapport du mouvement journalier de l'horloge au mouvement moyen du Soleil.

Section III. Trouver le temps moyen et le temps vrai d'une observation, lorsqu'on connoît la relation du temps et du mouvement de l'horloge, au temps et au mouvement du Soleil.

[a] Formant le second volume.

Section IV. Des différentes tables relatives aux calculs du temps.

CHAP. II. De la direction des horloges marines avant l'embarquement.

CHAP. III. Du transport et de l'établissement des horloges marines sur le vaisseau, et de la direction générale de ces machines.

Section I.re Précaution à prendre en les embarquant.

Section II. De la direction des horloges dans le cours de la campagne.

CHAP. IV. De la manière d'observer la hauteur des astres.

Section I.re Prendre des hauteurs correspondantes, et des hauteurs absolues du Soleil avec le quart de cercle.

Section II. Observer les hauteurs des astres avec l'octant à réflexion.

Section III. Des corrections qu'il faut faire au temps de chaque observation, lorsqu'on s'est servi d'une montre commune pour mesurer le temps.

CHAP. V. Des diverses méthodes qu'on peut employer pour vérifier l'état des horloges marines après chaque traversée.

Section I.re La vérification a deux objets.

Section II. Méthodes des hauteurs correspondantes du Soleil, pour déterminer l'instant du midi vrai, et connoître la différence du temps de l'horloge marine au temps moyen.

Section III. Des corrections qu'il faut faire aux temps des hauteurs correspondantes, lorsqu'on s'est servi, pour l'observation, d'une montre commune à secondes.

Section IV. Connoître le rapport du mouvement journalier de l'horloge marine au mouvement moyen du Soleil.

Section V. Des hauteurs correspondantes du Soleil qui n'ont pas été prises dans le même jour; et comment on peut en conclure la différence du temps de l'horloge marine au temps moyen, pour l'instant du midi ou du minuit de quelqu'un des jours qui se sont écoulés entre les observations.

Section VI. Trouver la relation du mouvement d'une horloge au mouvement moyen, lorsqu'on a pris, à des jours différens, soit le matin, soit l'après-midi, des hauteurs du Soleil dont on n'a pu avoir les correspondantes.

Section VII. Trouver le temps vrai par la hauteur absolue du Soleil, et conclure la différence du temps d'une horloge marine au temps moyen.

Section VIII. Trouver l'heure vraie par la hauteur absolue d'une étoile, ainsi que le rapport du temps marqué par l'horloge marine au temps moyen.

Section IX. Déterminer l'erreur absolue des horloges marines à la fin d'une traversée, ou l'erreur de la longitude à l'attérage, lorsque l'on connoît la différence des méridiens entre le port du départ et celui de l'arrivée.

Section X. Quelques remarques générales concernant la vérification des horloges marines.

CHAP. VI. De l'usage des horloges marines pour déterminer la longitude du navire, soit à la mer, soit dans un port, et corriger l'erreur de l'estime dans le cours des traversées.

Section I.re Déterminer la longitude en mer avec le secours des horloges marines.

Section II. Déterminer la longitude d'un port avec le secours d'une horloge marine, lorsqu'on a vérifié le rapport du mouvement de l'horloge au mouvement moyen du Soleil dans le port du départ et dans celui de l'arrivée.

Section III. Trouver, par analogie, la différence du mouvement de l'horloge au mouvement moyen du Soleil, à un jour donné dans l'intervalle de deux vérifications; en conclure la somme des *accélérations* ou des retards de l'horloge depuis la dernière vérification, et déterminer la longitude du port où se trouvoit le navire au jour donné.

Section IV. Rapporter les observations qui ont été faites à la vue d'un port, d'un cap, &c., à celles qu'on fait postérieurement dans un autre port, afin de déterminer la longitude du premier point, et rectifier les cartes marines.

CHAP. VII. De quelques méthodes pour déterminer la latitude.

Section I.re Par la hauteur méridienne du Soleil.

Section II. Déterminer la latitude par la hauteur méridienne d'une étoile dont on connoît la déclinaison.

Section III. Déterminer la latitude par des hauteurs méridiennes

FLEURIEU. 1773.

d'étoiles prises au Nord et au Sud, et corriger l'erreur du quart de cercle.

Section IV. Étant donnés, la hauteur de deux étoiles dont on connoît la déclinaison et l'ascension droite, ainsi que l'intervalle de temps écoulé entre les deux observations, trouver la latitude.

Section V. Méthode pour déterminer la latitude, en observant le lever de deux étoiles.

F.d BERTHOUD. 1773. Traité des Horloges marines.

TRAITÉ DES HORLOGES MARINES, contenant la théorie, la construction, la main-d'œuvre de ces machines et la manière de les éprouver, pour parvenir, par leur moyen, à la rectification des cartes marines, et à la détermination des longitudes en mer; avec figures en taille-douce: par FERDINAND BERTHOUD. *Paris, 1773, chez Musier*, in-4.°

Cet ouvrage est divisé en quatre Parties, qui comprennent tout ce qu'il est nécessaire de connoître pour rendre les horloges utiles à la Navigation.

La I.re PARTIE traite de *la théorie servant à la construction des horloges marines.* Elle est divisée en huit Chapitres.

L'Introduction qui est à la tête de l'ouvrage, présente les premières notions des longitudes, et l'usage des horloges pour leur détermination en mer. L'Auteur donne en abrégé les tentatives qui ont été faites en France pour parvenir à cette découverte, jusqu'à l'époque où il écrit; il place ensuite son propre travail sur cet objet.

CHAP. I.er Du degré de justesse que doit avoir une horloge marine; des obstacles à vaincre pour faire servir les horloges à la Navigation.

CHAP. II. Notions préliminaires sur la construction des horloges marines, pour servir à la théorie de ces machines.

CHAP. III. Des frottemens, et des effets que causent les huiles employées dans les machines qui mesurent le temps.

CHAP. IV. Du régulateur des horloges marines.

Art. 1.er Du balancier et des rouleaux; principes sur les forces de mouvement des balanciers.

F.d BERTHOUD. 1773.

CHAP. XI. Horloge N.° 9.

CHAP. XII. De l'échappement à vibrations libres construit en 1754; son application à la montre marine N.° 3 et à l'horloge N.° 9.

CHAP. XIII et XIV. Construction d'horloges plus simples.

CHAP. XV. Montre marine pour porter l'heure au vaisseau.

III.e PARTIE. *De la main-d'œuvre ou de l'exécution des horloges marines.*

CHAP. I.er Des instrumens et outils nécessaires pour rendre l'exécution des horloges marines plus parfaite.

1.° De la machine à fendre et à graduer les cadrans.

2.° De l'outil à arrondir les dents des roues et des pignons.

3.° De l'outil à figurer et à tailler les limes à arrondir.

4.° De l'outil à tailler les fraises pour figurer les limes.

5.° De l'outil d'engrenage.

6.° De l'outil à dresser les plans inclinés des roues d'échappement faites en acier.

7.° De l'outil à tremper les roues d'échappement et les ressorts spiraux.

8.° De la balance élastique servant à mesurer la force des ressorts spiraux, et à connoître et déterminer leurs propriétés pour l'isochronisme.

9.° De l'outil à plier les ressorts spiraux.

CHAP. II. Traité de la main-d'œuvre pour l'entière exécution des horloges marines.

IV.e PARTIE. *Des épreuves et opérations par le moyen desquelles on peut donner aux horloges marines toute la perfection dont elles peuvent être susceptibles.*

CHAP. I.er De la manière dont on doit vérifier la marche d'une horloge astronomique pour y comparer la justesse d'une horloge marine.

Art. 1.er Description de l'instrument des passages servant à obtenir le midi vrai du Soleil.

Art. 2. Description de l'instrument des hauteurs correspondantes du Soleil.

Art. 3. Description du compteur ou valet astronomique.

F.d BERTHOUD. 1773.

le spiral, et la description abrégée des horloges marines N.° 6 et N.° 8.

Découverte de l'isochronisme des vibrations du balancier par le spiral.

ON croit devoir présenter à la suite de l'extrait du Traité des horloges marines, une Notice particulière de l'isochronisme des oscillations du balancier par le spiral, vu l'importance de cette découverte pour la perfection des horloges, et des montres à longitudes.

L'Auteur du Traité des horloges marines, à qui cette découverte appartient, déposa le 10 Février 1768, au secrétariat de l'Académie royale des Sciences de Paris, un *Mémoire contenant la description abrégée des horloges marines N.° 6 et N.° 8, et le précis de sa théorie de l'isochronisme des vibrations du balancier.* (*Voyez* Traité des horloges marines, APPENDICE, *n.° 7, page 546.*)

« L'isochronisme des vibrations du régulateur (dit-il, *page 547* du Traité des horloges marines) est fondé sur des principes simples et que je n'ai trouvés qu'après des recherches infinies; cependant j'avois formé ce projet dès le temps où je publiai mon Essai sur l'Horlogerie, et c'est à cet usage qu'étoit destiné l'instrument ou machine d'expérience *sur la durée des vibrations grandes et petites d'un même balancier : et les forces des ressorts spiraux diversement tendus.* » (*Voyez* ci-devant *page 386.*)

Voici les propositions présentées dans le Mémoire déposé en 1768 :

Proposition 1.re Les oscillations libres d'un balancier quelconque, peuvent être rendues isochrones par le ressort spiral. Conditions requises, &c.

Proposition 2.e Les inflexions de deux ressorts d'égale longueur, sont en raison inverse de leurs forces, &c.

Pour ne pas répéter les principes que l'Auteur a établis dans ce Mémoire de 1768, nous allons rapporter le précis de la même théorie, plus développée dans le Traité des horloges marines, *page 49, n.° 141.*

De l'Isochronisme des vibrations du balancier par le spiral. [a]

Théorie ou principes de l'isochronisme des oscillations du balancier par le spiral.

Proposition 1.re Comment on peut obtenir par le spiral l'isochronisme des vibrations du balancier [b].

Si l'on a un balancier simple sans spiral, auquel on veuille alternativement faire décrire de grands et de petits arcs dans le même temps,

[a] Traité des horloges marines, *page 46, n.° 137.*
[b] *Ibidem*, n.° 141.

il

il faudra que la force ou puissance qui doit lui donner le mouvement, change comme les carrés des arcs [a].

Donc, si au lieu de la puissance, on substitue un ressort spiral, il faudra que la progression de sa force soit telle, que dans tous les arcs correspondans, les produits de sa force augmentent dans la même proportion que celle du balancier (comme le carré des arcs); et dans ce cas les oscillations seront isochrones. Or, si la force ascendante du spiral est en progression arithmétique, en sorte que l'on ait les deux progressions suivantes:

Arcs parcourus, 0, 10, 20, 30, 40, 50, 60, &c.,
Force du ressort, 0, 1, 2, 3, 4, 5, 6, &c.,

— je dis que les sommes ou produits de ces forces du ressort spiral dans tous les termes correspondans de ces arcs, seront comme les carrés des arcs; ce qui est une suite de la propriété de la progression arithmétique. Ainsi les oscillations d'un balancier quelconque auquel ce spiral sera appliqué, seront isochrones ou de même durée, soit que le balancier décrive de grands arcs ou de petits arcs: ce qui est évident, puisque les forces ou puissances du spiral donné suivent la même loi par laquelle se fait l'augmentation de force dans le même temps dans le corps en mouvement.

Proposition 2.e Pour donner cette propriété au spiral, on peut l'obtenir en le rendant plus long ou plus court, ainsi qu'il est aisé de le prouver. Si on a un ressort spiral fort long et très-foible, en sorte qu'il puisse être bandé par un grand nombre de tours, comme dix par exemple; supposant de plus qu'étant remonté tout au haut, sa force devienne le double de celle du tour d'en bas: dans ce cas, je dis que le premier tour de sa bande augmenteroit environ d'un dixième de la force totale, et que par conséquent la progression ascendante de sa force ne seroit pas assez grande pour suivre la loi du carré des arcs. Ainsi, en appliquant un tel ressort à un balancier, les oscillations libres de ce régulateur ne seroient pas isochrones; les grands arcs seroient beaucoup plus lents que les petits.

[a] *Voyez*, Essai sur l'Horlogerie, la théorie des balanciers, n.° 1935—1943, et Traité des horloges marines, n.° 84 : les expériences rapportées dans ces deux ouvrages confirment ce principe des corps en mouvement.

F.d BERTHOUD. 1773.

Si, au contraire, on rend le même ressort assez court pour ne pouvoir être bandé que fort peu; alors la progression de sa force augmentera dans une plus grande proportion que celle qui est requise pour l'isochronisme : ainsi les vibrations par les grands arcs seront de plus courte durée que les vibrations par les petits arcs.

Puisqu'un ressort spiral tel que nous venons de le supposer, doit rendre les grands arcs de vibration plus lents lorsqu'il est fort long, et qu'étant plus court les grands arcs de vibration sont au contraire plus vîtes que les petits, il s'ensuit que ce même spiral aura entre ces deux termes un point par lequel étant arrêté ou fixé, les oscillations par les grands et par les petits arcs seront isochrones : et ce point est celui où le spiral étant mis en équilibre par des poids, aura la progression de la force parfaitement arithmétique; car, dans ce cas seulement, les sommes de ses forces seront entre elles (dans le mouvement) comme les carrés des arcs.

L'Auteur démontre, dans les *propositions 3.e et 4.e*, 1.° que les oscillations du balancier seront encore isochrones après l'application de l'échappement à l'horloge; 2.° qu'un spiral d'une force quelconque, ayant la progression requise par la loi de l'isochronisme, il conservera cette propriété, soit qu'on l'applique à un balancier qui fasse des vibrations promptes, ou à un balancier qui fasse des vibrations lentes.

Sur les Lames d'acier servant à faire des Ressorts spiraux. [a]

Des moyens de les rendre propres à l'isochronisme, soit par leur épaisseur, soit par la figure spirale plus ou moins serrée, &c.

Proposition 1.re Les inflexions de deux ressorts d'égale longueur et de force inégale, sont en raison inverse de leur force. [b] Si donc on a un ressort qui ait une force double d'un autre ressort, et que tous deux soient de même longueur, le plus foible aura une inflexion double de celle du plus fort, et tous deux seront dans le même état forcé au bout de leur inflexion.

D'où il suit qu'ayant un balancier auquel soit appliqué un spiral d'une longueur donnée, si les grandes oscillations de ce balancier sont

[a] Traité des horloges marines, *page 55*.
[b] *Idem*, n.° 150.

plus promptes que les petites, on parviendra à les rendre isochrones, en employant un ressort spiral plus foible, sa longueur restant la même; parce que son inflexion devenant plus grande, la progression ascendante de la force diminuera à proportion. On peut donc encore parvenir à l'isochronisme sans changer la longueur du spiral.

Proposition 2.e Puisque les inflexions des ressorts diminuent à proportion de l'augmentation de leur force, il s'ensuit que plus un ressort sera fort, et plus il devra être long pour parvenir à la progression ascendante de la force convenable à l'isochronisme. Si donc l'on a un balancier grand et pesant qui fasse des vibrations promptes, il faudra que le spiral soit fort long pour que l'augmentation de sa force soit en progression arithmétique ; et au contraire, dans un petit balancier léger, le spiral, pour être isochrone, doit être foible et court, en sorte que dans les montres de poche même, il est possible d'obtenir l'isochronisme des vibrations par le spiral. [a]

Proposition 3.e La force d'un ressort spiral étant donnée, on peut parvenir à l'isochronisme sans changer sa longueur, mais en rendant ce ressort plus large.

Proposition 4.e La progression ascendante de la force d'un même ressort spiral, doit changer selon qu'il sera plié plus ou moins grand, c'est-à-dire qu'il fera plus ou moins de tours, et que ces tours occuperont plus ou moins d'espace; car il est évident que, si le ressort est d'abord plié en un petit nombre de tours fort grands, les inflexions devant se faire de proche en proche dans toute l'étendue de la lame, en commençant je suppose au centre, elles agiront comme sur des léviers inégaux; et la progression ascendante de la force augmentera dans un plus grand rapport que celui convenable à l'isochronisme.

Si au contraire le même ressort est plié très-serré par un grand nombre de tours, les inflexions se feront par des léviers plus semblables [b], et la progression ascendante se fera dans un moindre rapport (celui convenable de la progression arithmétique).

[a] Traité des horloges marines, n.o 152.

[b] C'est d'après ce principe très-certain et confirmé par les expériences, que des Artistes ont employé depuis un spiral cylindrique, où tous les léviers d'inflexion sont sensiblement les mêmes : la conséquence étoit facile à saisir.

F.d BERTHOUD. 1773.

Il suit de cette proposition, qu'ayant deux lames de ressort de même force et de même longueur, si l'on plie l'une des deux de sorte que les tours soient serrés et en grand nombre, et que l'autre soit pliée grande et en peu de tours, ces deux spiraux n'auront pas également la propriété de rendre isochrones les grandes et les petites oscillations du balancier : celui qui sera plié par un grand nombre de tours serrés, sera plus propre à l'isochronisme.

Voilà donc encore un moyen de parvenir à procurer cette propriété au spiral sans changer sa longueur. On peut voir dans le n.° 208 du Traité, les expériences qui confirment ce principe.

Proposition 5.e Si la lame qui doit former le spiral n'est pas parfaitement calibrée dans toute sa longueur, la progression ascendante de la force du spiral changera selon que la lame sera plus forte ou plus foible du centre ou du dehors.

Si cette lame est trop forte du dehors, les grandes oscillations du balancier seront plus promptes que les petites; et pour parvenir à l'isochronisme, il faudra l'affoiblir par le dehors : si au contraire le dehors est plus foible que le centre, les grandes oscillations du balancier seront plus lentes que les petites; ainsi, en raccourcissant le spiral, on trouvera un point propre à l'isochronisme. Voilà donc encore un moyen pour procurer cette propriété au ressort spiral [a].

Ce n'a été qu'après avoir établi les principes et la théorie dont on vient de donner l'extrait, que l'Auteur de cette découverte et de sa théorie s'est permis de faire des expériences pour confirmer ses principes. Ces expériences furent faites avec l'instrument qu'il a appelé *Balance élastique*, instrument dont il avoit indiqué les différens usages dans son Essai sur l'Horlogerie (publié en 1763), n.° 512, et représenté *Planche XVIII, fig. 13* et *14*.

Ces expériences sont rapportées, Traité des horloges marines, depuis le n.° 202 jusqu'au n.° 239; et toutes ont parfaitement confirmé les principes et la théorie de l'Auteur. *Voyez* les n.os 208, 221, 222, 223, 235, 237, 238 et 239.

[a] Traité des horloges marines, n.° 157.

LE ROY. 1773. Précis des recherches, &c. sur la mesure du temps.

PRÉCIS des recherches faites en France depuis l'année 1730, pour la détermination des longitudes en mer par la mesure artificielle du temps; par M. LE ROY (fils DE JULIEN). *Paris, Jombert, 1773*, in-4.°, 50 pages.

F.d BERTHOUD. 1773. Éclaircissemens sur l'invention des horloges marines.

ÉCLAIRCISSEMENS sur l'invention, la théorie, la construction et les épreuves des nouvelles machines proposées en France pour la détermination des longitudes en mer par la mesure du temps, servant de suite à l'Essai sur l'Horlogerie et au Traité des horloges marines, et de réponse à un écrit qui a pour titre: PRÉCIS des recherches faites en France pour la détermination des longitudes en mer par la mesure artificielle du temps. Par FERDINAND BERTHOUD. *Paris, Musier, 1773*, in-4.° 162 pages.

Les deux ouvrages dont on vient de donner les titres, le *Précis* de M. LE ROY, et les *Éclaircissemens* de F.d BERTHOUD, ne sont pas susceptibles d'extraits; ces ouvrages consistant uniquement en des discussions qui n'intéressent que ces deux Artistes, et fort peu la Science. Nous renvoyons donc ceux qui aiment ces sortes de discussions aux ouvrages mêmes.

F.d BERTHOUD. 1775. Les longitudes par la mesure du temps.

LES LONGITUDES par la mesure du temps, ou Méthode pour déterminer les longitudes en mer avec le secours des horloges marines; suivie du recueil des tables nécessaires au pilote pour réduire les observations relatives à la longitude et à la latitude: par FERDINAND BERTHOUD. *Paris, Musier fils, 1775*, in-4.°

Dans l'Avant-propos qui est à la tête de cet ouvrage, l'auteur en indique la destination.

« Ayant été chargé (dit-il) d'exécuter plusieurs horloges à longitudes pour le service de la Marine de France et de celle d'Espagne,

F.d BERTHOUD. 1775.

j'ai cru qu'il étoit nécessaire de joindre à chaque machine une instruction particulière qui servît à la conduite de l'horloge, et qui indiquât les règles de calcul et d'observations propres à trouver les longitudes en mer par le moyen des horloges ; à rectifier les cartes, &c. C'est à remplir cet objet que ce petit ouvrage est destiné. J'espère même que son usage ne se bornera pas à cette première destination, et que les capitaines des vaisseaux marchands ne tarderont pas à se servir de la méthode des horloges pour la conduite de leurs vaisseaux ; convaincus, d'après l'usage qu'on a déjà fait de ces machines dans la Navigation, de toute l'utilité qu'elles peuvent leur procurer. C'est ce double point de vue qui m'a engagé à publier cet ouvrage. J'ai fait tous mes efforts pour présenter les détails de cette méthode, de la manière la plus simple et la plus claire, en sorte que les pilotes les moins versés dans l'Astronomie puissent aisément en faire l'application. Mais si j'ai pu remplir l'objet que je me suis proposé, je déclare que c'est particulièrement d'après l'étude des règles et calculs que M. DE FLEURIEU a donnés dans l'ouvrage qui a pour titre, *Voyage*[a] *fait par ordre du roi en 1768 et 1769, pour l'épreuve des horloges marines*, &c. L'Appendice qui termine ce grand et bel ouvrage, le premier dans lequel on ait traité cet objet, a été mon guide. J'ai aussi fait usage, pour la partie astronomique, des Traités de Navigation de MM. BOUGUER, DE LA CAILLE et BÉZOUT, et de l'Astronomie de M. DE LA LANDE.

» J'ai terminé cet ouvrage par un Appendice qui contient, 1.° la manière de faire servir les montres à longitudes à la détermination des longitudes à terre ; 2.° une instruction sur les procédés qu'un Artiste doit employer pour démonter, nettoyer, remonter une horloge marine, et l'éprouver par diverses températures. Mon but a été d'étendre par-là, autant qu'il est en moi, l'usage des horloges et des montres pour trouver les longitudes soit à la mer ou à terre. »

Cet ouvrage est divisé en dix Chapitres.

CHAP. I.er Notion générale des longitudes et des latitudes ; comment on détermine les longitudes en mer par le secours des horloges.

CHAP. II. Instruction sur la manière de placer les horloges marines dans le vaisseau, de les conduire, &c. Des montres à longitudes.

[a] De l'Imprimerie royale, 1773.

F.^d BERTHOUD. 1775.

CHAP. III. De la division du temps mesuré par les horloges ; des tables de l'équation du temps.

CHAP. IV. Des hauteurs correspondantes du Soleil, servant à constater la marche des horloges marines.

CHAP. V. Méthode exacte pour trouver l'heure en mer par les hauteurs absolues du Soleil.

CHAP. VI. De la déclinaison du Soleil.

CHAP. VII. Déterminer la latitude par la hauteur méridienne du Soleil.

CHAP. VIII. Constater la marche des horloges marines avant le départ du vaisseau.

CHAP. IX. Déterminer la longitude à la mer par le secours de l'horloge.

CHAP. X. Usage des horloges et des montres pour la rectification des cartes.

APPENDICE.

Art. 1.er Trouver les longitudes terrestres par le moyen des montres.

Art. 2. Instruction sur la manière dont un Artiste doit procéder pour nettoyer, remonter et éprouver une horloge marine, &c.

VERDUN, BORDA et PINGRÉ. 1778. Voyage en mer pour l'épreuve des montres, &c.

VOYAGE fait par ordre du roi en 1771 et 1772, en diverses parties de l'Europe, de l'Afrique et de l'Amérique, pour vérifier l'utilité de plusieurs méthodes et instrumens servant à déterminer la latitude et la longitude tant du vaisseau que des côtes, îles et écueils qu'on reconnoît; suivi de recherches pour rectifier les cartes hydrographiques : par M. DE VERDUN DE LA CRENE, lieutenant des vaisseaux du roi, commandant la frégate la *Flore*, de l'Académie de Marine établie à Brest; le chevalier DE BORDA, lieutenant des vaisseaux du roi, de l'Académie royale des Sciences et de celle de Marine; et PINGRÉ, chancelier de Sainte-Geneviève, et de l'Université de Paris, astronome-géographe de la Marine, de l'Académie

VERDUN, BORDA et PINGRÉ. 1778.

royale des Sciences et de celle de Marine. *A Paris, de l'Imprimerie royale, 1778*, 2 vol. in-4.°

CHAPITRE PRÉLIMINAIRE. *Objet de l'expédition; instrumens soumis à la vérification; division de l'ouvrage.*

« Le principal objet de l'expédition étoit d'examiner et de comparer les différentes méthodes de déterminer les longitudes sur mer.

» L'académie desiroit que le ministre fît armer une frégate sur laquelle on pût vérifier la bonté des machines et instrumens qui concouroient pour le prix de 1771, ou plutôt de 1773. L'armement fut résolu. . . .

» Notre expédition avoit en quelque sorte deux objets différens, mais tels, que l'un étoit renfermé dans l'autre. Deux d'entre nous, comme commissaires de l'Académie, devoient vérifier les instrumens qui concouroient au prix de l'Académie. C'étoient les deux montres marines A et S de M. LE ROY; une montre marine de M. ARSANDEAUX, horloger de Paris; une Pendule ou horloge (à pendule) de M. BIESTA, aussi horloger de Paris; et la chaise marine de M. FIOT. Nous ne parlons pas d'une petite montre marine de M. LE ROY, que la forme de sa boîte nous a engagés à désigner par le nom de *petite ronde.* M. LE ROY nous avoit déclaré par écrit qu'elle ne concouroit pas au prix de l'Académie.

» Nous embarquâmes en conséquence tous les instrumens et tous les livres utiles qu'il nous fut possible de rassembler; les principaux instrumens furent l'horloge marine N.° 8, de M. FERDINAND BERTHOUD;

» (M. BERTHOUD ne crut pas devoir partager son travail entre le Roi et l'Académie: il ne concourut point au prix.)

» Un *mégamètre* de M. DE CHARNIÈRES, une lunette *achromatique* de trois pieds avec les verres subsidiaires, de M. l'abbé ROCHON; plusieurs *octans* et *sextans* à réflexion, faits pour la plupart en Angleterre; et pour les observations à faire dans les relâches, deux pendules ou horloges astronomiques, battant les secondes, trois *quarts de cercle*, un *instrument des passages*, et plusieurs lunettes de différentes longueurs: la meilleure étoit une lunette achromatique de douze pieds que l'un de nous

nous avoit acquise de M. ANTHEAUME. L'instrument des passages ne nous fut d'aucune utilité ; les premiers essais que nous en fîmes à Brest ne nous réussirent pas. »

VERDUN, BORDA et PINGRÉ. 1778.

I.re PARTIE. *Journal de l'expédition.*

CHAP. I.er Observations préliminaires ; départ de Brest ; route jusqu'à Cadix.

Opérations pour connoître la marche des horloges et montres marines.

CHAP. II. Première relâche à Cadix.

Longitude de Cadix selon l'horloge N.° 8, et les montres A et S.

CHAP. III. Relâche à Madère ; position des îles Salvages ; relâche à Sainte-Croix, île de Ténériffe.

Sa longitude par les horloges.

CHAP. IV. Description des Canaries ; leurs anciens habitans ; leur état actuel, &c.

CHAP. V. Opérations faites pendant notre séjour à Ténériffe ; hauteur mesurée du pic de cette île, &c.

Longitude de notre observatoire par l'horloge N.° 8, et les montres A et S. Marche de ces machines.

CHAP. VI. Sondes entre les Canaries et le Cap-Vert. Relâche à Gorée ; opérations sur cette île ; sa population, son commerce.

Longitude de Gorée par l'horloge N.° 8, et par les montres A et S.

Fin de l'épreuve de la montre *petite ronde*, qui s'est arrêtée ; marche de l'horloge marine et des montres.

CHAP. VII. Relâche à la Praya, île de Sant-Yago.

L'horloge N.° 8, arrêtée faute d'être remontée ; remise à l'heure ; longitude par les horloges.

CHAP. VIII. Relâche au Fort-Royal de la Martinique.

Longitude du Fort-Royal par l'horloge N.° 8 et la montre S.

Longitude de la Martinique par l'horloge N.° 8 et par les montres A et S.

CHAP. IX. Relâche à la Guadeloupe et à Antigoa ; positions de plusieurs îles Antilles ; retour à la Martinique.

Latitude et longitude de la Basse-Terre.

VERDUN, BORDA et PINGRÉ. 1778.

CHAP. X. Positions de plusieurs autres Antilles; relâche au Cap-Français; autre au môle Saint-Nicolas, île Saint-Domingue; marche de l'horloge N.° 8 et de la montre S.

Observatoire établi au môle; sa latitude et sa longitude.

CHAP. XI. Débouquement de Krooked; relâche à Saint-Pierre, près Terre-Neuve.

État ou marche de l'horloge N.° 8 et de la montre S.

CHAP. XII. Relâche en Islande; marche de l'horloge N.° 8 et de la montre S, depuis Saint-Pierre.

Longitude de Patrixfiord par ces machines.

CHAP. XIII. Traversée d'Islande en Danemarck; reconnaissance des îles de Feröé; arrivée à Elseneur.

CHAP. XIV. Remarques sur la navigation de la mer de Danemarck.

CHAP. XV. Relâche à Copenhague; idée de la Marine Danoise.

Marche de l'horloge N.° 8, et de la montre S; longitude de Copenhague d'après ces machines.

CHAP. XVI. Sondes dans les mers de Danemarck et d'Allemagne; relâche à Dunkerque; marche de l'horloge et de la montre marine; longitude de Dunkerque par les horloges.

CHAP. XVII. Traversée de Dunkerque à Brest; dernière opération sur l'horloge N.° 8 et sur la montre S; fin de l'expédition.

Dernière comparaison de l'horloge et de la montre marine.

Épreuve de ces machines par la décharge de l'artillerie de la frégate.

IIe PARTIE. *Méthodes d'observations sur mer.*

CHAP. Ier Du sextant.

CHAP. II. Des méthodes pour déterminer la latitude.

CHAP. III. Des méthodes pour déterminer les longitudes sur mer.

Celle des horloges ou montres marines; la méthode des distances.

IIIe PARTIE. *Détermination géographique de la position des points principaux de la mer du Nord, &c., divisée en vingt-sept Chapitres.*

Conclusion. « Tel est le fruit de nos observations, de nos calculs, de nos recherches. Nous l'offrons aux Navigateurs : s'il leur est utile, nos vœux seront comblés, nos peines amplement récompensées. Nous aurions desiré pouvoir déterminer, avec la plus exacte précision, toutes les parties de la mer comprises sur la carte que nous offrons au public; nous n'avons pu y réussir qu'en partie. Les latitudes de la plupart des côtes habitées contenues sur notre carte, sont déterminées avec une précision suffisante aux besoins de la Navigation. Nous croyons pouvoir en dire autant des longitudes des lieux que nous avons reconnus dans le cours de notre campagne. Quelques autres longitudes ont été conclues d'observations astronomiques; mais celles-ci sont en assez petit nombre; et d'ailleurs toute observation astronomique n'est pas propre à donner des longitudes avec une égale précision. Les observations les plus propres à bien déterminer une longitude, sont fort rares: on approchera utilement du but, en multipliant les observations des distances de la Lune au Soleil ou aux étoiles fixes avec l'octant et le sextant. *Nous croyons qu'on ne l'atteindra parfaitement que par le secours de bonnes horloges marines.* »

IV.e PARTIE. *Des montres marines, et autres instrumens destinés à l'usage de la Navigation.*

CHAP. I.er Des horloges marines.

« Nous exposerons dans ce Chapitre, 1.° nos observations sur la marche des horloges marines dont nous étions chargés de faire la vérification; 2.° nos réflexions sur les méthodes de vérifier le mouvement de ces sortes de machines; 3.° quelques remarques sur leur usage et leur utilité.

§. 1. De la marche de nos horloges et montres marines.

Table de la comparaison journalière de l'horloge N.° 8, et des montres A et S.

Table de la marche de l'horloge astronomique à pendule et de l'horloge N.° 8, dans nos relâches.

§. 2. De la vérification des horloges marines.

CHAP. II. De l'octant, et des instrumens qui y ont rapport.

CHAP. III. Du mégamètre, et de quelques autres instrumens que nous avions embarqués.

F.d BERTHOUD. 1787. De la mesure du temps.

DE LA MESURE DU TEMPS, ou Supplément au Traité des horloges marines, et à l'Essai sur l'Horlogerie; contenant les principes de construction, d'exécution et d'épreuves des petites horloges à longitudes, et l'application des mêmes principes aux montres de poche, et plusieurs constructions d'horloges astronomiques; avec figures en taille-douce: par FERDINAND BERTHOUD. *Paris, Mérigot le jeune, 1787*, in-4.°

Dans l'Introduction qui précède cet ouvrage [a], l'Auteur rend compte de l'objet de son nouveau travail.

« Quoique les horloges à longitudes (dit-il), dont j'ai publié la théorie, les principes de construction, et ceux d'exécution dans le Traité des horloges marines, aient eu assez de succès, j'ai cependant été obligé de faire de nouvelles recherches, parce que ces machines étant à poids et d'un assez grand volume, elles sont d'un difficile transport par terre et exposées à trop d'accidens: d'ailleurs ces grandes machines, si utiles dans les voyages, qui ont pour but la rectification des cartes marines, ne sont pas également propres en temps de guerre, étant trop embarrassantes et exposées à trop d'accidens par les effets de l'Artillerie. Ce sont ces difficultés qui, dès les premiers temps de mes recherches sur cette matière, me déterminèrent à réduire autant qu'il étoit possible ces machines; et telle étoit ma première montre marine N.° 3, éprouvée à Brest en 1764. Ce sont ces diverses considérations qui m'ont forcé à construire de nouvelles horloges à ressort, réduites au plus petit volume. C'est le travail que je présente dans cet ouvrage aux Artistes et aux amateurs des machines qui mesurent le temps.

» Quant à l'usage des montres de poche dans la Navigation, mon opinion (dit l'Auteur) [b] est que les horloges à longitudes, même les plus petites [c], doivent leur être préférées; car, en supposant que l'on emploie dans une montre de poche les mêmes moyens que dans une petite horloge, on n'obtiendra pas autant de justesse de la montre portative.

[a] Et dans l'Ouvrage même, *page 66*.
[b] Introduction, *page iv*.
[c] Supportées par une suspension.

1.° Parce que la montre qui est portée dans le *gousset* n'a point de position fixe, étant tantôt verticale, tantôt horizontale ou inclinée dans divers sens ; ce qui produit nécessairement des variations dans sa marche, quelque parfaite que l'on suppose cette machine : et ces variations deviendront encore plus considérables, lorsque les huiles seront épaissies et que les frottemens viendront à changer.

2.° Pour qu'une montre de poche ne soit pas susceptible de dérangement par les agitations du porté, il faut que le balancier soit petit et léger; et dès-lors ce régulateur, qui a peu de puissance, éprouve à proportion plus de résistance de la part des huiles et des frottemens, et la montre conserve moins de justesse.

3.° Parce que les huiles mises aux pivots d'une montre de poche, sont bientôt desséchées par la chaleur du gousset ; et c'est ici une des plus grandes causes des variations d'une montre.

4.° Une montre de poche est exposée à des changemens subits de température, et à des agitations et secousses qui doivent nécessairement affecter sa marche.

5.° Quand même on parviendroit à construire et à exécuter une montre de poche qui allât constamment avec une grande justesse, une telle machine ne pourroit jamais être d'un usage général dans la Navigation; car peu d'Artistes seroient en état de les exécuter, et même de les nettoyer avec les précautions nécessaires pour rendre à ces machines leur première harmonie.

I.re PARTIE. *Des moyens propres à perfectionner les horloges et les montres à longitudes.*

CHAP. I.er Disposition à donner aux horloges et aux montres à longitudes, pour suppléer l'isochronisme du spiral par un *compensateur* isochrone.

CHAP. II. Des moyens propres à obtenir plus de justesse des horloges à longitudes dans les voyages de longs cours par une *Table composée des arcs et de la température.*

CHAP. III. De l'exécution des ressorts spiraux. Méthode propre à les tremper tout pliés.

CHAP. IV. Principes de construction de l'échappement libre le plus simple, et détails d'exécution.

F.d BERTHOUD. 1787.

CHAP. V. Du ressort moteur des horloges à longitudes. Des moyens propres à rendre sa force constante, de calculer sa force, de trouver le diamètre de la fusée, &c.

CHAP. VI. Horloge à longitudes N.° 24, à ressort, construite à dessein de suppléer les grandes horloges à poids.

CHAP. VII. Horloge à longitudes N.° 25, à ressort.

CHAP. VIII. Horloge N.° 4 à ressort.

CHAP. IX. Principes de construction des petites horloges à longitudes, dont le balancier, suspendu par un ressort, fait six vibrations par secondes. Description de cette horloge désignée sous le N.° 1 de cette construction.

CHAP. X. Horloge N.° 27.

CHAP. XI. De la construction d'une petite horloge : le balancier horizontal sans suspension, avec trois rouleaux.

CHAP. XII. De la première montre à longitudes portative ; sa description.

CHAP. XIII. Description de la seconde montre à longitudes portative.

CHAP. XIV et XV. Autres constructions d'horloges.

CHAP. XVI. Horloge horizontale à poids, réduite à un petit volume.

CHAP. XVII. Horloge verticale à poids.

CHAP. XVIII. Description d'instrumens et outils servant à l'exécution des horloges et des montres.

Art. 1.er Instrument à graduer les cadrans.

Art. 2. Instrument servant à éprouver l'horloge pour l'isochronisme et par diverses positions.

Art. 3. Compas à micromètre pour la mesure de l'épaisseur des lames de ressorts spiraux.

Art. 4. Machine à *calibrer* les lames de ressorts.

CHAP. XIX. Diverses épreuves relatives à l'isochronisme du spiral et au méchanisme de compensation.

CHAP. XX. Des épreuves servant à la formation de la *Table composée des arcs et de la température.*

II.e PARTIE. *Des moyens de perfectionner les montres de poche et les horloges astronomiques.*

CHAP. I.er Des causes de variation des montres de poche.

CHAP. II. Des principes de construction des montres portatives, propres à obtenir de ces machines la plus grande justesse.

F.d BERTHOUD. 1787.

Principes sur les montres portatives:

1.° La réduction des frottemens;

2.° L'isochronisme des vibrations;

3.° La correction des effets de la température;

4.° La nature de l'échappement;

5.° Une force motrice constante, &c.

Des épreuves qu'il faut faire subir aux montres astronomiques de poche pour obtenir toute la justesse dont elles sont susceptibles.

CHAP. III. Diverses observations sur la construction des montres de poche.

Art. 1.er Du poids qu'il convient de donner au balancier d'une montre portative, &c.

Art. 2. Régler une montre par ses diverses positions.

Art. 3. Du rapport entre la force motrice et le régulateur.

Art. 4. De la compensation des effets du chaud et du froid.

CHAP. IV et V. Notions sur la construction de deux montres astronomiques, à méchanisme de compensation, faites, l'une en 1763, et l'autre en 1766.

CHAP. VI. Troisième montre astronomique à trois cadrans.

CHAP. VII, VIII et IX. Horloges astronomiques; pendule à demi-seconde, à *échappement libre.*

CHAP. X. Du pendule à demi-seconde composé avec des tringles; calcul pour en fixer les dimensions.

CHAP. XI. Horloge astronomique pour servir à la mesure de la pesanteur par diverses latitudes.

CHAP. XII. Dimensions de différens rouages de pendules à secondes, à équation, à sonnerie d'heures, et répétition d'heures et quarts à chaque quart.

HORLOGERIE PRATIQUE à l'usage des apprentis et des amateurs, par M. VIGNIAUX, horloger à Toulouse. *Paris, Didot, Jombert, 1788.* in-8.°

VIGNIAUX. 1788. Horlogerie pratique.

L'Horlogerie pratique est divisée en quatre Parties. On traite dans

VIGNIAUX. 1788.

la première, des matières employées à la construction d'une montre, à celle des outils, &c.

La seconde Partie enseigne à faire en *blanc* toutes les pièces d'une montre.

Le finissage remplit la troisième Partie.

Dans la quatrième, on expose les différentes pratiques usitées dans le rhabillage.

Pour rendre ce Traité plus utile aux amateurs et aux apprentis, l'Auteur y a joint la manière de monter et de démonter une montre; celle de la régler; la méthode de tracer une méridienne par les hauteurs correspondantes; une table du temps moyen, &c.

F.d BERTHOUD. 1792. Traité des montres à longitudes.

TRAITÉ DES MONTRES À LONGITUDES, contenant la construction, la description, et tous les détails de main-d'œuvre de ces machines ; suivi de la Description de deux horloges astronomiques, et de l'Essai d'une méthode simple de conserver le rapport des poids et des mesures, et d'établir une mesure universelle et perpétuelle; par FERDINAND BERTHOUD. *Paris, 1792*, in-4.°

CHAP. I.er De la montre à longitudes verticale, N.° 46.

Objet du nouveau travail que l'Auteur présente sur les montres à longitudes.

CHAP. II. Montre à longitudes portative, N.° 47.

Des usages et de la destination que l'on s'est proposé dans la composition de cette montre.

CHAP. III et IV. Montres ou petites horloges horizontales ayant une suspension, le balancier faisant dans l'une (N.° 48) deux vibrations par seconde; et dans l'autre horloge (N.° 45), quatre vibrations par seconde.

CHAP. V. Abrégé de main-d'œuvre pour l'exécution des montres ou petites horloges N.° 45, &c.

Observation préliminaire sur la main-d'œuvre.

Dimensions de toutes les parties de l'horloge N.° 45.

1.re Partie. Ébauchage des pièces de cuivre et de celles d'acier.

2.e Partie.

2.e *Partie.* De la main-d'œuvre; de l'exécution et préparation de toutes les pièces de l'horloge.

3.e *Partie.* De la main-d'œuvre; du finissage de toutes les parties de l'horloge.

4.e *Partie.* Des épreuves servant à donner à toutes les parties de l'horloge le degré de précision requis.

CHAP. VI. De la compensation par le balancier.

CHAP. VII. Détails sur la construction et l'exécution d'une montre portative, avec la compensation par le balancier, complétée par une lame de supplément agissant sur le spiral.

CHAP. VIII. Montre verticale sans fusée.

A la fin du Traité des montres à longitudes, on trouve,

1.° *La Description de deux horloges astronomiques.*

CHAP. I.er Art. 1.er Proposition servant de principe sur la justesse d'une horloge astronomique.

Art. 2. Description de l'horloge astronomique avec l'échappement libre par un plan incliné.

CHAP. II. Description de l'horloge astronomique à échappement libre par un arc de cercle; le pendule à baguette; suspension à ressort.

2.° *L'Essai sur les poids et les mesures* (avec figures).

Art. 1.er Observations préliminaires sur l'utilité que l'on doit retirer de l'uniformité des poids et des mesures.

Art. 2. Moyens d'établir une mesure universelle perpétuelle, proposée par HUYGENS en 1673.

Art. 3. Un pendule cylindrique, représentant le pied de France, peut servir en même temps à conserver nos mesures actuelles (en 1791).

Art. 4. Un pendule cylindrique, représentant la toise de France, peut servir en même temps à conserver les mesures et les poids.

Art. 5. Le pendule cylindrique à demi-seconde pourroit être employé pour servir de mesures universelles.

Art. 6. Observations sur la manière de déterminer sûrement le nombre d'oscillations du pendule libre.

Art. 7. Description de l'horloge-compteur.

F.d BERTHOUD. 1792.

Art. 8. Description de la suspension, &c. du pendule cylindrique, représentant le pied de France.

Art. 9. Dimensions du pendule cylindrique représentant le pied de France, et résultat des épreuves faites en 1791 avec ce pendule, pour déterminer le nombre de ses oscillations en une heure.

F.d BERTHOUD. 1797.

SUITE DU TRAITÉ des montres à longitudes, contenant, 1.° la construction des montres verticales portatives, et celle des horloges horizontales pour servir dans les plus longues traversées; 2.° la description et les épreuves des petites horloges horizontales plus simples et plus portatives; avec planche en taille-douce, par FERDINAND BERTHOUD. *Paris, l'an V de la République [1797, vieux style]* in-4.°

I.re PARTIE. *Principes, observations, épreuves, &c., pour servir à la construction et à l'exécution des montres à longitudes portatives, et à celle des petites horloges.*

CHAP. I.er Déterminer quelle doit être la position des montres à longitudes portatives, et celle des petites horloges.

Art. 1.er La position des montres portatives est la verticale.

Art. 2. Dans les montres verticales, la puissance du balancier est limitée.

Art. 3. Dans les petites horloges destinées à donner la longitude pendant les plus longues traversées, la position de la machine doit être constamment horizontale.

CHAP. II. Du nombre de vibrations le plus convenable à faire battre au balancier, pour diminuer les frottemens et rendre la montre plus commode pour l'observateur.

CHAP. III. Construction du balancier portant la compensation absolue des effets du chaud et du froid.

CHAP. IV. Construction la plus simple de l'échappement libre; manière de le tracer, de l'exécuter, &c.

CHAP. V. De l'exécution des ressorts spiraux des montres à longitude.

F.d BERTHOUD. 1797.

CHAP. VI. De la balance élastique servant à mesurer la force des ressorts spiraux.

CHAP. VII. Épreuves des montres.

II.e PARTIE. *Descriptions des montres à longitudes verticales portatives, et des petites horloges horizontales destinées à donner les longitudes pendant les plus longues traversées.*

CHAP. I.er Construction de la montre verticale N.° 56 et de sa suspension.

CHAP. II. Montre à longitude verticale et portative N.° 60, avec sa suspension.

CHAP. III. Montre N.° 62.

CHAP. IV. Description de la petite horloge horizontale N.° 63, avec sa suspension. Cette horloge a été construite à dessein de donner la longitude pendant les plus longues traversées, au moyen de la table d'équation composée des arcs et de la température.

CHAP. V. Petite horloge horizontale sans rouleaux.

CONCLUSION sur l'usage des montres verticales et des petites horloges horizontales dans la Navigation, et de la préférence des horloges horizontales.

LA PÉROUSE. 1797. Voyage de *la Pérouse.*

VOYAGE de LA PÉROUSE autour du monde, en 1785, &c. *Paris, de l'Imprimerie de la République, an V [1797]* 4 vol. in-4.°

Le Voyage de LA PÉROUSE (publié en 1797), n'étant pas susceptible d'un extrait, nous renvoyons ce qui concerne les horloges marines qui étoient embarquées sur le vaisseau *la Boussole,* commandé par LA PÉROUSE, et sur le vaisseau *l'Astrolabe,* commandé par le chevalier DE L'ANGLE, à ce que nous en avons rapporté ci-devant. Voyez *Tome I.er, page 363.*

THOMAS MUDGE. 1799. Description de sa montre marine.

DESCRIPTION avec planches de la montre inventée par feu M. THOMAS MUDGE, précédée d'un récit par THOMAS MUDGE son fils, et des mesures prises pour obtenir la récompense auprès de la chambre des communes; et réimpression d'un Traité de feu THOMAS MUDGE, publié en 1765, sur

THOMAS MUDGE. 1799.

les moyens de perfectionner les montres, avec une suite de Lettres écrites à S. E. M. le comte DE BRUHL, depuis 1773 jusqu'en 1787. *Londres, Payne, Cadell, &c., 1799*, in-4.°

L'Introduction qui est à la tête de cet ouvrage, contient clj pages remplies de détails et de discussions concernant la récompense que cet Artiste poursuivoit, et de plaintes contre un Astronome, des Artistes, &c.; travail qui n'est nullement susceptible d'extrait, et qui n'intéresse que l'Auteur.

Cette Introduction est suivie d'un petit ouvrage que M. MUDGE fit imprimer en 1765, et qui a pour titre, *Pensées sur les moyens de perfectionner les montres;* 16 pages.

A la suite sont les Lettres écrites par M. MUDGE à M. le comte DE BRUHL; 162 pages.

Enfin, cet ouvrage est terminé par la description de la montre marine inventée par feu M. THOMAS MUDGE, en 8 pages, accompagnée de 9 planches.

Cette montre est horizontale, à ressort et à fusée. La grandeur des platines, d'après le plan, est de 44 lignes : la hauteur de la cage 12 lignes.

Le balancier a 25 lignes de diamètre, et fait 18000 vibrations par heure=5 par seconde. Chaque pivot du balancier tourne entre 4 rouleaux, dont le diamètre est d'environ 3 lignes $\frac{1}{4}$.

L'échappement est à roue de rencontre et à remontoir d'égalité; on en a donné la description ci-devant *Tome II, page 46.*

La compensation des effets du chaud et du froid, est produite sur le spiral et non sur le balancier. Ce sont deux lames composées, agissant en sens contraire sur deux talons du pince-spiral, lequel se meut sur deux pivots.

Les heures, les minutes et les secondes sont marquées par des renvois.

Il y a dans cette montre quatre ressorts spiraux : deux pour le balancier, et deux pour *l'échappement-remontoir.*

Cette description de la montre est suivie de celle d'un autre échappement libre construit par M. MUDGE pour les montres; on l'a donnée ci-devant *Tome II, page 37.*

Enfin l'ouvrage est terminé par la description et le plan d'un rouage pour le moyen mouvement de la Lune, dont la révolution se fait en 29 jours 12 heures 44 minutes 3 secondes.

THOMAS MUDGE. 1799.

AUSFVHRLICHE *geschichte*, &c. ou Histoire détaillée de l'Horlogerie théorique et pratique depuis la plus ancienne manière de mesurer le jour jusqu'à présent ; par JEAN HENRI MAURICE POPPE. *Leipsic, chez Roch et compagnie, 1801*, in-8.°

MAURICE POPPE. 1801.

Cet ouvrage est divisé en dix Chapitres.

CHAP I.er De l'ancienne division du jour; invention des cadrans solaires.

CHAP. II. De la division du jour par heures chez les différens peuples de l'Antiquité; perfectionnement successif de l'Art de tracer les cadrans solaires.

CHAP. III. Méthode anciennement mise en usage pour mesurer le temps pendant la nuit; invention des horloges d'eau et de sable.

CHAP. IV. Horloges d'eau plus compliquées, et diverses méchaniques d'horloges ingénieuses.

CHAP. V. Inventions des horloges à roues, mues par des poids, et leur perfectionnement successif jusque dans le milieu du XVII.e siècle.

CHAP. VI. Invention des montres de poche, horloges de table, montres de voyage, &c.

CHAP. VII. Invention de la fusée, du pendule et du ressort spiral réglant des montres.

CHAP. VIII. Progrès de l'Horlogerie jusqu'à la fin du XVIII.e siècle.

CHAP. IX. Diverses inventions de méchaniques ingénieuses.

CHAP. X. Littérature relative à l'Horlogerie.

Nota. Nous n'avons pu donner qu'une notion très-imparfaite de l'ouvrage Allemand que nous venons d'annoncer, faute d'en connoître la langue: nous n'avons eu que le temps nécessaire pour faire traduire les titres des Chapitres, cet ouvrage nous étant d'ailleurs parvenu lorsque le corps de l'*Histoire de la mesure du temps*[a] étoit imprimé. Nous regrettons de n'avoir pu lire nous-mêmes

[a] Commencée depuis plus de six ans.

cet ouvrage, et profiter des recherches que nous supposons qu'il contient; mais nous pensons que l'Auteur Allemand, ainsi que l'Auteur Français, ont puisé l'un et l'autre dans des sources communes. D'ailleurs, l'objet du dernier a été moins de rassembler tout ce qu'on a écrit sur l'Horlogerie, que de former un *recueil* des inventions les plus importantes de la mesure du temps.

FIN DU TOME II ET DERNIER.

TABLE,

PAR ORDRE ALPHABÉTIQUE,

DES MATIÈRES.

Nota. Les chiffres romains I et II indiquent le Tome premier ou second; et le chiffre arabe, la Page à laquelle on doit recourir pour trouver le mot cherché.

C.

F.

G.

H.

des

I.

L.

M.

O.

P.

R.

S.

T.

V.

FIN DE LA TABLE DES MATIÈRES.

IMPRIMÉ

Par les soins de P. D. DUBOY-LAVERNE, directeur de l'Imprimerie de la République.

AVIS AU RELIEUR.

Les vingt-trois Planches qui accompagnent cet ouvrage devront être placées de la manière suivante :

Les dix Planches I, II, III, IV, V, VI, VII, VIII, XII et XIII seront placées à la fin du Tome I.er

Les treize Planches IX, X, XI, XIV, XV, &c. seront placées à la fin du Tome II.

voy. p. 72.

Planche IX.

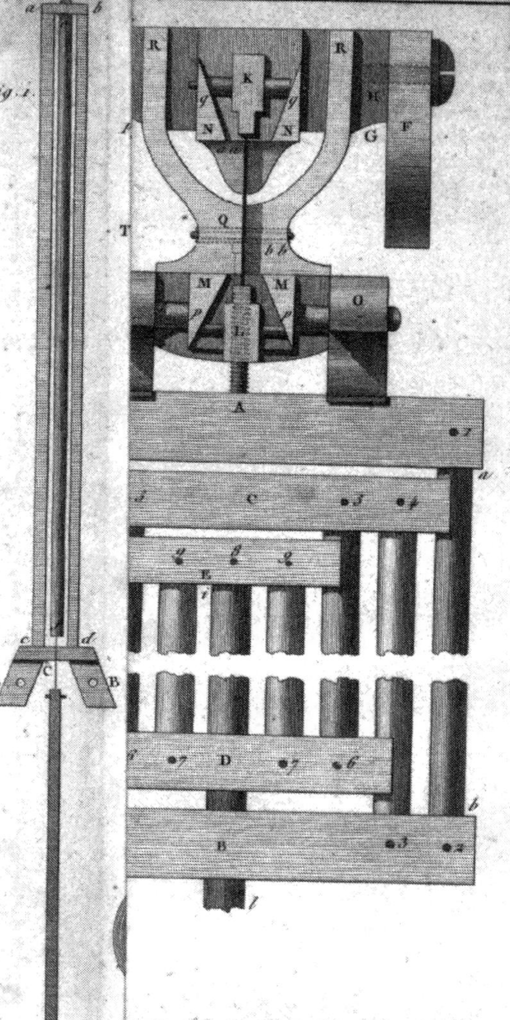

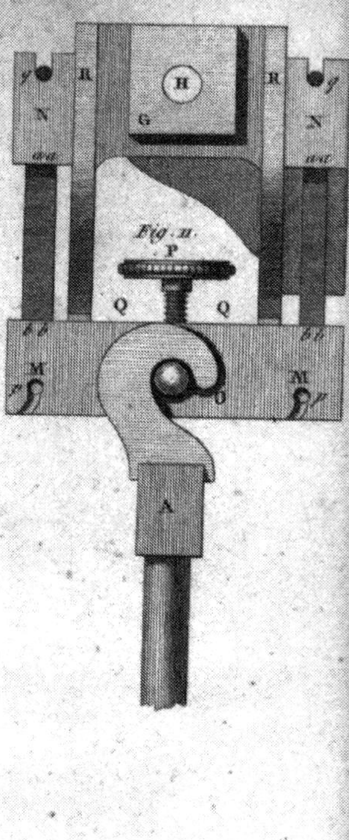

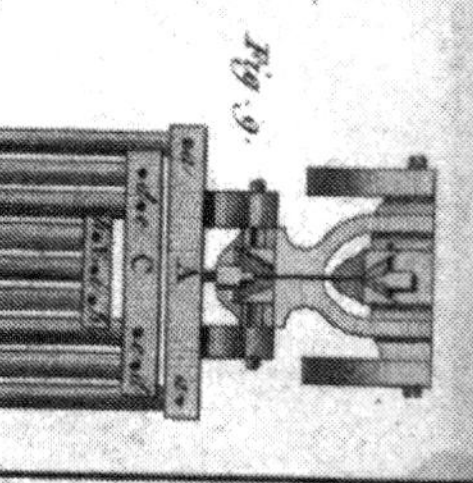

Sellier Sculp.

Planche X.
voy. p. 60.
Fig. 1.
Fig. 2.
Fig. 3.
Fig. 4.
Fig. 5.
Fig. 6.

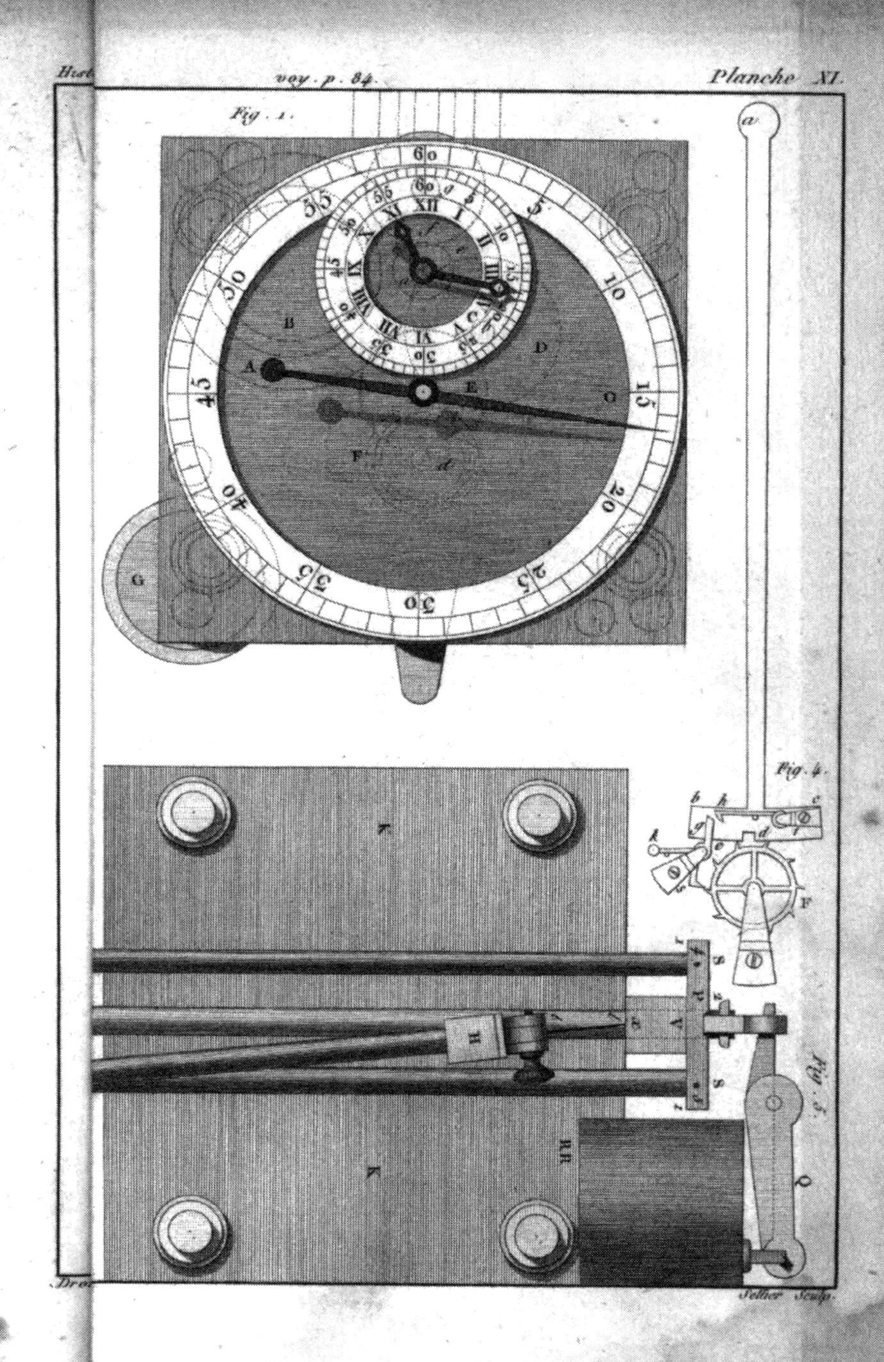
Fig. 1.
Fig. 4.
Fig. 5.

Histoire d...

voy. p. 25

Planche XIV.

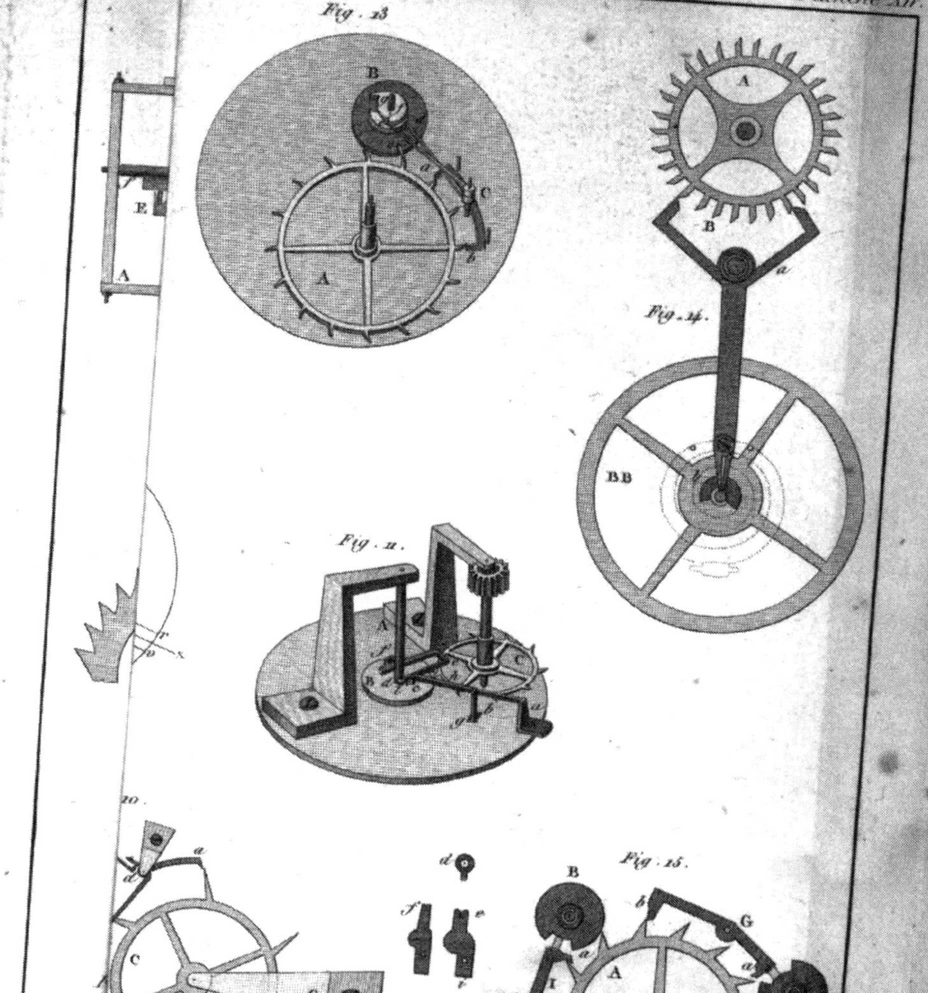
Fig. 13.
Fig. 14.
Fig. 11.
Fig. 15.
20.
B
A
C
a
BB
G
I
E
A

Sellier Sculp.

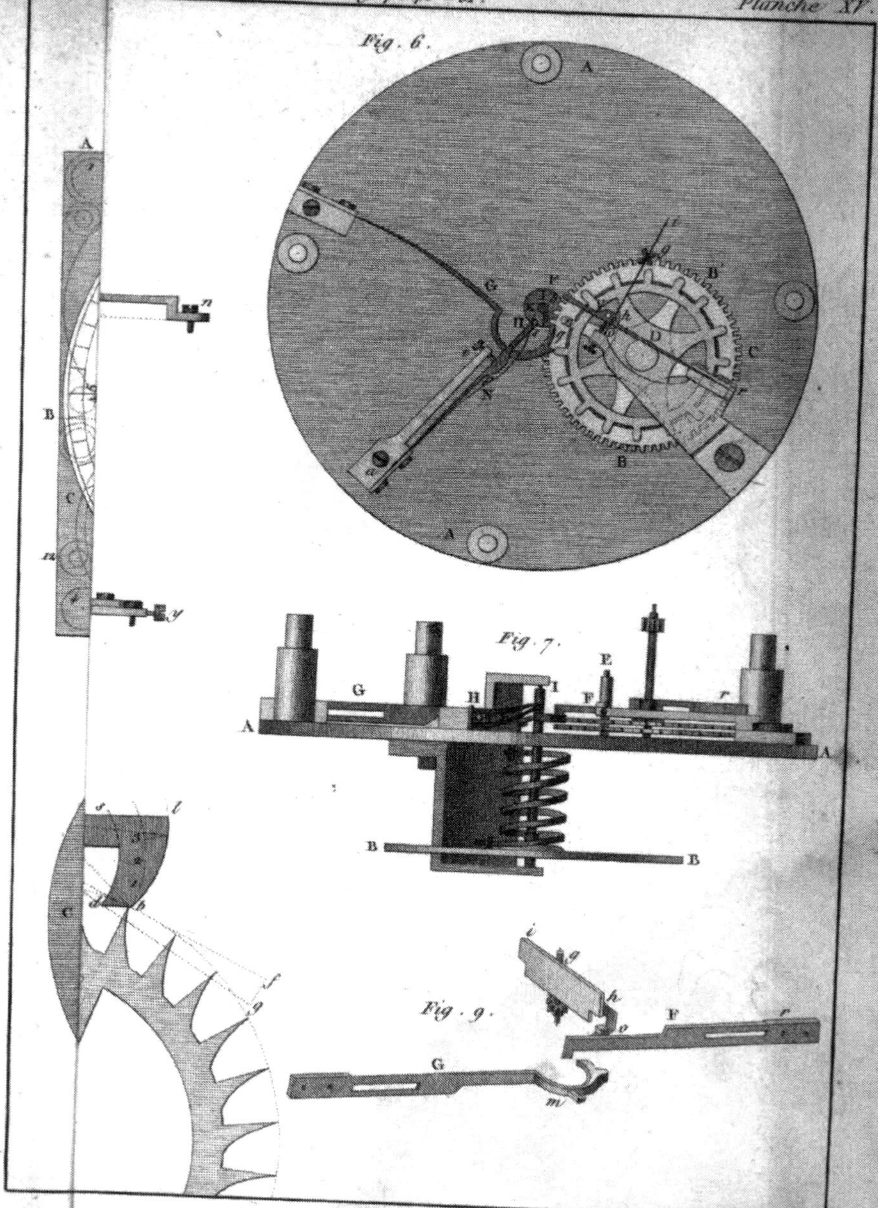

voy. p. 46 – 51.

Fig. 6.

Fig. 7.

Fig. 9.

Sellier Sculp.

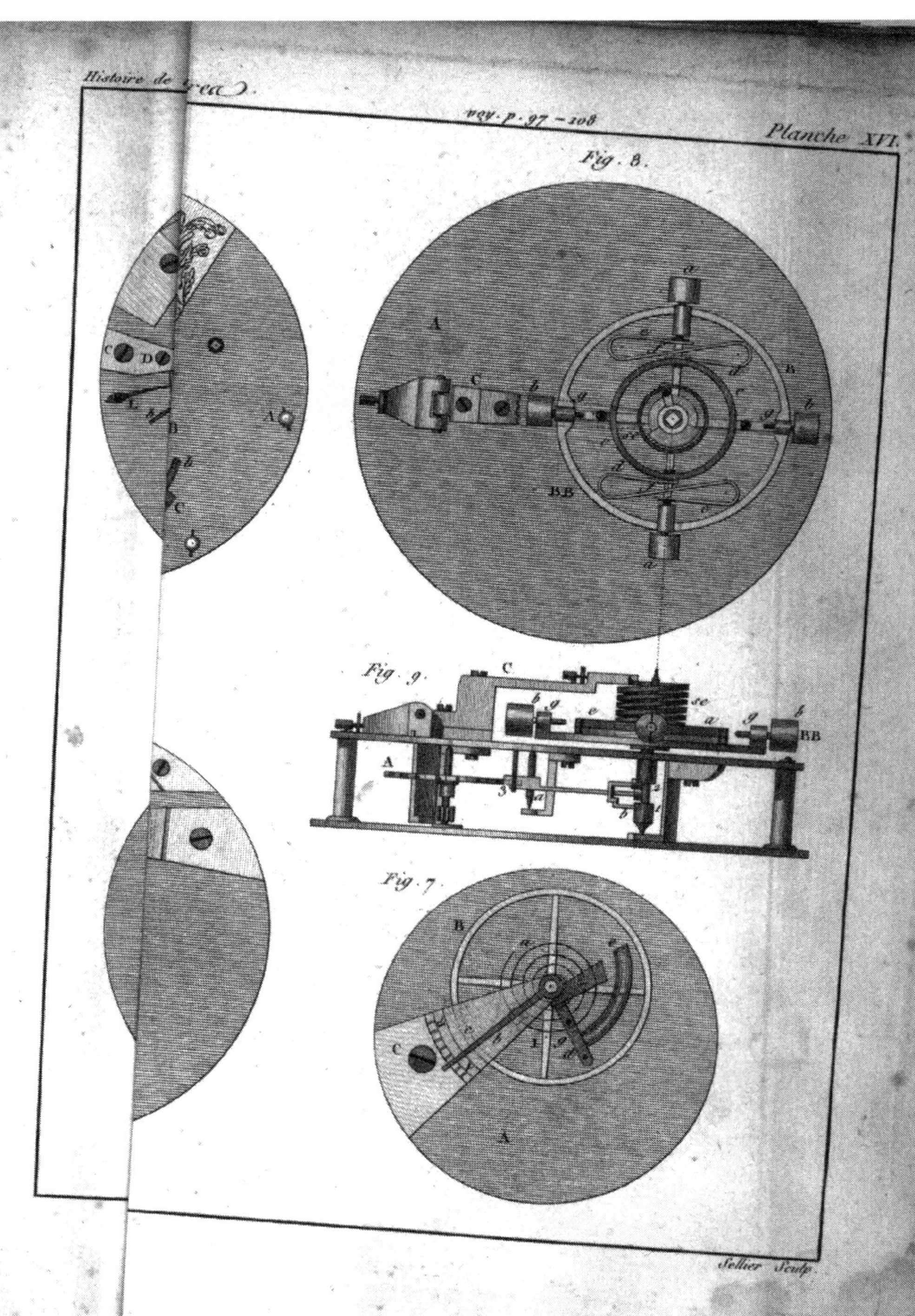

Sellier Sculp.

voy. p. 130.

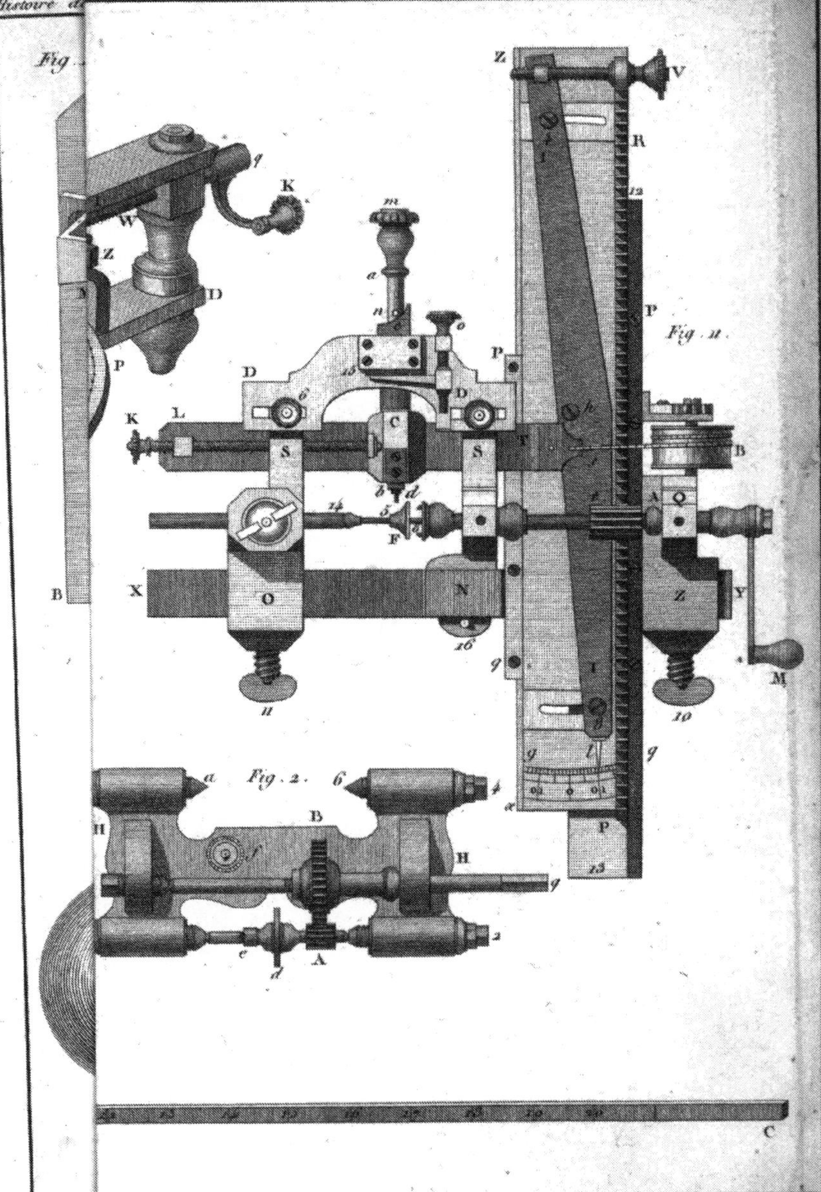

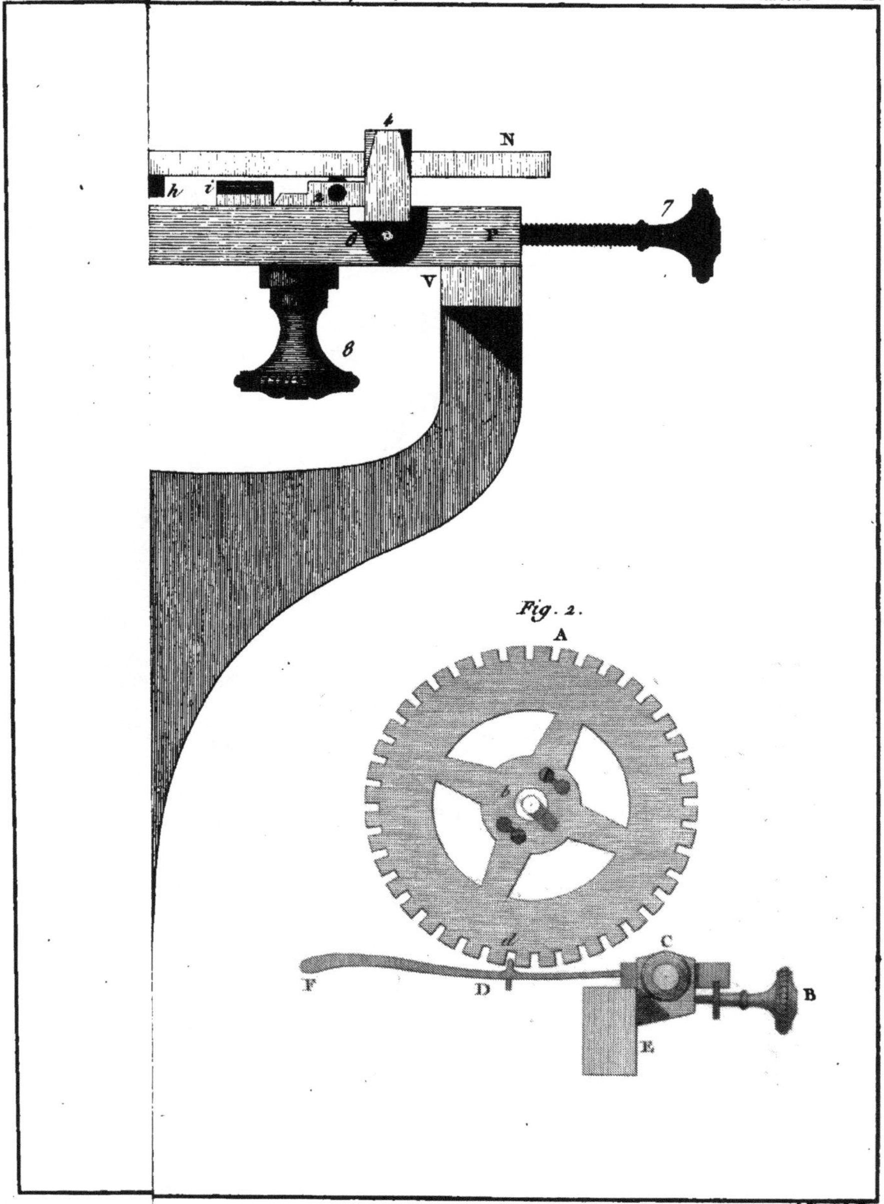

voy. p. 134.

Fig. 2.

Sellier Sculp.

Histoire voy. p. 139. Planche XIX.

Dromar[illegible] Sellier Sculp.

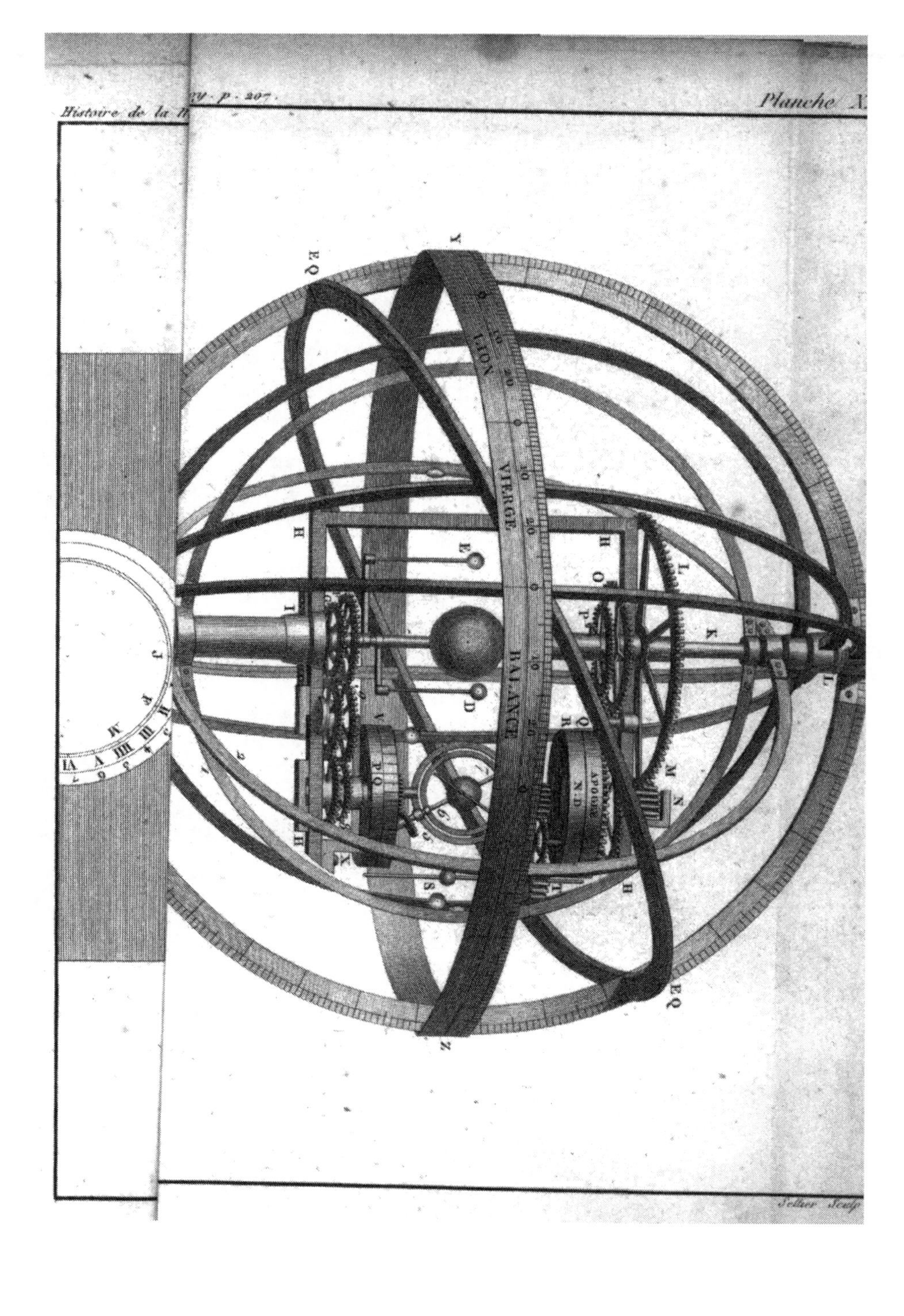

Histoire de la H
xv. p. 207.
Planche X
LION
VIERGE
BALANCE
Sellier Sculp

voy. p. 219 - 228.

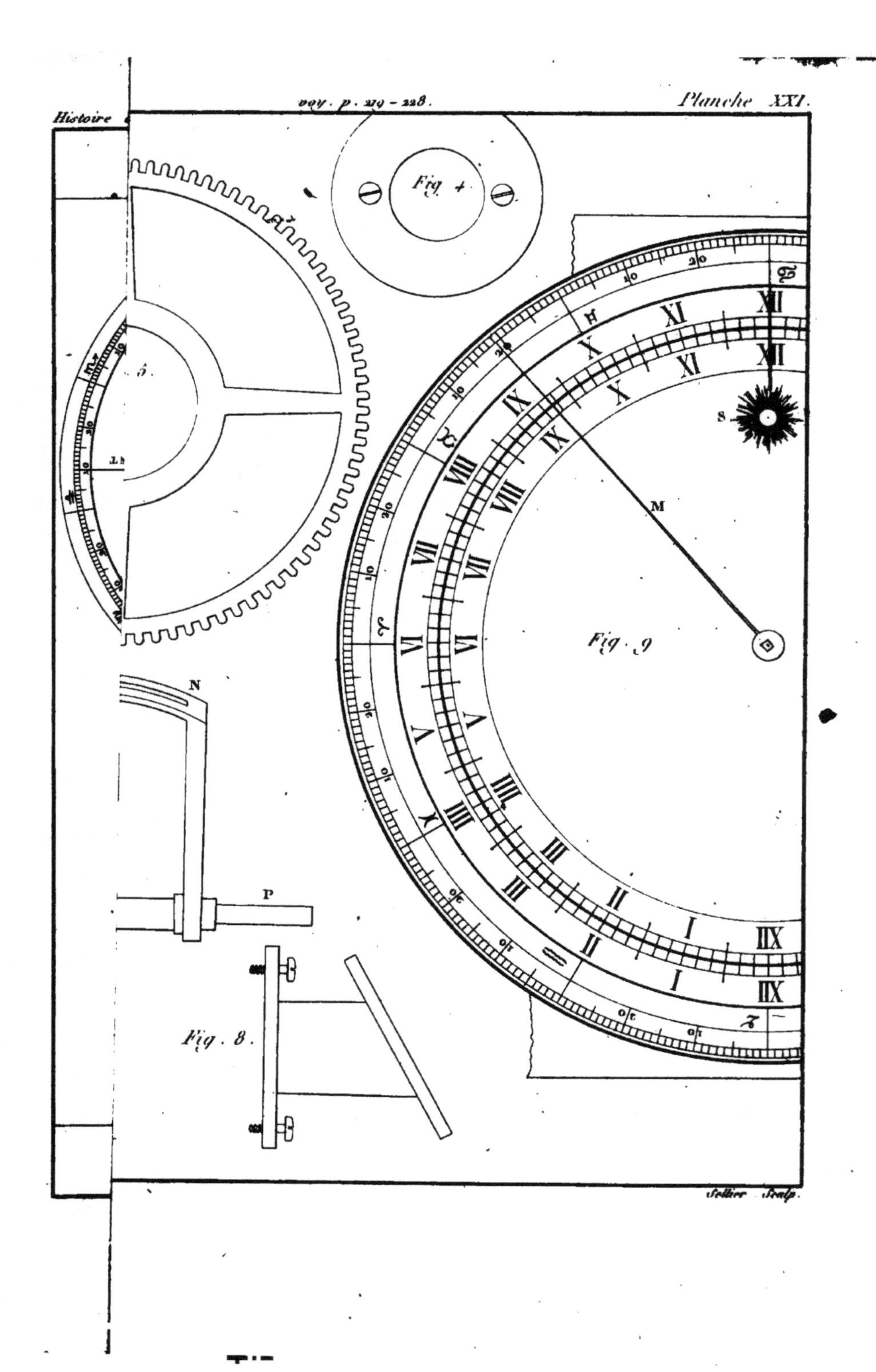

Sellier Sculp.

voy. p. 229 – 234.

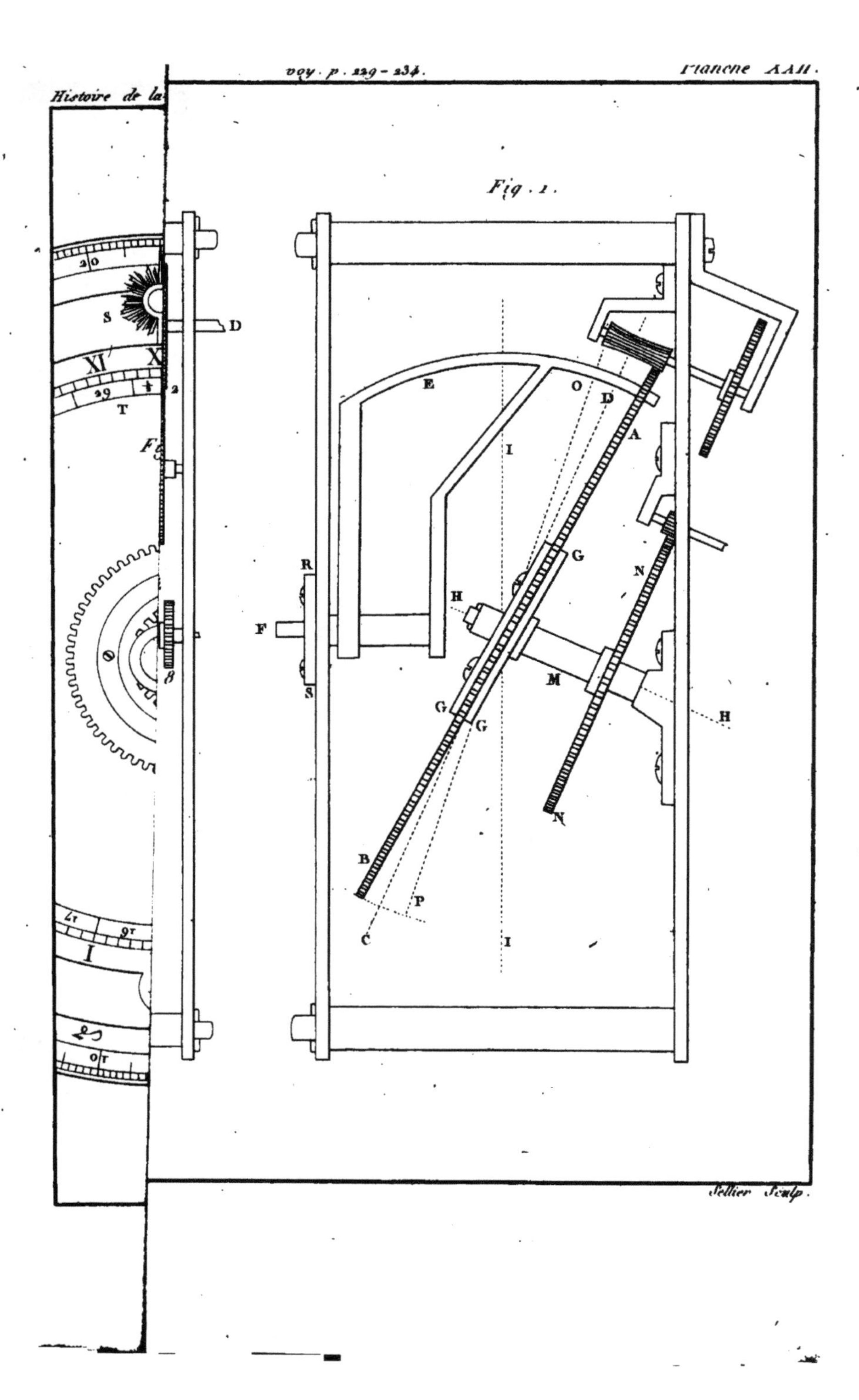

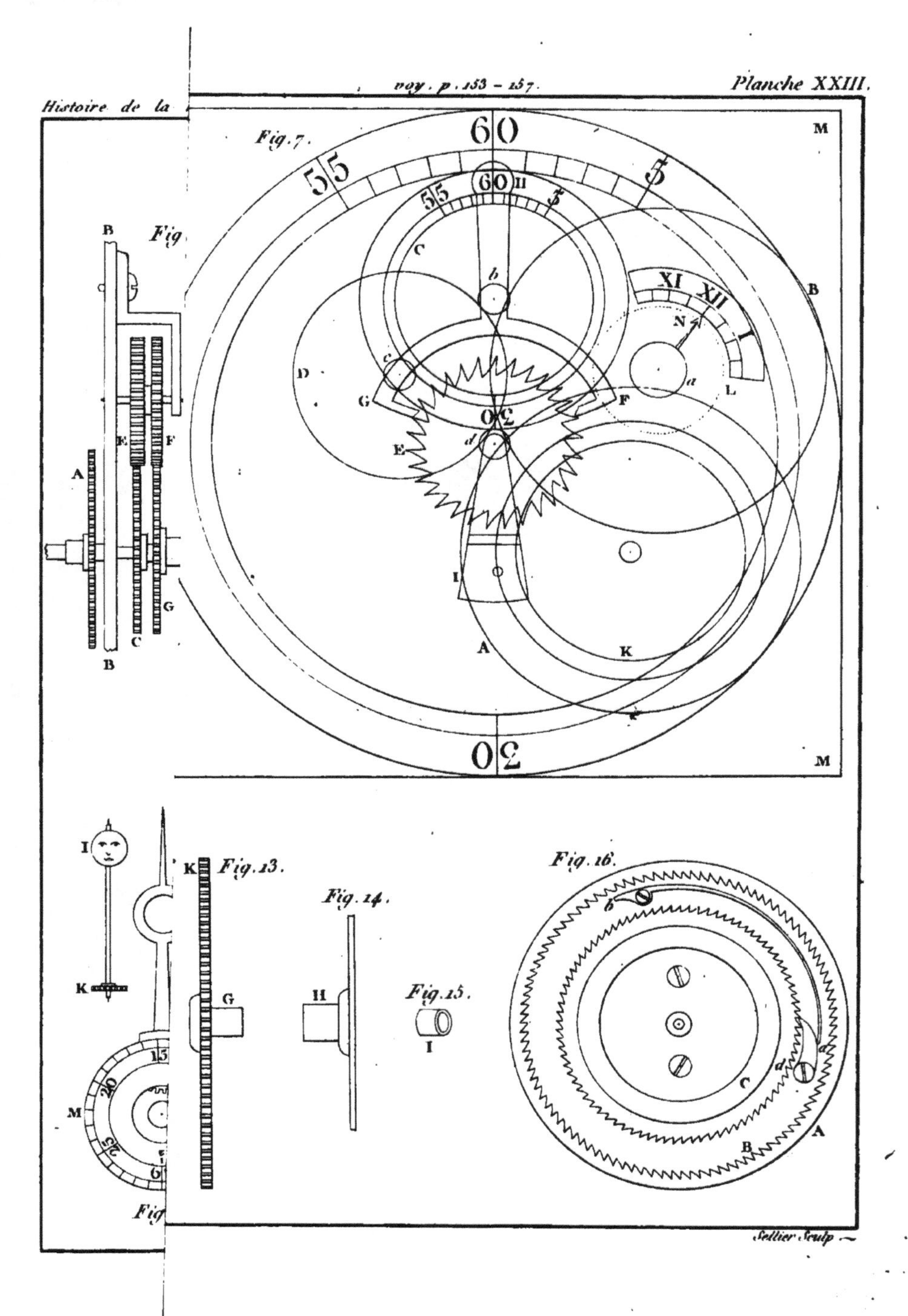

Sellier Sculp.

Lightning Source UK Ltd.
Milton Keynes UK
UKHW020611301222
414618UK00005B/768